随机估计及 VDR 检验

□ 应用统计学丛书

Randomized Estimation and VDR Test

随机估计及 VDR 检验

杨振海

SUIJI GUJI JI VDR JIANYAN

高等教育出版社·北京
HIGHER EDUCATION PRESS   BEIJING

图书在版编目（CIP）数据

随机估计及 VDR 检验 / 杨振海著 . -- 北京：高等教
育出版社，2014.1
ISBN 978-7-04-038672-1

Ⅰ.①随… Ⅱ.①杨… Ⅲ.①概率密度函数 Ⅳ.
①O211.3

中国版本图书馆 CIP 数据核字（2013）第 256401 号

策划编辑	王丽萍	责任编辑	李华英	封面设计	姜 磊	版式设计 童 丹
责任校对	胡晓琪	责任印制	尤 静			

出版发行	高等教育出版社	咨询电话	400-810-0598
社　　址	北京市西城区德外大街4号	网　　址	http://www.hep.edu.cn
邮政编码	100120		http://www.hep.com.cn
印　　刷	北京四季青印刷厂	网上订购	http://www.landraco.com
开　　本	787mm×1092mm　1/16		http://www.landraco.com.cn
印　　张	15	版　　次	2014 年 1 月第 1 版
字　　数	300 千字	印　　次	2014 年 1 月第 1 次印刷
购书热线	010-58581118	定　　价	59.00 元

前言

这本小书包括了作者 10 余年来关于 VDR (Vertical Density Representation) 研究的一些成果及其应用, 主要是 VDR 在假设检验中的应用. 2001 年作者去香港浸会大学访问方开泰教授, 在做有约束的混料设计研究中涉及 VDR. 1991 年 Troutt 首先提出 VDR, 给出了最基本结果. 众所周知, 一维随机变量 X 的分布函数 $F(\cdot)$ 连续时, $F(X)$ 的分布是 $[0,1]$ 上的均匀分布. 若它有连续概率密度函数 $f(\cdot)$, 那么 $f(X)$ 的分布是什么? 若随机向量 $\mathbf{X}$ 有连续概率密度函数 $f(\cdot)$, 那么 $f(\mathbf{X})$ 的分布是什么? 这个问题就不容易回答了. 1991 年 Troutt 回答了该问题, 将此称为 VDR. 详见第四章. 作者和方开泰教授等人将 Troutt 的结果称为 I 型 VDR. 我们提出了 II 型 VDR. 应用 II 型 VDR 很容易导出 Troutt 的结果. 作者又和彭运佳教授等人合作, 应用 II 型 VDR 给出了给定 $f(\mathbf{X}) = v$ 的条件下 $\mathbf{X}$ 的条件密度函数, 完善了 I 型 VDR. VDR 的直接应用是生成非均匀随机数, 我们得到了生成非均匀随机数算法, 只要知道密度函数就可生成它的随机数, 生成速度是可控制的精确算法. 另一应用是构造多元分布密度函数, 作者又和学生戴家佳等人提出中心相似分布, 给出了参数的矩估计. 中心相似分布是构造本书讨论的线性变换分布族的基础.

作者一直苦于找不到 VDR 在统计中的应用. 2010 年下半年在回北京的飞机上作者和何书元教授讨论有关问题, 想到 VDR 可以应用到假设检验, 何书元教授给予积极支持. 作者发现 VDR 检验是通用方法, 可以应用到很多问题, 可以应用到一维参数检验, 也可以应用到多维参数检验. VDR 检验是基于随机估计的概率密度函数构造的. 随机估计源于 Fisher 的信仰推断, 是经典统计理论体系下的概念. Singh, Xie 和 Strawderman (2007) 讨论了一维参数的随机估计. 在给定参数空间上的概率分布条件下, 由 VDR 检验确定的参数置信域具有最小 Lebesgue 测度. 将其应用于一维参数的检验和置信区间, 或得到经典已知结果, 或给出改进结果. 如正态总体期望参数的 t 检验, 可由 VDR 检验导出. 可以得到方差的置信区间最短的两端概率的分配原则. 应用到多元正态总体均值向量参数检验得到大家熟知的 Hotelling 检验.

应用到协方差阵的检验, 得到基于 Wishart 分布的精确的 VDR 检验. 实际上是将一维正态总体结果推广到多维正态总体. VDR 检验可以应用于很广的线性变换分布族, 它是正态分布族的推广. 多元正态分布族是标准正态分布经线性变换得到的分布族. 将标准正态分布换成已知的中心相似分布, 得到异于正态分布族的分布族, 其分布参数就是线性变换的参数. VDR 检验可以实现这些参数的检验. 展示了非正态多元统计分析前景和实际应用前景. 很有可能一类实际问题可以由一特定中心相似分布形成的线性变换分布族描述. 将多元正态分布密度函数中分量平方和换成绝对值的正数幂和就得到一类中心相似分布, 为广义球生成的分布. 将 VDR 检验应用于回归分析的参数检验, 当误差项是正态分布时得到经典结果, 当误差项是已知的刻度参数分布族时, 给出参数的精确检验. 非正态误差回归模型是有实际应用价值的. 也期望应用到非正态误差自回归模型.

特别感谢韦博成教授、林金官教授和濮晓龙教授, 作者多次去东南大学、华东师范大学进行交流, 受益匪浅, 尤其是韦博成教授提出了许多宝贵意见, 本书许多章节是按他的意见修改的. 感谢赵林城教授和胡太忠教授, 提供了 Xie Mingge 在中国科学技术大学关于 CD 的演讲稿. 感谢张忠占教授和程维虎教授对本书写作的支持.

作者于北京

2013 年 9 月 14 日

符号说明

基本原则: 白体表示标量, 黑体表示向量; 小写表示常量, 同名大写表示随机变量. 如 s_n^2 是样本方差, 是常数; S_n^2 是随机样本方差, 是随机变量. a 表示常数, $\mathbf{a}$ 表示常数向量.

$\mathbf{1}_p$ 是各分量均为 1 的 p 维列向量, $\bar{\mathbf{1}} = \dfrac{1}{\sqrt{p}} \mathbf{1}$; $\mathbf{0}_p$ 是各分量均为 0 的 p 维列向量. I_p 是 $p \times p$ 单位阵.

由定义在欧氏空间 $\mathfrak{R}^p$ 上的非负函数 f 定义以下集合:

$$D_{[f]} = \{\mathbf{x}_{p+1} = (\mathbf{x}', x_{p+1})' : 0 < x_{p+1} \leqslant f(\mathbf{x}), \mathbf{x} \in \mathfrak{R}^p, x_{p+1} \in \mathfrak{R}\} \subset \mathfrak{R}^{p+1};$$

$$D_{[f]}(v) = \{\mathbf{x} : f(\mathbf{x}) \geqslant v, \mathbf{x} \in \mathfrak{R}^p\} \subset \mathfrak{R}^p, v > 0;$$

$$D_{[f]}(0+) = \{\mathbf{x} : f(\mathbf{x}) > 0, \mathbf{x} \in \mathfrak{R}^p\} = \bigcup_{n=1}^{\infty} D_{[f]}\left(\frac{1}{n}\right) = \bigcup_{v>0} D_{[f]}(v).$$

$D_{[f]}(0+)$ 是非负函数 f 的支撑. $D_{[f]}$ 也可以表示为

$$D_{[f]} = \{\mathbf{x}_{p+1} = (\mathbf{x}', x_{p+1})' : 0 < x_{p+1} \leqslant f(\mathbf{x}), \mathbf{x} \in D_{[f]}(0+), x_{p+1} \in \mathfrak{R}\}.$$

"$\overset{d}{=}$" 表示两端随机向量有相同的分布函数.

函数自变量列表中 ";" 右端为分布参数, ";" 仅在分位数、密度函数、分布函数和枢轴量自变量列表中出现. 如参数 $\boldsymbol{\eta}$ 的随机估计 W 的概率密度函数 $f_{\boldsymbol{\eta}}(\cdot; \bar{x}, s_n^2)$, $\bar{x}, s_n^2$ 是随机估计的分布参数.

向量相除: $\dfrac{\mathbf{a}}{\mathbf{b}} = \dfrac{(a_1, \cdots, a_p)'}{(b_1, \cdots, b_p)'} = \left(\dfrac{a_1}{b_1}, \cdots, \dfrac{a_p}{b_p}\right)'$, 即对应分量相除.

向量相乘: $\mathbf{ab} = (a_1, \cdots, a_p)'(b_1, \cdots, b_p)' = (a_1 b_1, \cdots, a_p b_p)'$. 向量相乘、向量相除运算级别最高, 系列运算时最先作向量相乘和向量相除运算.

$$\sqrt{\mathbf{a}} = \sqrt{(a_1, \cdots, a_p)'} = (\sqrt{a_1}, \cdots, \sqrt{a_p})';$$

$$\mathbf{a}^b = ((a_1, \cdots, a_p)')^b = (a_1^b, \cdots, a_p^b)'.$$

A_p 是 A 的前 p 个分量, A 可以是向量或向量等式. 若 A 是矩阵, A_p 是 A 的前 p 行.

记

$$\mathbf{L}(\mathbf{x}) = \mathbf{L}_{[f]}(\mathbf{x}) = (L_1(\mathbf{x}), \cdots, L_p(\mathbf{x}))'$$
$$= -\frac{1}{f(\mathbf{x})}\frac{\partial}{\partial \mathbf{x}}f(\mathbf{x}) = -\left(\frac{1}{f(\mathbf{x})}\frac{\partial}{\partial x_1}f(\mathbf{x}), \cdots, \frac{1}{f(\mathbf{x})}\frac{\partial}{\partial x_p}f(\mathbf{x})\right)',$$

当不引起误解时省略下标记为 $\mathbf{L}(\cdot)$, 如一维密度函数记作 $L_{[f]}(\cdot)$, 高维密度函数记作 $\mathbf{L}(\cdot)$.

$\mathbf{W}.$ 是下标参数的随机估计, 下标表示 "某参数的", 如 W_μ 是参数 μ 的随机估计, $\mathbf{W}_\theta$ 是参数 θ 的随机估计. 当不引起混淆时省略下标, 用 $\mathbf{W}$ 表示参数的随机估计.

$Q_Z(\gamma; \mathcal{X})$ 表示检验变量 Z 的 γ 分位点, $\mathcal{X}$ 是样本, 是随机估计的分布参数. $Q_V(\gamma)$ 表示 $V = f_h(\mathbf{T})$ 的 γ 分位点, $f_h(\cdot)$ 是枢轴量的分布密度函数, $\mathbf{T}$ 是随机向量, 它的密度函数是 $f_h(\cdot)$. $Q_F(\alpha)$ 是一元分布函数 $F(\cdot)$ 的分位点.

$pchi(\cdot, k)$ 是自由度为 k 的 χ^2 分布的分布函数, 其密度函数是 $dchi(\cdot, k)$; $pt(\cdot, k)$ 是自由度为 k 的 t 分布的分布函数, 其密度函数是 $dt(\cdot, k)$. 其他分布有类似表示.

目录

第一章

引言

本章简要介绍本书的基本内容. 主要是 Vertical Density Representation (VDR) 基础理论及其在构造多元概率密度函数的应用, 枢轴量、随机估计和 VDR 检验的基本思想.

1.1 VDR 理论和构造多元概率密度函数

1.1.1 什么是 VDR

1991 年 Troutt 首先提出 VDR 概念, 并给出了最基本结果. 众所周知, 当一维随机变量 X 的分布函数 $F(\cdot)$ 连续时, $F(X)$ 的分布是 $[0,1]$ 上的均匀分布. 若它有连续概率密度函数 $f(\cdot)$, 那么 $f(X)$ 的分布是什么? 若 p 维随机向量 $\mathbf{X}$ 有连续概率密度函数 $f(\cdot)$, 那么 $f(\mathbf{X})$ 的分布是什么? 初次遇到这个问题往往不知如何解决. 1991 年 Troutt 回答了该问题, 将此称为 VDR. 设 $\mathbf{X}$ 是 $\Re^p$ 上的随机向量, 其概率密度函数是 $f(\cdot)$. 若随机变量 $V = f(\mathbf{X})$ 有概率密度函数 $g(\cdot)$, Troutt 证明了

$$g(v) = -v\frac{dL_p(D_{[f]}(v))}{dv},$$
$$D_{[f]}(v) = \{\mathbf{x} : f(\mathbf{x}) \geqslant v, \quad \mathbf{x} \in \Re^p\},$$

其中 $L_p(\cdot)$ 是 $\Re^p$ 上的 Lebesgue 测度. 上式成立的条件是 $L_p(D_{[f]}(v))$ 在 $\Re^+$ 上连续可微. $D_{[f]}(v)$ 有清晰的几何意义. 概率密度函数 $f(\cdot)$ 的图像是空间 $\Re^{p+1}$ 上的 p 维曲面 $\bar{D}_{[f]} = \{(\mathbf{x}', x_{p+1})' : x_{p+1} = f(\mathbf{x}), \mathbf{x} \in \Re^p\}$. 超平面 $= \{(\mathbf{x}', x_{p+1})' : x_{p+1} = h\}$ 记作 $L(h)$. $D_{[f]}$ 是 $\bar{D}_{[f]}$ 和超平面 $L(0)$ 围成的区域. $D_{[f]}(v)$ 是 $L(v) \bigcap D_{[f]}$ 在 $\Re^p$ 上的投影. 详见第四章. 方开泰和杨振海等 (2001) 将 Troutt 的结果称为 I 型 VDR, 并提

出了基于几何概率的 II 型 VDR. 在 $\mathfrak{R}^{p+1}$ 中集合 $D_{[f]}$ 表示为

$$D_{[f]} = \{(\mathbf{x}', x_{p+1})' : 0 < x_{p+1} \leqslant f(\mathbf{x}), x_{p+1} \in \mathfrak{R}, \mathbf{x} \in \mathfrak{R}^p\},$$

$$L_{p+1}(D_{[f]}) = \int_{\mathfrak{R}^p} f(\mathbf{x})d\mathbf{x} = 1.$$

II 型 VDR 的基本内容是:

随机向量 $(\mathbf{X}', X_{p+1})'$ 在 $D_{[f]}$ 上均匀分布的充要条件是 X_{p+1} 的概率密度函数是

$$f_{p+1}(v) = \begin{cases} L_p(D_{[f]}(v)), & 0 < v \leqslant f_0 = \sup_{\mathbf{x} \in \mathfrak{R}^p} f(\mathbf{x}), \\ 0, & \text{其他,} \end{cases}$$

及给定 $X_{p+1} = v$ 的条件下 $\mathbf{X}$ 的条件分布是 $D_{[f]}(v)$ 上的均匀分布, 等价于 $\mathbf{X}$ 的概率密度函数是 $f(\cdot)$, 给定 $\mathbf{X} = \mathbf{x}$ 的条件下 X_{p+1} 的条件分布是 $(0, f(\mathbf{x})]$ 上的均匀分布.

均匀分布于 $D_{[f]}$ 上的随机向量 $(\mathbf{X}', X_{p+1})'$ 的密度函数记作 $f_{D_{[f]}}(\cdot)$, 则 II 型 VDR 的基本内容表达为

$$f_{D_{[f]}}(\mathbf{x}_p, x_{p+1}) = f_{p+1}(x_{p+1})f_{\vec{p}}(\mathbf{x}_p | x_{p+1}) = f(\mathbf{x}_p)f_{p+1}(x_{p+1} | \mathbf{x}_p),$$

其中 $f_{p+1}(\cdot)$ 是 X_{p+1} 的边缘密度函数, $f_{p+1}(x_{p+1} | \mathbf{x}_p)$ 是给定条件 $\mathbf{X}_p = \mathbf{x}_p$ 下 X_{p+1} 的条件密度函数, $f_{\vec{p}}(\mathbf{x}_p | x_{p+1})$ 是给定条件 $X_{p+1} = x_{p+1}$ 下 $\mathbf{X}_p$ 的条件密度函数. 计算得

$$f_{\vec{p}}(\mathbf{x} | X_{p+1} = x) = \begin{cases} \dfrac{1}{L_p(D_{[f]}(x))}, & \text{若 } f(\mathbf{x}) \geqslant x, \\ 0, & \text{若 } f(\mathbf{x}) < x \end{cases}$$

$$= \frac{I_{D_{[f]}}(\mathbf{x}_p)}{L_p(D_{[f]}(x))}.$$

应用 II 型 VDR 可简洁地导出 Troutt 的结果. 事实上,

$$\{(\mathbf{x}', x_{p+1})' : f(\mathbf{x}) \leqslant v, (\mathbf{x}', x_{p+1})' \in D_{[f]}\}$$

$$= \{(\mathbf{x}', x_{p+1})' : x_{p+1} \leqslant v, (\mathbf{x}', x_{p+1})' \in D_{[f]}\} \setminus \{D_{[f]}(v) \times (0, v]\},$$

于是

$$P(f(\mathbf{X}) \leqslant v) = L_{p+1}(\{(\mathbf{x}', x_{p+1})' : f(\mathbf{x}) \leqslant v, (\mathbf{x}', x_{p+1})' \in D_{[f]}\})$$

$$= L_{p+1}(\{(\mathbf{x}', x_{p+1})' : x_{p+1} \leqslant v, (\mathbf{x}', x_{p+1})' \in D_{[f]}\}) - L_{p+1}(D_{[f]} \times (0, v])$$

$$= \int_0^v L_p(D_{[f]}(u))du - vL_p(D_{[f]}(v)).$$

两端对 v 求导

$$g(v) = \frac{d}{dv}P(f(\mathbf{X}) \leqslant v)$$

$$= L_p(D_{[f]}(v)) - L_p(D_{[f]}(v)) - v\frac{dL_p(D_{[f]}(v))}{dv}$$

$$= -v\frac{dL_p(D_{[f]}(v))}{dv},$$

恰是 Troutt 的结果. 但是 Troutt 没有给出在给定 $f(\mathbf{X}) = v$ 的条件下 $\mathbf{X}$ 的条件密度函数. 彭运佳和杨振海等 (2001) 应用 II 型 VDR 给出了给定 $f(\mathbf{X}) = v$ 的条件下 $\mathbf{X}$ 的条件密度函数 $f(\mathbf{x}|v)$, 完成了 I 型 VDR:

$$f(\mathbf{x}) = \int_0^{f_0} f(\mathbf{x}|v)g(v)dv, \quad f_0 = \sup_{\mathbf{x}} f(\mathbf{x}).$$

VDR 的直接应用是生成非均匀随机数, 彭运佳和杨振海等 (2002) 得到了生成非均匀随机数的通用算法, 只要知道密度函数就可生成它的随机数, 是生成速度可控制的精确算法.

$D_{[f]}$ 可以更准确地定义, 使上述结论适用性更广泛. 令

$$D_{[f]}(0+) = \bigcup_{v>0} D_{[f]}(v) = \{\mathbf{x} : f(\mathbf{x}) > 0\},$$

$$D_{[f]} = \{(\mathbf{x}_p, x_{p+1})' : \mathbf{x} \in D_{[f]}(0+), 0 < x_{p+1} \leqslant f(x)\}.$$

$D_{[f]}(0+)$ 是 $f(\cdot)$ 的支撑, VDR 理论是就 $L_p(D_{[f]}(0+)) > 0$ 的情形论述的. 但是当 $L_p(D_{[f]}(0+)) = 0$ 时 VDR 理论仍然成立. 如果 $L_p(D_{[f]}(0+)) = 0, L_{p-1}(D_{[f]}(0+)) > 0$, 在前面论述中将 $L_p(\cdot)$ 换成 $L_{p-1}(\cdot)$ 即可. Dirichlet 分布就是这种情形. 详见第四章.

1.1.2 多元概率密度函数的结构

II 型 VDR 的重要作用在于给出了构造多元概率密度函数的方法. 若 $f(\cdot)$ 是 $\mathfrak{R}^p$ 上的密度函数, 则由 $f(\cdot)$ 定义了集族 $\mathfrak{P}_{[f]} = \{D_{[f]}(v), 0 < v \leqslant f_0\}$, $(0, f_0]$ 是集族的参数空间. $L_p(D_{[f]}(v))$ 恰是集族参数空间上的概率密度函数. II 型 VDR 断言

$$\mathbf{X} \sim f(\mathbf{x}), \mathbf{x} \in \mathfrak{R}^p, \quad f(\mathbf{x}) \geqslant 0, \quad \int_{\mathfrak{R}^p} f(\mathbf{x})d\mathbf{x} = 1,$$

等价于

$$\mathbf{X} \sim U(D_{[f]}(X_{p+1})), \quad X_{p+1} \sim L_p(D_{[f]}(v)), \quad 0 < v \leqslant f_0, \tag{1.1}$$

这里 $U(A)$ 表示集合 A 上的均匀分布. 陈述为任何有连续密度函数的随机向量可表示为随机集族上的均匀分布, 也是生成随机向量的方法. 首先生成有密度 $L_p(D_{[f]}(v))$, $0 < v \leqslant f_0$ 的随机数 X_{p+1}, 再生成随机向量 $\mathbf{U} \sim U(D_{[f]}(X_{p+1}))$, 输出 $\mathbf{X} = \mathbf{U}$, 则 $\mathbf{X} \sim f(\cdot)$. 这个过程分为两步:

第一步由 $f(\cdot)$ 生成集族 $\mathfrak{P}_{[f]}$ 和其参数空间 $(0, f_0]$ 上的概率密度函数 $L_p(D_{[f]}(\cdot))$;

第二步由集族 $\mathfrak{P}_{[f]}$ 和其参数空间 $(0, f_0]$ 上的概率密度函数 $L_p(D_{[f]}(\cdot))$ 生成随机向量 $\mathbf{X}$. 显然这步是生成随机向量的方法, 集族和其参数空间上的概率密度函数可任意给定.

现将集族 $\mathfrak{P}_{[f]}$ 的参数空间标准化. 令

$$R = -\ln\left(\frac{X_{p+1}}{f_0}\right), \quad 0 \leqslant R < \infty,$$

则

$$R \sim g(r) = L_p(D_{[f]}(f_0 e^{-r}))f_0 e^{-r}, \quad g(r) > 0, r \in \Re^+, \quad \int_0^\infty g(r)dr = 1.$$

$\mathfrak{P}_{[f]} = \{A(r) : A(r) = D_{[f]}(f_0 e^{-r}), L(A(r)) > 0, r \in \Re^+\}$ 是以 $\Re^+ = \{r : r > 0\}$ 为参数的集族, $g(\cdot)$ 是 $\Re^+$ 上的概率密度函数, 则

$$\mathbf{X} \sim U(A(R)), \quad R \sim g(\cdot). \tag{1.2}$$

作为构造多元随机向量的方法, 首先构造以 $\Re^+$ 为参数的一集族

$$\mathfrak{P} = \{A(r) : A(r) \subset \Re^p, L_p(A(r)) > 0, \forall r \in \Re^+\},$$

并确定 $\Re^+$ 上的概率密度函数 $g(\cdot)$, 则随机向量

$$\mathbf{Y} = U(A(R)), \quad R \sim g(\cdot)$$

的密度函数是

$$p(\mathbf{y}) = \int_{a(\mathbf{y})} \frac{g(r)}{L_p(A(r))} dr, \tag{1.3}$$

其中

$$a(\mathbf{y}) = \{r : \mathbf{y} \in A(r), r \in \Re^+\}.$$

因为在给定 $R = r$ 的条件下 $\mathbf{Y}$ 的条件概率密度函数是

$$p(\mathbf{y}|R = r) = \begin{cases} \dfrac{1}{L_p(A(r))}, & \text{若 } \mathbf{y} \in A(r), \\ 0, & \text{若 } \mathbf{y} \notin A(r). \end{cases}$$

$\mathfrak{P}$ 和 $g(\cdot)$ 可任意选取. 当集族 $\mathfrak{P}$ 满足某些特性时就产生特定分布族.

若集族 $\mathfrak{P}$ 是单调的, 即

$$A(r) \subseteq A(r'), \quad \forall r < r',$$

则 (1.3) 成为

$$p(\mathbf{y}) = \int_{b(\mathbf{y})}^\infty \frac{g(r)}{L_p(A(r))} dr,$$

$$b(\mathbf{y}) = \inf\{r : \mathbf{y} \in A(r), r \in \Re^+\}. \tag{1.4}$$

选取特定集族和 $\Re^+$ 上的概率密度函数就得到常见分布.

若集族 $\mathfrak{P}$ 是相似的, 即

$$A(r) = r \cdot A(1) = \{\mathbf{y} : \mathbf{y} = r\mathbf{z}, \mathbf{z} \in A(1)\}, \quad \forall r > 0,$$

则 $\mathbf{Y}$ 的分布是中心相似分布. 杨振海和 Kotz (2003) 基于 VDR 提出了中心相似分布的概念, 杨振海和戴家佳等 (2004) 给出了中心相似分布参数的矩估计. 中心相似分布是多元正态分布的推广, 取作本书讨论的线性变换分布族的基础分布. 如前所述, 用超平面 $L(v)$ 截 p 维密度函数 $f(\cdot)$ 的图像和 $L(0)$ 围成的集合 $D_{[f]}$, 截口在 $\Re^p$ 上的投影就是 $D_{[f]}(v)$. 当 $D_{[f]}(v), v > 0$ 是相似集族, $f(\cdot)$ 是中心相似的. 当 $D_{[f]}(v), v > 0$ 是球体集族, $f(\cdot)$ 是球对称分布密度函数. 再若 $g(\cdot)$ 是自由度为 $p + 2$ 的 χ^2 分布的密度函数, $f(\cdot)$ 是 p 维标准正态分布密度函数, 即 p 维标准正态分布向

量 $\mathbf{X}$ 可表示为

$$\mathbf{X} = R\mathbf{V}, \quad R \sim pchi(\cdot, p+2), \quad \mathbf{V} \sim U(S_p^2), \text{ 且 } R \text{ 与 } \mathbf{V} \text{ 相互独立}, \quad (1.5)$$

其中 $pchi(\cdot, k)$ 是自由度为 k 的 χ^2 分布的分布函数, S_p^2 和 $\bar{S}_p^2$ 分别是 p 维单位球和单位球面. 这和已知结论是一致的. 事实上, 众所周知 p 维标准正态分布向量 $\mathbf{X}$ 通常可表示为

$$\mathbf{X} = R^*\mathbf{U}, \quad R \sim pchi(\cdot, p), \quad \mathbf{U} \sim U(\bar{S}_p^2), \text{ 且 } R^* \text{ 与 } \mathbf{U} \text{ 相互独立}. \quad (1.6)$$

(1.6) 和 (1.5) 两种表示的关系是

$$R^* = R\|\mathbf{V}\|, \quad \mathbf{U} = \frac{\mathbf{V}}{\|\mathbf{V}\|}. \quad (1.7)$$

若 $\mathfrak{P}$ 是相似的, (1.2) 等价于

$$\mathbf{V} = \left.\frac{\mathbf{Y}}{R}\right|_{R=r} \sim \left.\frac{U(A(R))}{R}\right|_{R=r} = \frac{U(A(r))}{r} = U(A(1)).$$

于是 $\mathbf{Y}$ 可以表示为

$$\mathbf{Y} = R\mathbf{V}, \quad R \sim g(\cdot), \quad \mathbf{V} \sim U(A(1)).$$

由于 $\mathbf{V} = \dfrac{\mathbf{Y}}{R}$ 的分布是 $U(A(1))$, 与 R 无关, 故 $\mathbf{V}$ 与 R 相互独立.

若将球体换成含原点的任意实心有界集合 $D, L_p(D) > 0, \mathbf{0} \in D \subset S_p^2(r)$,

$$\mathbf{Y} = R\mathbf{V}, \quad R \sim g(\cdot), \quad \mathbf{V} \sim U(D), \text{ 且 } R \text{ 与 } \mathbf{U} \text{ 相互独立}, \quad (1.8)$$

其中 D 是实心的, 即 $\mathbf{x} \in D$ 蕴含 $\{r\mathbf{x}, 0 \leqslant r \leqslant 1\} \subset D$. 于是 p 维随机向量 $\mathbf{Y}$ 的概率密度函数是

$$f_Y(\mathbf{y}) = \frac{1}{L_p(D)} \int_{\frac{\|\mathbf{y}\|}{b\left(\frac{\mathbf{y}}{\|\mathbf{y}\|}\right)}}^{\infty} \frac{g(r)}{r^p} dr,$$

其中

$$b(\mathbf{y}) = \sup\{r : r\mathbf{y} \in D\} < \infty, \quad \forall \|\mathbf{y}\| = 1,$$

$$D = \left\{ \mathbf{x} : \|\mathbf{x}\| \leqslant b\left(\frac{\mathbf{x}}{\|\mathbf{x}\|}\right) \right\}.$$

见第四章. 用平行于 $\mathfrak{R}^p$ 的超平面截它的密度函数图像, 截口是与 A 相似的集合. $\mathbf{Y}$ 的分布就是中心相似分布. $\mathbf{Y}$ 也可表示为 (1.6) 的形式

$$\mathbf{Y} = R\mathbf{V} = R\|\mathbf{V}\|\frac{\mathbf{V}}{\|\mathbf{V}\|} = R'\mathbf{U}^*,$$

不过 $\mathbf{U}^*$ 是球面上非均匀随机向量.

1.2 枢轴量、置信分布、随机估计和 VDR 检验

用枢轴量构造检验统计量是经典统计中的典型方法. 用经典统计观点分析枢轴量产生置信分布 (CD), 用 Fisher 思想分析枢轴量产生信仰推断, 进而产生随机估计. VDR 基本理论应用于随机估计产生了参数 VDR 检验和参数 VDR 置信集, 这是通用方法, 可用于多种模型.

1.2.1 基于枢轴量的统计推断方法

以正态总体均值的检验为例, 说明各种统计思想.

1.2.1.1 经典统计

设 $\mathbf{x} = (x_1, \cdots, x_n)'$ 是抽自正态分布 $N(\mu, \sigma^2)$ 的样本, $\mathbf{X}$ 是随机样本. 考虑假设

$$H_0 : \mu = \mu_0 \leftrightarrow H_1 : \mu \neq \mu_0.$$

令

$$t(\mathbf{x}; \mu_0) = t(\bar{x}, s_n^2; \mu_0) = \frac{\sqrt{n}(\bar{x} - \mu_0)}{s_n}, \quad \text{其中 } \bar{x} = \frac{1}{n} \sum_{i=1}^n x_i, \quad s_n^2 = \frac{1}{n-1} \sum_{i=1}^n (x_i - \bar{x})^2.$$

当 H_0 成立时

$$t(\mathbf{X}; \mu_0) \sim pt(\cdot, n-1),$$

其中 $pt(\cdot, n-1)$ 是自由度为 $n-1$ 的 t 分布的分布函数. $t(\mathbf{x}; \mu_0)$ 是 $\mathbf{x}$ 和 μ_0 的二元函数. 一般情形下 $\mathbf{X}, \mu_0$ 的二元函数的分布也依赖于参数 μ_0 和 σ^2 的, 当不依赖于参数 μ_0 和 σ^2 时该二元函数就是枢轴量. 因此 $t(\mathbf{x}; \mu_0)$ 是枢轴量. $pt(\cdot, n-1)$ 的 γ 分位点记作 $t_{n-1}(\gamma)$, 即枢轴量分布函数的分位点与分布参数无关.

设 $0 < \alpha < 1$,

$$1 - \alpha = P\left(t_{n-1}\left(\frac{\alpha}{2}\right) \leqslant t(\mathbf{X}; \mu_0) \leqslant t_{n-1}\left(1 - \frac{\alpha}{2}\right)\right)$$

$$= P\left(\bar{X} - \frac{S_n}{\sqrt{n}} t_{n-1}\left(1 - \frac{\alpha}{2}\right) \leqslant \mu_0 \leqslant \bar{X} - \frac{S_n}{\sqrt{n}} t_{n-1}\left(\frac{\alpha}{2}\right)\right)$$

$$= P\left(\mu_0 \in \left[\bar{X} + \frac{S_n}{\sqrt{n}} t_{n-1}\left(\frac{\alpha}{2}\right), \bar{X} + \frac{S_n}{\sqrt{n}} t_{n-1}\left(1 - \frac{\alpha}{2}\right)\right]\right). \quad (1.9)$$

上式意味着随机区间 $\left[\bar{X} + \frac{S_n}{\sqrt{n}} t_{n-1}\left(\frac{\alpha}{2}\right), \bar{X} + \frac{S_n}{\sqrt{n}} t_{n-1}\left(1 - \frac{\alpha}{2}\right)\right]$ 盖住真实参数 μ_0 的概率是 $1 - \alpha$. 当观测到样本 $\mathbf{x}$, 就得到置信度为 $1 - \alpha$ 的参数 μ 的置信区间

$$\left[\bar{x} + \frac{s_n}{\sqrt{n}} t_{n-1}\left(\frac{\alpha}{2}\right), \ \bar{x} + \frac{s_n}{\sqrt{n}} t_{n-1}\left(1 - \frac{\alpha}{2}\right)\right]. \quad (1.10)$$

当 μ_0 在这区间内就接受假设 H_0. 这是经典统计的论述过程, 置信区间 (1.10) 是 (1.9) 确定的随机区间的一个观测值. 通常对置信区间的频率解释是 (1.9) 的概率意义: 观测 N 个样本, 按公式 (1.10) 计算出 N 个区间, 包含真实参数 μ_0 的区间个数 N_c 接近于 $N(1 - \alpha)$, 准确地讲

$$EN_c = N(1 - \alpha).$$

上述讨论具有普遍意义, 设 $\mathbf{x} = (x_1, \cdots, x_n)'$ 是抽自分布族

$$f(\cdot; \mu, \boldsymbol{\lambda}), \quad \mu \in \mathcal{U} \subseteq \mathfrak{R}, \quad \boldsymbol{\lambda} \in \Lambda \subseteq \mathfrak{R}^{s-1}$$

的样本, 样本空间记作 $\mathscr{X}$. $\boldsymbol{\lambda}$ 是冗余参数. 参数 μ 的枢轴量是 $h(\mathbf{x}; \mu)$, 于是 $h(\mathbf{X}; \mu)$ 的分布函数与参数 $\mu, \boldsymbol{\lambda}$ 无关, 记作 $F_h(\cdot)$, 它的 γ 分位点记作 $Q_h(\gamma)$, $F_h(Q_h(\gamma)) = \gamma$. 还假定对任意 $\mathbf{x}, h(\mathbf{x}; \cdot)$ 是单调函数. 确定参数 μ 的置信度为 $1 - \alpha$ 的置信区间分为两步.

第一步, 确定枢轴量临界值.

对给定显著水平 α, 任取 $\alpha_1 > 0$, $\alpha_2 > 0$, 使得 $\alpha_1 + \alpha_2 = \alpha$, 则

$$1 - \alpha = P(Q_h(\alpha_1) < h(\mathbf{X}; \mu_0) \leqslant Q_h(1 - \alpha_2)), \tag{1.11}$$

临界值 $Q_h(\alpha_1), Q_h(\alpha_2)$ 与样本无关. 常取 $\alpha_1 = \alpha_2 = \dfrac{\alpha}{2}$.

第二步, 确定置信区间.

由于 $h(\mathbf{x}; \cdot)$ 是单调函数, 故

$$Q_h(\alpha_1) < h(\mathbf{x}; \mu_0) \leqslant Q_h(1 - \alpha_2) \Leftrightarrow \underline{\mu}(\alpha_1, 1 - \alpha_2; \mathbf{x}) < \mu_0 \leqslant \bar{\mu}(\alpha_1, 1 - \alpha_2; \mathbf{x}),$$

其中 $\underline{\mu}(\alpha_1, 1 - \alpha_2; \mathbf{x}), \bar{\mu}(\alpha_1, 1 - \alpha_2; \mathbf{x})$ 满足

$$\begin{aligned} &\text{若 } h(\mathbf{x}; \cdot) \text{ 是单调上升的,} \quad h(\mathbf{x}; \underline{\mu}(\alpha_1, 1 - \alpha_2; \mathbf{x})) = Q_h(\alpha_1), \\ &\qquad\qquad\qquad\qquad\qquad\quad h(\mathbf{x}; \bar{\mu}(\alpha_1, 1 - \alpha_2; \mathbf{x})) = Q_h(1 - \alpha_2); \\ &\text{若 } h(\mathbf{x}; \cdot) \text{ 是单调下降的,} \quad h(\mathbf{x}; \underline{\mu}(\alpha_1, 1 - \alpha_2; \mathbf{x})) = Q_h(1 - \alpha_2), \\ &\qquad\qquad\qquad\qquad\qquad\quad h(\mathbf{x}; \bar{\mu}(\alpha_1, 1 - \alpha_2; \mathbf{x})) = Q_h(\alpha_1). \end{aligned} \tag{1.12}$$

于是 (1.11) 等价于

$$\begin{aligned} 1 - \alpha &= P(Q_h(\alpha_1) < h(\mathbf{X}; \mu_0) \leqslant Q_h(1 - \alpha_2)) \\ &= P(\underline{\mu}(\alpha_1, 1 - \alpha_2; \mathbf{X}) < \mu_0 \leqslant \bar{\mu}(\alpha_1, 1 - \alpha_2; \mathbf{X})). \end{aligned} \tag{1.13}$$

(1.13) 解释为随机区间 $(\underline{\mu}(\alpha_1, 1 - \alpha_2; \mathbf{X}), \bar{\mu}(\alpha_1, 1 - \alpha_2; \mathbf{X})]$ 盖住真实参数 μ_0 的概率是

$$1 - \alpha_2 - \alpha_1 = 1 - (\alpha_1 + \alpha_2) = 1 - \alpha.$$

对正态分布样本

$$\underline{\mu}(\alpha_1, \alpha_2; \mathbf{X}) = \bar{x} + \frac{s_n}{\sqrt{n}} t_{n-1}(\alpha_1) = \bar{x} - \frac{s_n}{\sqrt{n}} t_{n-1}(1 - \alpha_1),$$

$$\bar{\mu}(\alpha_1, \alpha_2; \mathbf{X}) = \bar{x} + \frac{s_n}{\sqrt{n}} t_{n-1}(1 - \alpha_2).$$

基于观测样本 $\mathbf{x}$ 的置信区间 $(\underline{\mu}(\alpha_1, \alpha_2; \mathbf{x}), \bar{\mu}(\alpha_1, \alpha_2; \mathbf{x})]$ 是随机区间 $(\underline{\mu}(\alpha_1, \alpha_2; \mathbf{X}), \bar{\mu}(\alpha_1, \alpha_2; \mathbf{X})]$ 的观测值. 对上述经典过程的不同考虑引申出不同的推断方法, 具体地讲就是 CD (Confidence Distribution) 即置信分布和信仰推断 (fiducial inference).

1.2.1.2 置信分布

引进 CD 概念就使从 (1.11) 至 (1.13) 的过程表达更简洁清晰. 由枢轴量定义的 CD 是

$$H(\mu_0; \mathbf{x}) = \begin{cases} F_h(h(\mathbf{x}; \mu_0)), & \text{若 } h(\mathbf{x}; \cdot) \text{ 是单调上升的,} \\ 1 - F_h(h(\mathbf{x}; \mu_0)), & \text{若 } h(\mathbf{x}; \cdot) \text{ 是单调下降的.} \end{cases} \tag{1.14}$$

不难看出,

$$H(\infty; \mathbf{x}) = 1, \quad H(-\infty; \mathbf{x}) = 0, \quad H(\cdot; \mathbf{x}) \text{ 是单调上升的}, \forall \mathbf{x} \in \mathfrak{R}^p,$$

即 $H(\cdot; \mathbf{x}), \forall \mathbf{x} \in \mathfrak{R}^p$ 是参数空间 $\mathcal{U}$ 上的分布函数. 由 (1.12)

$$H(\underline{\mu}(\alpha_1, 1 - \alpha_2; \mathbf{x}); \mathbf{x}) = \alpha_1, \quad H(\bar{\mu}(\alpha_1, 1 - \alpha_2; \mathbf{x}); \mathbf{x}) = 1 - \alpha_2.$$

意味着

$$\underline{\mu}(\alpha_1, 1 - \alpha_2; \mathbf{x}) = Q_H(\alpha_1; \mathbf{x}), \quad \bar{\mu}(\alpha_1, 1 - \alpha_2, \mathbf{x}) = Q_H(1 - \alpha_2; \mathbf{x}), \tag{1.15}$$

其中 $Q_H(\gamma; \mathbf{x})$ 是 $H(\cdot; \mathbf{x})$ 的 γ 分位点, 即

$$H(Q_H(\gamma; \mathbf{x}); \mathbf{x}) = \gamma, \quad \forall 0 < \gamma < 1.$$

于是经典统计确定置信区间的两步中的第一步省去, 第二步成为

$$1 - \alpha = 1 - (\alpha_1 + \alpha_2) = P(\alpha_1 < H(\mu_0; \mathbf{X}) \leqslant 1 - \alpha_2)$$
$$= P(Q_H(\alpha_1; \mathbf{X}) < \mu_0 \leqslant Q_H(1 - \alpha_2; \mathbf{X})).$$

引进 CD 就不必针对具体枢轴量进行讨论了, 做统计推断归结为求置信分布. 基于 CD 还可以给出点估计, 如中位估计 $H^{-1}(0.5; \mathbf{x})$, 期望估计 $\int sH(s; \mathbf{x})ds$ 等. CD 是参数信息的载体, 可称作参数的分布估计. 一种参数的推断方法对应一个 CD, 如果一个问题有 k 个处理方法, 那么对应的 CD 的加权平均仍是 CD, 是综合 k 个处理方法的处理方案. CD 本质上是枢轴量方法, CD 本身就是枢轴量, $H(\mu_0; \mathbf{X})$ 的分布是 $[0,1]$ 上的均匀分布, 与参数无关. 简化了用枢轴量构造置信区间和检验的过程, 提供了一问题的各种处理方案综合方法.

基于置信分布引进了随机估计. 若随机变量 ξ 的分布函数是 $H(\cdot; \mathbf{x})$, 则称 ξ 是参数 μ 的随机化估计或随机估计. ξ 可由下式确定

$$U = H(\xi; \mathbf{x}), \quad U \sim U(0, 1), \tag{1.16}$$

它的密度函数是 $\dfrac{\partial H(v; \mathbf{x})}{\partial v}$. 若 $P(\xi \in A) = \gamma, A \subseteq \mathcal{U}$, 则 A 是置信度为 γ 参数 μ 的置信集, 和 CD 的效果一样. 故认为 CD 是经典统计的后验分布. CD 的最大不足是只适用于单参数统计问题.

CD 并非一定用枢轴量定义. 若定义在 $\mathcal{U} \times \mathcal{X}$ 上的二元函数 $H(\mu_0; \mathbf{x})$ 具有以下两个性质:

(1) $H(\mu_0; \mathbf{X}) \sim U(0, 1), \forall \mu_0 \in \mathcal{U}$;

(2) $H(\cdot; \mathbf{x})$ 是参数空间 $\mathcal{U}$ 上的分布函数, $\forall \mathbf{x} \in \mathfrak{R}^p$,

则称 $H(\mu_0; \mathbf{x})$ 是一 CD.

以上讨论详见 Singh, Xie 和 Strawderman (2007). 通常总是将置信上限看做置信度的函数, 其反函数即将置信度看做置信上限的函数就是参数空间上的分布函数, 恰是 (1.14) 定义的 $H(\mu_0; \mathbf{x})$. 实际上, 若 $h(\mathbf{x}; \cdot)$ 是单调上升的, 则由 (1.12) 的第二式

$$h(\mathbf{x}; \bar{\mu}(0, \gamma; \mathbf{x})) = Q_h(\gamma) \to H(\bar{\mu}; \mathbf{x}) = F_h(h(\mathbf{x}; \bar{\mu})) = F_h(Q_h(\gamma)) = \gamma,$$

注意到 $\bar{\mu}(0, 0; \mathbf{x}) = -\infty, \bar{\mu}(0, 1; \mathbf{x}) = \infty$, 断言 $H(\cdot; \mathbf{x})$ 是参数空间 $\mathcal{U}$ 上的分布函数. 若 $h(\mathbf{x}, \cdot)$ 是单调下降的, 则由 (1.12) 的第二式

$$h(\mathbf{x}; \bar{\mu}(\gamma, 0; \mathbf{x})) = Q_h(\gamma) \Rightarrow H(\bar{\mu}; \mathbf{x}) = F_h(h(\mathbf{x}; \bar{\mu})) = F_h(Q_h(\gamma)) = \gamma,$$

仍断言 $H(\cdot; \mathbf{x})$ 是参数空间 $\mathcal{U}$ 上的分布函数.

1.2.1.3 信仰推断

经典统计和 Fisher 的信仰推断都是用枢轴量实现的. 观点不同导致不同推断方法. (1.11) 至 (1.13) 是经典统计实现过程, 置信区间是随机区间的观测值. Fisher 的

信仰推断可理解为根据观测到的样本 $\mathbf{x}$ 推断参数 μ 的分布推断方法, 认为在关系

$$h(\mathbf{x}; \mu_0) = T, \quad T \sim F_h(\cdot) \tag{1.17}$$

中 $\mathbf{x}$ 是常数, T 是取值于参数空间的随机变量, 且其分布就是枢轴量的分布. 这意味着 μ_0 就是 T 的函数, 是随机变量.

$$1 - \alpha = P(Q_h(\alpha_1) < h(\mathbf{x}; \mu_0) \leqslant Q_h(1 - \alpha_2))$$
$$= P(\underline{\mu}(\alpha_1, 1 - \alpha_2; \mathbf{x}) < \mu_0 \leqslant \bar{\mu}(\alpha_1, 1 - \alpha_2; \mathbf{x})),$$

其中 $\underline{\mu}(\alpha_1, 1 - \alpha_2; \mathbf{x}), \bar{\mu}(\alpha_1, 1 - \alpha_2; \mathbf{x})$ 由 (1.12) 定义, 意味着 μ_0 的分布函数恰是 $H(\cdot; \mathbf{x})$.

$$(\bar{\mu}(0, \alpha_1; \mathbf{x}), \bar{\mu}(0, 1 - \alpha_2; \mathbf{x})]$$

是置信度为 $1 - \alpha_1 - \alpha_2$ 的信仰区间, 和经典置信区间相同. μ_0 的密度函数是

$$f_F(t; \mathbf{x}) = \left| \frac{\partial h(\mathbf{x}; t)}{\partial t} \right| f_h(h(\mathbf{x}; t)),$$

称为信仰密度函数 (fiducial density function), 是基于关系 (1.17) 按随机变量函数的密度函数计算公式求得的. 这里 $f_h(\cdot)$ 是枢轴量 $h(\mathbf{X}; \mu_0)$ 的密度函数. 也许这就是 Fisher 的思考过程, 信仰推断的依据, 恰是 Fisher 给出的公式的普遍化. Fisher 于 1930 年在他的 "Inverse probability" 一文中作为挑战 Bayes 的后验分布而提出信仰分布概念. 设 $F(\cdot; \theta)$ 是随机变量 X 的分布函数, 其概率密度函数是 $f(\cdot; \theta)$. 给定 x, Fisher 定义信仰分布密度函数为

$$fid(\theta|x) = -\frac{\partial F}{\partial \theta}. \tag{1.18}$$

不过这里存在不足, 确定枢轴量分布时参数 μ_0 是常数, 样本是随机的; 而计算信仰密度函数或推断参数时 μ_0 是随机的, 而样本是常数, 在同一过程中转换角色, 难于理解. 这就是所谓 Fisher 疑惑吧.

1.2.1.4 随机估计

吸取随机估计观点, 认为参数是常数, 用参数空间上的随机变量估计它, 是本书讨论问题的基础. 将 (1.17) 中 μ_0 换成它的随机估计 W, 即

$$h(\mathbf{x}; W) = T, \quad \mathbf{x} \text{是观测的样本}, T \text{ 是与枢轴量有相同分布的随机变量}.$$

于是 W 是参数空间上的随机变量, 它的概率密度函数记作 $f_\mu(\cdot; \mathbf{x})$, 显然 $f_\mu(t; \mathbf{x}) = f_F(t; \mathbf{x})$. W 是参数 μ 的估计, 称为随机估计. 用随机变量估计常数的理念是人们常用的思维方法. 避免了在 Fisher 的信仰推断中由于将参数直接看做随机变量出现了不协调的疑惑. 经典统计中用统计量估计参数, 统计量的分布是依赖于参数的. 而用 CD 由 (1.16) 定义的随机估计 ξ 或 W 的分布不依赖于参数, 而以样本 $\mathbf{x}$ 为分布参数的. 用 CD 定义随机估计仅适用于一维参数, 而 W 的定义方法也适用于多维参数.

随机估计思想描述如下: 设总体分布族为

$$f(\mathbf{x}; \boldsymbol{\eta}, \boldsymbol{\lambda}), \quad \mathbf{x} \in \mathfrak{R}^p, \quad \boldsymbol{\eta} = (\eta_1, \cdots, \eta_l)' \in \mathcal{N} \subseteq \mathfrak{R}^l, \quad \boldsymbol{\lambda} \in \Lambda \subseteq \mathfrak{R}^{s-l}.$$

抽自 $f(\cdot; \boldsymbol{\eta}, \boldsymbol{\lambda})$ 的随机样本和具体样本分别记作

$$\mathbb{X} = (\mathbf{X}_1, \cdots, \mathbf{X}_n) \text{ 和 } \mathcal{X} = (\mathbf{x}_1, \cdots, \mathbf{x}_n),$$

n 是样本容量, 样本空间记作 $\mathscr{X} = \times_{i=1}^{n} \mathfrak{R}^p$. 考虑假设

$$H_0 : \boldsymbol{\eta} = \boldsymbol{\eta}_0 \leftrightarrow H_1 : \boldsymbol{\eta} \neq \boldsymbol{\eta}_0. \tag{1.19}$$

感兴趣的参数是 $\boldsymbol{\eta} \in \mathcal{N}$, $\boldsymbol{\lambda}$ 是冗余参数. 设 $\mathbf{h}(\mathscr{X}; \boldsymbol{\eta})$ 是定义在 $\mathscr{X} \times \mathcal{N}$ 上的 l 维向量, $\mathcal{N}_h$ 是其值域空间. 若满足以下两个条件:

(1) 给定样本 $\mathscr{X}$, $\mathbf{h}(\mathscr{X}; \cdot)$ 是 $\mathcal{N} \to \mathcal{N}_h$ 的一对一变换;

(2) 给定参数 $\boldsymbol{\eta}$, $\mathbf{h}(\mathbb{X}; \boldsymbol{\eta})$ 的分布与参数 $\boldsymbol{\eta}, \boldsymbol{\lambda}$ 无关:

$$\mathbf{V} = \mathbf{h}(\mathbb{X}; \boldsymbol{\eta}) \sim F_h(\cdot), \quad \forall \boldsymbol{\eta} \in \mathcal{N}, \quad F_h(\cdot) \text{ 是参数空间 } \mathcal{N}_h \text{ 上的分布函数.}$$

则称 $\mathbf{h}(\cdot; \cdot)$ 是参数 $\boldsymbol{\eta}$ 的枢轴量.

在不依赖于参数的意义下 $F_h(\cdot)$ 不含参数信息, 但是 $\mathbf{h}(\cdot)$ 的自变量是样本和参数, 含参数的充分信息. $F_h(\cdot)$ 与参数无关蕴含着 $\mathbf{h}(\cdot)$ 的结构充分运用了样本中的参数信息, 和参数相抵. $F_h(\cdot)$ 包含了分布族的结构信息, 是推断参数依据. 设 $\mathscr{B}_h$ 是 $\mathcal{N}_h$ 的 Borel 域, P_h 是 $F_h(\cdot)$ 确定的可测空间 $(\mathcal{N}_h, \mathscr{B}_h)$ 上的概率测度, $(\mathcal{N}_h, \mathscr{B}_h, P_h)$ 是概率空间, 是推断参数的基础.

参数 $\boldsymbol{\eta}$ 的随机估计 $\mathbf{W}$ 可由它的枢轴量定义

$$\mathbf{V} = \mathbf{h}(\mathscr{X}; \mathbf{W}), \tag{1.20}$$

$\mathbf{V}$ 是参数空间 $\mathcal{N}_h$ 上的随机向量, 其分布函数是 $F_h(\cdot)$. 将 $\mathbf{V}$ 称作参数 $\boldsymbol{\eta}$ 的枢轴随机向量, 简称为枢轴向量, 一维参数称为枢轴变量. 若 $\mathbf{W} = (W_1, \cdots, W_l)'$, 则 W_i 是 η_i 的随机估计, $i = 1, \cdots, l$. $\mathbf{W}$ 的概率密度函数是

$$f_{\boldsymbol{\eta}}(\mathbf{v}; \mathscr{X}) = f_h(\mathbf{h}(\mathscr{X}; \mathbf{v})) \left| \det \left(\frac{\partial \mathbf{h}(\mathscr{X}; \mathbf{v})}{\partial \mathbf{v}} \right) \right|,$$

其中 $f_h(\cdot)$ 是 $F_h(\cdot)$ 的概率密度函数, 也是枢轴向量 $\mathbf{V}$ 的密度函数. $f_{\boldsymbol{\eta}}(\cdot; \mathscr{X})$ 是参数空间 $\mathcal{N}$ 上的概率密度函数. Schweder 和 Hjort (2002) 将其称为收缩似然函数 (reduced likelihood function), 是感兴趣的参数 $\boldsymbol{\eta}$ 的似然函数, 而滤除了冗余参数 $\boldsymbol{\lambda}$ 的信息. 可用其估计参数和构造置信区间. 不过 Schweder 和 Hjort 仅论述了单参数的收缩似然函数.

1.2.2 VDR 检验

构造多维参数的枢轴量往往并不困难. 关键是如何分析, VDR 理论提供了有力工具. 基于 VDR 理论建立的参数检验叫做 VDR 检验.

1.2.2.1 构建 VDR 检验

为检验假设 (1.19), 令 $Z = f_{\boldsymbol{\eta}}(\mathbf{W}; \mathscr{X})$, 称其为检验随机变量, 则由 VDR 理论, 知 Z 的概率密度函数是

$$f_Z(v; \mathscr{X}) = -v \frac{dL_l(D_{[f_{\boldsymbol{\eta}}(\cdot; \mathscr{X})]}(v))}{dv},$$

根据此式可以计算 Z 的 γ 分位点 $Q_Z(\gamma; \mathscr{X})$,

$$\gamma = P(Z \leqslant Q_Z(\gamma; \mathscr{X})) = \int_0^{Q_Z(\gamma; \mathscr{X})} f_{\boldsymbol{\eta}}(v; \mathscr{X}) dv$$

$$= \int_0^{Q_z(\gamma;\mathcal{X})} L_l(D_{[f_{\boldsymbol{\eta}}(\cdot;\mathcal{X})]}(v))dv - L_l(D_{[f_{\boldsymbol{\eta}}(\cdot;\mathcal{X})]}(Q_Z(\gamma;\mathcal{X})))Q_Z(\gamma;\mathcal{X}). \quad (1.21)$$

在显著水平 α 下, 检验假设 (1.19) 的 VDR 检验规则是

若 $f_{\boldsymbol{\eta}}(\boldsymbol{\eta}_0;\mathcal{X}) > Q_Z(\gamma;\mathcal{X})$, **接受** H_0, **否则拒绝** H_0.

注意 $f_{\boldsymbol{\eta}}(\boldsymbol{\eta}_0;\mathcal{X})$ 就是经典意义下的检验统计量. 综合上述讨论, 构建 VDR 检验的步骤如下:

1. 基于总体模型构造枢轴量

$$\mathbf{h}(\mathcal{X};\boldsymbol{\eta}), \quad \mathbf{h}(\mathbb{X};\boldsymbol{\eta}) \sim F_h(\cdot), \quad F_h(\cdot) \text{ 是值域空间 } \mathcal{N}_h \text{ 上的分布函数.}$$

2. 确定随机估计

参数 $\boldsymbol{\eta}$ 的随机估计 $\mathbf{W}$ 由枢轴量和枢轴向量定义

$$\mathbf{h}(\mathcal{X};\mathbf{W}) = \mathbf{V}, \quad \mathbf{V} \sim F_h(\cdot).$$

3. 计算随机估计密度函数 $f_{\boldsymbol{\eta}}(\cdot;\mathcal{X})$,

$$f_{\boldsymbol{\eta}}(\mathbf{v};\mathcal{X}) = |J|f_h(\mathbf{h}(\mathcal{X};\mathbf{v})),$$

其中

$$J = \det\left(\frac{\partial\mathbf{h}(\mathcal{X};\mathbf{v})}{\partial\mathbf{v}}\right),$$

$$f_h(\mathbf{v}) = f_h(v_1,\cdots,v_l) = \frac{\partial F_h(\mathbf{v})}{\partial v_l\cdots\partial v_1}.$$

4. 按照公式 (1.21) 计算临界值 $Q_Z(\gamma;\mathcal{X})$,

$$P(Z \leqslant Q_Z(\gamma;\mathcal{X})) = \alpha.$$

5. 按照检验规则确定检验结果:

若 $f_{\boldsymbol{\eta}}(\boldsymbol{\eta}_0;\mathcal{X}) \leqslant Q_Z(\gamma;\mathcal{X})$, 拒绝原假设 $H_0: \boldsymbol{\eta} = \boldsymbol{\eta}_0$, 否则接受原假设.

例 1.1 正态总体均值参数的检验.

设 $\mathbf{x} = (x_1,\cdots,x_n)'$ 是抽自正态总体 $N(\mu,\sigma^2)$ 的样本, 现构建假设

$$H_0: \mu = \mu_0 \leftrightarrow H_1: \mu \neq \mu_0$$

的 VDR 检验. 按照构建 VDR 检验的步骤进行.

1. 枢轴量

参数 μ 的枢轴量是

$$h(\bar{x};s_n^2,\mu) = \frac{\sqrt{n}(\bar{x}-\mu)}{s_n}, \quad h(\bar{X};S_n^2,\mu) \sim t_{n-1}.$$

2. 随机估计

μ 的随机估计 W 满足

$$\frac{\sqrt{n}(\bar{x}-W)}{s_n} = T_{n-1}, \quad W = \bar{x} - \frac{s_n}{\sqrt{n}}T_{n-1}, \quad T_{n-1} \sim t_{n-1}.$$

3. 随机估计的密度函数

W 的密度函数为

$$f_\mu(u;\bar{x},s_n^2) = \frac{\sqrt{n}}{s_n}dt(h(\bar{x},s_n^2,u),n-1) = \frac{\sqrt{n}}{s_n}dt\left(\frac{\sqrt{n}(\bar{x}-u)}{s_n},n-1\right),$$

其中 $dt(\cdot,k)$ 是自由度为 k 的 t 分布密度函数.

4. 检验随机变量 $Z = f_\mu(W; \bar{x}, s_n^2)$ 的分位点 $Q_Z(\alpha; \bar{x}, s_n^2)$ 计算

对任意非负函数 $f(x), x \in \mathfrak{R}$, 令

$$D_{[f]}^c(v) = \{x : f(x) \leqslant v\}, \quad 0 < v \leqslant f_0 = f(x_0) = \sup_x f(x).$$

若 $f(\cdot)$ 在 $(-\infty, x_0]$ 上单调上升, 在 $[x_0, \infty)$ 上单调下降, 则

$$D_{[f]}^c(v) = (-\infty, x^-(v)] \cup [x^+(v), \infty),$$

其中

$$f(x^-(v)) = f(x^+(v)) = v, \quad x^-(v) < x_0 < x^+(v).$$

于是

$$
\begin{aligned}
D_{[f_\mu(\cdot; \bar{x}, s_n^2)]}^c(Q_Z(\alpha; \bar{x}, s_n^2)) &= \{u : f_\mu(u; \bar{x}, s_n^2) \leqslant Q_Z(\alpha; \bar{x}, s_n^2)\} \\
&= \left\{u : dt\left(\frac{\sqrt{n}(\bar{x} - u)}{s_n}, n-1\right) \leqslant \frac{s_n}{\sqrt{n}} Q_Z(\alpha; \bar{x}, s_n^2)\right\} \\
&= \{u : dt(h(\bar{x}, s_n^2; u), n-1) \leqslant \frac{s_n}{\sqrt{n}} Q_Z(\alpha; \bar{x}, s_n^2)\} \\
&= \{u : h(\bar{x}, s_n^2; u) \in D_{[dt(\cdot, n-1)]}^c(Q_V(\alpha))\} \\
&= \{u : h(\bar{x}, s_n^2; u) \in (-\infty, -t_\alpha^*] \cup [t_\alpha^*, \infty)\}, \\
Q_V(\alpha) &= \frac{s_n}{\sqrt{n}} Q_Z(\alpha; \bar{x}, s_n^2), \\
dt(\pm t_\alpha^*, n-1) &= Q_V(\alpha).
\end{aligned}
$$

进而

$$
\begin{aligned}
\alpha &= P(f_\mu(W; \bar{x}, s_n^2) \leqslant Q_Z(\alpha; \bar{x}, s_n^2)) \\
&= P(h(\bar{x}, s_n^2; W) \in (-\infty, -t_\alpha^*] \cup [t_\alpha^*, \infty)) \\
&= 2P(T_{n-1} \leqslant -t_\alpha^*).
\end{aligned}
$$

因此

$$-t_\alpha^* = t_{n-1}\left(\frac{\alpha}{2}\right), \quad t_\alpha^* = t_{n-1}\left(1 - \frac{\alpha}{2}\right), \quad Q_V(\alpha) = dt\left(t_{n-1}\left(\frac{\alpha}{2}\right), n-1\right).$$

5. VDR 检验规则

若 $dt(h(\bar{x}, s_n^2, \mu_0), n-1) \leqslant dt\left(t_{n-1}\left(\frac{\alpha}{2}\right), n-1\right)$, 则拒绝假设 $H_0 : \mu = \mu_0$, 否则接受 H_0.

易见

$$f_\eta(\bar{x}, s_n^2, \mu_0) \leqslant Q_Z(\alpha; \bar{x}, s_n^2) \Leftrightarrow |h(\bar{x}, s_n^2, \mu_0)| = \left|\frac{\sqrt{n}(\bar{x} - \mu_0)}{s_n}\right| \geqslant t_{n-1}\left(1 - \frac{\alpha}{2}\right),$$

蕴含着检验假设 $H_0 : \mu = \mu_0$ 的 VDR 检验就是众所周知的 t 检验. 直观图解见图 3.2 之左图.

1.2.2.2 VDR 置信域

在给定显著水平 α 和样本 $\mathcal{X}$ 下, 接受 H_0 的全体 $\boldsymbol{\eta}_0$ 组成的集合记作 $C(\alpha; \mathcal{X})$, 即

$$C(\alpha; \mathcal{X}) = \{\boldsymbol{\eta} : f_{\boldsymbol{\eta}}(\boldsymbol{\eta}; \mathcal{X}) \geqslant Q_Z(\alpha; \bar{x}, s_n^2)\}.$$

$C(\alpha; \mathcal{X})$ 是参数 $\boldsymbol{\eta}$ 的置信域. 我们证明 (见引理 3.1) 了凡满足

$P(W \in A) = 1 - \alpha, A \in \mathscr{B}_{\mathcal{X}}$, $\mathscr{B}_{\mathcal{X}}$ 是 W 导入的 $\mathscr{B}_{\mathcal{N}}$ 的子 σ 域, W 由 (1.20) 定义 的 A 都是参数 $\boldsymbol{\eta}$ 的置信度为 $1 - \alpha$ 的置信域, 而 $C(\alpha; \mathcal{X})$ 有最小 Lebesgue 测度. 正 如基于正态样本的均值 μ 的置信区间, 取 $\alpha_1 + \alpha_2 = \alpha$, 则 $\left[\bar{x} + \frac{s_n}{\sqrt{n}} t_{n-1}(\alpha_1), \bar{x} + \frac{s_n}{\sqrt{n}} t_{n-1}(1 - \alpha_2) \right]$ 是 μ 的置信度为 $1 - \alpha$ 的置信区间, 当 $\alpha_1 = \alpha_2 = \frac{\alpha}{2}$ 时区间长度 最短.

VDR 检验自身性质固然重要, 它的价值在于广泛的适用性. 若参数空间上的 概率分布是由枢轴量的分布函数确定的, 由 VDR 检验确定的参数置信域具有最小 Lebesgue 测度. 将 VDR 检验应用于一维参数的检验和置信区间, 或得到经典已知结 果, 或给出改进结果. 如正态总体期望参数的 t 检验, 可由 VDR 检验导出. 给出方差 的置信区间最短的两端概率的分配原则, 即临界值处的自由度为 $n-1$ 的逆 χ^2 分布 密度函数值相等. 将 VDR 检验应用到指数分布总体, 失效率和平均寿命置信区间分 别由 χ^2 分布、逆 χ^2 分布和临界值处密度函数值相等的原则确定, 两者不能相互导 出. 应用于多元正态总体均值向量参数检验, 得到大家熟知的 Hotelling 检验; 应用 到协方差阵的检验, 得到基于 Wishart 分布的精确的 VDR 检验. 实际上是将一维正 态总体结果平行地推广到多维正态总体.

1.3 几个应用

随机估计和 VDR 检验是通用方法, 很多情形都可以应用. 本节就几种重要情 形作简要叙述. 在讨论多元线型变换分布族参数推断和非正态误差回归分析中涉及 一个由密度函数定义的函数 $\mathbf{L}(\mathbf{x})$ 起着重要作用. 设 $f(\cdot)$ 是 $\mathfrak{R}^p$ 上的密度函数, 且 $f_0 = f(\mathbf{0}_p) = \sup\{f(\mathbf{x}) : \mathbf{x} \in \mathfrak{R}^p\}$. 令

$$\mathbf{L}(\mathbf{x}) = \mathbf{L}_{[f]}(\mathbf{x}) = \mathbf{L}_{[f]}(L_1(\mathbf{x}), \cdots, L_p(\mathbf{x}))'$$

$$= -\frac{1}{f(\mathbf{x})} \frac{\partial}{\partial \mathbf{x}} f(\mathbf{x}) = \left(-\frac{1}{f(\mathbf{x})} \frac{\partial}{\partial x_1} f(\mathbf{x}), \cdots, -\frac{1}{f(\mathbf{x})} \frac{\partial}{\partial x_p} f(\mathbf{x}) \right)',$$

当不引起误解时省略下标记为 $\mathbf{L}(\cdot)$. $f(\cdot)$ 由 $\mathbf{L}(\cdot)$ 确定. 当 $p = 1$ 时,

$$L(x) = -\frac{f'(x)}{f(x)} = \frac{d(-\ln(f(x)))}{dx} \Leftrightarrow f(x) = f_0 e^{-\int_0^x L(y) dy}.$$

当 $p > 1$ 时, 给定 $\mathbf{x} \in \mathfrak{R}^p$, 令

$$g(r) = f(r\mathbf{x}), \quad r > 0,$$

则

$$f(\mathbf{x}) = g(1) = g(0) e^{-\int_0^1 \frac{-d\ln(g(r))}{dr} dr} = f_0 e^{-\int_0^1 \mathbf{L}'(r\mathbf{x})\mathbf{x} dr}$$

$$= f_0 e^{-\int_0^1 \sum_{i=1}^p L_i(r\mathbf{x}) x_i dr}.$$

1.3.1　多元统计分析

随机估计和 VDR 检验可以应用于多元非正态分布的多元线性变换分布族数据的统计分析, 扩展了多元统计分析内容. 多元正态分布族是标准正态分布经线性变换得到的分布族. 将标准正态分布换成已知的一中心相似分布, 得到线性变换分布族, 其分布参数就是线性变换的参数.

1.3.1.1　多元线性变换分布族及其参数的随机估计

设

$$\mathbf{Y} \sim f(\cdot), \quad EY = \mathbf{0}_p,$$

其中 $f(\cdot)$ 是 $\mathfrak{R}^p$ 上的概率密度函数, 如中心相似概率密度函数. 令

$$\mathbf{X} = \boldsymbol{\mu} + M\mathbf{Y}, \text{ 这里 } M = (m_{ij}) \text{ 是 } p \times p \text{ 非奇异阵, } \boldsymbol{\mu} \in \mathfrak{R}^p. \quad (1.22)$$

$\mathbf{X}$ 的概率密度函数是

$$f_X(\mathbf{x}; \boldsymbol{\mu}, M) = \frac{1}{|M|} f(M^{-1}(\mathbf{x} - \boldsymbol{\mu})), \quad \mathbf{x} \in \mathfrak{R}^p, \quad (1.23)$$

$\mathbf{X}$ 的分布记作 $N_{p,[f]}(\boldsymbol{\mu}, M)$, 当 $p = 1$ 时简记作 $N_{[f]}(\mu, \sigma)$. 当

$$f(\mathbf{x}) = \frac{1}{(2\pi)^{\frac{p}{2}}} e^{-\frac{1}{2}\mathbf{x}'\mathbf{x}}, \quad \mathbf{x} \in \mathfrak{R}^p,$$

$N_{p,[f]}(\boldsymbol{\mu}, M)$ 就是 $N_p(\boldsymbol{\mu}, MM')$. 当

$$f(\mathbf{x}) = h(\mathbf{x}'\mathbf{x}), \quad \mathbf{x} \in \mathfrak{R}^p, \text{ 即} f(\cdot) \text{ 是球对称分布,}$$

$N_{p,[f]}(\boldsymbol{\mu}, M)$ 就是椭球等高分布. 抽自 $N_{p,[f]}(\boldsymbol{\mu}, M)$ 的样本记作 $\mathcal{X} = (\mathbf{x}_1, \cdots, \mathbf{x}_n)$, 随机样本为 $\mathbb{X} = (\mathbf{X}_1, \cdots, \mathbf{X}_n)$, 如何推断 $\boldsymbol{\mu}, M$ 是基本问题. 对数似然函数为

$$l(\boldsymbol{\mu}, M) = -n\ln(|M|) + \sum_{i=1}^{n} \ln(f(M^{-1}(\mathbf{x}_i - \boldsymbol{\mu}))).$$

参数 $\boldsymbol{\mu}, M$ 的极大似然估计 $\hat{\boldsymbol{\mu}}, \hat{M}$ 是似然方程

$$M^{-1} \sum_{i=1}^{n} \mathbf{L}(M^{-1}(\mathbf{x}_i - \boldsymbol{\mu})) = 0,$$

$$(1.24)$$

$$n(M^{-1})' - \sum_{i=1}^{n} M^{-1}\mathbf{L}(M^{-1}(\mathbf{x} - \boldsymbol{\mu}))(\mathbf{x} - \boldsymbol{\mu})'(M^{-1})' = 0$$

的解. 分析以上表达式, 易见

$$\mathbf{h}(\mathcal{X}; \boldsymbol{\mu}, M) = \begin{pmatrix} \sum_{i=1}^{n} \mathbf{L}(M^{-1}(\mathbf{x}_i - \boldsymbol{\mu})) \\ \sum_{i=1}^{n} \mathbf{L}(M^{-1}(\mathbf{x}_i - \boldsymbol{\mu}))(\mathbf{x}_i - \boldsymbol{\mu})'(M^{-1})' \end{pmatrix} \quad (1.25)$$

是参数 $\boldsymbol{\mu}$ 和 M 的枢轴向量. 恒有

$$\mathbf{h}(\mathbb{X}; \boldsymbol{\mu}, M) \overset{d}{=} \mathbf{h}(\mathbb{X}; \mathbf{0}_p, I_p) = \begin{pmatrix} \sum_{i=1}^{n} \mathbf{L}(\mathbf{Z}_i) \\ \sum_{i=1}^{n} \mathbf{L}(\mathbf{Z}_i)\mathbf{Z}_i' \end{pmatrix},$$

$$\mathbf{Z}_1, \cdots, \mathbf{Z}_n \ \text{是} \ i.i.d., \ \mathbf{Z}_1 \sim N_{p,[f]}(\mathbf{0}_p, I_p),$$

即 $\mathbf{h}(\mathbb{X}; \boldsymbol{\mu}, M)$ 的分布与参数无关, 是枢轴量. 参数 $\boldsymbol{\mu}, M$ 的枢轴向量记作

$$\vec{\mathbb{V}} = \begin{pmatrix} \mathbf{V} \\ \mathbb{V} \end{pmatrix}, \quad \mathbf{V} \stackrel{d}{=} \sum_{i=1}^{n} \mathbf{L}(\mathbf{Z}_i), \quad \mathbb{V} \stackrel{d}{=} \sum_{i=1}^{n} \mathbf{L}(\mathbf{Z}_i)\mathbf{Z}_i',$$

其随机估计 $\mathbf{W}_{\boldsymbol{\mu}}, \mathbb{W}_M$ 由方程 (1.26) 定义,

$$\mathbf{h}(\mathcal{X}; \mathbf{W}_{\boldsymbol{\mu}}, \mathbb{W}_M) = \vec{\mathbb{V}}, \tag{1.26}$$

等价于

$$\sum_{i=1}^{n} \mathbf{L}(\mathbb{W}_M^{-1}(\mathbf{X}_i - \mathbf{W}_{\boldsymbol{\mu}})) = \sum_{i=1}^{n} \mathbf{L}(\mathbf{Z}_i), \tag{1.27}$$

$$\sum_{i=1}^{n} \mathbf{L}(\mathbb{W}_M^{-1}(\mathbf{X}_i - W_{\boldsymbol{\mu}}))(\mathbf{X}_i - \mathbf{W}_{\boldsymbol{\mu}})'(\mathbb{W}_M^{-1})' = \sum_{i=1}^{n} \mathbf{L}(\mathbf{Z}_i)\mathbf{Z}_i'. \tag{1.28}$$

(1.27) 和 (1.28) 是推断参数 $\boldsymbol{\mu}, M$ 的基础, 如果能计算出 $\left(\sum_{i=1}^{n} \mathbf{L}(\mathbf{Z}_i), \sum_{i=1}^{n} \mathbf{L}(\mathbf{Z}_i)\mathbf{Z}_i' \right)$ 的联合密度函数, 所有有关参数的推断问题都迎刃而解. 如何计算这个密度函数是值得研究的问题. 不过总可以实现参数的模拟估计. 抽取一个样本 $\mathbf{Z}$, 就可用公式 (1.27) 和 (1.28) 计算出 $\mathbf{W}_{\boldsymbol{\mu}}, \mathbb{W}_M$. 重复抽取就可获得 $\mathbf{W}_{\boldsymbol{\mu}}, \mathbb{W}_M$ 的经验分布, 实现基于样本 $\mathcal{X}$ 的参数 $\boldsymbol{\mu}$ 和 M 的推断. 还可以抽取足够的 $\mathbf{Z}$, 估计 $\left(\sum_{i=1}^{n} \mathbf{L}(\mathbf{Z}_i), \sum_{i=1}^{n} \mathbf{L}(\mathbf{Z}_i)\mathbf{Z}_i' \right)$ 的联合密度函数, 然后推断参数 $\boldsymbol{\mu}$ 和 M. 具体做法尚待研究.

1.3.1.2 多元正态分布的参数推断

当总体是多元正态分布时, 记

$$S^2(\mathcal{X}) = S(\mathcal{X})S'(\mathcal{X}) = \sum_{i=1}^{n} (\mathbf{x}_i - \bar{\mathbf{x}})(\mathbf{x}_i - \bar{\mathbf{x}})' = (n-1)\hat{\Sigma},$$

$$\bar{\mathbf{x}} = \frac{1}{n} \sum_{i=1}^{n} \mathbf{x}_i.$$

此时 $\mathbf{L}(\mathbf{x}) = \mathbf{x}, M = \Sigma^{\frac{1}{2}}$, 方程 (1.27) 和 (1.28) 成为

$$\mathbb{W}_{\Sigma}^{-\frac{1}{2}} \sum_{i=1}^{n} (\mathbf{x}_i - \mathbf{W}_{\boldsymbol{\mu}}) = n\mathbb{W}_{\Sigma}^{-\frac{1}{2}}(\bar{\mathbf{x}} - \mathbf{W}_{\boldsymbol{\mu}}) = \sum_{i=1}^{n} \mathbf{Z}_i = n\bar{\mathbf{Z}}, \tag{1.29}$$

$$\mathbb{W}_{\Sigma}^{-\frac{1}{2}} \sum_{i=1}^{n} (\mathbf{x}_i - \mathbf{W}_{\boldsymbol{\mu}})(\mathbf{x}_i - \mathbf{W}_{\boldsymbol{\mu}})' \mathbb{W}_{\Sigma}^{-\frac{1}{2}} = \sum_{i=1}^{n} \mathbf{Z}_i \mathbf{Z}_i'. \tag{1.30}$$

注意到

$$\mathbb{W}_{\Sigma}^{-\frac{1}{2}} \sum_{i=1}^{n} (\mathbf{x}_i - W_{\boldsymbol{\mu}})(\mathbf{x}_i - W_{\boldsymbol{\mu}})' \mathbb{W}_{\Sigma}^{-\frac{1}{2}}$$

$$= \mathbb{W}_{\Sigma}^{-\frac{1}{2}} \sum_{i=1}^{n} (\mathbf{x}_i - \bar{\mathbf{x}})(\mathbf{x}_i - \bar{\mathbf{x}})' \mathbb{W}_{\Sigma}^{-\frac{1}{2}} + n||\mathbb{W}_{\Sigma}^{-\frac{1}{2}}(\bar{\mathbf{x}} - \mathbf{W}_{\boldsymbol{\mu}})||^2,$$

方程 (1.29) 和 (1.30) 等价于

$$\mathbb{W}_{\Sigma}^{-\frac{1}{2}}(\bar{\mathbf{x}} - W_{\boldsymbol{\mu}}) = \sum_{i=1}^{n} \mathbf{Z}_i = \bar{\mathbf{Z}},$$

$$\mathbb{W}_{\Sigma}^{-\frac{1}{2}} S(\mathcal{X}) S'(\mathcal{X}) \mathbb{W}_{\Sigma}^{-\frac{1}{2}} = S(\mathcal{Z}) S'(\mathcal{Z}),$$

解此方程

$$\mathbb{W}_{\Sigma}^{\frac{1}{2}} = S(\mathcal{X}) S^{-1}(\mathbb{Z}),$$

$$\mathbf{W}_{\boldsymbol{\mu}} = \bar{\mathbf{x}} - \mathbb{W}_{\Sigma}^{\frac{1}{2}} \bar{\mathbf{Z}} = \bar{\mathbf{x}} - \frac{S(\mathcal{X})}{\sqrt{n}} S^{-1}(\mathbb{Z})(\sqrt{n}\bar{\mathbf{Z}}) \tag{1.31}$$

$$= \bar{\mathbf{x}} - \frac{s_n(\mathcal{X})}{\sqrt{n}} s_n^{-1}(\mathbb{Z})(\sqrt{n}\bar{\mathbf{Z}}),$$

其中

$$s_n = s_n(\mathcal{X}) = \frac{S(\mathcal{X})}{\sqrt{n-1}}.$$

这是一维正态分布结果的推广, $s_n^{-1}(\mathbb{Z})(\sqrt{n}\bar{Z})$ 就是 t 分布的直接推广, 叫做自由度为 $n-1$ 的 p 元 t 分布. 和一维正态分布一样, $S(\mathbb{Z})$ 和 $\sqrt{n}\bar{Z}$ 相互独立, 前者服从 Wishart 分布 $W_p(n-1, I_p)$, 后者服从正态分布 $N_p(\mathbf{0}_p, I_p)$. 自由度为 $n-1$ 的 p 元 t 分布的密度函数是

$$f_{\mathbf{T}}(\mathbf{t}; n-1, p) = \frac{\Gamma_p\left(\dfrac{n}{2}\right)}{((n-1)\pi)^{\frac{p}{2}} \Gamma_p\left(\dfrac{n-1}{2}\right)} \left(\det\left(I_p + \frac{\mathbf{t}'\mathbf{t}}{n-1}\right)\right)^{-\frac{n}{2}}$$

$$= \frac{\Gamma_p\left(\dfrac{n}{2}\right)}{((n-1)\pi)^{\frac{p}{2}} \Gamma_p\left(\dfrac{n-1}{2}\right)} \left(1 + \frac{\displaystyle\sum_{i=1}^{p} t_i^2}{n-1}\right)^{-\frac{n}{2}}$$

$$= \frac{\Gamma\left(\dfrac{n}{2}\right)}{((n-1)\pi)^{\frac{p}{2}} \Gamma\left(\dfrac{n-p}{2}\right)} \left(1 + \frac{\displaystyle\sum_{i=1}^{p} t_i^2}{n-1}\right)^{-\frac{n}{2}},$$

其中

$$\Gamma_p\left(\frac{k}{2}\right) = \pi^{\frac{p(p-1)}{4}} \prod_{j=1}^{p} \Gamma\left(\frac{k-j+1}{2}\right).$$

参看刘金山 (2004) 第 215 页或 Daniel (2003). 特别指出, 多元 t 分布的边缘分布仍是多元 t 分布. 于是 $\mathbf{W}_{\boldsymbol{\mu}}$ 的概率密度函数是

$$f_{\boldsymbol{\mu}}(\mathbf{t}; \mathcal{X}) = \frac{\sqrt{n}}{|\det(s_n(\mathcal{X}))|} f_{\mathbf{T}}(\sqrt{n} s_n^{-1}(\bar{\mathbf{x}} - \mathbf{t}), n-1, p).$$

不难验证, 用 $f_{\boldsymbol{\mu}}(\cdot; \mathcal{X})$ 构造的 VDR 检验就是 Hotelling 检验.

现在考虑假设

$$H_0 : \Sigma = \Sigma_0 \leftrightarrow H_1 : \Sigma \neq \Sigma_0$$

的检验问题. 由 (1.32) 得协方差阵 Σ 的随机估计是

$$\mathbb{W}_{\Sigma}^{\frac{1}{2}} = S(\mathcal{X})S^{-1}(\mathbb{Z}),$$

$$\mathbb{W}_{\Sigma} = S(\mathcal{X})S^{-2}(\mathbb{Z})S(\mathcal{X}). \tag{1.32}$$

由 $S^2(\mathbb{Z}) \sim W_p(n-1, I_p), \operatorname{rank}(S(\mathbb{X})) = p, a.s.$ 及 Wishart 分布的性质

$$\mathbb{W}_{\Sigma}^{-1} = S^{-1}(\mathcal{X})S^2(\mathbb{Z})S^{-1}(\mathcal{X})$$

$$\sim W_p(n-1, S^{-2}(\mathcal{X})),$$

$$\mathbb{W}_{\Sigma} \sim IW_p(n+p, S^2(\mathcal{X})),$$

其中 IW_p 是逆 Wishart 分布. $IW_p(n+p, S^2(\mathcal{X}))$ 的分布密度函数是

$$dIW_p(A; n-1, S^2(\mathcal{X})) = \frac{(\det(S(\mathcal{X})))^{n-1}}{2^{\frac{p(n-1)}{2}}\Gamma_p\left(\frac{n-1}{2}\right)}|A|^{-\frac{n+p}{2}}\operatorname{etr}\left(-\frac{1}{2}A^{-1}S^2(\mathcal{X})\right),$$

其中

$$\operatorname{etr}(A) = \exp\{\operatorname{tr}(A)\},$$

$$\Gamma_p(k) = \pi^{\frac{p(p-1)}{4}}\prod_{i=1}^{p}\Gamma(k - \frac{1}{2}(i-1)),$$

见刘金山 (2004). 检验随机变量

$$Z = dIW_p(W_{\Sigma}; n+p, S(\mathcal{X}))$$

的 γ 分位点, 记作 $Q_Z(\gamma, S^2(\mathcal{X}))$, 即

$$P(Z \leqslant Q_Z(\gamma, S^2(\mathcal{X}))) = \gamma.$$

进而确定了检验假设 (1.32) 的检验规则:

若 $dIW_p(\Sigma_0, p, n+p, S(\mathcal{X})) < Q_Z(\gamma, S^2(\mathcal{X}))$, **则拒绝假设** $H_0: \Sigma = \Sigma_0$, **否则接受假设** H_0.

计算 $Q_Z(\gamma, S^2(\mathcal{X}))$ 的值是困难的, 但是我们容易获得模拟分位点和模拟 p 值. 值得注意的是, VDR 检验不同于极大似然比检验, 是精确检验. 功效比较有待研究.

由于 Wishart 分布 $W_1(k, I_p)$ 就是自由度为 k 的 χ^2 分布, VDR 检验的最突出的特征和参数的维数无关. 维数高只是计算复杂了, 统计分析的原理不变. VDR 检验是普遍适用的, 有固定的分析步骤: 构造枢轴量, 求参数的随机估计, 求其概率密度函数, 计算 VDR 检验随机变量分位点, 给出结论. 也可以做点估计、期望估计和极大点估计等. 是在经典统计体系下构建的检验理论, 是信仰推断的发展, 同时也可以将 Bayes 理论纳入经典体系下, 只需将参数是随机变量用它的随机估计代替, 将 Bayes 分析看做经典体系下的一种推断方法.

1.3.2 非正态误差回归分析

通常在线性模型中假设误差项是正态的, 才可以给出线性模型系数的置信区间和参数的检验, 预测响应变量取值. 正态分布是特定的位置刻度分布族. 本节将讨论简单线性模型误差项为任意位置刻度参数分布族的情形, 其思想也适用于多元线性

模型. 考虑刻度参数分布族误差的简单线性模型

$$Y_i = \gamma + \beta x_i + e_i, \quad i = 1, \cdots, n, \quad e_1 \sim N_{[f]}(0, \sigma), \quad e_1, \cdots, e_n \text{ 是 } i.i.d.. \quad (1.33)$$

γ, β, σ 是简单线性模型 (1.33) 的参数, γ, β 分别是简单线型模型的常数项和系数, σ 是模型误差的刻度参数. 参数空间是 $\Theta = \mathfrak{R}^2 \times \mathfrak{R}^+$, 其 Borel 域为 $\mathscr{B}^2 \times \mathscr{B}^+$. $\mathbf{y} = (y_1, \cdots, y_n)'$ 是观测到的样本. 基于样本 $\mathbf{y}$ 和设计向量 $\mathbf{x} = (x_1, \cdots, x_n)'$, 考虑假设

$$H_{01} : \gamma = \gamma_0 \leftrightarrow H_{11} : \gamma \neq \gamma_0,$$
$$H_{02} : \beta = \beta_0 \leftrightarrow H_{12} : \beta \neq \beta_0,$$
$$H_{03} : \sigma = \sigma_0 \leftrightarrow H_{13} : \sigma \neq \sigma_0,$$
$$H_{04} : (\gamma, \beta) = (\gamma_0, \beta_0) \leftrightarrow H_{14} : (\gamma, \beta) \neq (\gamma_0, \beta_0),$$
$$H_{05} : (\gamma, \beta, \sigma) = (\gamma_0, \beta_0, \sigma_0) \leftrightarrow H_{15} : (\gamma, \beta, \sigma) \neq (\gamma_0, \beta_0, \sigma_0).$$

对数似然函数是

$$l(\gamma, \beta, \sigma) = -n \ln \sigma + \sum_{i=1}^{n} \ln f \left(\frac{y_i - (\gamma + \beta x_i)}{\sigma} \right).$$

γ, β 和 σ 的极大似然估计 $\hat{\gamma}_n, \hat{\beta}_n$ 和 $\hat{\sigma}_n$ 满足似然方程

$$\frac{\partial l(\hat{\gamma}, \hat{\beta}, \hat{\sigma})}{\partial \gamma} = \frac{1}{\hat{\sigma}_n} \sum_{i=1}^{n} L \left(\frac{y_i - (\hat{\gamma}_n + \hat{\beta}_n x_i)}{\hat{\sigma}_n} \right) = 0,$$

$$\frac{\partial l(\hat{\gamma}, \hat{\beta}, \hat{\sigma})}{\partial \beta} = \frac{1}{\hat{\sigma}_n} \sum_{i=1}^{n} x_i L \left(\frac{y_i - (\hat{\gamma}_n + \hat{\beta}_n x_i)}{\hat{\sigma}_n} \right) = 0,$$

$$\frac{\partial l(\hat{\gamma}, \hat{\beta}, \hat{\sigma})}{\partial \sigma} = -\frac{n}{\hat{\sigma}_n} + \frac{1}{\hat{\sigma}_n^2} \sum_{i=1}^{n} (y_i - (\hat{\gamma}_n + \hat{\beta}_n x_i)) L \left(\frac{y_i - (\hat{\gamma}_n + \hat{\beta}_n x_i)}{\hat{\sigma}_n} \right) = 0,$$

其中

$$L(x) = -\frac{d \ln f(x)}{dx} = -\frac{f'(x)}{f(x)}.$$

分析似然方程的结构, 不难给出参数 γ, β, σ 的枢轴量

$$\mathbf{h}(\mathbf{y}, \mathbf{x}; \gamma, \beta, \sigma) = \begin{pmatrix} h_1(\mathbf{y}, \mathbf{x}; \gamma, \beta, \sigma) \\ h_2(\mathbf{y}, \mathbf{x}; \gamma, \beta, \sigma) \\ h_3(\mathbf{y}, \mathbf{x}; \gamma, \beta, \sigma) \end{pmatrix} = \begin{pmatrix} \sum_{i=1}^{n} L \left(\frac{y_i - (\gamma + \beta x_i)}{\sigma} \right) \\ \sum_{i=1}^{n} x_i L \left(\frac{y_i - (\gamma + \beta x_i)}{\sigma} \right) \\ \sum_{i=1}^{n} \frac{y_i - (\gamma + \beta x_i)}{\sigma} L \left(\frac{Y_i - (\gamma + \beta x_i)}{\sigma} \right) \end{pmatrix},$$

$$\mathbf{h}(\mathbf{Y}, \mathbf{x}; \gamma, \beta, \sigma) \stackrel{d}{=} \mathbf{h}(\mathbf{Y}, \mathbf{x}; 0, 0, 1) = \begin{pmatrix} \sum_{i=1}^{n} L(e_i) \\ \sum_{i=1}^{n} x_i L(e_i) \\ \sum_{i=1}^{n} e_i L(e_i) \end{pmatrix} = \begin{pmatrix} V_1 \\ V_2 \\ V_3 \end{pmatrix}.$$

枢轴向量 $\mathbf{V} = (V_1, V_2, V_3)'$ 和枢轴量有相同的分布. 参数 γ, β, σ 的随机估计 $(W_\gamma, W_\beta, W_\sigma)'$ 由下式确定

$$\begin{pmatrix} \sum_{i=1}^{n} L\left(\dfrac{y_i - (W_\gamma + W_\beta x_i)}{W_\sigma}\right) \\ \sum_{i=1}^{n} x_i L\left(\dfrac{y_i - (W_\gamma + W_\beta x_i)}{W_\sigma}\right) \\ \sum_{i=1}^{n} \dfrac{y_i - (W_\gamma + W_\beta x_i)}{W_\sigma} L\left(\dfrac{y_i - (\gamma + \beta x_i)}{W_\sigma}\right) \end{pmatrix} = \begin{pmatrix} V_1 \\ V_2 \\ V_3 \end{pmatrix}. \tag{1.34}$$

自然, 如何解出 $(W_\gamma, W_\beta, W_\sigma)'$ 及求出其概率密度和 $N_f(0,1)$ 有关. 当 $f(\cdot)$ 是标准正态分布时随机估计有解析解, 否则可能只有数值解. 给定 $f(\cdot)$ 的推断细节尚待研究, 但是总能求得模拟解.

模型 (1.33) 可以写成矩阵形式

$$\mathbf{y} = X\boldsymbol{\beta} + \mathbf{e}, \quad \mathbf{e} \sim N_{n,[f]}(\mathbf{0}_n, \sigma I_n),$$

这容易推广到一般线性模型.

1.3.3 多总体均值参数检验

在经典推断中, Behrens-Fisher 问题是著名难题, 其原因是无法找到枢轴量, 而用信仰推断就是简单问题了. 随机估计使得一些不好解决的问题变得简单, 多总体均值参数检验问题是典型例子, Behrens-Fisher 问题是其特例.

设 $\mathbf{x}_{n_i} = (x_{i1}, x_{i2}, \cdots, x_{in_i})'$ 是抽自 $N(\mu_i, \sigma_i^2)$ 的样本容量为 n_i 的样本, $i = 1, 2, \cdots, p$. $\mathbf{x}_{n_i}, i = 1, \cdots, p$ 相互独立, 并记

$$n = \sum_{i=1}^{p} n_i, \qquad\qquad \mathbf{n} = (n_1, \cdots, n_m)';$$

$$\bar{x}_i = \frac{1}{n_i} \sum_{j=1}^{n_i} x_{ij}, i = 1, \cdots, p, \qquad \bar{\mathbf{x}} = (\bar{x}_1, \cdots, \bar{x}_p)';$$

$$s_i^2 = \frac{1}{n_i - 1} \sum_{j=1}^{n_i} (x_{ij} - \bar{x}_i)^2, i = 1, \cdots, p, \mathbf{s}_p^2 = (s_1^2, \cdots, s_p^2)';$$

$$s_n^2 = \frac{1}{n - p} \sum_{i=1}^{p} (n_i - 1) s_i^2.$$

考虑假设

$$H_0 : \mu_1 = \mu_2 = \cdots = \mu_p \leftrightarrow H_1 : \mu_1, \cdots, \mu_p \text{ 不全相等}. \tag{1.35}$$

该问题是 Behrens-Fisher 问题的直接推广, 将检验两个正态总体均值是否相等扩展为检验多个正态总体期望是否相等. 在各正态总体方差相等的前提下, 检验期望是否相等的 VDR 就是单因素方差分析. 在不假定各总体方差相等条件下应用随机估计和 VDR 检验就给出精确和近似检验, 这里概括叙述基本思路, 详见 6.1 节.

处理多总体的 VDR 检验基本思路. 记

$$\boldsymbol{\mu} = (\mu_1, \cdots, \mu_p)', \quad \Theta_{\mathbf{1}_p} = \{\boldsymbol{\mu} : \boldsymbol{\mu} = \gamma \mathbf{1}_p, \gamma \in \mathfrak{R}\}, \quad \mathbf{1}_p = (1, \cdots, 1)'.$$

将均值相等的假设 (1.35) 写作

$$H_0 : \boldsymbol{\mu} \in \Theta_{\mathbf{1}_p} \leftrightarrow H_1 : \boldsymbol{\mu} \notin \Theta_{\mathbf{1}_p}.$$

原假设理解为参数 $\boldsymbol{\mu}$ 受到约束 $\boldsymbol{\mu} \in \Theta_{\mathbf{1}_p}$, 约束是用一个参数 γ 表示的, 称它为约束参数. 显然, 只要存在一实数 μ 使得 $\boldsymbol{\mu} = \mu \mathbf{1}_p$, 假设 (1.35) 的原假设就成立. μ 是共享均值, 它的随机估计记作 W_μ. 当不存在这样的 μ 时对立假设成立, 参数 $\boldsymbol{\mu}$ 不受约束, 它的随机估计记作 $\mathbf{W}_\mu$. 两者之差 $\mathbf{W}_\delta = \mathbf{W}_\mu - W_\mu \mathbf{1}_p$ 是参数 $\boldsymbol{\delta} = \boldsymbol{\mu} - \mu \mathbf{1}_p$ 的随机估计. 为检验假设 (1.35), 只需基于随机估计 $\mathbf{W}_\delta$ 检验假设

$$H_0 : \boldsymbol{\delta} = \mathbf{0}_p \leftrightarrow H_1 : \boldsymbol{\delta} \neq \mathbf{0}_p. \tag{1.36}$$

简言之, 在约束下和无约束下随机估计相差小是 $\boldsymbol{\mu} \in \Theta_{\mathbf{1}_p}$ 的证据. 基于随机估计 $\mathbf{W}_\mu$ 可以检验假设

$$H_0 : \boldsymbol{\mu} = \boldsymbol{\mu}_0 \leftrightarrow H_1 : \boldsymbol{\mu} \neq \boldsymbol{\mu}_0. \tag{1.37}$$

形式地看假设 (1.36) 和 (1.37) 是同类问题, 从检验方法角度看只需考虑更具普遍性的假设 (1.37). 两者的差异在哪里呢? 随机估计 $\mathbf{W}_\mu$ 是由参数 $\boldsymbol{\mu}$ 的枢轴量和对应的枢轴向量定义的, 枢轴向量的各分量是独立的. 假设 $H_0 : \boldsymbol{\mu} \in \Theta_{\mathbf{1}_p}$ 成立时共享均值 μ 的随机估计 W_μ 是由它的枢轴量和对应的枢轴变量定义的. μ 的枢轴变量只能是 $\boldsymbol{\mu}$ 的枢轴向量的函数, 换言之, $\boldsymbol{\mu}$ 的枢轴向量受到约束. 于是对应随机估计 $\mathbf{W}_\delta$ 的枢轴向量独立变量的个数比 $\boldsymbol{\mu}$ 的枢轴向量独立变量的个数少一, 即自由度减少一.

1.3.3.1 在各总体方差相等的条件下, 均值相等的 VDR 检验就是单因素方差分析

若总体方差相等, 共有 $p+1$ 个参数, $\boldsymbol{\mu} = (\mu_1, \cdots, \mu_p)$ 和方差 σ^2. 此时枢轴量为

$$\mathbf{h}(\bar{\mathbf{x}}, s_n^2; \boldsymbol{\mu}, \sigma^2) = \begin{pmatrix} \mathbf{h}_p(\bar{\mathbf{x}}; \boldsymbol{\mu}, \sigma^2) \\ \dfrac{(n-p)s_n^2}{\sigma^2} \end{pmatrix} = \begin{pmatrix} \dfrac{\sqrt{n_1}(\bar{x}_1 - \mu_1)}{\sigma} \\ \vdots \\ \dfrac{\sqrt{n_p}(\bar{x}_p - \mu_p)}{\sigma} \\ \dfrac{(n-p)s_n^2}{\sigma^2} \end{pmatrix}, \tag{1.38}$$

$$\mathbf{h}(\bar{\mathbf{X}}, S_n^2; \boldsymbol{\mu}, \sigma^2) \overset{d}{=} \mathbf{h}\left(\bar{\mathbf{X}}, S_n^2; \mathbf{0}_p, 1\right).$$

枢轴向量记作

$$\begin{pmatrix} \mathbf{Z} \\ \chi_{n-p}^2 \end{pmatrix} = \begin{pmatrix} \begin{pmatrix} Z_1 \\ \vdots \\ Z_p \end{pmatrix} \\ \chi_{n-p}^2 \end{pmatrix} \sim \begin{pmatrix} N_p(\mathbf{0}_p, I_p) \\ \chi_{n-p}^2 \end{pmatrix},$$

参数 $\boldsymbol{\mu}, \sigma^2$ 的随机估计 $W_{\boldsymbol{\mu}} = (W_{\mu_1}, \cdots, W_{\mu_p})', W_{\sigma^2}$ 满足

$$
\begin{pmatrix}
\dfrac{\sqrt{n_1}(\bar{x}_1 - W_{\mu_1})}{\sqrt{W_{\sigma^2}}} \\
\vdots \\
\dfrac{\sqrt{n-p}(\bar{x}_p - W_{\mu_p})}{\sqrt{W_{\sigma^2}}} \\
\dfrac{(n-p)s_n^2}{W_{\sigma^2}}
\end{pmatrix}
=
\begin{pmatrix}
Z_1 \\
\vdots \\
Z_p \\
\chi_{n-p}^2
\end{pmatrix}.
$$

写成向量形式

$$
\frac{\sqrt{n}(\bar{\mathbf{x}} - \mathbf{W}_{\boldsymbol{\mu}})}{\sqrt{W_{\sigma^2}}} = \mathbf{Z}, \tag{1.39}
$$

$$
\frac{(n-p)s_n^2}{W_{\sigma^2}} = \chi_{n-p}^2. \tag{1.40}
$$

注意到 $\mathbf{Z}, \chi_{n-p}^2$ 相互独立, 求得 $W_{\boldsymbol{\mu}}, W_{\sigma^2}$ 的联合密度函数是

$$
f_{\boldsymbol{\mu}, \sigma^2}(\mathbf{t}, v; \mathcal{X}) = \frac{\prod\limits_{i=1}^{p} \sqrt{n_i}}{\sqrt{2\pi}^p 2^{\frac{n-p}{2}} \Gamma\left(\dfrac{n-p}{2}\right)} \frac{1}{((n-p)s_n^2)^{\frac{p}{2}+1}}
$$

$$
\cdot \left(\frac{(n-p)s_n^2}{v}\right)^{\frac{n}{2}+1} e^{-\frac{(n-p)s_n^2}{2v}\left(1 + \frac{\sum\limits_{i=1}^{p} n_i(\bar{x}_i - t_i)^2}{(n-p)s_n^2}\right)},
$$

$\boldsymbol{\mu}$ 的随机估计 $\mathbf{W}_{\boldsymbol{\mu}} = (W_{\mu_1}, \cdots, W_{\mu_p})'$ 的密度函数是

$$
f_{\boldsymbol{\mu}}(\mathbf{t}; \mathcal{X}) = \int_0^{\infty} f_{\boldsymbol{\mu}, \sigma^2}(\mathbf{t}, v; \mathcal{X}) dv
$$

$$
= C(p, n)\det(\Lambda^{\frac{1}{2}}(\mathbf{n}, s_n^2))(1 + (\bar{\mathbf{x}} - \mathbf{t})'\Lambda(\mathbf{n}, s_n^2)(\bar{\mathbf{x}} - \mathbf{t}))^{-\frac{n}{2}},
$$

其中

$$
\Lambda(\mathbf{n}, s_n^2) = \text{diag}\left(\frac{\mathbf{n}}{(n-p)s_n^2}\right).
$$

在各总体方差相等的条件下, 假设 (1.37) 的检验随机变量 Z 为

$$
Z = f_{\boldsymbol{\mu}}(W_{\boldsymbol{\mu}}, \mathcal{X})
$$

$$
= C(p, n)\det(\Lambda^{\frac{1}{2}}(\mathbf{n}, s_n^2))(1 + (\bar{\mathbf{x}} - W_{\boldsymbol{\mu}})'\Lambda(\mathbf{n}, s_n^2)(\bar{\mathbf{x}} - W_{\boldsymbol{\mu}}))^{-\frac{n}{2}},
$$

Z 的 α 分位点记作 $Q_Z(\alpha, s_n^2)$, 即

$$
\alpha = P(Z \leqslant Q_Z(\alpha, s_n^2))
$$

$$
= P(f_{\boldsymbol{\mu}}(W_{\boldsymbol{\mu}}; \mathcal{X}) \leqslant Q_Z(\alpha, s_n^2)), \quad \text{其中 } 0 < Q_Z(\alpha, s_n^2) \leqslant C(p, n)\det(\Lambda^{\frac{1}{2}}(\mathbf{n}, s_n^2))
$$

$$
= P((1 + (\bar{\mathbf{x}} - W_{\boldsymbol{\mu}})'\Lambda(\mathbf{n}, s_n^2)(\bar{\mathbf{x}} - W_{\boldsymbol{\mu}}))^{-\frac{n}{2}} \leqslant Q_V(\alpha))
$$

$$
= P((\bar{\mathbf{x}} - W_{\boldsymbol{\mu}})'\Lambda(\mathbf{n}, s_n^2)(\bar{\mathbf{x}} - W_{\boldsymbol{\mu}}) > (Q_V(\alpha))^{-\frac{2}{n}} - 1),
$$

其中

$$
Q_V(\alpha) = \frac{Q_z(\alpha, s_n^2)}{C(p, n)\det(\Lambda^{\frac{1}{2}}(\mathbf{n}, s_n^2))}.
$$

检验假设 (1.37) 的 VDR 检验规则是

若 $(\bar{\mathbf{x}} - \boldsymbol{\mu}_0)'\Lambda(\mathbf{n}, s_n^2)(\bar{\mathbf{x}} - \boldsymbol{\mu}_0) > (Q_V(\alpha))^{-\frac{2}{n}} - 1)$, **则在显著水平 α 下拒绝假设** $H_0 : \boldsymbol{\mu} = \boldsymbol{\mu}_0$, **否则接受假设** H_0. 显然 $0 < Q_V(\alpha) \leqslant 1, \forall \alpha \in (0, 1]$.

按 VDR 临界值计算方法经计算 (详见 6.1.3.2 节) 得

$$(Q_V(\alpha))^{-\frac{2}{n}} - 1 = \frac{p}{n-p} F_{p,n-p}. \tag{1.41}$$

也可用经典方法计算 $Q_V(\alpha)$. 显然

$$K(\bar{\mathbf{x}}, \mathbf{s}^2; \boldsymbol{\mu}_0) = (\bar{\mathbf{x}} - \boldsymbol{\mu}_0)'\Lambda(\mathbf{n}, s_n^2)(\bar{\mathbf{x}} - \boldsymbol{\mu}_0) = \frac{\sum\limits_{i=1}^{p} n_i(\bar{x}_i - \mu_{0i})^2}{(n-p)s_n^2}$$

就是经典意义下的检验统计量. 易得

$$K(\bar{\mathbf{X}}, \mathbf{S}^2; \boldsymbol{\mu}_0)\big|_{H_0\text{成立}} \sim \frac{p}{n-p} F_{p,n-p} \quad (\text{自由度为 } p, n-p \text{ 的 } F \text{ 分布}).$$

因为均值相等的条件下 $\sum\limits_{i=1}^{p} n_i(\bar{X}_i - \mu_{0i})^2 \sim \chi_p^2$. 自然有等式 (1.41).

按随机估计观点, 第一自由度是参数 $\boldsymbol{\mu}$ 的枢轴向量的独立分量的个数. 假设 (1.37) 中参数 $\boldsymbol{\mu}_0 \in \mathfrak{R}^p$, 没有约束. 对应的枢轴向量 $\mathbf{Z}$ 的各分量 $Z_i, 1 \leqslant i \leqslant p$ 相互独立. 假设 (1.35) 和假设 (1.37) 相比, 增加了参数的约束 $\boldsymbol{\mu} \in \Theta_{\bar{1}}$, 用一个参数表示的约束. 各总体共享均值 $\mu_0(\boldsymbol{\mu} = \mu_0 \mathbf{1}_p)$ 的随机估计对应的枢轴变量产生了枢轴向量的约束. μ 的枢轴量为

$$h(\bar{\mathbf{x}}, \mu, \sigma^2) = \sqrt{n}\frac{\bar{x} - \mu}{\sigma} = \sum_{i=1}^{p} \sqrt{\frac{n_i}{n}} \frac{\sqrt{n_i}(\bar{x}_i - \mu)}{\sigma},$$

$$h(\bar{\mathbf{X}}, \mu, \sigma^2) = \sqrt{n}\frac{\bar{X} - \mu}{\sigma} \sim \sum_{i=1}^{p} \sqrt{\frac{n_i}{n}} Z_i.$$

μ 的随机估计 W_μ 满足方程

$$\frac{\sqrt{n}(\bar{x} - W_\mu)}{\sqrt{W_{\sigma^2}}} = \sum_{i=1}^{p} \frac{\sqrt{n_i}}{\sqrt{n}} \frac{\sqrt{n_i}(\bar{x}_i - W_\mu)}{\sqrt{W_{\sigma^2}}} = \sum_{i=1}^{p} \sqrt{\frac{n_i}{n}} Z_i = \frac{\sqrt{\mathbf{n}}'}{\sqrt{n}} \mathbf{Z}. \tag{1.42}$$

$(1.39)_p - \dfrac{\sqrt{\mathbf{n}}}{\sqrt{n}}(1.42)$

$$\begin{pmatrix} \dfrac{\sqrt{n_1}((\bar{x}_1 - \bar{x}) - W_1)}{\sqrt{W_{\sigma^2}}} \\ \vdots \\ \dfrac{\sqrt{n_p}((\bar{x}_p - \bar{x}) - W_p)}{\sqrt{W_{\sigma^2}}} \end{pmatrix} \overset{\text{def}}{=} \begin{pmatrix} \dfrac{\sqrt{n_1}((\bar{x}_1 - \bar{x}) - (W_{\mu_1} - W_\mu))}{\sqrt{W_{\sigma^2}}} \\ \vdots \\ \dfrac{\sqrt{n_p}((\bar{x}_p - \bar{x}) - (W_{\mu_p} - W_\mu))}{\sqrt{W_{\sigma^2}}} \end{pmatrix}$$

$$= \begin{pmatrix} Z_1 - \sqrt{\dfrac{n_1}{n}} \dfrac{\sqrt{\mathbf{n}}'}{\sqrt{n}} \mathbf{Z} \\ \vdots \\ Z_p - \sqrt{\dfrac{n_p}{n}} \dfrac{\sqrt{\mathbf{n}}'}{\sqrt{n}} \mathbf{Z} \end{pmatrix}. \tag{1.43}$$

$W_i = W_{\mu_i} - W_\gamma$ 是基于第 i 个总体样本 $\mathbf{x}_i$ 的 $\delta_i = \mu_i - \mu$ 的估计, $\mathbf{W}_\delta = (W_1, \cdots, W_p)$ 是参数 $\boldsymbol{\delta} = \boldsymbol{\mu} - \gamma \bar{\mathbf{1}}_p$ 的随机估计. 假设 (1.35) 等价于

$$H_0 : \boldsymbol{\delta} = \mathbf{0}_p \leftrightarrow H_1 : \boldsymbol{\delta} \neq \mathbf{0}_p. \tag{1.44}$$

(1.43) 只有 $p-1$ 个独立方程. 事实上, 设 A 是 $p \times p$ 正交阵, 它的第 p 行是 $\sqrt{\frac{\mathbf{n}'}{n}}$, 前 $p-1$ 行记作 A_{p-1}. A 左乘 (1.35) 两边

$$\left(A_{p-1} \left(\begin{array}{c} \dfrac{\sqrt{n_1}((\bar{x}_1 - \bar{x}) - (W_{\mu_1} - W_\mu))}{\sqrt{W_{\sigma^2}}} \\ \vdots \\ \dfrac{\sqrt{n_p}((\bar{x}_p - \bar{x}) - (W_{\mu_p} - W_\mu))}{\sqrt{W_{\sigma^2}}} \\ 0 - \sqrt{\dfrac{\mathbf{n}'}{n}}(\mathbf{W}_{\boldsymbol{\mu}} - W_\mu \mathbf{1}_p) \end{array} \right) \right) = \left(A_{p-1} \left(\begin{array}{c} Z_1 - \sqrt{\dfrac{n_1}{n}} \dfrac{\sqrt{\mathbf{n}'}}{\sqrt{n}} \mathbf{Z} \\ \vdots \\ Z_p - \sqrt{\dfrac{n_p}{n}} \dfrac{\sqrt{\mathbf{n}'}}{\sqrt{n}} \mathbf{Z} \\ 0 \end{array} \right) \right).$$

略去最后一行并写成向量形式

$$\frac{A_{p-1}\sqrt{n}(\bar{\mathbf{x}} - \bar{x}\mathbf{1}_p) - A_{p-1}(\mathbf{W}_{\boldsymbol{\mu}} - W_\mu)}{\sqrt{W_{\sigma^2}}} = A_{p-1}\mathbf{Z}.$$

注意到 $A_{p-1}\mathbf{Z}$ 等价于 $p-1$ 个独立的标准正态变量, $A_{p-1}(\mathbf{W}_{\boldsymbol{\mu}} - W_\mu)$ 是参数 $A_{p-1}\boldsymbol{\delta}$ 的随机估计, 归结为 (1.39) 无约束的参数检验, 应用已得到的结果

$$(Q_m(\alpha))^{-\frac{2}{n}} - 1 = \frac{p-1}{n-p} F_{p-1, n-p}(\alpha).$$

注意到正交变换下模长不变, 检验假设 $H_0 : \boldsymbol{\mu} \in \Theta_{\bar{\mathbf{1}}_p}$ 的 VDR 检验规则是

若 $\dfrac{\displaystyle\sum_{i=1}^{p} n_i(\bar{x}_i - \bar{x})^2}{(n-p)s_n^2} > (Q_m(\alpha))^{-\frac{2}{n}} - 1 = \dfrac{p-1}{n-p} F(p-1, n-p)$, **则拒绝假设** $H_0 :$ $\boldsymbol{\mu} \in \Theta_{\bar{\mathbf{1}}_p}$, **否则接受** H_0.

即当各总体方差相等时 VDR 检验和单因素方差分析方法等价.

1.3.3.2 多个正态总体均值相等的 VDR 检验

当各总体方差未知时共有 $2p$ 个参数, 此时均值参数枢轴量的分布是 t 分布. 参数 $\boldsymbol{\mu} = (\mu_1, \cdots, \mu_p)'$ 的枢轴量为

$$\mathbf{h}(\bar{\mathbf{x}}, \mathbf{s}_p^2; \boldsymbol{\mu}) = (h(\bar{x}_1, s_1^2; \mu_1), \cdots, h(\bar{x}_p, s_p^2; \mu_p))' = \frac{\sqrt{\mathbf{n}}(\bar{\mathbf{x}} - \boldsymbol{\mu})}{\mathbf{s}_p^2},$$

$$\mathbf{h}(\bar{\mathbf{X}}, \mathbf{S}_p^2; \boldsymbol{\mu}) \overset{d}{=} \mathbf{h}(\bar{\mathbf{X}}, \mathbf{S}_p^2; \mathbf{0}_p) \overset{d}{=} \mathbf{T} \sim f_T(\mathbf{t}, \mathbf{n}),$$

其中 $\mathbf{T} = (T_1, \cdots, T_p)'$ 是枢轴向量, 它的概率密度函数是

$$f_T(\mathbf{t}, \mathbf{n}) = \prod_{i=1}^{p} dt(t_i, n_i - 1).$$

故 $\boldsymbol{\mu}$ 的随机估计 $\mathbf{W}_{\boldsymbol{\mu}} = (W_{\mu_1}, \cdots, W_{\mu_p})'$ 满足

$$\mathbf{h}(\bar{\mathbf{x}}, \mathbf{s}_p^2; \mathbf{W}_{\boldsymbol{\mu}}) = \frac{\sqrt{\mathbf{n}}(\bar{\mathbf{x}} - \mathbf{W}_{\boldsymbol{\mu}})}{\mathbf{s}_p} = \mathbf{T}, \tag{1.45}$$

共享均值参数 μ 的枢轴量为

$$\tilde{h}(\bar{\mathbf{x}}, \mathbf{s}_p^2; \mu) = \sum_{i=1}^{p} \frac{n_i}{s_i^2}(\bar{x}_i - \mu) = \sum_{i=1}^{p} \sqrt{\frac{n_i}{s_i^2}} \frac{\sqrt{n_i}(\bar{x}_i - \mu)}{s_i},$$

$$\tilde{h}(\bar{\mathbf{X}}, \mathbf{S}_p^2; \mu) \overset{d}{=} \tilde{h}(\bar{\mathbf{X}}, \mathbf{S}_p^2; \mathbf{0}_p) \overset{d}{=} \sum_{i=1}^{p} \sqrt{\frac{n_i}{s_i^2}} T_i = \left(\sqrt{\frac{\mathbf{n}}{\mathbf{s}_p^2}}\right)' \mathbf{T},$$

其中 $\left(\sqrt{\dfrac{\mathbf{n}}{\mathbf{s}_p^2}}\right)' \mathbf{T}$ 是参数 μ 的枢轴变量. μ 的随机估计 W_μ 满足

$$\sum_{i=1}^{p} \frac{n_i}{s_i^2}(\bar{x}_i - W_\mu) = \left(\sqrt{\frac{\mathbf{n}}{\mathbf{s}_p^2}}\right)' \mathbf{T}.$$

解得

$$\tilde{x} - W_\mu = \frac{1}{\sqrt{\sum_{i=1}^{n} \dfrac{n_i}{s_i^2}}} \left(\frac{\sqrt{\dfrac{\mathbf{n}}{\mathbf{s}_p^2}}}{\sqrt{\sum_{i=1}^{n} \dfrac{n_i}{s_i^2}}}\right)' \mathbf{T}, \tag{1.46}$$

这里

$$\tilde{x} = \sum_{i=1}^{p} \frac{\dfrac{n_i}{s_i^2}}{\sum_{i=1}^{p} \dfrac{n_i}{s_i^2}} \bar{x}_i.$$

$(1.45) - \sqrt{\dfrac{\mathbf{n}}{\mathbf{s}_p^2}}(1.46)$

$$\frac{\sqrt{\mathbf{n}}((\bar{\mathbf{x}} - \tilde{x}\mathbf{1}_p) - (\mathbf{W}_\mu - W_\mu \mathbf{1}_p))}{\sqrt{\mathbf{s}_p^2}} = \left(\begin{array}{c} \dfrac{\sqrt{n_1}((\bar{x}_1 - \tilde{x}) - (W_{\mu_1} - W_\mu))}{s_1} \\ \vdots \\ \dfrac{\sqrt{n_p}((\bar{x}_p - \tilde{x}) - (W_{\mu_p} - W_\mu))}{s_p} \end{array}\right)$$

$$= (I_p - \mathbf{n}_1 \mathbf{n}_1') \mathbf{T} = \mathbf{T}^*, \tag{1.47}$$

其中

$$\mathbf{n}_1 = \left(\frac{\sqrt{\dfrac{\mathbf{n}}{\mathbf{s}_p^2}}}{\sqrt{\sum_{i=1}^{p} \dfrac{n_i}{s_i^2}}}\right).$$

$\mathbf{W}_\delta = \mathbf{W} - W\mathbf{1}_p$ 是参数 $\boldsymbol{\delta} = \boldsymbol{\mu} - \mu\mathbf{1}_p$ 的随机估计. 假设 (1.35) 等价于

$$H_0 : \boldsymbol{\delta} = \mathbf{0}_p \leftrightarrow H_1 : \boldsymbol{\delta} \neq \mathbf{0}_p. \tag{1.48}$$

$\mathbf{W}_\delta$ 对应的枢轴向量 $\mathbf{T}^* = (I_p - \mathbf{n}_1 \mathbf{n}_1') \mathbf{T}$ 与 $\mathbf{n}_1$ 正交, 蕴含着 $\mathbf{T}^* = (T_1^*, \cdots, T_p')'$ 是

退化的, 取值于超平面

$$\mathfrak{R}(\mathbf{n}_1) = \{\mathbf{t} : \mathbf{n}_1' \mathbf{t} = 0, \mathbf{t} \in \mathfrak{R}^p\}.$$

若 $\mathbf{t} \in \mathfrak{R}(\mathbf{n}_1)$, 则

$$\mathbf{t} = (I_p - \mathbf{n}_1 \mathbf{n}_1')(\mathbf{t} + c\mathbf{n}_1), \quad \forall c \in \mathfrak{R}.$$

故 $\mathbf{T}^*$ 的概率密度函数是

$$f_{T^*}(\mathbf{t}, \mathbf{n}) = \int_{-\infty}^{\infty} f_T(\mathbf{t} + c\mathbf{n}_1, \mathbf{n}) dc = \int_{-\infty}^{\infty} \prod_{i=1}^{p} dt \left(t_i + c \cdot \sqrt{\frac{\dfrac{n_i}{s_i^2}}{\displaystyle\sum_{j=1}^{p} \frac{n_j}{s_j^2}}}, n_i - 1 \right) dc,$$

$$\forall \mathbf{t} \in \mathfrak{R}(\mathbf{n}_1).$$

随机估计 $\mathbf{W}_{\boldsymbol{\delta}} = \bar{\mathbf{x}} - \bar{x} \mathbf{1}_p - \dfrac{\mathbf{s}_p}{\sqrt{\mathbf{n}_p}} \mathbf{T}^*$ 的概率密度函数为

$$f_{\boldsymbol{\delta}}(\mathbf{t}; \bar{\mathbf{x}}, \mathbf{s}_p^2) = \int_{-\infty}^{\infty} \prod_{i=1}^{p} \frac{\sqrt{n_i}}{s_i} dt \left(\frac{\sqrt{n_i}}{s_i}((\bar{x}_i - \bar{x}) - t_i) + c \cdot \sqrt{\frac{\dfrac{n_i}{s_i^2}}{\displaystyle\sum_{j=1}^{p} \frac{n_j}{s_j^2}}}, n_i - 1 \right) dc,$$

$$\forall \mathbf{t} \in \mathfrak{R}(\mathbf{n}_1). \tag{1.49}$$

检验统计量 $Z_1 = f_{\boldsymbol{\delta}}(\mathbf{W}_{\boldsymbol{\delta}}; \bar{\mathbf{x}}, \mathbf{s}_p^2)$ 的分布函数记作 $F_{Z_1}(\cdot; \bar{\mathbf{x}}, \mathbf{s}_p^2)$, 其 α 分位点记作 $Q_{Z_1}(\alpha, \bar{\mathbf{x}}, \mathbf{s}_p^2)$, 则假设 (1.35) 的 VDR 检验规则是

若

$$f_{T^*}(\mathbf{h}(\bar{\mathbf{x}}, \mathbf{s}_p^2; \mathbf{0}_p), \mathbf{n}) = \int_{-\infty}^{\infty} dt \left(\frac{\sqrt{n_i}}{s_i}(\bar{x}_i - \bar{x}) + c \cdot \sqrt{\frac{\dfrac{n_i}{s_i^2}}{\displaystyle\sum_{j=1}^{p} \frac{n_j}{s_j^2}}}, n_i - 1 \right) dc$$

$$\leqslant Q_{Z_1}(\alpha, \bar{\mathbf{x}}, \mathbf{s}_p^2),$$

则拒绝各总体均值相等的假设, 否则接受该假设.

详细讨论见第六章对应内容.

1.4 随机估计和 VDR 检验理论完善

作为普遍适用方法, 可以期望 VDR 检验有广阔的发展前景. 从自身理论完善、在各统计领域中的应用和实际应用三方面看 VDR 的发展前景.

1. 自身理论完善

VDR 检验理论是围绕着枢轴量展开的, 用枢轴量定义随机估计. 能否有其他方式定义随机估计, 且具有枢轴量定义的随机估计的基本特性: 随机估计取值于某集

合概率就是这集合作置信集的置信度. 枢轴量是较强的限制, 有时找不出来. 常见的二项分布 $B(n,p)$ 没有参数 p 的枢轴量, 但是有 CD, 就是置信度是置信上限的函数, 进而可定义随机估计. 如何科学地定义随机估计值得深入探索.

(1) 功效和最小置信域

一般评价检验方法好坏用功效函数, 功效一致最大就是一致最优检验. 置信集或置信域希望它的 Lebesgue 测度最小, 一维参数要求置信区间最短是自然的. 众所周知, 假设检验和置信域有对应关系, 可相互导出. 最小 Lebesgue 测度置信集和最大功效有何关系?

随机推断研究对于高维参数和高维总体实施 VDR 检验的计算有相当难度, 在没有好的计算方法时, 如何快速实现模拟推断是值得研究的. 实现模拟推断也会遇到计算难点. 描述模拟推断没有本质困难, 具体实现值得研究.

(2) 枢轴量和随机估计的比较

我们的理论是在给定枢轴量的前提下展开的. 若有两个枢轴量, 选用哪个? 两个随机估计选用哪个? 那就必须给出比较原则, 什么叫好? 什么叫坏? 方法自然很多, 用比较点估计好坏原则比较随机估计, 期望估计优的随机估计为好. 这样评价和 VDR 检验相距太远. 什么比较原则适用于 VDR 检验? 类似系列问题值得研究.

(3) 广义 Wishart 分布

Wishart 分布是基于多元正态分布族的随机矩阵二次型的分布. 将正态分布族换成球对称分布就是广义 Wishart 分布, 将分布族换成基于广义球的中心相似分布族, 研究随机矩阵二次型的分布. 简言之, 围绕 VDR 检验作随机矩阵二次型的分布研究.

2. VDR 在各统计领域中的应用研究

这仍是理论研究, 体现在直接应用和扩展模型. 像多元正态总体协方差阵的检验问题, 直接用 VDR 检验可以得到精确检验. 用 VDR 实现多指标质量控制图值得深入研究, 也是 VDR 的一种直接应用. 尤其是还没有很好方法检验的假设, 可否用 VDR 检验并有好的效果? VDR 也可以用于改进模型, 如线性模型、自回归模型等误差假设是正态分布时才可实现参数精确检验. 当误差项是已知的刻度参数分布族时, VDR 给出参数的精确检验. 非正态误差回归模型是有实际应用价值的. VDR 也期望应用到非正态误差其他模型.

3. 实际应用

线性变换分布族是非常广泛的, 包含各种分布. VDR 可实现其参数检验和参数估计, 展示了非正态多元统计分析前景和实际应用前景. 很有可能一类实际问题可能由一特定中心相似分布形成的线性变换分布族描述. 中心相似分布变量表示为

$$\mathbf{Y} = R\mathbf{V}, \mathbf{V} \sim U(D), L_p(D) > 0, D \subset \mathfrak{R}^p.$$

当 D 是球时这就是椭球等高分布. 我们取 D 为广义球,

$$S_p^{\boldsymbol{\alpha}}(r) = \left\{ \mathbf{x} = (x_1, \cdots, x_p)' : \sum_{i=1}^{p} |x_i|^{\alpha_i} \leqslant r^{\alpha_{(n)}}, \mathbf{x} \in \mathfrak{R}^p \right\},$$

其中

$$\boldsymbol{\alpha} = (\alpha_1, \cdots, \alpha_p)' > 0, \quad \alpha_{(n)} = \max\{\alpha_1, \cdots, \alpha_p\}.$$

取特定 $\boldsymbol{\alpha}$ 就可以得到有特定性质的分布, 如各分量尾部轻重各不相同的分布. 期望某类实际问题对应特定的 $\boldsymbol{\alpha}$, 形成特定分布族 $N_{p,[f]}(\boldsymbol{\mu}, M)$, 像研究多元正态分布总体统计推断一样地研究 $N_{p,[f]}(\boldsymbol{\mu}, M)$ 总体的统计推断问题, 即开展非正态多元统计分析研究. 有关广义球的体积计算和仿射变换在第三章有详细论述. 特别指出, 书中提到的问题仅给出处理思想, 均可做深入研究.

本书共有 6 章. 第一章是全书内容的概述, 论述了基本思想. 第二章回顾统计推断模式. 第三章是本书的核心, 论述随机估计、VDR 检验及其有关统计概念, 尤其是详细探讨了枢轴量性质, 是 VDR 检验的基础. 讨论了与信仰推断: Bayes 推断和经典统计的关系, 基于随机估计都纳入经典统计分析体系下. 第四章论述了 VDR 基本理论和多元分布结构及其构造方法, 论述了广义球及其体积的计算. 还给出了多元分布扩张的实例. 第五章讨论了线性变换分布族及其参数的检验, 只给出基本思路, 细节有待深入研究. 第六章是一些具体问题的讨论, 如 Behrens-Fisher 问题, 及其推广多总体均值比较问题, 方差齐性等问题.

第二章

统计推断模式

我们只考虑参数模型. 随机变量 X 的分布函数和密度函数分别记作

$$F(\cdot;\boldsymbol{\theta}) \text{ 和 } f(\cdot;\boldsymbol{\theta}), \quad \boldsymbol{\theta} \in \Theta \subseteq \mathfrak{R}^s,$$

s 是常整数, $\boldsymbol{\theta}$ 是参数, Θ 是参数空间. $x_1, \cdots, x_n$ 是总体 $F(\cdot;\boldsymbol{\theta})$ 的容量为 n 的样本, 即 X 的 n 次独立观测值. 基于 $x_1, \cdots, x_n$, 如何推断参数 $\boldsymbol{\theta}$? 基于如何看待参数的观点, 有三种推断参数 $\boldsymbol{\theta}$ 的模式: 经典推断模式 (频率学派)、信仰推断和 Bayes 推断. 经典推断就是通常的统计学, Bayes 推断也在统计教材或专著中论及, 而信仰推断很少论及. 不过近年来信仰推断引起许多学者的兴趣, 并发展了信仰推断, 就是重新定义的 CD (Confidence Distribution), 可称为置信分布. 通常认为这三种推断是完全不同的. 其实在推断方法上, 它们还是有共同点的. Singh, Xie 和 Strawderman (2007) 关于 CD 做了详尽全面论述, 并引入参数的随机化估计, 简称随机估计. 用参数的随机估计代替参数是随机变量的提法, 这种提法让我们看到了融合三种推断方法的前景, 将信仰推断和 Bayes 估计纳入经典统计学体系成为可能. 我们利用随机估计的密度函数构造 VDR 检验, 得到熟知的经典结论和一些改进结果. 尤其是 VDR 检验适用于一维和多维参数检验, 是一种与参数维数无关的通用的参数假设的检验方法.

无论哪种统计推断都是基于其基本哲学观点展开的. 经典统计学认为参数是未知常数, 统计理论就是推断未知参数的理论. 推断方法也是基于这一观点展开, 参数的点估计、置信区间和假设检验是其具体推断内容. 无论多复杂的模型, 都是讨论这些问题. 参数是未知常数的哲学观点, 容易被人们接受, 理论上也完善. 信仰推断认为参数是随机变量, 并给出其密度函数算法. 但是没有说清算法理由, 被人称为 Fisher 疑团. 近年来关于置信分布的讨论逐渐热起来, 抓住信仰分布本质特征加以推广, 以推断方法的研究为主, 称为置信分布, 即 CD. CD 是参数信息的概括 (a compact expression), 包含了各种统计推断信息. 认为 CD 是频率学派的概念, 是对 Fisher 的信仰分布的解释. Bayes 推断认为参数是随机变量, 提出运用先验信息的先验分布概念, 观测到样本后先验分布转化为后验分布, 再继续观测样本, 后验分布变为先验分布 ····· 抽取样本又接受经典统计观点, 抽样过程中参数不变. 这又违背了参数是随机变量的基本观点. 长期以来普遍认为三种推断是不同的, 尤其是 Bayes 是不同于经典统计的独立的推断方法和体系. 但是只要将随机化估计普遍化, 将 "用参数空间上的随机变量估计未知参数常数" 作为基本观念研究统计推断问题, 进而用参数的随机估计代替参数是随机变量就可能将三者统一在经典统计体系下. 将 VDR 理论应用到检验理论, 就克服了 CD 限于一维参数的局限, 自然推广到多维参数; 不仅导出经典结论, 还给出改进结果和发展前景. 本章讨论各种推断的基本思想、方法及引出随机估计和 VDR 检验. VDR (Vertical Density Representation) 研究已有 20 余年, 1991 年 Troutt 给出了随机变量 $V = f(\mathbf{X})$ 的概率分布密度函数 $g(\cdot)$, 其中 $f(\cdot)$ 是随机向量 $\mathbf{X}$ 的概率密度函数. 若求得给定 $V = v$ 的条件下, $\mathbf{X}$ 的条件概率密度函数 $f(\cdot|v)$, $f(\cdot)$ 可表示为

$$f(\mathbf{x}) = \int_0^{f_0} f(\mathbf{x}|v)g(v)dv, \quad f_0 = \sup_{\mathbf{x} \in \mathfrak{R}^p} f(\mathbf{x}),$$

该式称为 I 型 VDR, 即 I 型垂直概率密度表示. Troutt 只给出了 $g(\cdot)$, 未给出 $f(\cdot|v)$. 方开泰和杨振海等 (2001) 提出了 II 型 VDR, 彭运佳和杨振海等 (2001) 基于 II 型 VDR 给出了 $f(\cdot|v)$, 完成了 I 型 VDR. 将其应用于假设检验问题得到有普遍意义的 VDR 检验.

2.1 经典推断 —— 频率学派

关于如何看待参数的基本观点, 频率学派认为参数是未知常数. 样本 $\mathbf{x} = (x_1, \cdots, x_n)'$ 中含有参数 $\boldsymbol{\theta}$ 的信息, 因为总体 X 的分布函数是由参数 $\boldsymbol{\theta}$ 确定. 只是样本 $\mathbf{x}$ 中的关于 $\boldsymbol{\theta}$ 的信息还不足以确定 $\boldsymbol{\theta}$ 的准确值是什么, 但是可以用这些信息对参数 $\boldsymbol{\theta}$ 作出推断. 据此观点发展起来的统计推断就是通常的统计学, 称为频率学派, 通常称为经典统计. 虽然无法准确知道参数 $\boldsymbol{\theta}$ 的准确值是什么, 但是可以知道它在什么值附近, 或和什么值相差不多, 差多少取决于样本中关于参数 $\boldsymbol{\theta}$ 的信息. 这个 "什么值" 就是参数 $\boldsymbol{\theta}$ 的点估计, 是样本的函数, 记作 $\hat{\boldsymbol{\theta}}$:

$$\hat{\boldsymbol{\theta}} = \hat{\boldsymbol{\theta}}(\mathbf{x}) = \hat{\boldsymbol{\theta}}(x_1, \cdots, x_n). \tag{2.1}$$

样本是总体的观测值, 不同时刻不同人观测, 即使观测条件都不变, 重复观测结果也不会相同, 观测结果是随机的. 但是, 已经观测到的样本是已知的常数集合. 这是样本的二重性. 以下用大写字母表示随机样本, 小写字母表示具体样本. 样本 $\mathbf{X} = (X_1, \cdots, X_n)'$ 是随机样本, 是与总体同分布的相互独立的 n 个随机变量, 强调它是怎样得到的; 样本 $\mathbf{x} = (x_1, \cdots, x_n)'$ 是具体样本, 只强调抽取样本的结果. 样本

随机性决定了估计量 $\hat{\boldsymbol{\theta}}(X_1, \cdots, X_n) = \hat{\boldsymbol{\theta}}(\mathbf{X})$ 的随机性, 参数估计 $\hat{\boldsymbol{\theta}}(\mathbf{X})$ 是随机变量, 它的分布函数也依赖于参数. $\hat{\boldsymbol{\theta}}(\mathbf{x})$ 可视为 $\hat{\boldsymbol{\theta}}(\mathbf{X})$ 的观测值, 参数 $\boldsymbol{\theta}$ 的最基本、最常用的点估计是极大似然估计 (MLE). 另一种推断方式是假设检验. 事先有对参数的一种认识、看法或推断, 如认为参数值是 $\boldsymbol{\theta}_0$, 希望基于样本验证该看法是否可以接受就是假设检验问题. 统计提法或模型是

$$H_0 : \boldsymbol{\theta} = \boldsymbol{\theta}_0 \leftrightarrow H_1 : \boldsymbol{\theta} \neq \boldsymbol{\theta}_0.$$

2.1.1 极大似然估计原理

由于随机样本 $X_1, \cdots, X_n$ 是独立同分布的, 故其联合密度函数是

$$f_{\mathbf{x}}(\mathbf{x}; \boldsymbol{\theta}) = f_{\mathbf{x}}(x_1, \cdots, x_n; \boldsymbol{\theta}) = \prod_{i=1}^{n} f(x_i; \boldsymbol{\theta}). \tag{2.2}$$

基于样本 $\mathbf{X}$ 研究参数的统计推断理论; 基于已经得到的样本 $\mathbf{x}$ 做具体的参数推断. 随机样本在 $\mathbf{x}$ 邻域内取值的概率和 $f_{\mathbf{x}}(x_i; \boldsymbol{\theta})$ 成正比. 对给定样本 $\mathbf{x}$, 不同参数这个概率不同, 自然认为使这个概率最大的参数 $\boldsymbol{\theta}$ 应在真实参数附近, 这就是极大似然估计原理. 为体现这一观点, 将给定样本时的联合密度函数视为参数的函数, 称为似然函数, 记作 $L(\boldsymbol{\theta})$:

$$L(\boldsymbol{\theta}) = \prod_{i=1}^{n} f(x_i; \boldsymbol{\theta}). \tag{2.3}$$

当参数为 $\boldsymbol{\theta}$ 时观测值在 $\mathbf{x}$ 附近的概率正比于 $L(\boldsymbol{\theta})$. $\boldsymbol{\theta}$ 的极大似然估计 $\hat{\boldsymbol{\theta}}$ 满足

$$L(\hat{\boldsymbol{\theta}}) = \sup_{\boldsymbol{\theta} \in \Theta} L(\boldsymbol{\theta}),$$

等价于

$$l(\hat{\boldsymbol{\theta}}) = \sup_{\boldsymbol{\theta} \in \Theta} l(\boldsymbol{\theta}), \quad l(\boldsymbol{\theta}) = \ln L(\boldsymbol{\theta}) = \sum_{i=1}^{n} \ln f(x_i, \boldsymbol{\theta}). \tag{2.4}$$

称 $l(\boldsymbol{\theta})$ 为对数似然函数. 若 $f(\cdot)$ 处处有偏导数, 则 $\hat{\boldsymbol{\theta}}$ 是以下方程的解:

$$\frac{\partial l(\hat{\boldsymbol{\theta}})}{\partial \boldsymbol{\theta}} = \mathbf{0}_s, \quad \text{即} \quad \begin{cases} \dfrac{\partial l(\hat{\boldsymbol{\theta}})}{\partial \hat{\theta}_1} = 0, \\ \cdots\cdots\cdots\cdots \\ \dfrac{\partial l(\hat{\boldsymbol{\theta}})}{\partial \hat{\theta}_s} = 0, \end{cases} \tag{2.5}$$

其中

$$\hat{\boldsymbol{\theta}} = \begin{pmatrix} \hat{\theta}_1 \\ \vdots \\ \hat{\theta}_s \end{pmatrix} = \begin{pmatrix} \hat{\theta}_1(\mathbf{x}) \\ \vdots \\ \hat{\theta}_s(\mathbf{x}) \end{pmatrix} = \hat{\boldsymbol{\theta}}(\mathbf{x}), \quad \mathbf{0}_s = 0 \times \begin{pmatrix} 1 \\ \vdots \\ s \end{pmatrix}.$$

称方程 (2.5) 为参数 $\boldsymbol{\theta}$ 的似然方程.

例 2.1 设 $x_1, \cdots, x_n$ 是抽自正态分布 $N(\mu, \sigma^2)$ 的样本. 对数似然函数是

$$l(\mu, \sigma^2) = -\ln(2\pi)^{\frac{n}{2}} - \frac{n}{2}\ln\sigma^2 - \sum_{i=1}^{n} \frac{1}{2}\frac{(x_i - \mu)^2}{\sigma^2}.$$

于是, μ, σ^2 的似然方程是

$$\sum_{i=1}^{n} \frac{x_i - \hat{\mu}}{\sigma^2} = 0,$$

$$\sum_{i=1}^{n} \frac{(x_i - \hat{\mu})^2}{\sigma^2} \frac{1}{\sigma^2} = \frac{n}{\sigma^2}.$$

数学期望和方差的极大似然估计 $\hat{\mu}, \hat{\sigma}^2$ 为

$$\hat{\mu} = \bar{x}_n, \qquad \bar{x}_n = \frac{1}{n} \sum_{i=1}^{n} x_i; \tag{2.6}$$

$$\hat{\sigma}^2 = \frac{n-1}{n} s_n^2, \quad s_n^2 = \frac{1}{n-1} \sum_{i=1}^{n} (x_i - \bar{x}_n)^2.$$

例 2.2 设 $x_1, \cdots, x_n$ 是抽自双参数指数分布 $E(\mu, \theta)$ 的样本. 其密度函数是

$$f_e(x; \mu, \theta) = \begin{cases} \dfrac{1}{\theta} e^{-\frac{x-\mu}{\theta}}, & \text{若 } x \geqslant \mu, \\ 0, & \text{若 } x < \mu, \end{cases} \qquad \Theta = \{(\mu, \theta)' : \theta > 0, \mu > 0\}.$$

参数 μ 的实际意义为保证寿命, 自然取非负值. 从密度函数表达式可取任意值. 对数似然函数是

$$l(\mu, \theta) = \sum_{i=1}^{n} \ln f_e(x_i, \mu, \theta) = \begin{cases} -n \ln \theta - \displaystyle\sum_{i=1}^{n} \frac{x_i - \mu}{\theta}, & \text{若 } \min\{x_1, \cdots, x_n\} \geqslant \mu, \\ -\infty, & \text{若 } \min\{x_1, \cdots, x_n\} < \mu. \end{cases}$$

显然, 似然函数有间断点, 在间断点自然不存在偏导数. 对任意 θ, 当 $\mu \leqslant \min\{x_1, \cdots, x_n\}$ 时, $l(\mu, \theta)$ 是 μ 的单调上升函数, 如图 2.1 所示. 故对任意给定 $\theta > 0$,

$$l(\min\{x_1, \cdots, x_n\}, \theta) = \max\{l(\mu, \theta) : \mu \in \mathfrak{R}\}.$$

当 $\mu = \min\{x_1, \cdots, x_n\} = x_{(1)}$ 时, θ 的似然方程是

$$\frac{n}{\hat{\theta}} - \sum_{i=1}^{n} \frac{x_i - x_{(1)}}{\hat{\theta}^2} = 0,$$

其根为

$$\hat{\theta} = \frac{1}{n} \sum_{i=1}^{n} (x_i - x_{(1)}) = \bar{x}_n - x_{(1)}.$$

由以上讨论, 当

$$\mu = \min\{x_1, \cdots, x_n\} = x_{(1)}, \quad \theta = \hat{\theta}$$

时, $l(\mu, \theta)$ 达到最大值:

$$\begin{aligned} \max\{l(\mu, \theta) : -\infty < \mu < \infty, \theta > 0\} &= \max\{l(\mu, \theta) : -\infty < \mu \leqslant x_{(1)}, \theta > 0\} \\ &= \max\{l(x_{(1)}, \theta) : \theta > 0\} \\ &= l(x_{(1)}, \hat{\theta}). \end{aligned}$$

故 μ, θ 的极大似然估计是

$$\hat{\mu} = x_{(1)}, \qquad \hat{\theta} = \frac{1}{n} \sum_{i=1}^{n} x_i - x_{(1)} = \bar{x}_n - x_{(1)}.$$

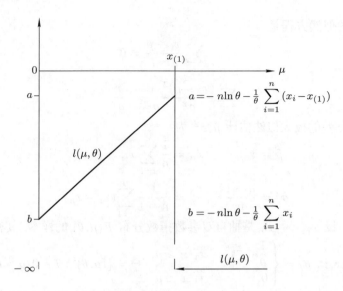

图 2.1 双参数指数分布似然函数 (有间断点).

2.1.2 极大似然估计求解算法 —— 多维二分法

极大似然估计是统计学中常用和重要的参数估计方法. 能像正态样本一样, 给出参数估计的解析表达式者是少见的. 常常是可以列出参数估计值满足的正规方程, 但不仅没有解析解, 就是计算数值解也不是容易的. 虽然参数估计有很多解法, 如 Newton 法, 但是否收敛和初值的选取有很大关系. 在统计中我们常遇到难求解的极大似然估计正规方程.

设总体是 Weibull 分布:

$$f_w(x; \sigma, \beta) = \begin{cases} \dfrac{\beta}{\sigma}\left(\dfrac{x}{\sigma}\right)^{\beta-1} e^{-(\frac{x}{\sigma})^\beta}, & \text{若 } x \geqslant 0, \\ 0, & \text{若 } x < 0, \end{cases} \tag{2.7}$$

基于 Weibull 定数截尾样本 $x_1, \cdots, x_r, r < n$, 参数 σ 和 β 的极大似然估计 $\hat{\sigma}_n$ 和 $\hat{\beta}_n$ 是以下方程组的解:

$$\begin{cases} \dfrac{1}{\hat{\beta}} = \dfrac{\displaystyle\sum_{i=1}^r X_i^{\hat{\beta}}(\ln X_i - \ln \hat{\sigma}) + (n-r)X_r^{\hat{\beta}}(\ln X_r - \ln \hat{\sigma})}{r\hat{\sigma}^{\hat{\beta}}} - \dfrac{1}{r}\sum_{i=1}^r \ln X_i + \ln \hat{\sigma}, \\ \hat{\sigma} = \left(\dfrac{\displaystyle\sum_{i=1}^r X_i^{\hat{\beta}} + (n-r)X_r^{\hat{\beta}}}{r}\right)^{\frac{1}{\hat{\beta}}}. \end{cases} \tag{2.8}$$

很多关于可靠性的书 (如程侃 (1999)), 都说可用迭代法解该方程, 但没给出算法收敛的条件.

又如基于 Beta 分布样本估计其参数问题. 设 Beta 分布的密度函数是

$$f_b(x; \alpha, \beta) = \begin{cases} \dfrac{\Gamma(\alpha+\beta)}{\Gamma(\alpha)\Gamma(\beta)} x^{\alpha-1}(1-x)^{\beta-1}, & \text{若 } 0 \leqslant x \leqslant 1, \\ 0, & \text{其他.} \end{cases} \quad (2.9)$$

基于样本 $x_1, \cdots, x_n$ 的对数似然函数是

$$l(\alpha, \beta) = n[\ln\Gamma(\alpha+\beta) - \ln\Gamma(\alpha) - \ln\Gamma(\beta)] + (\alpha-1)\sum_{i=1}^{n}\ln x_i + (\beta-1)\sum_{i=1}^{n}\ln(1-x_i). \quad (2.10)$$

参数 α 和 β 的极大似然估计 $\hat{\alpha}_n, \hat{\beta}_n$ 是下面方程的解:

$$F(\hat{\alpha}_n + \hat{\beta}_n) - F(\hat{\alpha}_n) + \frac{1}{n}\sum_{i=1}^{n}\ln x_i = 0,$$

$$\quad (2.11)$$

$$F(\hat{\alpha}_n + \hat{\beta}_n) - F(\hat{\beta}_n) + \frac{1}{n}\sum_{i=1}^{n}\ln(1-x_i) = 0,$$

其中

$$F(u) = \frac{\dfrac{d\Gamma(u)}{du}}{\Gamma(u)}.$$

解一元方程 $f(x) = 0$ 常用二分法, 它不是最快的, 而是最有效的. 我们推广二分法解方程 (2.8) 和 (2.11), 实际上就是非线性方程组的二分法.

多元方程组二分解法

考虑方程组

$$\begin{cases} g_1(x_1, \cdots, x_k) = 0, \\ g_2(x_1, \cdots, x_k) = 0, \\ \quad \cdots\cdots\cdots\cdots \\ g_k(x_1, \cdots, x_k) = 0. \end{cases} \quad (2.12)$$

解该方程组的方法很多, 如 Newton 法、Powell 方法和共轭梯度法等, 但是都不能保证有很高的收敛概率. 对于一元方程, 二分法不是最快的, 却是最有效的. 能否推广到解方程组 (2.12)? 回答是肯定的. 将方程组改写成

$$\begin{cases} \mathbf{g}_{k-1}((\mathbf{x}'_{k-1}, x_k)') = \mathbf{0}, \\ g_k((\mathbf{x}'_{k-1}, x_k)') = 0. \end{cases} \quad (2.13)$$

其中

$$(\mathbf{x}'_{k-1}, x_k) = (x_1, \cdots, x_k),$$

$$\mathbf{g}'_{k-1}((\mathbf{x}'_{k-1}, x_k)') = (g_1((\mathbf{x}'_{k-1}, x_k)'), \cdots, g_{k-1}((\mathbf{x}'_{k-1}, x_k)')).$$

"$'$" 表示转置. 不难看出, $\mathbf{g}_{k-1}((\mathbf{x}'_{k-1}, x_k)') = \mathbf{0}$ 是 $\mathfrak{R}^k$ 中的一条以 x_k 为参数的曲线, 该曲线记作 $s: \mathbf{x}_{k-1} = s(x_k)$, $-\infty < x_k < \infty$. 方程 (2.13) 可以写作

$$\begin{cases} \mathbf{g}_{k-1}((s'(x_k), x_k)') = \mathbf{0}, \\ g_k((s'(x_k), x_k)') = 0. \end{cases}$$

是关于 x_k 的方程, 设其解是 x_k^*. 而 $g_k((\mathbf{x}'_{k-1}, x_k^*)') = 0$ 是 $\mathfrak{R}^k$ 中的 $k-1$ 维曲面, 该曲面记作 M. 在曲面 M 一侧 $g_k((\mathbf{x}'_{k-1}, x_k)') > 0$, 另一侧 $g_k((\mathbf{x}'_{k-1}, x_k)') < 0$, 而在

曲面上等于 0. 若存在 u, l 满足:

$$g_k((s'(u), u)')g_k((s'(l), l)') < 0, \tag{2.14}$$

即曲线 s 上的点, $(s'(u), u)'$ 和 $(s'(l), l)'$ 在曲面 M 的两侧, 故当曲线 s 关于参数 x_k 连续时存在 $v \in [l, u]$ 使得

$$\begin{cases} \mathbf{g}_{k-1}((s'(v), v)') = \mathbf{0}, \\ g_k((s'(v), v)') = 0. \end{cases}$$

v 可用二分法求得. 因此, 求解方程组 (2.13) 的递归算法描述如下.

多元二分法

(1) 求得 u, l 满足条件 (2.14);

(2) 令 $m = \dfrac{u+l}{2}$;

(3) 若 $g_k((s'(u), u)')g_k((s'(m), m)') < 0$, 令 $l = m$, 否则 $u = m$;

(4) 若 $u - l < \epsilon$, 停止计算, $(s'(m), m)'$ 就是所求的方程组 (2.13) 的解, 其中 ϵ 是要求的计算精度;

(5) 转 (2).

上述算法将求解 k 元方程组转化为求解 $k-1$ 元方程组, 即求曲线 s 上的点, 是典型的递归算法.

2.1.3 极大似然估计的 Bayes 解释

众所周知的 Bayes 公式为

$$\begin{aligned} P(A) &= \sum_{i=1}^{m} P(A \mid H_i)P(H_i), \\ P(H_i \mid A) &= \frac{P(A \mid H_i)P(H_i)}{\sum\limits_{i=1}^{m} P(A \mid H_i)P(H_i)}, \end{aligned} \tag{2.15}$$

其中

$$\begin{aligned} H_i \bigcap H_j &= \varnothing, \quad i \neq j, \quad i, j = 1, \cdots, m; \\ \bigcup_{i=1}^{m} H_i &= \Omega, \quad \Omega \text{ 是必然事件.} \end{aligned}$$

即 $\{H_i\}_{1 \leqslant i \leqslant m}$ 是完全事件组. 第二式常用来推断事件发生的原因, 将使 $P(H_i \mid A)$ 最大的 H_k 推断为事件 A 发生的原因. 下面用来解释极大似然估计原理. 假设参数空间是有限的,

$$\Theta = \{\theta_1, \cdots, \theta_m\}.$$

而各参数有相等机会成为总体参数. 抽得样本 $\mathbf{x} = (x_1, \cdots, x_n)'$, 试判断其总体是

$f(\cdot;\theta_i),\ i=1,\cdots,m$ 中的哪一个, 即估计参数 θ. 按 Bayes 公式, 使

$$f(\theta_i \mid \mathbf{x}) = \frac{\dfrac{1}{m}f(\mathbf{x};\theta_i)}{\displaystyle\sum_{i=1}^{m}\dfrac{1}{m}f(\mathbf{x};\theta_i)}$$

达到最大者为样本总体, 即若

$$\frac{f(\theta_j \mid \mathbf{x})}{\displaystyle\sum_{i=1}^{m}f(\mathbf{x};\theta_i)} = \max_{1\leqslant i\leqslant m}\frac{f(\mathbf{x};\theta_i)}{\displaystyle\sum_{i=1}^{m}f(\mathbf{x};\theta_i)} = \frac{\displaystyle\max_{1\leqslant i\leqslant m}f(\mathbf{x};\theta_i)}{\displaystyle\sum_{i=1}^{m}f(\mathbf{x};\theta_i)}.$$

θ_j 恰是 θ 的极大似然估计. 可以扩展到 Θ 是 Borel 可测集合的情形. 对给定样本 $\mathbf{x}$, 将参数空间 Θ 分成 m 个互不相交的集合的并. 令

$$f_0 = f(\mathbf{x}) = \max_{\theta\in\Theta}f(\mathbf{x},\theta), \quad a_0 = 0, \quad a_i = \frac{if_0}{m},$$

$$\Theta_i = \{\theta : a_{i-1} < f(\mathbf{x},\theta) \leqslant a_i\}, \quad i = 1,\cdots,m.$$

设每个 θ 以同样机会是观测到的样本 $\mathbf{x}$ 的总体参数, 即按 Beyes 观点, 参数先验分布同等无知的. $\theta\in\Theta_i$ 的概率记为 p_i,

$$p_i \propto \int_{\Theta_i} f(\mathbf{x},\theta)d\theta.$$

显然,

$$p_m = \max_{1\leqslant i\leqslant m}\frac{p_i}{\displaystyle\sum_{i=1}^{m}p_i},$$

则根据 Bayes 公式应推断 $\theta\in\Theta_m$. m 可取任意自然数, 应推断

$$\theta \in \bigcap_{m=1}^{\infty}\Theta_m = \{\hat{\theta} : f(\mathbf{x},\hat{\theta}) = \max_{\theta\in\Theta}f(\mathbf{x};\theta)\},$$

$\hat{\theta}$ 就是极大似然估计.

2.2 假设检验和置信区间

经典统计的另一重要问题是假设检验和置信区间问题. 所谓假设检验问题, 就是如何基于样本判断事先作出的结论是否可以接受. 这涉及处理这类问题的模式或模型, 以及如何理解和处理模型. 事先作出的结论叫做原假设或零假设, 如对于参数模型, 原假设可以是参数 $\boldsymbol{\theta}$ 取某一值 $\boldsymbol{\theta}_0$, 也可以是参数在某一取值范围, 如一维参数的上界或下界. 这些事先作出的结论, 即原假设经常是经验结论或期望的结论. 原假设的对立结论或当原假设不能接受时, 可能接受的结论就叫做对立假设或备择假设. 基于抽取的样本 $\mathbf{x}_n$, 按一定规则进行归纳, 是接受原假设还是接受对立假设. 这类问题就是假设检验问题. 如采购员购买某种产品, 希望产品不合格率小于 0.01, 能接受这个结论吗? 采购员不是根据卖家的声明, 而是抽取一定数量产品进行检验, 根据

不合格品的数量按规则再做结论, 怎么做呢? 如果不合格品率确实小于 0.01, 那么抽取 30 个产品检查, 期望的不合格品数为 $0.01 \times 30 = 0.3$. 意味着抽 30 件产品检验, 期望没有不合格品. 若出现了不合格品就怀疑该批产品合格率小于 0.01 的结论. 可以总结为归纳原则: 随机地抽取 30 个产品检查, 若全部合格就接受产品不合格率小于 0.01 的结论, 否则就认为产品不合格率大于 0.01. 显然, 也可以抽 25 件产品检验, 全部合格就接受产品不合格率小于 0.01 的结论. 应抽取多少件产品呢? 该问题的统计模型如何描述? 众所周知, 产品不合格率是 p 时, 随机地抽取 n 个产品中不合格产品数 X 服从二项分布: $X \sim B(n, p)$. 产品合格率问题归结为参数 p 的假设检验问题: 基于数据 n, x 按规则判断假设 $H_0 : p \leqslant 0.01$ 是否可以接受, 否则就接受假设 $H_1 : p > 0.01$. 假设写为

$$H_0 : p \leqslant 0.01 \leftrightarrow H_1 : p > 0.01. \tag{2.16}$$

假设检验就是确定判断规则. 一般参数模型提法是

$$H_0 : \boldsymbol{\theta} = \boldsymbol{\theta}_0; \quad H_1 : \boldsymbol{\theta} \neq \boldsymbol{\theta}_0, \tag{2.17}$$

或

$$H_0 : \boldsymbol{\theta} \leqslant \boldsymbol{\theta}_0; \quad H_1 : \boldsymbol{\theta} > \boldsymbol{\theta}_0, \tag{2.18}$$

或

$$H_0 : \boldsymbol{\theta} \geqslant \boldsymbol{\theta}_0; \quad H_1 : \boldsymbol{\theta} < \boldsymbol{\theta}_0. \tag{2.19}$$

H_0 称为原假设或零假设, H_1 称为对立假设或备择假设. 处理该问题的思路和提到的不合格品率的问题一样, 构造判断规则的方法如下: 构造一在 H_0 成立的条件下很容易发生的事件, 该事件发生就是不接受原假设的依据. 一般用枢轴量构造事件. 分两种情况讨论: 一维参数和多维参数. 本节只讨论一维参数的推断问题.

所谓一维参数假设检验问题, 是指假设涉及的参数是一维的, 可以是分布参数的分量. 为明确问题, 将总体分布或密度函数写作

$$X \sim f(\cdot; \eta, \boldsymbol{\lambda}), \quad \eta \in \mathcal{N} \subseteq \mathfrak{R}, \quad \boldsymbol{\lambda} \in \Lambda \subseteq \mathfrak{R}^{s-1}.$$

考虑假设

$$H_0 : \eta = \eta_0 \leftrightarrow H_1 : \eta \neq \eta_0. \tag{2.20}$$

关于假设 (2.20), $\boldsymbol{\lambda}$ 是冗余参数.

2.2.1　接受域和拒绝域

随机样本 $\mathbf{X} = (X_1, \cdots, X_n)'$ 可能取值的全体记作 $\mathcal{X}_n = \mathfrak{R}^n$, 即样本空间. 若参数 η 有充分统计量, 则 $\mathcal{X}_n$ 就是充分统计量的值域空间. 于是

$$\mathbf{X} \sim f_n(\cdot; \eta, \boldsymbol{\lambda}), \quad f_n(\mathbf{x}; \eta, \boldsymbol{\lambda}) = \prod_{i=1}^{n} f(x_i; \eta, \boldsymbol{\lambda}), \quad \mathbf{x} = (x_1, \cdots, x_n)' \in \mathcal{X}_n.$$

根据观测到的样本 $\mathbf{x}$ 作出接受或拒绝原假设的决定, 即将样本空间分为两部分, 接受域 S, 拒绝域 $S^c = \mathcal{X}_n \setminus S$,

$$S = \{\mathbf{x} : 观测到样本 \mathbf{x} 接受原假设 H_0, \mathbf{x} \in \mathcal{X}_n\}.$$

令

$$\alpha = P_{\eta_0, \boldsymbol{\lambda}}(\mathbf{X} \in S^c) = \int_{S^c} f_n(\mathbf{x}; \eta_0, \boldsymbol{\lambda})d\mathbf{x}, \quad \forall \, \boldsymbol{\lambda} \in \Lambda,$$

上式蕴含着计算结果与参数 $\boldsymbol{\lambda}$ 无关, 尽管计算表达式中含有参数 $\boldsymbol{\lambda}$. 称 α 为显著水平, 即拒绝原假设的风险, 原假设成立时仍以概率 α 拒绝原假设. α 是熟知的犯第一类错误的概率, 就是按这个规则作判断的风险. 通常 α 的值不宜过大, 常取为 $0.1, 0.05$, 有时也取为 0.01. 取多少由可以承受的第一类错误风险决定. 还有第二类错误: 原假设不真, 而 $\mathbf{x} \in S$, 接受原假设. 当真实参数是 η, 拒绝原假设的概率是

$$\beta(\eta) = P_{\eta, \boldsymbol{\lambda}}(\mathbf{X} \in S^c) = \int_{S^c} f_n(\mathbf{x}; \eta, \boldsymbol{\lambda})d\mathbf{x}, \quad \forall \boldsymbol{\lambda} \in \Lambda.$$

$\beta(\eta_0) = \alpha$ 就是显著水平. 参数 $\boldsymbol{\lambda}$ 是冗余参数, 俗称讨厌参数. 它不是我们感兴趣的参数, 它无论取什么值都不影响统计推断, 即计算显著水平和功效的表达式含总体概率密度函数, 形式上与 $\boldsymbol{\lambda}$ 有关, 但是其结果与它无关.

$1 - \beta(\eta), \eta \neq \eta_0$ 是犯第二类错误概率, 越小越好, 即 $\beta(\eta)$ 越大越好. 称 $\beta(\eta), \eta \in \mathcal{N}$ 为功效函数. 自然要求满足

$$\beta(\eta) \geqslant \alpha, \forall \eta \in \mathcal{N} \Leftrightarrow \inf_{\eta \in \mathcal{N}} \beta(\eta) \geqslant \alpha. \tag{2.21}$$

即原假设不真时拒绝原假设的概率不小于原假设真时拒绝原假设的概率. 满足条件 (2.21) 的检验叫无偏的, 实用的检验应是无偏的.

如何确定 S^c 或 S? 当 H_0 真时, 按极大似然原理, 似然函数值大的 $\mathbf{x}$ 应属于 S, 似然函数值小的属于 S^c, 即存在常数 C_0 使得

$$S = \{\mathbf{x} : f_n(\mathbf{x}; \eta_0, \boldsymbol{\lambda}) \geqslant C_0\}, \quad \text{且} \ P_{\eta, \boldsymbol{\lambda}}(S^c) = \alpha, \quad \forall \, \boldsymbol{\lambda} \in \Lambda. \tag{2.22}$$

换言之, 使似然函数在 S 上的平均值

$$\bar{f}_{\eta_0}(S) = \frac{\displaystyle\int_S f_n(\mathbf{x}; \eta_0, \boldsymbol{\lambda})d\mathbf{x}}{L_n(S)}$$

最大. 又 $P_{\eta_0}(S) = 1 - \alpha$, 这意味着 S 的 Lebesgue 测度 $L_n(S)$ 最小. 若 S^* 满足

$$L_n(S^*) = \inf\{L_n(S) : P_{\eta_0}(S) = 1 - \alpha, S \subset \mathscr{X}\},$$

称 S^* 为最小 Lebesgue 测度检验. 这里只给出了确定 S 的原则, 还没给出确定 S 的具体方法. 这里 L 是关于参数 η, $\boldsymbol{\lambda}$ 的似然函数, 无法保证 (2.22) 成立. 若能找到参数 η 的似然函数, 不含参数 $\boldsymbol{\lambda}$, 用它确定的接受域的显著水平就与 $\boldsymbol{\lambda}$ 无关. 以上讨论蕴含着集 S 依赖于参数 η_0.

2.2.2 枢轴量和置信区间

确定拒绝域的方法之一是利用枢轴量.

2.2.2.1 什么是枢轴量

抽自 $f(x; \eta, \boldsymbol{\lambda})$ 的具体样本和随机样本仍分别记作 $\mathbf{x}$ 和 $\mathbf{X}$. 枢轴量是定义在 $\mathscr{X}_n \times \mathcal{N}$ 上的二元函数 $h(\cdot; \cdot)$, 最本质的性质是

$$h(\mathbf{X}; \eta) = h(X_1, \cdots, X_n; \eta) \sim F_h(\cdot), \tag{2.23}$$

其中 $F_h(\cdot)$ 是参数空间 $\mathcal{N}$ 上的分布函数, 不依赖于参数 $\eta, \boldsymbol{\lambda}$. 通常统计量的分布是依赖于参数的. 参数空间上的 Borel 域记作 $\mathscr{B}_{\mathcal{N}}$. 不失一般性, 可设 $\mathcal{N} = \mathfrak{R}$.

定义 2.1 设 $h(\mathbf{x}; \eta)$ 是 $\mathscr{X}_n \times \mathcal{N} \to \mathcal{N}$ 的可测映射, 且对任意给定 $\mathbf{x} \in \mathscr{X}_n$, $h(\mathbf{x}; \cdot)$ 是 $\mathcal{N} \to \mathcal{N}$ 的单调函数. 若对任意给定 $\eta \in \mathcal{N}$, $h(\mathbf{X}; \eta)$ 的分布函数与 η, $\boldsymbol{\lambda}$ 无关, 则称 $h(\mathbf{x}; \eta)$ 为参数 η 的枢轴量.

在该定义中给定 η 意味着, 随机样本 $\mathbf{X}$ 的概率密度函数是 $f_n(\cdot; \eta, \boldsymbol{\lambda})$, 它依赖于参数 η, $\boldsymbol{\lambda}$. 一般情形下, $h(\mathbf{X}; \eta)$ 的密度函数是依赖于参数 $\eta, \boldsymbol{\lambda}$ 的. 当它不依赖于参数时就是枢轴量.

2.2.2.2 用枢轴量确定接受域

在经典统计中, 枢轴量是用来确定接受域或拒绝域的. 设 $\mathbf{X}$ 是来自 $f(\cdot; \eta, \boldsymbol{\lambda})$ 的样本, 则对确定的 η, $h(\mathbf{X}; \eta)$ 是值域为 $\mathcal{N}$ 的随机变量, 它的分布与 η, $\boldsymbol{\lambda}$ 无关, 即枢轴量不含参数的任何信息. 但是它的自变量是样本和参数, 含有参数的充分信息. 枢轴量分布不依赖于参数蕴含枢轴量的结构充分利用了参数信息, 使枢轴量的值不含参数信息. 枢轴量的分布函数 $F_h(\cdot)$ 体现了总体的特征. 它的 γ 分位点记作 $Q_h(\gamma)$, 由等式 $F_h(Q_h(\gamma)) = \gamma$ 确定. 对给定显著水平 α 恒有

$$1 - \alpha = P\left(Q_h\left(\frac{\alpha}{2}\right) < h(\mathbf{X}; \eta) \leqslant Q_h\left(1 - \frac{\alpha}{2}\right)\right), \quad \forall \eta \in \mathcal{N},$$

等价地表示为

$$1 - \alpha = P\left(\frac{\alpha}{2} \leqslant F_c(\eta; \mathbf{X}) \leqslant 1 - \frac{\alpha}{2}\right), \quad \forall \eta \in \mathcal{N},$$

其中

$$F_c(\eta; \mathbf{x}) = \begin{cases} F_h(h(\mathbf{x}; \eta)), & \text{若 } h(\mathbf{x}; \cdot) \text{ 是单调上升的,} \\ 1 - F_h(h(\mathbf{x}; \eta)), & \text{若 } h(\mathbf{x}; \cdot) \text{ 是单调下降的,} \end{cases} \quad \mathbf{x} \in \mathscr{X}_n, \quad \eta \in \mathcal{N}. \quad (2.24)$$

由于 $F_h(\cdot)$ 是 $h(\mathbf{X}; \eta)$ 的分布函数, 故 $F_c(\eta; \mathbf{X}) \sim U(0, 1)$. 当 (2.20) 的原假设为真时, 即 $\eta = \eta_0$ 时, $h(\mathbf{X}; \eta_0)$ 是可计算的, 是检验统计量. 若观测到的样本为 $\mathbf{x}$, 则当

$$\frac{\alpha}{2} < F_c(\eta_0; \mathbf{x}) \leqslant 1 - \frac{\alpha}{2}$$

时接受原假设. 检验假设 (2.20) 的样本空间的接受域为

$$S(\eta_0) = \left\{\mathbf{x} : \frac{\alpha}{2} < F_c(\eta_0; \mathbf{x}) \leqslant 1 - \frac{\alpha}{2}, \mathbf{x} \in \mathscr{X}_n\right\}.$$

显然

$$P_{\eta, \boldsymbol{\lambda}}(\mathbf{X} \in S(\eta)) = P_{\eta, \boldsymbol{\lambda}}\left(\frac{\alpha}{2} < F_c(\eta; \mathbf{X}) \leqslant 1 - \frac{\alpha}{2}\right) = 1 - \alpha.$$

2.2.2.3 置信区间

对给定样本 $\mathbf{x}$, 检验假设 (2.20), 可以接受 $\eta = \eta_0$, 也可以接受 $\eta = \eta_0'$ …… 接受 H_0 的全体 η 组成的集合记作 $A_c(\mathbf{x})$:

$$A_c(\mathbf{x}) = \{\eta : \mathbf{x} \in S(\eta)\} = \left\{\eta : \frac{\alpha}{2} < F_c(\eta; \mathbf{x}) \leqslant 1 - \frac{\alpha}{2}, \ \eta \in \mathcal{N}\right\}.$$

那么, $A_c(\mathbf{X})$ 是依赖样本的随机集合, 是参数空间的子集. 它包含真实参数 η' 的概率为

$$P_{\eta'}(\eta' \in A_c(\mathbf{X})) = P_{\eta'}(\mathbf{X} \in S(\eta')) = P_{\eta'}\left(\frac{\alpha}{2} < F_c(\eta'; \mathbf{X}) \leqslant 1 - \frac{\alpha}{2}\right) = 1 - \alpha.$$

称 $A_c(\mathbf{x})$ 是置信度为 $1-\alpha$ 的 η 的置信集. 这里 $P_\eta(\cdot)$ 是 $P_{\eta,\boldsymbol{\lambda}}(\cdot)$ 的简洁记法, 蕴含对任意 $\boldsymbol{\lambda}$ 都成立. 对任意给定 $\mathbf{x}$,

$$A_c(\mathbf{x}) = [\underline{\eta}, \bar{\eta}], \quad \underline{\eta} = \underline{\eta}(\mathbf{x}), \quad \bar{\eta} = \bar{\eta}(\mathbf{x}), \tag{2.25}$$

其中 $\underline{\eta}, \bar{\eta}$ 满足

$$F_c(\underline{\eta}; \mathbf{x}) = \frac{\alpha}{2}, \quad F_c(\bar{\eta}; \mathbf{x};) = 1 - \frac{\alpha}{2}.$$

称 $[\underline{\eta}, \bar{\eta}]$ 为置信度为 $1-\alpha$ 的 η 的置信区间. $\underline{\eta} = \underline{\eta}(\mathbf{X})$, $\bar{\eta} = \bar{\eta}(\mathbf{X})$ 是随机变量, $[\underline{\eta}(\mathbf{X}), \bar{\eta}(\mathbf{X})]$ 是随机区间, 它包含真实参数的概率是 $1-\alpha$. 假设检验和置信区间是同一事物的不同描述: 给定假设检验规则, 可确定一置信区间; 给定置信区间可确定一检验规则, 就是 η_0 在置信区间内就接受原假设.

2.2.2.4　置信分布

前面的讨论显示出用 $F_c(\eta; \mathbf{x})$ 确定置信区间和假设检验接受域比直接用枢轴量要简洁得多. 称 $F_c(\eta; \mathbf{x})$ 为参数 η 的置信分布 (CD) 或参数 η 的分布估计, 是对参数 η 推断的一种表达方式, 以概率分布表示的真实未知参数取各种值的可能性. CD 是近 10 年重新研究的经典统计的概念, 是 Fisher 的信仰推断方法的扩展. Neyman 提出了 CD 概念, 作为对 1930 年 Fisher 提出的信仰分布 (fiducial distribution) 的解释, 不过未能取得一致意见. 尽管 CD 概念由来已久, 近年来作为频率学派的概念重新研究, 新瓶装旧酒, 作为推断方法加以发展. 置信分布是参数信息载体, 推断参数的依据. 有影响的工作或学者有 Efron (1993, 1998), Fraser (1991, 1996), Lehmann (1993), Schweder 和 Hjort (2002) , 认为 CD 是频率学派的后验分布, 是以后统计研究的重点. 他们的工作清楚表明经典推断也是分布推断. Singh, Xie 和 Strawderman (2007) 关于 CD 做了详尽全面论述, 还试图将 CD 概念推广到多维. 在这个意义上讲, 经典统计、信仰推断和 Bayes 分析都是用分布函数作推断的. Bayes 推断用后验分布, 信仰推断用信仰分布, 经典统计用置信分布 (CD). 用分布函数推断参数, 是三者的共同点.

$F_c(\eta; \mathbf{x})$ 是定义在 $\mathcal{N} \times \mathscr{X}_n$ 上的二元函数, 且具有两个性质:

(1) $F_c(\eta; \mathbf{X}) \sim U(0,1), \forall \eta \in \mathcal{N}$;

(2) $F_c(\cdot; \mathbf{x}), \forall \mathbf{x} \in \mathscr{X}_n$ 是 $\mathcal{N}$ 上的分布函数.

具有以上两个性质的定义在 $\mathscr{X}_n \times \mathcal{N}$ 上的二元函数叫做参数 η 的 CD. 显然可用任意 CD 代替 F_c 构造参数 η 的置信区间. 可以说关于参数 η 的一种推断方法对应一个 CD. 当存在 k 个不同的推断方法时对应 k 个不同的 CD, 它们的凸组合仍是 CD. 由它确定的推断方法是综合了 k 个推断方法特性得到的.

例 2.3　正态分布均值的检验.

设 $\mathbf{X} = (X_1, \cdots, X_n)'$ 是抽自正态总体 $N(\mu, \sigma^2)$ 的样本. 考虑假设

$$H_0 : \mu = \mu_0 \leftrightarrow H_1 : \mu \neq \mu_0.$$

为检验该假设, 首先构造枢轴量. 令

$$T(\mathbf{x}; \mu) = \frac{\sqrt{n}(\bar{x} - \mu)}{s_n}, \text{ 其中 } \bar{x} = \frac{1}{n}\sum_{i=1}^{n}X_i, \quad s_n^2 = \frac{1}{n-1}\sum_{i=1}^{n}(x_i - \bar{x})^2. \tag{2.26}$$

众所周知, $T(\mathbf{X}; \mu)$ 的分布不依赖于参数 μ, σ, 是自由度为 $n-1$ 的 t 分布, 是枢轴量. 自由度为 $n-1$ 的 t 分布函数记作 $pt(t, n-1), -\infty < t < \infty$, 密度函数记作 $dt(t, n-1), -\infty < t < \infty$. 参数 μ 的置信分布

$$F_c(\mu; \mathbf{x}) = 1 - pt_{n-1}(T(\mathbf{x}; \mu)) = 1 - pt_{n-1}\left(\frac{\sqrt{n}(\bar{x}-\mu)}{s_n}\right)$$

是 $T(\mathbf{x}; \mu)$ 确定的 CD. 取定显著水平 α, 当

$$\frac{\alpha}{2} \leqslant 1 - pt_{n-1}\left(\frac{\sqrt{n}(\bar{x}-\mu_0)}{s_n}\right) \leqslant 1 - \frac{\alpha}{2} \Leftrightarrow \frac{\alpha}{2} \leqslant pt_{n-1}\left(\frac{\sqrt{n}(\bar{x}-\mu_0)}{s_n}\right) \leqslant 1 - \frac{\alpha}{2}$$

时接受原假设 $H_0 : \mu = \mu_0$. μ 的置信度为 $1 - \alpha$ 的置信区间为

$$\left\{\mu : \frac{\alpha}{2} \leqslant pt_{n-1}\left(\frac{\sqrt{n}(\bar{x}-\mu)}{s_n}\right) \leqslant 1 - \frac{\alpha}{2}\right\}.$$

等价于经典表达方式, 当

$$t_{n-1}\left(\frac{\alpha}{2}\right) \leqslant \frac{\sqrt{n}(\bar{x}-\mu)}{s_n} \leqslant t_{n-1}\left(1 - \frac{\alpha}{2}\right)$$

时接受原假设, 置信度为 $1 - \alpha$ 的置信区间为

$$[\underline{\mu}, \bar{\mu}] = \left\{\mu_0 : t_{n-1}\left(\frac{\alpha}{2}\right) \leqslant T(\mathbf{x}; \mu_0) \leqslant t_{n-1}\left(1 - \frac{\alpha}{2}\right)\right\}$$

$$= \left\{\mu_0 : \bar{x} - \frac{s}{\sqrt{n}}t_{n-1}\left(1 - \frac{\alpha}{2}\right) \leqslant \mu_0 \leqslant \bar{x} + \frac{s}{\sqrt{n}}t_{n-1}\left(1 - \frac{\alpha}{2}\right)\right\},$$

其中 $t_{n-1}(\alpha)$ 是自由度为 $n-1$ 的 t 分布的 α 分位点.

$\underline{\mu}$ 和 $\bar{\mu}$ 分别是方程 $T(\mathbf{x}; \mu) = t_{n-1}\left(\frac{\alpha}{2}\right)$ 和 $T(\mathbf{x}; \mu) = t_{n-1}\left(1 - \frac{\alpha}{2}\right)$ 的解. 对该例, 均值的假设检验和置信区间的关系表现在图 2.2 中. 由于 t 分布是对称的, 其密度函数 $dt_{n-1}(\cdot)$ 在 $\underline{\mu}$ 和 $\bar{\mu}$ 的值相等: $dt_{n-1}(\underline{\mu}) = dt_{n-1}(\bar{\mu})$.

例 2.4 正态分布方差的检验.

设 $\mathbf{x}$ 是抽自正态总体 $N(\mu, \sigma^2)$ 的简单样本. 考虑假设

$$H_0 : \sigma^2 = \sigma_0^2 \leftrightarrow H_1 : \sigma^2 \neq \sigma_0^2. \tag{2.27}$$

为检验假设 (2.27), 构造枢轴量

$$h(\mathbf{x}; \sigma^2) = \frac{(n-1)s_n^2}{\sigma^2}, \quad h(\mathbf{X}; \sigma^2) \sim \chi_{n-1}^2,$$

这里 χ_k^2 表示自由度为 k 的 χ^2 分布, 也表示服从自由度为 k 的 χ^2 分布的随机变量. 它的分布函数记作 $pchi(\cdot, k)$, 其 γ 分位点记作 $\chi_k^2(\gamma)$.

$$F_c(\sigma^2; \mathbf{x}) = pchi(h(\mathbf{x}, \sigma^2), n-1)$$

$$= pchi\left(\frac{(n-1)s_n^2}{\sigma^2}, n-1\right), \quad \mathbf{x} \in \mathscr{X}_n, \sigma^2 \in \mathfrak{R}^+$$

是参数 σ^2 的置信分布, 是自由度为 $n-1$ 的逆 χ^2 分布. 对给定显著水平 α, 若

$$\frac{\alpha}{2} \leqslant F_c(\sigma_0^2; \mathbf{x}) \leqslant 1 - \frac{\alpha}{2} \Leftrightarrow \chi_{n-1}^2\left(\frac{\alpha}{2}\right) \leqslant \frac{(n-1)s_n^2}{\sigma_0^2} \leqslant \chi_{n-1}^2\left(1 - \frac{\alpha}{2}\right)$$

$$\Leftrightarrow \frac{(n-1)s_n^2}{\chi_{n-1}^2\left(1 - \frac{\alpha}{2}\right)} \leqslant \sigma_0^2 \leqslant \frac{(n-1)s_n^2}{\chi_{n-1}^2\left(\frac{\alpha}{2}\right)},$$

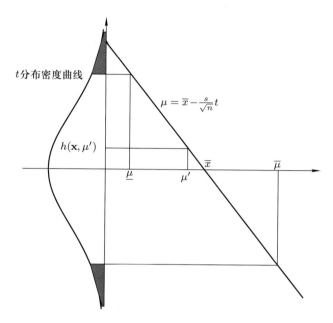

图 2.2 正态分布均值的假设检验与置信区间 (说明: 纵轴为 t, 横轴右端为 μ, 横轴左端为 t 分布密度函数值. 两块灰色区域面积相等, 总和为 α).

接受假设 $H_0 : \sigma^2 = \sigma_0^2$. 最后一式给出了 σ^2 的置信区间

$$[\underline{\sigma}^2, \ \bar{\sigma}^2] = \left[\frac{(n-1)s_n^2}{\chi_{n-1}^2\left(1-\dfrac{\alpha}{2}\right)}, \frac{(n-1)s_n^2}{\chi_{n-1}^2\left(\dfrac{\alpha}{2}\right)} \right].$$

使两侧尾概率相等的取法, 来源于检验均值等于给定值的 t 检验尾概率取法, 同时计算也简单.

例 2.5 单参数指数分布的参数检验.

单参数指数分布密度是

$$f(x; \lambda) = \begin{cases} \lambda e^{-\lambda x}, & \text{若 } x \geqslant 0, \\ 0, & \text{若 } x < 0. \end{cases} \tag{2.28}$$

设观测到样本 $\mathbf{x}_n = (x_1, \cdots, x_n)'$, 则 λ 的枢轴量是

$$h(\mathbf{x}; \lambda) = 2\lambda \sum_{i=1}^{n} x_i, \quad h(\mathbf{X}; \lambda) \sim \chi_{2n}^2.$$

于是 λ 的置信分布为

$$F_c(\lambda; \mathbf{x}) = pchi(h(\mathbf{x}, \lambda), 2n) = pchi\left(2\lambda \sum_{i=1}^{n} x_i, 2n\right), \quad \lambda > 0, \ \mathbf{x} \in \mathscr{X}_n.$$

置信度为 $1 - \alpha$ 的置信区间是

$$\left\{ \lambda : \frac{\alpha}{2} \leqslant F_c(\lambda; \mathbf{x}) \leqslant 1 - \frac{\alpha}{2} \right\} = \left\{ \lambda : \frac{\alpha}{2} \leqslant pchi\left(2\lambda \sum_{i=1}^{n} x_i, 2n\right) \leqslant 1 - \frac{\alpha}{2} \right\}.$$

上式等价于

$$[\underline{\lambda}, \bar{\lambda}] = \left[\frac{\chi_{2n}\left(\frac{\alpha}{2}\right)}{2\sum\limits_{i=1}^{n} x_i}, \frac{\chi_{2n}\left(1 - \frac{\alpha}{2}\right)}{2\sum\limits_{i=1}^{n} x_i} \right]$$

$$= \frac{1}{\sum\limits_{i=1}^{n} x_i} \left[\frac{\chi_{2n}^2\left(\frac{\alpha}{2}\right)}{2}, \frac{\chi_{2n}^2\left(1 - \frac{\alpha}{2}\right)}{2} \right]$$

$$= \hat{\lambda} \left[\frac{\chi_{2n}^2\left(\frac{\alpha}{2}\right)}{2n}, \frac{\chi_{2n}^2\left(1 - \frac{\alpha}{2}\right)}{2n} \right].$$

指数分布也可以用失效率的倒数, 即平均寿命 θ 作参数, 它的置信度为 $1 - \alpha$ 的置信区间是

$$[\underline{\theta}, \bar{\theta}] = \left[\frac{2\sum\limits_{i=1}^{n} x_i}{\chi_{2n}\left(1 - \frac{\alpha}{2}\right)}, \frac{2\sum\limits_{i=1}^{n} x_i}{\chi_{2n}\left(\frac{\alpha}{2}\right)} \right]$$

$$= \sum\limits_{i=1}^{n} x_i \left[\frac{2}{\chi_{2n}\left(1 - \frac{\alpha}{2}\right)}, \frac{2}{\chi_{2n}\left(\frac{\alpha}{2}\right)} \right]$$

$$= \hat{\theta} \left[\frac{2n}{\chi_{2n}\left(1 - \frac{\alpha}{2}\right)}, \frac{2n}{\chi_{2n}\left(\frac{\alpha}{2}\right)} \right].$$

两者都是点估计乘以只依赖于样本容量的区间, 称其长度为相对长度, 样本容量越小两者相差越大. 如 $n = 10, \alpha = 0.1$, 失效率置信区间相对长度是 1.027981, 平均寿命置信区间相对长度是 1.206449. 两者置信区间互为倒数合理吗? 两者的极大似然估计互为倒数, 但是 $\hat{\theta}$ 是 θ 的方差一致最小无偏估计 (UMVUE), 而 $\hat{\lambda} = \dfrac{1}{\hat{\theta}}$ 不是 λ 的无偏估计, 区间估计的长度未必是最短的. 自然想到两者不会同时是最好的, 能找到各自最好的置信区间吗? 当然最好是在一定意义下最好, 如置信区间是否最短.

2.2.2.5　尾概率选取原则

在假设检验或置信区间构造中普遍应用尾概率相等原则. 该原则源于对称分布, 具体地讲来源于 t 分布并将其普遍化. 在经典统计中, 假设检验和构造均值置信区间时无论涉及的置信分布是否对称, 都用尾概率相等原则.

设参数 θ 的置信分布函数 $F(\cdot)$ 是对称的, 其密度函数是 $f(\cdot)$. $F(\cdot)$ 的 γ 分位点记作 $Q_F(\gamma)$. 对任意 $\alpha_1 + \alpha_2 = \alpha$, 令

$$\underline{\theta} = Q_F(\alpha_1), \quad \bar{\theta} = Q_F(1 - \alpha_2),$$

则 $[\underline{\theta}, \overline{\theta}]$ 是参数 θ 的置信度为 $1-\alpha$ 的一个置信区间. 如果 $F(\cdot)$ 是对称的, 当 $\alpha_1 = \alpha_2 = \dfrac{\alpha}{2}$ 时确定的区间最短, 如图 2.3 之左图所示. 通常也将尾概率相等原则应用到置信分布不对称的情形, 如构造正态总体方差的置信区间. 置信分布不对称时用尾概率相等原则确定的置信区间长度不是最短的. 不难发现, 对称分布尾概率相等与临界值处密度函数值相等等价. 在图 2.3 中就是 $f(c) = f(d)$. 密度函数值相等原则应用到置信分布不对称情形构造的置信区间仍是最短的, 如图 2.3 之右图所示. 说明如下: 若 $c < a$, 则 $d < b$.

$$f(c) = f(d) = h,$$
$$F(a) + 1 - F(b) = \alpha = F(c) + 1 - F(d),$$
$$F(a) - F(c) = F(b) - F(d),$$

及

$$F(a) - F(c) = \int_c^a f(u)du > \int_c^a hdu = h(a-c),$$
$$F(b) - F(d) = \int_d^b f(u)du < \int_d^b hdu = h(b-d).$$

即 $b - d > a - c$, 进而

$$d - c = a - c + d - a < b - d + d - a = b - a.$$

说明无论置信分布密度函数是否对称, 等密度函数值原则构造的置信区间长度是最短的. 等密度函数值原则还可以解释为

$$[c,d] = \{x : f(x) \geqslant h(\alpha)\}, \quad h(\alpha) = f(c) = f(d),$$
$$c = Q_F(\alpha_1), \quad d = Q_F(1 - \alpha_2), \quad \alpha = \alpha_1 + \alpha_2,$$
$$P(f(X) \geqslant h(\alpha)) = P(X \geqslant c) - P(X \geqslant d) = 1 - \alpha_1 - \alpha_2 = 1 - \alpha.$$

置信区间是由密度函数值确定的, 称其为 VDR 置信区间. 实际上, 这是极大似然原则的具体应用. 按极大似然原则, 密度函数值较大时接受原假设, 临界值取为 $h(\alpha)$. 图 2.3 是一维 VDR 检验的直观解释. 正态总体方差的置信区间由逆 χ^2 分布的密度函数值大于 $h(\alpha)$ 确定.

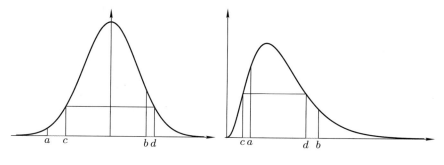

图 2.3 一维 VDR 最短置信区间示意图 (说明: $[c, d]$ 是 VDR 置信区间, $[a, b]$ 是任意置信区间).

单侧检验

对一维参数, 还可考虑单侧假设

$$H_0 : \eta \geqslant \eta_0 \leftrightarrow H_1 : \eta < \eta_0. \tag{2.29}$$

参数 η 的置信分布 $F_c(\eta; \mathbf{x})$ 对任意 $\mathbf{x}$ 关于 η 是严格单调上升的. 故

$$\eta \geqslant \eta_0 \Leftrightarrow F_c(\eta; \mathbf{x}) \geqslant F_c(\eta_0; \mathbf{x}), \quad \forall \mathbf{x}.$$

即当 (2.29) 的 H_0 为真时, $F_c(\eta_0; \mathbf{x})$ 是集合 $\{F_c(\eta; \mathbf{x}) : \eta \geqslant \eta_0\}$ 的下界. $F_c(\eta_0; \mathbf{x})$ 过大, 极端情形 $F_c(\eta_0; \mathbf{x}) = 1$ 即 $\eta_0 = \infty$ 时, 拒绝 H_0. 因此, $F_c(\eta_0; \mathbf{x})$ 愈小愈支持 H_0. 接受域是

$$S(\eta_0) = \{\mathbf{x} : F_c(\eta_0; \mathbf{x}) \leqslant u, \mathbf{x} \in \mathscr{X}_n\}, \quad u = u(\alpha).$$

对给定显著水平 α, $u(\alpha) = 1 - \alpha$. 对任意 η,

$$P_\eta(\mathbf{X} \in S(\eta_0)) = P_\eta(F_c(\eta; \mathbf{X}) \leqslant 1 - \alpha) = 1 - \alpha, \tag{2.30}$$

其中 $P_\eta(\cdot)$ 是按 $\mathbf{X} \sim f_n(\cdot; \eta, \boldsymbol{\lambda})$ 的样本计算的, $F_c(; \eta; \mathbf{X}) \sim U(0, 1)$. $S^c(\eta_0)$ 是 H_0 的拒绝域:

$$P_{\eta_0}(\mathbf{X} \in S^c(\eta_0)) = \alpha.$$

按以下规则检验假设 (2.20):

对给定样本 $\mathbf{x}$, 若 $F_c(\eta_0; \mathbf{x}) \leqslant 1 - \alpha$, 即 $\mathbf{x} \in S(\eta_0)$, 则接受 H_0, 否则接受 H_1.

对单侧假设 (2.29), 对应的检验规则导出了 η 的置信上限 $\bar{\eta} = \bar{\eta}(\mathbf{x})$, 满足

$$P(\eta \leqslant \bar{\eta}(\mathbf{X})) = 1 - \alpha, \quad F_c(\mathbf{x}; \bar{\eta}) = 1 - \alpha. \tag{2.31}$$

$(-\infty, \bar{\eta}(\mathbf{x})]$ 恰是接受 (2.29) 的原假设的所有 η_0 的集合.

α 就是按以上规则归纳结论的风险. 当 H_0 为真时, 有

$$\begin{aligned}
\alpha &= P_{\eta_0}(F(\eta_0; \mathbf{X}) > 1 - \alpha) \leqslant \sup_{\eta \geqslant \eta_0} P_\eta(F(\eta_0; \mathbf{X}) > 1 - \alpha) \\
&= \sup_{\eta \geqslant \eta_0} P_\eta(F(\eta; \mathbf{X}) > 1 - \alpha + F(\eta; \mathbf{X}) - F(\eta_0; \mathbf{X})) \\
&\leqslant \sup_{\eta \geqslant \eta_0} P_\eta(F(\eta, \mathbf{X}) > 1 - \alpha) = \alpha,
\end{aligned}$$

因此

$$\alpha = \sup_{\eta \geqslant \eta_0} P_\eta(F(\eta; \mathbf{x}) > 1 - \alpha).$$

即错误地拒绝原假设 (犯了弃真错误) 的最大概率不超过 α. 用假设检验规则归纳结论的风险, 多次应用中大约 $100\alpha\%$ 次错误地拒绝原假设. 称这种错误为第一类错误, α 也叫做显著水平. 上述的检验规则实际上是大家熟悉的. 在日常生活和工作中, 为判断某事件是否会发生, 常常思考若此事件发生会有什么先兆, 若先兆发生了, 就认定此事件会发生. 也会出现先兆, 而此事件没发生, 未作出正确判断, 就犯了第一类错误. 如外出是否会遇雨, 先看云量和变化趋势, 而决定是否带伞. 这是朴素的统计思想. 不过, 统计学定量化了判断错误的可能性, 就是 α. 还可能发生另一类错误, 原假设不成立, 而 $F_c(\eta_0; \mathbf{x}) \leqslant 1 - \alpha$, 错误地接受原假设, 称为第二类错误. 我们只能控制第一类错误, 在样本容量一定的条件下, 无法同时控制两类错误.

对假设
$$H_0 : \eta \leqslant \eta_0 \leftrightarrow H_1 : \eta > \eta_0, \tag{2.32}$$

经类似讨论, 得到以下检验规则:

对给定样本 x, 若 $F(\eta_0 ; \mathbf{x}) \geqslant \alpha$, 则接受 H_0, 否则接受 H_1.

而接受 (2.32) 的原假设的所有 η_0 的集合就是 η 的置信下限或置信下界. 由以上讨论看到, 用置信分布作统计推断的最大益处是问题简化, 无论置信分布怎样得到的, 处置方法是一致的. 关键问题是如何求置信分布, 利用枢轴量是重要方法.

例 2.6 考虑 (2.16) 确定的假设检验问题, 即产品合格率的检验问题. 随机抽取 n 个产品检查, 不合格产品数 X 服从二项分布:
$$X \sim B(n, p), \text{ 即 } P(X = k) = \binom{n}{k} p^k (1-p)^{n-k}, \quad k = 0, 1, \cdots, 30.$$

当 $n = 30$, $X = 0$ 时, 接受 $H_0 : p \leqslant 0.01$, 其显著水平是
$$\alpha = P(X > 0) = 1 - P(X = 0) = 1 - (1 - 0.01)^{30} = 0.2603.$$

产品不合格率不大于 0.01 而误认产品不合格率大于 0.01 的概率, 即犯第一类错误的概率高达 0.2603. 检验规则过严, 不利于卖方. 如果卖方可以接受 $\alpha = 0.1$, n 应改为 $n \approx \ln 0.9 = 10.48$. 取 $n = 11$, 实际显著水平是 $1 - 0.99^{11} = 0.105$. 若 $n = 30, \alpha = 0.1$, 则产品不合格率 $p \leqslant 1 - e^{\frac{\ln 0.9}{30}} = 0.0035$.

2.2.3 随机估计

参数的点估计、置信区间和假设检验是统计推断的基本内容, 即使比简单样本更复杂的数据, 不管多么复杂的统计模型的观测数据, 都要研究这些内容. 这些内容是相互关联的. 点估计可以视为置信区间的特例, 是置信度为 0 的置信区间. 如前所述, 置信分布是经典统计的概念, 源于 Fisher 的信仰分布. 在经典统计意义下, 用置信分布导出参数的置信区间和假设检验规则, 即用置信分布推断参数. 信仰推断和 Bayes 推断分别用信仰分布和后验分布推断参数. 在这个意义上三种推断的共性是用分布函数推断参数, 即所谓分布推断. 通常认为经典统计是不同于信仰推断和 Bayes 推断的, 三种统计可以共存, 又相互区别. 可以融合在一起吗? 试图用随机估计融合三种推断模式.

置信分布有多种解释. 用枢轴量导出置信分布, 是前面讨论的内容. 经典统计参数推断包括参数点估计、置信区间、置信上下限和假设检验. 这些内容是相互关联的. 如置信上限放在核心地位, 其他内容可视为置信上限概念的延伸. 参数 η 的置信度为 γ 的置信上限记作 $\bar{\eta}(\gamma ; \mathbf{x})$, 即
$$P_\eta(\eta \leqslant \bar{\eta}(\gamma ; \mathbf{X})) = \gamma, \quad \mathbf{X} \sim f_n(\cdot ; \eta, \boldsymbol{\lambda}), \quad \forall \eta \in \mathcal{N}, \ \boldsymbol{\lambda} \in \Lambda.$$

而点估计是 $\hat{\eta} = \bar{\eta}(0.5 ; \mathbf{x})$, 置信度为 $1 - \alpha$ 的置信区间和置信下限分别为
$$[\underline{\eta}, \bar{\eta}] = \left[\bar{\eta}\left(\frac{\alpha}{2} ; \mathbf{x}\right), \bar{\eta}\left(1 - \frac{\alpha}{2} ; \mathbf{x}\right) \right], \quad \bar{\eta}(\alpha ; \mathbf{x}).$$

也可产生各种假设检验规则. 在经典统计中只论述给定置信度或显著水平下如何确定置信上限, 将置信上限看做置信度的函数. 若考察置信度依赖置信上限的函数关系, 就发现恰是一个分布函数. 置信度为 γ 的置信上限 $\bar{\eta} = \bar{\eta}(\gamma; \mathbf{x})$ 满足

$$P_\eta(\eta \leqslant \bar{\eta}(\gamma; \mathbf{X})) = \gamma,$$
$$\bar{\eta}(\gamma; \mathbf{x}) < \bar{\eta}(\gamma'; \mathbf{x}), \quad \forall \gamma < \gamma', \qquad (2.33)$$
$$\bar{\eta}(0; \mathbf{x}) = -\infty, \quad \bar{\eta}(1; \mathbf{x}) = \infty.$$

其反函数为

$$\gamma = H(\bar{\eta}; \mathbf{x}), \quad \bar{\eta} \in \mathfrak{R},$$

满足

$$H(-\infty; \mathbf{x}) = 0; \quad H(\eta; \mathbf{x}) < H(\eta'; \mathbf{x}), \quad \forall \eta < \eta', \quad H(\infty; \mathbf{x}) = 1.$$

上式蕴含着 $H(\cdot; \mathbf{x})$ 是分布函数. 它的 γ 分位点恰是参数 η 的置信度为 γ 的置信上限, 和 (2.31) 是一致的, 说明 $H(\eta; \mathbf{x})$ 是一置信分布. 相当于 Bayes 分析的后验分布. 如果参数空间 $\mathcal{N}$ 上的随机变量 W_η 的分布函数是 $H(\cdot; \mathbf{x})$, 则称 W_η 是参数 η 的随机估计. 这里 $H(\cdot; \mathbf{x})$ 可以是任意置信分布. 设 $(a, b]$ 是参数空间 $\mathcal{N}$ 的子集, 记

$$\gamma = P(a < W_\eta \leqslant b) = 1 - H(b; \mathbf{x}) - H(a; \mathbf{x}),$$

则 $(a, b]$ 是参数 η 的置信度为 γ 的一个置信区间. 上式蕴含着关于参数用置信分布或随机估计作的推断和经典统计推断结果是一致的. 要强调的是, 用随机变量估计未知常数是符合思维规律的, 在没有掌握参数 η 的充分信息时, 用随机变量或置信分布表达对参数认知是合理、可取的. 随机估计是经典统计的概念, 在经典统计意义下作参数推断的. 随机估计可以定义为 (见 Singh, Xie 和 Strawderman (2007))

$$U = H(W_\eta; \mathbf{x}), \quad U \sim U(0, 1), \qquad (2.34)$$

随机估计 W_η 是均匀变量 U 的函数, 其分布函数为

$$P(W_\eta \leqslant w) = P(U \leqslant H(w; \mathbf{x})) = H(w; \mathbf{x}),$$

恰是 $H(\cdot; \mathbf{x})$. 引入随机估计的一个作用就是解释信仰分布的疑团. Fisher 给出了信仰分布密度函数的计算公式, 而没给出合理解释或推导, 把参数看做常数又看做随机变量. 用参数的随机估计代替参数是随机变量, 既保持了 Fisher 计算信仰分布密度函数的正确性, 又维护了参数是常数的基本哲学观点. 用置信分布定义随机估计仅适用于单参数, 无法推广到多维参数. 可以直接用枢轴量定义随机估计. 设参数 η 的枢轴量是 $h(\mathbf{x}; v), v \in \mathcal{N}, \mathbf{x} \in \mathscr{X}_n$, 则

$$h(\mathbf{X}; \eta) \sim F_h(v), \quad v \in \mathcal{N}, \forall \eta \in \mathcal{N}.$$

设 V 是 $\mathcal{N}$ 上的随机变量, 其分布函数是 $F_h(\cdot)$, 即 V 是枢轴变量. 随机估计 W_η 定义为

$$V = h(\mathbf{x}; W_\eta). \qquad (2.35)$$

当 $h(\mathbf{x}; \cdot)$ 是增函数时 $H(v; \mathbf{x}) = F_h(h(\mathbf{x}; v))$, 那么

$$P(W_\eta \leqslant w) = P(V \leqslant h(\mathbf{x}, w)) = H(w; \mathbf{x}).$$

蕴含着 (2.34) 和 (2.35) 定义的随机变量是一致的, 但后者极易推广到多维参数. 根据随机变量函数的密度函数计算公式, W_η 的密度函数是

$$f_\eta(v; \mathbf{x}) = f_h(h(\mathbf{x}; v)) \left| \frac{\partial h(\mathbf{x}; v)}{\partial v} \right|, \qquad (2.36)$$

其中 $f_h(\cdot)$ 是 $F_h(\cdot)$ 的密度函数. 这正是 Fisher 给出的计算公式, 即信仰分布密度函数, 恰是参数随机估计的密度函数. $L(\eta) = f_\eta(\eta; \mathbf{x})$ 是参数 η 的似然函数, 被 Schweder 和 Hjort (2002) 称作收缩似然函数 (reduced likelihood), 就是限制参数于 $\mathcal{N}$ 上的似然函数. 用 $H(\cdot; \mathbf{x})$ 或 W_η 推断参数的方法, 与用后验分布和信仰分布推断参数的方法相同. 导出的参数的点估计是

$$\hat{\eta} = EW_\eta = \int_{-\infty}^{\infty} v H(dv; \mathbf{x}) = \int_{-\infty}^{\infty} v f_\eta(v; \mathbf{x}) dv.$$

使 $L(\eta)$ 达到最大的就是收缩极大似然估计.

也可以将 CD 定义为检验假设 (2.32) 的 p 值函数, 实际上各种定义是一致的. Singh, Xie 和 Strawderman (2007), 给出 CD 的定义, 还定义了渐近 CD, 给出了比较 CD 的原则. 置信分布仅适用于单参数问题, 推广到多维参数有不可克服的困难. 若 X 的分布是 $F(\cdot)$, 则当 X 是随机变量时 $F(X)$ 的分布是 $(0, 1)$ 上的均匀分布; 当 X 是随机向量时就难求出 $F(X)$ 的分布了. 多维参数的枢轴量也是向量, 就难以用定义单参数置信分布的方法定义多维参数的置信分布了. 不过用随机估计推断参数就不存在单参数和多维参数的差别了, 而使用收缩似然函数推断参数. (2.35) 定义的随机估计适用于单参数和多维参数. 第六章集中讨论多维参数的假设检验问题.

2.3 信仰推断

Fisher 发展了极大似然估计思想, 提出了信仰推断. 极大似然估计是在观测到样本 $\mathbf{x}$ 后, 用 "最有可能出现" 的 $\hat{\theta}$ 去估计 θ, 即用极大似然估计 $\hat{\theta}$ 估计 θ, 它满足正规方程 (2.4). Fisher (1930) 在 20 世纪 30 年代发展了这种思想. 观测到样本 $\mathbf{x}$ 后, 还不能准确确定参数 θ 的值, 但能确定参数 θ 落在一个区间的可能性或可信程度. 若认为参数 θ 是随机变量, 可用 θ 的分布实现这一观念, 是平行于 Bayes 后验分布的另一种概念. Fisher 称其为信仰分布, 并给出了诱导信仰分布的方法. 用信仰分布推断参数就是信仰推断. Fisher 提出信仰分布的初衷是在经典统计体系下挑战后验分布概念的, 不过还存在着论述缺陷. 在经典统计中, 认为参数是未知常数, 不认为参数是随机变量. 如前面所讨论的, 换一种观点看经典统计, 也可以归为分布推断, 和信仰推断、Bayes 推断是一致的, 都是用分布函数推断参数, 简称为分布推断, 只是它们获得推断分布的方式不同, 是现在某些学者重新讨论的 CD 的基础, 不过 CD 是作为经典统计方法而发展的. 认为参数是未知常数, 直接用 CD 推断参数, 就是经典统计中的推断方法之一, 称作参数的分布估计. 信仰推断方法认为参数是随机变量, 又从经典统计基本观点 —— 参数是未知常数出发, 导出信仰分布密度函数,

存在着逻辑关系的不协调, 即 Fisher 疑惑, 参数是常数又是随机变量. 用参数的随机估计代替参数是随机变量, 就可避免逻辑关系不协调. 求信仰分布的原始方法有函数法和枢轴量法.

2.3.1 函数法

函数法是较简单的诱导信仰分布方法, 必须建立函数模型, 就是建立样本或统计量的随机结构, 见茆诗松, 王静龙, 濮晓龙 (2006).

例 2.7 设样本 $\mathbf{X}' = (X_1, \cdots, X_n)$ 来自总体 $N(\mu, 1)$, $-\infty < \mu < \infty$. $\bar{X}$ 是充分统计量, 它可以表示为

$$\bar{X} = \mu + \frac{1}{\sqrt{n}}e, \quad e \sim N(0, 1),$$

也可以表示为

$$\mu = \bar{X} - \frac{1}{\sqrt{n}}e.$$

在作统计推断时, 样本是看做常数的. 上式可以写作

$$\mu = \bar{x} - \frac{1}{\sqrt{n}}e,$$

这意味着随机变量 $\mu \sim N\left(0, \frac{1}{n}\right)$, Fisher 称这个分布为 μ 的信仰分布. 这里存在疑惑, 样本和参数两者之一是随机变量, 另一个是常数. 导出统计量分布时参数是常数, 而导出信仰分布时参数又是随机变量了, 参数是常数还是随机变量? 将 μ 看做随机变量, 由信仰分布

$$P\left(\bar{x} - \frac{u_{1-\frac{\alpha}{2}}}{\sqrt{n}} \leqslant \mu \leqslant \bar{x} + \frac{u_{1-\frac{\alpha}{2}}}{\sqrt{n}}\right) = 1 - \alpha.$$

称 $1 - \alpha$ 为信仰系数, $\left[\bar{x} - \dfrac{u_{1-\frac{\alpha}{2}}}{\sqrt{n}}, \bar{x} + \dfrac{u_{1-\frac{\alpha}{2}}}{\sqrt{n}}\right]$ 称为 μ 的信仰水平为 $1 - \alpha$ 的区间估计或信仰区间. 恰和 μ 的置信水平为 $1 - \alpha$ 的置信区间一致.

例 2.7 中导出信仰分布的方法可以推广到一般情形. 设样本 $\mathbf{x}$ 或统计量可表示为

$$T(\mathbf{X}) = K(\theta, e), \quad e \sim F_0(\cdot), \quad \theta \in \mathcal{N},$$

这里 θ 是参数, e 是已知分布的随机变量. T, K 分别是 $\mathscr{X} \to \mathscr{U}$ 和 $\mathcal{N} \times \mathfrak{R} \to \mathscr{U}$ 的可测映射, $\mathscr{U}$ 是 $\mathfrak{R}$ 的子集, 如 $\mathscr{U} = [0, 1]$ 或 $\mathscr{U} = \mathfrak{R}$. 称上式为函数方程. 基于上式将样本 $\mathbf{x}$ 看做常数, θ 看做随机变量, 并表示为

$$\theta = U(T(\mathbf{x}), e) \sim F_1(\cdot, \mathbf{x}).$$

$F_1(\cdot, \mathbf{x})$ 就是参数 θ 的信仰分布函数, 以样本为分布参数. 这里存在明显的不协调, 导出 T 的分布时 θ 是常数, 样本或统计量是随机变量, 而导出信仰分布时两者地位互换了. 对给定样本, 用随机变量 W_θ 估计参数, 使其满足

$$T(\mathbf{x}) = K(W_\theta, e),$$

用参数的随机估计代替参数是随机变量的提法, 显得更合理. 于是

$$W_\theta = U(T(\mathbf{x}), e) \sim F_1(\cdot, \mathbf{x}).$$

W_θ 的分布依赖于样本, 不依赖于参数, 参数仍是常数. 信仰推断是经典统计中的推断方法之一. 参数是未知常数, 函数法是确定参数的随机估计的一种方法. 对例 2.7, 参数 μ 的随机估计是

$$W_\mu = \bar{x} - \frac{1}{\sqrt{n}} e.$$

如果 θ 是一维参数, $F(\cdot, \theta)$ 是连续分布函数, 若 $X \sim F(\cdot, \theta)$, 则

$$V = F(X, \theta) \sim U(0, 1),$$

可视为函数方程. 如果 W_θ 是 θ 的随机估计, 则

$$V = F(X, \theta) \sim U(0, 1), \tag{2.37}$$

(2.37) 意味着 W_θ 的密度函数或信仰密度函数是

$$f_{F \cdot fid}(\theta) \propto \left| \frac{\partial F(x; \theta)}{\partial \theta} \right|,$$

样本是分布参数常量. 对常见分布上式常常为

$$f_{F \cdot fid}(\theta) \propto -\frac{\partial F(x; \theta)}{\partial \theta},$$

恰是 Fisher 给出的信仰分布密度函数计算公式. 这里运用了随机变量的函数的密度计算公式:

设随机向量 $\mathbf{X}$ 的概率密度函数是 $f(\mathbf{x}), \mathbf{x} \in \mathfrak{R}^p, \mathbf{y} = \mathbf{h}(\mathbf{x}) \in \mathfrak{R}^p$, 且

$$J(\mathbf{x}) = \left| \frac{\partial \mathbf{h}}{\partial \mathbf{y}} \right| \neq 0, \quad \forall \mathbf{x}, \mathbf{y} \in \mathfrak{R}^p,$$

则 $\mathbf{Y} = \mathbf{h}(\mathbf{X})$ 的概率密度函数是

$$g(y) = f(\mathbf{h}^{-1}(\mathbf{y}))|J(\mathbf{h}^{-1}(\mathbf{y}))|^{-1}. \tag{2.38}$$

随机估计避免参数 θ 是常数又是随机变量的疑惑. 而参数永远是未知常数, 用随机估计代替参数是随机变量的提法, 使逻辑关系协调了.

例 2.8 Behrens-Fisher 问题.

1929 年 Behrens 提出了一个非常实用的问题. 设样本 $\mathbf{X}' = (X_1, \cdots, X_{n_1})$ 和 $\mathbf{Y}' = (Y_1, \cdots, Y_{n_2})$ 分别抽自正态总体 $N(\mu_1, \sigma_1^2)$, $N(\mu_2, \sigma_2^2)$, $-\infty < \mu_1, \mu_2 < \infty, \sigma_1^2, \sigma_2^2 > 0$. 如何构造 $\mu_1 - \mu_2$ 的置信区间. 在经典统计中, 这是知名的难题, 难点是构造不出枢轴量. 然而, 用 Bayes 方法或信仰推断就不是什么难题了. Fisher 给出了这个问题的信仰推断. 由于

$$\bar{X} - \mu_1 = \frac{s_1}{\sqrt{n}} T_{n_1 - 1},$$

$$\bar{Y} - \mu_2 = \frac{s_2}{\sqrt{n}} T_{n_2 - 1},$$

这里认为 $\bar{X}, \bar{Y}$ 是随机变量, μ_1, μ_2 是常数. 对给定样本 $\mathbf{x}, \mathbf{y}$, 认为 μ_1, μ_2 是随机变量, 则 $\delta = \mu_1 - \mu_2$ 也是随机变量, 表示为

$$\mu_1 - \mu_2 = \bar{x} - \bar{y} + \left(\frac{s_2}{\sqrt{n}} T_{n_2 - 1} - \frac{s_1}{\sqrt{n}} T_{n_1 - 1} \right).$$

不难计算 $\left(\dfrac{s_2}{\sqrt{n}}t_{m-1} - \dfrac{s_1}{\sqrt{n}}t_{n-1}\right)$ 的分位点, 进而可以给出 $\mu_1 - \mu_2$ 的信仰置信区间. 用随机估计这是很自然的. $\mu_i, i = 1, 2$ 的随机估计是

$$W_{\mu_i} = \bar{x}_i + \frac{s_2}{\sqrt{n}}T_{n_i-1}, \quad i = 1, 2.$$

$\mu_1 - \mu_2$ 的随机估计是

$$W_{\mu_1-\mu_2} = W_{\mu_1} - W_{\mu_2} = \bar{x}_1 - \bar{x}_2 + \left(\frac{s_2}{\sqrt{n}}T_{n_2-1} - \frac{s_1}{\sqrt{n}}T_{n_1-1}\right),$$

其中 T_k 是随机变量, 其自由度为 k 的 t 分布, 和信仰推断一致.

2.3.2　枢轴量法

Fisher 发展了基于枢轴量确定信仰分布的方法. 设 θ 是实值参数, $h(\mathbf{x}; \theta)$ 是枢轴量, 沿用以前的符号, $h(\mathbf{X}; \theta)$ 的分布函数记作 $F_h(\cdot)$, 密度函数记作 $f_h(\cdot)$, 即 $V = h(\mathbf{X}, \theta)$ 中不含参数 θ 的信息. 当给定 $\mathbf{X} = \mathbf{x}$, 仍认为 V 的分布是 $F_h(\cdot)$, 认为 θ 是随机变量, 那么 θ 的密度函数是

$$f_{h \cdot fid}(h(\mathbf{x}; \theta)) = f_h(h(\mathbf{x}; \theta))\left|\frac{\partial h(\mathbf{x}; \theta)}{\partial \theta}\right|, \tag{2.39}$$

$f_{h \cdot fid}(\cdot)$ 就是参数 θ 的信仰分布的密度函数, $f_h(\cdot)$ 是枢轴量分布函数的密度函数. 如对样本大小为 n 的正态分布样本, 令 $(n-1)s_n^2 = (n-1)s_n^2(\mathbf{x}) = \sum_{i=1}^{n}(x_i - \bar{x})^2$, 那么, $h(s_n^2; \sigma^2) = \dfrac{(n-1)s_n^2}{\sigma^2}$ 是枢轴量, $h(S_n^2; \sigma^2)$ 的分布是自由度为 $n-1$ 的 χ^2 分布. 于是, 参数 σ^2 的信仰分布密度是

$$f_{\sigma \cdot fid}(w) = dchi\left(\frac{(n-1)s_n^2}{w}, n-1\right)\frac{(n-1)s_n^2}{w^2}, \quad 0 < w < \infty, \tag{2.40}$$

其中 $dchi(\cdot, k)$ 是自由度为 k 的 χ^2 分布的密度函数.

　　正态总体参数 μ 的枢轴量是

$$T = \frac{\sqrt{n}(\bar{x} - \mu)}{s_n}, \quad \bar{x} = \frac{1}{n}\sum_{i=1}^{n}x_i, \quad s_n^2 = \frac{1}{n-1}\sum_{i=1}^{n}(x_i - \bar{x})^2,$$

μ 的信仰分布密度函数是

$$f_{\mu \cdot fid}(u) = \frac{\sqrt{n}}{s_n}dt_{n-1}\left(\frac{\sqrt{n}(\bar{x} - u)}{s}, n-1\right), \tag{2.41}$$

属于自由度为 $n-1$ 的 t 分布产生的位置刻度分布族, 位置参数是 $\bar{x}$, 刻度参数是 $\dfrac{s_n}{\sqrt{n}}$. 基于正态总体样本, 对期望参数 μ 和方差 σ^2 的信仰推断, 即用信仰分布的期望作参数的点估计, 和频率推断是一致的. 信仰分布是依赖于样本的, 它的期望也依赖样本, 是统计量. 基于信仰分布所作参数的置信区间也和频率推断一致. 事实上, μ 的信仰分布密度函数由 (2.41) 确定, 于是

$$E\mu = \int_{-\infty}^{\infty} \mu\frac{\sqrt{n}}{s_n}pt_{n-1}\left(\frac{\sqrt{n}(\bar{x} - u)}{s_n}\right)du = \int_{-\infty}^{\infty}\left(\bar{x} + \frac{s_n}{\sqrt{n}}u\right)pt_{n-1}(u)du = \bar{x}.$$

信仰置信区间是

$$\left[t_{\mu\cdot fid}\left(\frac{\alpha}{2}\right),\,t_{\mu\cdot fid}\left(1-\frac{\alpha}{2}\right)\right],$$

其中 $t_{\mu\cdot fid}(\alpha)$ 是信仰分布的 α 分位点:

$$\alpha = \int_{-\infty}^{t_{\mu\cdot fid}(\alpha)} \frac{\sqrt{n}}{s_n} pt_{n-1}\left(\frac{\sqrt{n}(\bar{x}-u)}{s_n}, n-1\right) du = \int_{\frac{\sqrt{n}}{s_n}(\bar{x}-t_{\mu\cdot fid}(\alpha))}^{\infty} dt_{n-1}(u, n-1) du.$$

于是

$$\frac{\sqrt{n}}{s_n}(\bar{x}-t_{\mu\cdot fid}(\alpha)) = t_{n-1}(\alpha),\ \text{即}\ t_{\mu\cdot fid}(\alpha) = \bar{x} - \frac{s_n}{\sqrt{n}}t_{n-1}(1-\alpha) = \bar{x} + \frac{s_n}{\sqrt{n}}t_{n-1}(\alpha).$$

因此, 置信度为 $1-\alpha$ 的信仰置信区间为

$$\left[\bar{x} + \frac{s_n}{\sqrt{n}}t_{n-1}\left(\frac{\alpha}{2}\right),\,\bar{x} + \frac{s_n}{\sqrt{n}}t_{n-1}\left(1-\frac{\alpha}{2}\right)\right].$$

这和频率推断的置信区间一致. 关于方差 σ^2 的推断有类似结果

$$E\sigma^2 = \int_0^{\infty} w\, dchi_{n-1}\left(\frac{(n-1)s_n^2}{w}\right)\frac{(n-1)s_n^2}{w^2}dw = \int_0^{\infty}(n-1)s_n^2 dchi_{n-1}(v)\frac{dv}{v}$$

$$= (n-1)s_n^2 \frac{\Gamma\left(\dfrac{n-3}{2}\right)}{2\Gamma\left(\dfrac{n-1}{2}\right)} \int_0^{\infty} dchi_{n-3}(v)dv = s_n^2,$$

$$\alpha = \int_0^{\chi^2_{\sigma\cdot fid}} dchi_{n-1}\left(\frac{(n-1)s_n^2}{w}\right)\frac{(n-1)s_n^2}{w^2}dw = \int_{\frac{(n-1)s_n^2}{\chi^2_{\sigma\cdot fid}}}^{\infty} dchi_{n-1}(v)dv,$$

$$\chi^2_{\sigma\cdot fid}(\alpha) = \frac{(n-1)s_n^2}{\chi_{n-1}(1-\alpha)},\ \left[\chi^2_{\sigma\cdot fid}\left(\frac{\alpha}{2}\right),\chi^2_{\sigma\cdot fid}\left(1-\frac{\alpha}{2}\right)\right] = \left[\frac{(n-1)s_n^2}{\chi_{n-1}\left(1-\dfrac{\alpha}{2}\right)},\frac{(n-1)s_n^2}{\chi_{n-1}\left(\dfrac{\alpha}{2}\right)}\right].$$

信仰推断是基于频率推断理念确定信仰分布的. 尽管信仰分布密度确是概率密度函数, 但是存在不一致性: V 的分布不依赖于参数, 是从样本分布函数导出的, 前提是参数为常数. 而计算信仰分布时认为参数是随机变量, 样本是常数, 前后观点不一致, 陷入参数是常数又是随机变量的疑惑之中. 可能这就是信仰推断不能广泛推广的原因之一. 必须找到合理的推断模式, 并给出信仰分布的合理解释. 如前所述, 引入用参数空间上的随机变量估计参数的概念, 就消除了疑惑. 设 W_θ 是 θ 的随机估计或随机化估计, 则 W_θ 满足

$$V = h(\mathbf{x}; W_\theta), \quad V = h(\mathbf{X}; \theta_0), \quad \mathbf{X} \sim f_n(\cdot; \theta_0),$$

是 (2.35) 的特例, 当 $p=1$ 的情形. 在存在枢轴量时, 信仰推断和频率推断惊人的一致, 这绝不是偶然的, 随机估计将两者联系起来, 统一起来. 信仰推断吸收了 Bayes 学派的参数是随机变量的观点, 试图基于频率学派理论找到其分布. Fisher 给出了求密度函数的方法, 没有给出使人信服的解释或说明. 许多学者, 沿着 Fisher 的思路推广发展信仰推断, 说明推断的方法. CD 研究也集中在确定信仰分布是什么, 认为 CD 就是经典推断中的后验分布. 随机估计的分布函数就是 CD. 随机估计概念也适合多维参数.

2.4 Bayes 推断

统计学推断方法中频率学派占统治地位, 影响较大的还有 Bayes 推断, 信仰推断近年来也很活跃. 此节讨论 Bayes 推断. 尤其是频率学派和 Bayes 学派争论不休, 一般认为三者之间是无法统一的.

2.4.1 统计推断基础 —— 信息

经典推断就是用样本信息推断总体或作预测. Bayes 推断还强调应用先验信息. 首先要弄清这些信息的概念.

1. 总体信息

总体信息就是样本总体分布族信息. 如样本抽自正态分布或一般的参数分布族, 只需估计未知参数就完全知道了总体, 可以作所需要的推断了. 还可能只知道总体是连续的, 可以包含常见的分布族为其成员, 这时就是非参数推断了. 总体信息很重要, 它决定了统计推断方法. 实际应用中确定数据服从什么分布是不容易的, 我国确定轴承寿命服从 Weibull 分布花了 5 年时间, 处理了大量数据才定下来 (见茆诗松, 周纪芗, 陈颖 (2004)).

2. 样本信息

样本是作统计推断的资料, 就像厨师做菜的原料. 样本中含有两种信息, 尤其是在参数模型中更为明显. 一种是总体信息, 通常作拟合优度检验就是用这些信息, 检验样本是否来自某总体. 另一种是参数信息, 参数估计是在样本来自特定分布族前提下进行的, 分布族不同估计方法会有差异. 尤其是当存在充分统计量时, 总体信息和参数信息是可以分离的, 详见杨振海, 程维虎, 张军舰 (2009).

3. 先验信息

如果将抽取样本看做一次试验, 则样本信息就是试验得到的信息. 在做试验前对研究问题的了解和掌握的资料就是先验信息了, 即经验和历史资料. 这在日常生活和实际工作中极为重要. 如去饭店吃饭总是去价格合理且味道好的, 这是先验信息. 用餐就是取样, 用餐后给予评价 (推断), 也是以后用餐的先验信息. 如工厂生产某产品, 每天检验 n 件产品, 记录不合格品的数量. 经历一段时间后就知道不合格品率的变化或分布状况. 这对判断产品不合格率是否满足客户要求的检验是先验信息. 频率学派只根据样本作推断. Bayes 学派还要用先验信息.

Bayes 学派认为参数是随机变量, 可用一个分布去描述, 称其为先验分布. 抽取样本后, 用总体信息、样本信息和先验信息, 通过 Bayes 公式求出参数的后验分布, 用后验分布作推断. 是否可以将参数看做随机变量已争论很长时间, 现在转移到如何合理地确定先验分布.

2.4.2 Bayes 公式

现代统计著作中有为数众多的 Bayes 统计专著, Bayes 公式在众多统计书籍中论及, 如茆诗松, 程依明, 濮晓龙 (2004) 中表述的就很清晰、准确.

1. 总体在经典统计参数模型中记作 $f(x; \theta), \theta \in \Theta$. 在 Bayes 统计中记作 $f(x|\theta)$, 以示 θ 给定时总体的条件概率密度函数.

2. 参数的先验分布就是参数空间 Θ 上的分布, 记作 $p(\cdot)$.

3. 按 Bayes 观点, 样本的产生是由两步完成的. 第一步设想从先验分布 $p(\cdot)$ 产生一个样本 θ_0. 第二步再从 $f(\cdot|\theta_0)$ 产生一组样本 $\mathbf{X} = (X_1, \cdots, X_n)$. 样本的联合概率密度是

$$f(\mathbf{x}|\theta_0) = f(x_1, \cdots, x_n|\theta_0) = \prod_{i=1}^{n} f(x_i|\theta_0).$$

第一步是我们无法控制的. 不管样本容量多大, 没抽完样, θ_0 不变. θ_0 是未知的, 任何 θ 都可能是 θ_0. 于是参数 θ 和 $\mathbf{X}$ 的联合分布是

$$\pi(\mathbf{x}, \theta) = f(\mathbf{x}|\theta)p(\theta).$$

意味着抽取样本时 Bayes 学派是接受参数是常数的观点的.

4. 目的是推断参数 θ. 没有样本时只能用先验分布推断. 有了样本后, 应依据 $\pi(\mathbf{X}, \theta)$ 推断, 将其表示为

$$\pi(\mathbf{x}, \theta) = p(\theta|\mathbf{X} = \mathbf{x})m(\mathbf{x}) = p(\theta|\mathbf{x})m(\mathbf{x}),$$

其中

$$m(\mathbf{x}) = \int_{\Theta} \pi(\mathbf{x}, \theta)d\theta = \int_{\Theta} f(\mathbf{x}|\theta)p(\theta)d\theta,$$

理解为 X 的边缘密度函数. 它不含 θ 的信息, 只需用 $p(\theta|\mathbf{x})$ 推断 θ, 而

$$p_s(\theta|x) = \frac{f(x|\theta)p(\theta)}{\int_{-\infty}^{\infty} f(x|\theta)p(\theta)d\theta}. \tag{2.42}$$

(2.42) 确定的条件分布叫参数 θ 的后验分布, 是推断参数的依据. 先验分布和后验分布都是参数空间上的分布. 基于后验分布, θ 的点估计有以下三种.

最大后验估计: 后验密度函数的最大值点作为 θ 的估计;

后验中位估计: 后验分布的中位数作为 θ 的估计;

后验均值估计: 后验分布的均值作为 θ 的估计.

常用的是后验期望估计, 常称作 Bayes 估计, 记作 $\hat{\theta}_B$.

当然更一般的 Bayes 理论是基于损失函数的, 但是基本 Bayes 推断模式是一致的. $\hat{\theta}_B$ 是平方损失的 Bayes 估计. 不详细讨论损失函数了. 这些估计仍然是基于经典统计的思想.

例 2.9 设事件 A 发生的概率是 $\theta, 0 < \theta < 1$. 在 n 次独立事件中 A 发生了 X

次, 则 $X \sim B(n, \theta)$. 按 Bayes 模式写作

$$P(X = x|\theta) = \binom{n}{x} \theta^x (1-\theta)^{n-x}, \quad x = 0, 1, \cdots, n.$$

若对 θ 或事件 A 一无所知, 采用 $(0,1)$ 上的均匀分布作先验分布, 意味着 $(0,1)$ 内的点是 θ 的机会相等. 按 Bayes 程序求出 Bayes 估计.

X, θ 的联合分布是 $\pi(x, \theta) = \binom{n}{x} \theta^x (1-\theta)^{n-x}, \quad x = 0, 1, \cdots, n, \ 0 < \theta < 1;$

X 的边缘分布是 $\quad m(x) = \binom{n}{x} \int_0^1 \theta^x (1-\theta)^{n-x} d\theta = \binom{n}{x} \dfrac{\Gamma(x+1)\Gamma(n-x+1)}{\Gamma(n+2)};$

θ 的后验分布是 $\quad p(\theta|x) = \dfrac{\pi(x, \theta)}{m(x)} = \dfrac{\Gamma(n+2)}{\Gamma(x+1)\Gamma(n-x+1)} \theta^x (1-\theta)^{n-x}, \ 0 < \theta < 1.$

这意味着 θ 的后验分布是 $B(x+1, n-x+1)$, 其后验期望估计为

$$\hat{\theta}_B = E(\theta|x) = \frac{x+1}{n+1},$$

是比极大似然估计 $\dfrac{x}{n}$ 更合理的估计, 当 $x = 0$ 时, 极大似然估计是 0, 不管 n 多大, Bayes 估计随 n 增大而减小, 是合理的. 若再继续独立观测 m 次, A 发生 y 次, 则取 $B(x+1, n-x+1)$ 作为先验分布, θ 的后验分布为 $B(x+y+1, n+m-x-y+1)$, Bayes 估计为 $\dfrac{x+y+1}{n+m+2}$, 和对 A 作 $n+m$ 次独立观测, 取同等无知先验分布的结果相同. 这是 Bayes 估计最理想的例子.

由大数定律, 当观测次数无限增加时, Bayes 估计强收敛于常数 p, 即二项总体的概率. 这支持经典统计观点, 参数是未知常数. 认为参数是随机变量, 而其分布又不断变化, 就不能简单地说它是随机变量了.

众多内容是关于具体统计模型的. 设样本 $X_1, X_2, \cdots, X_n$ 是抽自分布族

$$\{F : F(x) = F(x, \theta), x \in \mathcal{X}, \theta \in \Theta \subseteq \mathcal{R}\} \equiv \mathcal{F},$$

其中 θ 是未知参数, Θ 是参数空间, 可以是有限集合, 也可以是实数集合. 如 Θ 是两点集合, 就是通常的假设检验问题. Bayes 观点认为 θ 是随机变量, 对它的了解或信息集中于它的先验分布 $p(\theta), \theta \in \Theta$. 经观测样本 $X_1, X_2, \cdots, X_n$, 增加了参数 θ 的信息, 集中体现在参数信息的先验分布转化为后验分布 $p_s(\theta|x)$, 由定义 (2.42), 可以理解 $f(x, \theta) p(\theta)$ 为空间 $\mathcal{X} \times \Theta$ 上的概率密度, 是 (X, θ) 的联合密度函数, 而 $\int_{-\infty}^{\infty} f(x, \theta) p(\theta) d\theta$ 是 X 的边缘密度函数. 既然参数 θ 是随机变量, 就有确定的分布函数, 如果分布还不断变动, 就不能简单地用随机变量描述. 由此看来, 将参数看做未知常数, 用随机估计代替参数是随机变量更为合理. 先验分布是仅有先验信息时参数的随机估计的分布. 后验分布是综合先验信息和样本信息后参数随机估计的分布. Bayes 的后验分布计算方法就是综合两种信息的方法. 当知道参数的全部信息就可确定参数值 θ_0, 完全无知时, 只能推断参数取各种可能值的概率相同. 了解部分信

息时, 只能用取值于参数空间的随机变量或用参数空间上的概率分布推断参数取值, 没观测样本前叫先验分布, 加入观测样本信息就演变成后验分布了. 关于参数的信息增加了, 随机估计随之变动是自然的, 表现在随机估计的分布变化. 引进随机估计, 对 Bayes 的各种批评自然化解.

第三章

随机推断

在经典统计中随机化是众所周知的. 对离散总体, 作参数假设检验和构建置信区间时显著水平和置信度不能严格等于设定值. 为使显著水平或置信度严格等于设定值, 可采用随机化方法实现. 不过这里使其常态化, 取参数空间上的满足一定条件的随机变量或向量作为参数的估计, 称为随机估计. 基于它的概率密度函数给出参数的假设检验和置信域的构造方法, 不仅能得到经典统计结论, 还使在经典统计中难解问题, 如 Behrens-Fisher 问题得以解决和推广. 将随机估计应用于信仰推断和 Bayes 推断, 就使其成为经典统计的组成部分, 可以解释信仰推断中 Fisher 疑惑和 Bayes 分析中不好解释的问题.

首先考虑参数的假设检验问题. 无论单参数还是向量参数, 其处理方法是一样的, 和参数的维数无关. 多维参数假设检验问题是指假设涉及的分布参数是多维的, 可以是分布参数向量或部分分量. 设总体 $\mathbf{X}$ 是 p 维随机向量, $p \geqslant 1$ 是常整数. 将总体模型写作

$$\mathbf{X} \sim f(\mathbf{x}; \boldsymbol{\eta}, \boldsymbol{\lambda}), \quad \mathbf{x} \in \mathfrak{R}^p, \quad \boldsymbol{\eta} \in \mathcal{N} \subseteq \mathfrak{R}^l, \quad \boldsymbol{\lambda} \in \Lambda \subseteq \mathfrak{R}^{s-l},$$

这里 $f(\mathbf{x}; \boldsymbol{\eta}, \boldsymbol{\lambda})$ 是总体密度函数, $\boldsymbol{\eta}, \boldsymbol{\lambda}$ 是分布参数. 不失一般性, 设 $\mathcal{N} = \mathfrak{R}^l$, 其上的 Borel 域记作 $\mathscr{B}^l$. 设 $\mathbf{X}_1, \cdots, \mathbf{X}_n$ 是抽自 $f(\cdot; \boldsymbol{\eta}, \boldsymbol{\lambda})$ 的样本, 即 $\mathbf{X}$ 的独立观测值. 随机样本和具体样本分别记作

$$\mathbb{X} = (\mathbf{X}_1', \cdots, \mathbf{X}_n')', \quad \mathcal{X} = (\mathbf{x}_1', \cdots, \mathbf{x}_n')'.$$

样本空间记作

$$\mathscr{X}_{n \times p} = \times_{i=1}^{n} \mathfrak{R}^p, \quad \mathbf{x}_i \in \mathfrak{R}^p, \quad 1 \leqslant i \leqslant n, \quad \mathcal{X} \in \mathscr{X}_{n \times p}.$$

于是 $f_n(\mathcal{X}; \boldsymbol{\eta}, \boldsymbol{\lambda}) = \prod\limits_{i=1}^{n} f(\mathbf{x}_i; \boldsymbol{\eta}, \boldsymbol{\lambda})$ 是 $\mathscr{X}_{n \times p}$ 上的概率密度函数, 且

$$\mathbb{X} \sim f_n(\mathcal{X}; \boldsymbol{\eta}, \boldsymbol{\lambda}), \quad \mathcal{X} \in \mathscr{X}_{n \times p}.$$

考虑假设

$$H_0 : \boldsymbol{\eta} = \boldsymbol{\eta}_0 \leftrightarrow H_1 : \boldsymbol{\eta} \neq \boldsymbol{\eta}_0. \tag{3.1}$$

关于假设 (3.1), $\boldsymbol{\lambda}$ 是冗余参数. 对给定抽自 $f(x; \boldsymbol{\eta}, \boldsymbol{\lambda})$ 的样本 $\mathcal{X}$, 用基于随机估计的 VDR 方法检验假设 (3.1). 关于一维参数检验的讨论, 都可以搬到这里.

3.1 假设检验模式

本节讨论假设检验的一般结构和概念.

3.1.1 接受域和置信域

检验假设 (3.1) 就是根据观测到的样本 $\mathcal{X}$ 作出以下两个结论之一: "接受原假设 H_0, 而拒绝 H_1" 和 "拒绝原假设 H_0, 而接受 H_1". 一个检验就将样本空间分为两部分: 接受域 S, 拒绝域 $S^c = \mathscr{X}_{n \times p} \setminus S$. 当样本 $\mathcal{X} \in S$ 时接受原假设 H_0, 否则拒绝 H_0. 记 $\alpha = P_{\boldsymbol{\eta}_0}(S^c)$, 这里 $P_{\boldsymbol{\eta}_0}(\cdot)$ 是 $P_{\boldsymbol{\eta}_0, \boldsymbol{\lambda}}(\cdot), \forall \boldsymbol{\lambda} \in \Lambda$ 的简洁记号. α 的统计意义是当 H_0 真时仍以概率 α 拒绝 (3.1) 的原假设 H_0, 犯了拒真错误, 称为第一类错误. 期望能控制第一类错误, 一般取 $\alpha = 0.1, 0.05$ 或 0.01, 常常根据实际问题决定其取值. 称 α 为显著水平. 于是接受域表示为

$S = S(\alpha; \boldsymbol{\eta}_0)$

$= \{\mathcal{X} : 观测到样本 \mathcal{X} 在显著水平 \alpha 下接受原假设 H_0 : \boldsymbol{\eta} = \boldsymbol{\eta}_0, \mathcal{X} \in \mathscr{X}_{n \times p}\},$

其中

$$\alpha = P_{\boldsymbol{\eta}_0}(\mathbb{X} \in S^c) = \int_{S^c} f_n(\mathcal{X}; \boldsymbol{\eta}_0, \boldsymbol{\lambda}) d\mathcal{X}, \quad \forall \boldsymbol{\lambda} \in \Lambda. \tag{3.2}$$

显著水平 α 也可以解释为拒绝原假设的风险, 原假设成立时仍以概率 α 拒绝原假设, 是犯第一类错误的概率.

如何确定 S^c 或 S? 当 H_0 真时, 按极大似然原则使似然函数大者应归入 S, 即有常数 c 使得 $S = \{\mathbf{x} : f_n(\mathcal{X}; \boldsymbol{\eta}_0, \boldsymbol{\lambda}) \geqslant c\}$, 等价于在 S 上平均值

$$\bar{f}_{\boldsymbol{\eta}_0}(S) = \frac{\int_{S^c} f_n(\mathbf{x}; \boldsymbol{\eta}_0, \boldsymbol{\lambda}) d\mathbf{x}}{L_n(S)}$$

最大. 又 $P_{\boldsymbol{\eta}_0}(S) = 1 - \alpha$, 这意味着 S 的 Lebesgue 测度 $L_n(S)$ 最小. 若 S^* 满足

$$L_n(S^*) = \inf\{L_n(S) : P_{\boldsymbol{\eta}_0}(S) = 1 - \alpha, S \subset \mathscr{X}\},$$

称 S^* 为最小 Lebesgue 测度检验. 假设检验方法实际上就是如何构造集合 $S(\alpha, \boldsymbol{\eta}_0)$ 使得当样本 $\mathbb{X}$ 抽自 $f(\cdot, \boldsymbol{\eta}_0, \boldsymbol{\lambda})$ 时 (3.2) 成立, 即 α 与 $\boldsymbol{\lambda}$ 无关. 为此应该用只含参数 $\boldsymbol{\eta}$ 而不含 $\boldsymbol{\lambda}$ 的似然函数, 实际上用参数 $\boldsymbol{\eta}$ 的随机估计的概率密度函数. 由于 $\boldsymbol{\eta}_0$ 可

取参数空间中任何成员, 故检验规则和确定集族 $\mathcal{T}(\alpha) = \{S(\alpha, \boldsymbol{\eta}) : \boldsymbol{\eta} \in \mathcal{N}\}$ 等价, 其每个成员都满足 (3.2). 众所周知, 假设检验规则和置信域有对应关系, 对给定样本接受原假设的所有 $\boldsymbol{\eta}_0$ 组成的参数空间的集合就是置信域. 基于集族 $\mathcal{T}(\alpha)$, 给定样本 $\mathcal{X}$ 构造的参数空间上的置信域是

$$C(\alpha; \mathcal{X}) = \{\boldsymbol{\eta} : \mathcal{X} \in S(\alpha; \boldsymbol{\eta}), \ \boldsymbol{\eta} \in \mathcal{N}\}.$$

$C(\alpha; \mathbb{X})$ 是随机集合, 它包含真实参数 $\boldsymbol{\eta}$ 的概率是置信度 $1 - \alpha$. 实际上, 由 (3.2),

$$P_{\boldsymbol{\eta}}(\boldsymbol{\eta} \in C(\alpha; \mathbb{X})) = P_{\boldsymbol{\eta}}(\mathbb{X} \in S(\alpha; \boldsymbol{\eta})) = 1 - \alpha.$$

假设检验和置信域是同一事物的不同方式的等价描述, 可以相互导出. 基于置信域 $C(\alpha; \mathcal{X})$ 检验假设 (3.2) 的规则是当 $\boldsymbol{\eta}_0 \in C(\alpha; \mathcal{X})$ 时接受原假设. 置信域的好坏用其 Lebesgue 测度描述是自然的, 测度越小越好. 这和评价检验优劣用检验功效一样.

3.1.2 枢轴量和随机估计

枢轴量的重要性是不言而喻的. 在经典统计中, 尤其在一维参数推断中枢轴量起了关键作用. 如正态总体的参数假设检验和置信区间都是用枢轴量方法处置的. 而多维参数的检验中使用似然比检验, 不再用枢轴量. 似然比检验是近似检验, 枢轴量检验是精确的. 为什么在多维参数推断中不再使用枢轴量? 近 20 年讨论 CD 也限于一维参数. 构造多维参数枢轴量并无困难, 这意味着缺少处理多维枢轴量的工具. VDR 恰是处置多维枢轴量的有效工具.

定义 3.1 (枢轴量) 设 $\mathbf{h}(\mathcal{X}; \boldsymbol{\eta}) = \mathbf{h}(\mathbf{x}_1, \cdots, \mathbf{x}_n; \boldsymbol{\eta}) = (h_1(\mathcal{X}; \boldsymbol{\eta}), \cdots, h_l(\mathcal{X}; \boldsymbol{\eta}))'$ 是 l 维向量函数, 是 $\mathscr{X}_{n \times p} \times \mathcal{N} \to \mathcal{N}_h$ 的 $\mathscr{B}^l$ 可测变换, 满足

(1) 对给定 $\mathcal{X}$, $\mathbf{h}(\mathcal{X}; \cdot)$ 是 $\mathcal{N} \to \mathcal{N}_h$ 的一一可测变换;

(2) 对给定参数 $\boldsymbol{\eta} \in \mathcal{N}$, $\mathbf{h}(\mathbb{X}; \boldsymbol{\eta})$ 是定义在 $\mathscr{X}_{n \times p}$ 上取值于 $\mathcal{N}$ 的随机向量, 其分布函数 $F_h(\cdot)$ 不依赖于参数 $\boldsymbol{\eta}, \boldsymbol{\lambda}$.

则称 $\mathbf{h}(\mathcal{X}; \boldsymbol{\eta})$ 是参数 $\boldsymbol{\eta}$ 的枢轴量.

例 3.1 设 $\mathbf{x}$ 是来自正态分布 $N(\mu, \sigma^2)$ 的容量为 n 的样本, $\boldsymbol{\theta} = (\mu, \sigma^2)'$ 是二维参数. 令

$$\mathbf{h}^*(\mathbf{x}; \boldsymbol{\theta}) = \begin{pmatrix} h_1^*(\mathbf{x}; \boldsymbol{\theta}) \\ h_2^*(\mathbf{x}; \boldsymbol{\theta}) \end{pmatrix} = \begin{pmatrix} \sum_{i=1}^{n} \dfrac{x_i - \mu}{\sigma} \\ \sum_{i=1}^{n} \dfrac{(x_i - \mu)^2}{\sigma^2} \end{pmatrix},$$

显然 $\mathbf{h}^*(\mathbb{X}; \boldsymbol{\theta}) \stackrel{d}{=} \mathbf{h}^*(\mathbb{X}; (0,1)')$, $\mathbf{h}^*(\mathbb{X}; (0,1)')$ 的分布与参数无关, 故 $\mathbf{h}^*(\mathbf{x}; \boldsymbol{\theta})$ 是 $\boldsymbol{\theta}$ 的枢轴量. 这里 "$\stackrel{d}{=}$" 表示两端随机向量有相同的分布函数. 但是 $h_1^*(\mathbf{x}; \boldsymbol{\theta})$ 不是 μ 的枢轴量, 因为它还依赖于参数 σ^2. $h_2^*(\mathbf{x}; \boldsymbol{\theta})$ 不是 σ^2 的枢轴量, 因为它还依赖于参数 μ.

而

$$\mathbf{h}(\mathbf{x};\boldsymbol{\theta}) = \begin{pmatrix} h_1(\mathbf{x};\mu) \\ h_2(\mathbf{x};\sigma^2) \end{pmatrix} = \begin{pmatrix} \dfrac{1}{\sqrt{n}}\sum_{i=1}^{n}\dfrac{x_i - \mu}{s_n} \\ \dfrac{(n-1)s_n^2}{\sigma^2} \end{pmatrix}$$

也是 $\boldsymbol{\theta}$ 的枢轴量, 其分量分别是参数 μ 和 σ^2 的枢轴量. 实际上, $\mathbf{h}(\mathbf{x};\boldsymbol{\theta})$ 由 $\mathbf{h}^*(\mathbf{x},\boldsymbol{\theta})$ 导出:

$$h_2(\mathbf{x};\sigma^2) = h_2^*(\mathbf{x};\boldsymbol{\theta}) - \frac{(h_1^*(\mathbf{x};\boldsymbol{\theta}))^2}{n} = h_2^*(\mathbf{x};\boldsymbol{\theta}) - n\frac{(\bar{x}-\mu)^2}{\sigma^2}.$$

枢轴量定义的第一点, 对给定 $\mathcal{X}$, $\mathbf{h}(\mathcal{X},\cdot)$ 是 $\mathcal{N} \to \mathcal{N}_h$ 的一一可测变换, 可用

$$\begin{vmatrix} \dfrac{\partial h_1(\mathbb{X},\boldsymbol{\eta})}{\partial \eta_1} & \cdots & \dfrac{\partial h_1(\mathbb{X},\boldsymbol{\eta})}{\partial \eta_l} \\ \vdots & & \vdots \\ \dfrac{\partial h_l(\mathbb{X},\boldsymbol{\eta})}{\partial \eta_1} & \cdots & \dfrac{\partial h_l(\mathbb{X},\boldsymbol{\eta})}{\partial \eta_l} \end{vmatrix} \neq 0$$

代替, 意味着对给定 $\mathcal{X}$, $h(\mathcal{X};\cdot)$ 的反函数存在. 枢轴量定义意味着枢轴量 $\mathbf{h}(\mathcal{X};\boldsymbol{\eta})$ 不含参数 $\boldsymbol{\eta}$ 的信息, 体现在它的分布函数 $F_h(\cdot)$ 不依赖于参数 $\boldsymbol{\eta}, \boldsymbol{\lambda}$. 枢轴量的自变量是样本和参数, 含参数的充分信息, 说明枢轴量的结构充分提取了样本中的参数信息, 使样本中参数信息和参数抵消, 使枢轴量值不含参数信息. 枢轴量含有总体分布结构信息, 体现在 F_h 上, 不同总体对应不同的 F_h, 也是推断参数 $\boldsymbol{\eta}$ 的依据.

$F_h(\cdot)$ 是 $\mathcal{N}_h \subseteq \Re^l$ 上的分布函数, 它的密度函数记作 $f_h(\cdot)$. 由 F_h 导出的 $(\mathcal{N}_h, \mathscr{B}_{\mathcal{N}_h}) \subseteq (\Re^l, \mathscr{B}_h)$ 上的概率测度记作 $P_h(\cdot)$. $\mathcal{N}_h \to \mathcal{N}_h$ 的恒等变换

$$\mathbf{Z} : \mathbf{Z}(\boldsymbol{\eta}) = \boldsymbol{\eta}, \quad \forall \boldsymbol{\eta} \in \mathcal{N}$$

是概率空间 $(\mathcal{N}_h, \mathscr{B}_h, P_h)$ 上的随机向量, 其概率分布恰是 P_h, 分布函数是 F_h, $\mathbf{Z}$ 叫做枢轴向量. 实际计算或模拟时, 可取定参数值 $\boldsymbol{\eta}_0$, 抽取样本 $\mathbb{X}$, 则 $\mathbf{Z}$ 可取作

$$\mathbf{Z} = h(\mathbb{X};\boldsymbol{\eta}_0). \tag{3.3}$$

对给定样本 $\mathcal{X}$, 由关系 $\mathbf{z} = \mathbf{h}(\mathcal{X};\mathbf{y})$ 定义的映射 $\mathbf{z} \to \mathbf{y}$ 是 $\mathcal{N}_h \to \mathcal{N}$ 的一一映射. $\mathbf{y}$ 导入的 $\mathscr{B}_h$ 的子 σ 域记作 $\mathscr{B}_{\mathcal{X}}$,

$$\mathscr{B}_{\mathcal{X}} = \{C : \mathbf{y}^{-1}(C) \in \mathscr{B}_h\} = \{C : h(\mathcal{X}, C) \in \mathscr{B}_h\}.$$

由于 $\mathbf{h}(\mathcal{X};\cdot)$ 是 $\mathcal{N} \to \mathcal{N}_h$ 的一一变换, 故 $\mathscr{B}_{\mathcal{X}} = \mathscr{B}_{\mathcal{N}}$, 参数空间的 Borel 域. 为强调给定样本, 仍用 $\mathscr{B}_{\mathcal{X}}$. 这意味着对任意 $C \in \mathscr{B}_{\mathcal{X}}$ 有 $\mathbf{h}(\mathcal{X};C) \in \mathscr{B}_{\mathcal{X}} = \mathscr{B}_{\mathcal{N}}$, 参数空间的 Borel 域. 定义

$$P(A;\mathcal{X}) = P_h(h(\mathcal{X};A)), \quad \forall A \in \mathscr{B}_{\mathcal{X}}.$$

$P(\cdot;\mathcal{X})$ 是参数 $\boldsymbol{\eta}$ 的置信测度. $P(\cdot;\mathcal{X})$ 的分布函数是

$$F(\mathbf{u};\mathcal{X}) = P(A_{\mathbf{u}};\mathcal{X}) = P_h(h(\mathcal{X};A_{\mathbf{u}})),$$

其中

$$A_{\mathbf{u}} = \{\mathbf{v} = (v_1, \cdots, v_l) : v_i \leqslant u_i, i = 1, \cdots, l\}.$$

当 $l=1$ 时 $F(\cdot;\mathcal{X})$ 就是 CD. 仅当 $\mathbf{h}(\mathcal{X};\boldsymbol{\eta})$ 是 $\boldsymbol{\eta}$ 各分量的增函数时才有
$$F(\mathbf{u};\mathcal{X})=F_h(\mathbf{h}(\mathcal{X};\mathbf{u})).$$
这意味着公式 (2.24) 对多维参数不成立, 难将 CD 直接推广到多维. 然而 $F(\mathbf{u};\mathcal{X})$ 的密度函数是
$$f(\mathbf{v};\mathcal{X})=f_h(\mathbf{h}(\mathcal{X};\mathbf{v}))\left|\frac{\partial\mathbf{h}(\mathcal{X},\mathbf{v})}{\partial\mathbf{v}}\right|\overset{\text{def}}{=}f_h(\mathbf{h}(\mathcal{X},\mathbf{v}))J(\mathcal{X},\mathbf{v}),\tag{3.4}$$
和一维参数一样, 参数 $\boldsymbol{\eta}$ 的随机估计 $\mathbf{W}_{\boldsymbol{\eta}}$ 是参数空间 $\mathcal{N}$ 上的随机向量, 类似于 (2.35), 由下式定义
$$\mathbf{Z}=\mathbf{h}(\mathcal{X};\mathbf{W}_{\boldsymbol{\eta}}),\ \text{或}\ \mathbf{W}_{\boldsymbol{\eta}}=\mathbf{h}^{-1}(\mathcal{X};\mathbf{Z}).\tag{3.5}$$
$\mathbf{W}_{\boldsymbol{\eta}}$ 是参数空间 $\mathcal{N}$ 上的一个随机向量, 它的下标仅表示为参数 $\boldsymbol{\eta}$ 的, 没有具体参数的意义, $\mathbf{W}$ 表示随机估计. $\mathbf{W}_{\boldsymbol{\eta}}$ 是参数 $\boldsymbol{\eta}$ 的随机估计, 它的概率分布恰是 $P_{\boldsymbol{\eta}}(\cdot;\mathcal{X})=P(\cdot;\mathcal{X})$, 概率密度函数是
$$f_{\boldsymbol{\eta}}(\mathbf{v};\mathcal{X})=f(\mathbf{v};\mathcal{X})=f_h(\mathbf{h}(\mathcal{X},\mathbf{v}))J(\mathcal{X},\mathbf{v}).$$
当 $l=1$ 时,
$$f_{\boldsymbol{\eta}}(v;\mathbf{x})=f_h(h(\mathbf{x},v))\left|\frac{dh(\mathbf{x},v)}{dv}\right|$$

恰是信仰分布的密度函数. 信仰分布就是参数的随机估计的分布. 通常的点估计就是 $EW_{\boldsymbol{\eta}}$ 或 $f_{\boldsymbol{\eta}}(v;\mathbf{x})$ 的极大值点 v_0.

枢轴量的核心作用是信息转换, 将样本空间中的参数信息转换到参数空间, 实现参数推断. 信息转换体现在两点:

(1) 枢轴量的分布函数 $F_h(\cdot)$ 不依赖于参数, 仅在这个意义上不含参数信息. 实际上它从整体上或全局上体现总体信息结构, 体现在 $\mathbf{Z}$ 的分布 $P_h(\cdot)$ 上. 总体不同, 其分布也不同或者说信息结构不同.

(2) 信息转换, 我们感兴趣的参数是 $\boldsymbol{\eta}$, $\boldsymbol{\lambda}$ 是冗余参数. 样本的分布依赖于参数, 样本还包括冗余参数信息, 希望滤去冗余参数的信息. 枢轴量结构滤去 $\boldsymbol{\lambda}$ 的信息, 将参数 $\boldsymbol{\eta}$ 的信息转移到参数空间上的分布 $P(\cdot;\mathcal{X})$ 上, 该分布是由 $F_h(\cdot)$ 和 $\mathbf{h}(\cdot;\cdot)$ 共同确定的. $P(\cdot;\mathcal{X})$ 提取样本中参数 $\boldsymbol{\eta}$ 的信息, 可等价地用随机估计 $W_{\boldsymbol{\eta}}$ 代替 $P(\cdot;\mathcal{X})$. 随机估计或 $P(\cdot;\mathcal{X})$ 是信息载体. 样本转化为随机估计的分布参数. Schweder 和 Hjort (2002) 称 $f_{\boldsymbol{\eta}}(v;\mathbf{x})$ 为收缩似然函数, 是 $\boldsymbol{\eta}$ 的似然函数, 已经滤掉冗余参数 $\boldsymbol{\lambda}$ 的信息. Fisher 意识到这种信息的转换, 提出信仰推断并给出了信仰分布的计算公式. 现在我们正是沿着 Fisher 的思路探索, 找出合理论断, 试图排除 Fisher 疑惑.

以下分析信息转换过程. 枢轴量 $\mathbf{h}(\mathcal{X};\boldsymbol{\eta})$ 满足
$$\mathbf{h}(\mathbb{X};\boldsymbol{\eta})\sim F_h(\cdot),\quad \mathbb{X}\sim f_h(\mathbf{x};\boldsymbol{\eta},\boldsymbol{\lambda}),\quad \forall\boldsymbol{\eta}\in\mathcal{N},\ \boldsymbol{\lambda}\in\Lambda.$$
即使真实参数不同, $F_h(\cdot)$ 也是不变的. $\mathbf{h}$ 的自变量 $\mathbb{X}$ 含有参数信息, 另一变量就是参数, 而其值的分布又与参数无关, 意味着 $\mathbf{h}$ 的结构充分提取了样本中参数信息, 和参数本身综合了, 将样本概率结构转化为参数空间上 $\mathcal{N}_h$ 的概率分布 $P_h(\cdot)$. 再用枢

轴量提取出具体样本的参数信息形成 $P(\cdot;\mathcal{X})$, 随机估计的分布参数是样本或充分统计量. 对应正态总体就可清楚地看出信息转换的意义.

引理 3.1 设 $\mathcal{X}_0$ 是任意具体样本. 若 $C \in \mathscr{B}_{\mathcal{X}_0}$ 使 $P(C;\mathcal{X}_0) = 1-\alpha$, 则 C 是观测样本为 $\mathcal{X}_0$ 的置信度为 $1-\alpha$ 的参数 $\boldsymbol{\eta}$ 的置信域.

证明: 只需证明存在样本空间上的集族 $\mathscr{T}(\alpha) = \{S(\alpha;\boldsymbol{\eta}) : \boldsymbol{\eta} \in \mathcal{N}\}$ 使得
$$C = \{\boldsymbol{\eta} : \mathcal{X}_0 \in S(\alpha;\boldsymbol{\eta})\}.$$
论证如下. 由 $P(\cdot;\mathcal{X}_0)$ 的定义存在集合 $C_0 \in \mathscr{B}_h$ 使得
$$C = \{\boldsymbol{\eta} : \mathbf{h}(\mathcal{X}_0;\boldsymbol{\eta}) \in C_0\} \in \mathscr{B}_{\mathcal{X}},$$
则 $P_h(C_0) = 1-\alpha$. 对任意给定 η,
$$S(\alpha;\boldsymbol{\eta}) = \{\mathcal{X} : h(\mathcal{X};\boldsymbol{\eta}) \in C_0, \ \mathcal{X} \in \mathscr{X}_{n \times p}\}, \quad \forall \boldsymbol{\eta} \in \mathcal{N}.$$
由枢轴量的性质,
$$P_{\boldsymbol{\eta}}(S(\alpha,\boldsymbol{\eta})) = P_Q(C_0) = 1-\alpha.$$

所以 $\mathscr{T}(\alpha) = \{S(\alpha,\boldsymbol{\eta}) : \boldsymbol{\eta} \in \mathcal{N}\}$ 是检验假设 (3.1) 的集族, 当观测样本为 $\mathcal{X}_0$ 时, 由其确定的置信域为
$$C(\alpha;\mathcal{X}_0) = \{\boldsymbol{\eta} : \mathcal{X}_0 \in S(\alpha;\boldsymbol{\eta})\} = \{\boldsymbol{\eta} : \mathbf{h}(\mathcal{X}_0;\boldsymbol{\eta}) \in C_0\} = C.$$
引理得证.

引理 3.1 指出用随机估计确定的参数置信域就是经典统计意义下的置信域. 对任意 $C \in \mathscr{B}_{\mathcal{X}}$, 若满足
$$P(C;\mathcal{X}) = 1-\alpha, \ \text{等价于} \ P(W_{\boldsymbol{\eta}} \in C) = 1-\alpha,$$
则 C 是置信度为 $1-\alpha$ 的参数 $\boldsymbol{\eta}$ 的置信域. 因此, 适当选取 C 可得在一定意义下的优良置信域, 如最小 Lebesgue 测度置信域. 引理 3.1 看起来很抽象, 实际上, 早已熟悉的正态总体均值置信区间是其特例. 对正态总体均值参数 μ, $P(\cdot;\mathbf{x})$ 的分布函数就是分布函数 $1 - pt\left(\frac{\sqrt{n}}{s_n}(t-\bar{x}), n-1\right)$, 它的 γ 分位点记作 $t(\gamma, n-1, \bar{x}, s_n)$. 易见
$$t(\gamma, n-1, \bar{x}, s_n) = \bar{x} - \frac{s_n}{\sqrt{n}} t_{n-1}(1-\gamma).$$
集合
$$\begin{aligned}
C &= [t(\alpha_1, n-1, \bar{x}, s_n), t(1-\alpha_2, n-1, \bar{x}, s_n)] \\
&= \left[\bar{x} - \frac{s_n}{\sqrt{n}}t_{n-1}(1-\alpha_1), \bar{x} - \frac{s_n}{\sqrt{n}}t_{n-1}(\alpha_2)\right] \\
&= \left[\bar{x} + \frac{s_n}{\sqrt{n}}t_{n-1}(\alpha_1), \bar{x} + \frac{s_n}{\sqrt{n}}t_{n-1}(1-\alpha_2)\right], \\
P(W_\mu \in C) &= 1-(\alpha_1+\alpha_2),
\end{aligned}$$
恰是 μ 的置信度为 $1-\alpha$ 的置信区间, 其中 $\alpha = \alpha_1+\alpha_2$, $\alpha_1 > 0, \alpha_2 > 0$. $pt(\cdot, k)$ 是自由度为 k 的 t 分布的分布函数, $t_k(\alpha)$ 是其 α 分位点. 这和经典做法的结果是一致的, 而当 $\alpha_1 = 1-\alpha_2 = \frac{\alpha}{2}$ 时置信区间的长度最短.

很多情形下可使枢轴量满足

$$J(\mathcal{X}, \mathbf{v}) = J(\mathcal{X}), \quad \forall \mathbf{v} \in \mathcal{N}.$$

称此条件为枢轴量的正则条件, 或称为正则枢轴量. 这时可以简化置信域的计算. 对正则枢轴量, 公式 (3.4) 简化为

$$f_{\boldsymbol{\eta}}(\mathbf{v}; \mathcal{X}) = f_h(\mathbf{h}(\mathcal{X}; \mathbf{v})) J(\mathcal{X}). \tag{3.6}$$

例如, 正态总体的方差参数 σ^2 的枢轴量通常取为 $h((n-1)s_n^2, \sigma^2) = \dfrac{(n-1)s_n^2}{\sigma^2}$, 由于

$$\frac{\partial h((n-1)s_n^2, \sigma^2)}{\sigma^2} = \frac{(n-1)s_n^2}{(\sigma^2)^2},$$

$h((n-1)s_n^2, \sigma^2)$ 不是正则的. 但是其倒数 $h^*((n-1)s_n^2, \sigma^2) = \dfrac{\sigma^2}{(n-1)s_n^2}$ 仍是枢轴量, 且

$$\frac{\partial h^*((n-1)s_n^2, \sigma^2)}{\sigma^2} = \frac{1}{(n-1)s_n^2},$$

故是正则的. 但是无论基于哪个枢轴量求得 σ^2 的随机估计, 结果都是一样的, $W_{\sigma^2} = \dfrac{(n-1)s_n^2}{\chi_{n-1}^2}$. 其实所谓正则就是枢轴量是参数的线性函数

$$\mathbf{h}(\mathcal{X}, \boldsymbol{\eta}) = m(\mathcal{X}) + M(\mathcal{X})\boldsymbol{\eta}, \quad M(\mathcal{X}) \text{ 是 } p \times p \text{ 非奇异阵}, \; m(\mathcal{X}) \in \mathfrak{R}^p, \; \forall \mathcal{X} \in \mathscr{X}_{n \times p},$$

且

$$J(\mathcal{X}) = \det(M(\mathcal{X})).$$

对正则枢轴量, 引理 3.1 的证明更简单直观.

3.2　VDR 检验

确定接受域的方法很多, 如常用的似然比检验. 这里提出一种通用的、精确的检验方法, 叫做 VDR 检验.

3.2.1　什么是 VDR 检验

给定样本 $\mathcal{X}$, 参数 $\boldsymbol{\eta}$ 的随机估计是 $W_{\boldsymbol{\eta}}$, 其概率密度函数是 $f_{\boldsymbol{\eta}}(\cdot; \mathcal{X})$. 令

$$Z = f_{\boldsymbol{\eta}}(W_{\boldsymbol{\eta}}; \mathcal{X}), \quad 0 < Z \leqslant M_0(\mathcal{X}) = \sup_{\mathbf{v} \in \mathcal{N}} f_{\boldsymbol{\eta}}(\mathbf{v}; \mathcal{X}),$$

由 VDR 理论 (见第四章), Z 的概率密度函数是

$$f_Z(z; \mathcal{X}) = -z \frac{dL_l(D_{[f_{\boldsymbol{\eta}}(\cdot; \mathcal{X})]}(z))}{dz}, \quad D_{[f_{\boldsymbol{\eta}}(\cdot; \mathcal{X})]}(z) = \{\mathbf{u} : f_{\boldsymbol{\eta}}(\mathbf{u}; \mathcal{X}) \geqslant z, \mathbf{u} \in \mathfrak{R}^l\},$$

其中 $L_k(\cdot)$ 是 $\mathfrak{R}^k$ 上的 Lebesgue 测度. $f_Z(\cdot; \mathcal{X})$ 的分布函数记作 $F_Z(\cdot; \mathcal{X})$. $F_Z(\cdot; \mathcal{X})$ 的 γ 分位点记作 $Q_Z(\gamma; \mathcal{X})$, 即

$$\gamma = F_Z(Q_Z(\gamma; \mathcal{X}); \mathcal{X}) = P(f_{\boldsymbol{\eta}}(W_{\boldsymbol{\eta}}; \mathcal{X}) \leqslant Q_Z(\gamma; \mathcal{X})).$$

$f_{\boldsymbol{\eta}}(\boldsymbol{\eta}_0; \mathcal{X})$ 就是经典意义下检验假设 (3.1) 的检验统计量, 称为 VDR 检验统计量, 而称 Z 为假设 (3.1) 的 VDR 检验随机变量, 简称为检验变量. 当 $f_{\boldsymbol{\eta}}(\boldsymbol{\eta}_0; \mathcal{X})$ 很小时拒绝 H_0. 因此, 假设 (3.1) 的 VDR 检验规则是: 给定显著水平 α,

若 $f_{\boldsymbol{\eta}}(\boldsymbol{\eta}_0;\mathcal{X}) > Q_Z(\alpha;\mathcal{X})$, **则接受** H_0, **否则拒绝** H_0.

当 $l=1$ 时,这种检验是熟悉的. 回忆正态总体均值假设

$$H_0 : \mu = \mu_0 \leftrightarrow H_0 : \mu \neq \mu_0$$

的检验,

枢轴量: $\qquad h(\bar{x}; s_n^2; \mu) = \dfrac{\sqrt{n}(\bar{x}-\mu)}{s_n},$

随机估计: $\qquad W_\mu = \bar{x} - \dfrac{s_n}{\sqrt{n}} T_{n-1},$

随机估计的概率密度函数: $\quad f_\mu(t; \bar{x}, s_n^2) = \dfrac{\sqrt{n}}{s_n} dt\left(\dfrac{\sqrt{n}(t-\bar{x})}{s_n}, n-1\right),$

检验变量: $\qquad Z = f_\mu(W_\mu; \bar{x}, s_n^2).$

由于

$$\{t: f_\mu(t; \bar{x}, s_n^2) > Q_Z(\alpha; \bar{x}, s_n^2)\} = \left\{t: dt\left(\frac{\sqrt{n}(t-\bar{x})}{s_n}, n-1\right) > \frac{s_n}{\sqrt{n}} Q_Z(\alpha; \bar{x}, s_n^2)\right\}$$

$$= \left\{t: \left|\frac{\sqrt{n}(\bar{x}-\mu)}{s_n}\right| < t_{n-1}\left(1-\frac{\alpha}{2}\right)\right\},$$

$$dt\left(t_{n-1}\left(1-\frac{\alpha}{2}\right), n-1\right) = 1-\frac{\alpha}{2}, \quad \frac{s_n}{\sqrt{n}} Q_Z(\alpha; \bar{x}, s_n^2) = t_{n-1}\left(1-\frac{\alpha}{2}\right),$$

故

$$f_\mu(t; \bar{x}, s_n^2) > Q_Z(\alpha; \bar{x}, s_n^2) \Leftrightarrow \left|\frac{\sqrt{n}(\bar{x}-\mu_0)}{s_n}\right| < t_{n-1}\left(1-\frac{\alpha}{2}\right),$$

就是熟知的 t 检验. 一般的, 若随机变量 $X \sim q(\cdot)$, $q(\cdot)$ 是一维密度函数, 则

$$P(q(X) < h) = P(X < a) + P(X > b), \quad a < b, \quad q(a) = q(b) = h.$$

当 $q(\cdot)$ 是对称函数时 $a = -b, P(X < a) = P(X > b)$.

$\qquad$ VDR 检验有清楚的统计意义和直观意义. 随机估计 $W_{\boldsymbol{\eta}}$ 的概率密度函数记作 $f_{\boldsymbol{\eta}}(\cdot;\mathcal{X})$, 基于极大似然原理, 当 $f_{\boldsymbol{\eta}}(\boldsymbol{\eta}_0;\mathcal{X})$ 较大时才接受假设 $H_0 : \boldsymbol{\eta} = \boldsymbol{\eta}_0$, 正是 VDR 检验. 拒绝域直观意义解释如下: $f_{\boldsymbol{\eta}}(\boldsymbol{\eta}_0;\mathcal{X})$ 的图像为 $\mathfrak{R}^{l+1}$ 内的 l 维曲面, 第 $l+1$ 分量是 $f_{\boldsymbol{\eta}}(\mathbf{x};\mathcal{X}), \mathbf{x} \in \mathfrak{R}^l$. 概率密度函数曲面和自变量空间 $\mathfrak{R}^l$ 围成的区域记作 $D_{[f_{\boldsymbol{\eta}}(\cdot;\mathcal{X})]}$, 显然 $L_{l+1}(D_{[f_{\boldsymbol{\eta}}(\cdot;\mathcal{X})]}) = 1$. 超平面 $Q_Z(\alpha;\mathcal{X}) + \mathfrak{R}^l$ 截取区域 $D_{[f_{\boldsymbol{\eta}}(\cdot;\mathcal{X})]}$, 截下部分是一平台,直观地视为山丘挖去顶部的平台. 再沿截口垂直挖至底部, 剩下的环形区域就是拒绝域. 当点 $(\boldsymbol{\eta}_0', f_{\boldsymbol{\eta}}(\boldsymbol{\eta}_0;\mathcal{X}))'$ 落入环形区域就拒绝原假设. 当 $l=2$ 时如图 3.1 所示.

3.2.2 分位点计算

$\qquad$ 分位点 $Q_Z(\gamma;\mathcal{X})$ 满足

$$\gamma = \int_0^{Q_Z(\gamma;\mathcal{X})} f_Z(z;\mathcal{X}) dz = \int_0^{Q_Z(\gamma;\mathcal{X})} (-z) \frac{dL_l(D_{[f_{\boldsymbol{\eta}}(\cdot;\mathcal{X})]}(z))}{dz} dz$$

$$= \int_0^{Q_Z(\gamma;\mathcal{X})} L_l(D_{[f_{\boldsymbol{\eta}}(\cdot;\mathcal{X})]}(z)) dz - Q_Z(\gamma;\mathcal{X}) L_l(D_{[f_{\boldsymbol{\eta}}(\cdot;\mathcal{X})]}(Q_Z(\gamma;\mathcal{X}))). \quad (3.7)$$

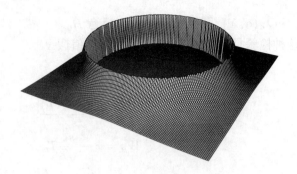

图 3.1　VDR 检验拒绝域.

(3.7) 的几何意义清楚, 如上小节 VDR 检验的直观解释. 一般情形按公式 (3.7) 计算 $Q_Z(\gamma; \mathcal{X})$, 对正则枢轴量该公式可以简化.

设 $\mathbf{h}(\mathbf{x}; \mathbf{u})$ 是正则的, 即 $J(\mathcal{X}, \boldsymbol{\eta}) = J(\mathcal{X})$, 则

$$D_{[f_{\boldsymbol{\eta}}(\cdot;\mathcal{X})]}(z) = \{\mathbf{z} : f_{\boldsymbol{\eta}}(\mathbf{z}; \mathcal{X}) > z, \mathbf{z} \in \mathcal{N}\}$$
$$= \{\mathbf{z} : J(\mathcal{X}) f_h(\mathbf{h}(\mathcal{X}; \mathbf{z})) > z, \mathbf{z} \in \mathcal{N}\}$$
$$= \{\mathbf{z} : \mathbf{h}(\mathcal{X}; \mathbf{z}) \in D_{[f_h]}\left(\frac{z}{J(\mathcal{X})}\right), \mathbf{z} \in \mathcal{N}\},$$

$$L_l(D_{[f_{\boldsymbol{\eta}}(\cdot;\mathcal{X})]}(z)) = \int_{D_{[f_{\boldsymbol{\eta}}(\cdot;\mathcal{X})]}(z)} d\mathbf{z} = \int_{\{\mathbf{z} : \mathbf{h}(\mathcal{X};\mathbf{z}) \in D_{[f_h]}(\frac{z}{J(\mathcal{X})}), \mathbf{z} \in \mathcal{N}\}} d\mathbf{z}$$
$$= \int_{D_{[f_h]}(\frac{z}{J(\mathcal{X})})} J^{-1}(\mathcal{X}) d\mathbf{v}, \quad \mathbf{v} = \mathbf{h}(\mathcal{X}; \mathbf{z})$$
$$= J^{-1}(\mathcal{X}) L_l\left(D_{[f_h]}\left(\frac{z}{J(\mathcal{X})}\right)\right).$$

于是

$$\int_0^{Q_Z(\gamma;\mathcal{X})} L_l(D_{[f_{\boldsymbol{\eta}}(\cdot;\mathcal{X})]}(z)) dz = \int_0^{Q_Z(\gamma;\mathcal{X})} J^{-1}(\mathcal{X}) L_l\left(D_{[f_h]}\left(\frac{z}{J(\mathcal{X})}\right)\right) dz$$
$$= \int_0^{Q_V(\gamma)} L_l(D_{f_h}(v)) dv,$$
$$Q_Z(\gamma; \mathcal{X}) = J(\mathcal{X}) Q_V(\gamma).$$

代入 (3.7), $Q_V(\gamma)$ 由下式确定

$$\gamma = \int_0^{Q_V(\gamma)} L_l(D_{f_h}(v)) dv - Q_V(\gamma) L_l(D_{f_h}(Q_V(\gamma))), \quad Q_Z(\gamma; \mathcal{X}) = J(\mathcal{X}) Q_V(\gamma). \quad (3.8)$$

易见 $Q_V(\gamma)$ 不依赖于样本 $\mathcal{X}$, 是 $V = f_h(\mathbf{V})$ 的 γ 分位点.

对给定样本 $\mathcal{X}$ 和任意 $0 < \gamma < 1$, 令

$$C(\gamma; \mathcal{X}) = \{\boldsymbol{\eta} : f_{\boldsymbol{\eta}}(\boldsymbol{\eta}; \mathcal{X}) \geqslant Q_Z(\gamma; \mathcal{X})\} = \left\{\boldsymbol{\eta} : f_h(\mathbf{h}(\mathcal{X}; \boldsymbol{\eta})) \geqslant \frac{Q_Z(\gamma; \mathcal{X})}{J(\mathcal{X}, \boldsymbol{\eta})}\right\}, \quad (3.9)$$

$C(\alpha; \mathcal{X})$ 是参数 $\boldsymbol{\eta}$ 的置信度为 $1 - \alpha$ 的置信域 (引理 3.1). 若 $\mathbf{h}(\mathbf{x}; \mathbf{u})$ 是正则的, 则

$$C(\gamma; \mathcal{X}) = \{\boldsymbol{\eta} : f_{\mathbf{h}}(h(\mathcal{X}; \boldsymbol{\eta})) \geqslant Q_V(\gamma)\} = \{\boldsymbol{\eta} : \mathbf{h}(\mathcal{X}; \boldsymbol{\eta}) \in C(\gamma)\}, \quad (3.10)$$

其中
$$C(\gamma) = \{\boldsymbol{\eta} : f_h(\boldsymbol{\eta}) \geqslant Q_V(\gamma)\}.$$

3.2.3 VDR 接受域和 VDR 置信域的优良性

枢轴量 $\mathbf{h}(\mathcal{X}; \boldsymbol{\eta})$ 和枢轴向量定义的随机估计记作 $W_{\boldsymbol{\eta}}$. 引理 3.1 断言, 任何满足
$$P_{\boldsymbol{\eta}}(C; \mathcal{X}) = 1 - \alpha, \quad C \in \mathscr{B}_{\mathcal{X}}$$
的 C 都是参数 $\boldsymbol{\eta}$ 的置信度为 $1 - \alpha$ 的置信域. 在这些置信域中, VDR 置信域有最小 Lebesgue 测度. 该结论直接由引理 3.2 得到.

引理 3.2 设 $\mathbf{X}$ 的密度函数是 $f(\mathbf{x}), \mathbf{x} \in \mathfrak{R}^m$, 分布函数是 $F(\mathbf{x}), \mathbf{x} \in \mathfrak{R}^m$. 由 $F(\cdot)$ 确定的 $(\mathfrak{R}^m, \mathscr{B}^m)$ 上的概率测度记作 P. 令
$$S(\alpha) = \{\mathbf{x} : f(\mathbf{x}) > h(\alpha)\}, \quad P(S(\alpha)) = 1 - \alpha,$$
则
$$L_m(S(\alpha)) = \inf\{L_m(S) : P(\mathbf{X} \in S) = 1 - \alpha, S \in \mathscr{B}^m\}.$$

证明: 只需证明对任意满足
$$P(\mathbf{X} \in S) = 1 - \alpha$$
的 S, 恒有
$$L_m(S) \geqslant L_m(S(\alpha)).$$

令
$$S^* = S(\alpha) \cap S, \quad S_1 = S(\alpha) \setminus S^*, \quad S_2 = S \setminus S^*,$$
则
$$\mathbf{x} \in S_1 \Rightarrow f(\mathbf{x}) \geqslant h(\alpha); \quad \mathbf{x} \in S_2 \Rightarrow f(\mathbf{x}) \leqslant h(\alpha).$$

$$
\begin{aligned}
h(\alpha)L_m(S_2) + \int_{S^*} f(\mathbf{x})d\mathbf{x} &\geqslant \int_{S_2} f(\mathbf{x})d\mathbf{x} + \int_{S^*} f(\mathbf{x})d\mathbf{x} \\
&= \int_S f(\mathbf{x})d\mathbf{x} = P(S) = 1 - \alpha = P(S(\alpha)) \\
&= \int_{S(\alpha)} f(\mathbf{x})d\mathbf{x} \geqslant h(\alpha)L_m(S_1) + \int_{S^*} f(\mathbf{x})d\mathbf{x},
\end{aligned}
$$

上式意味着
$$h(\alpha)L_m(S_2) \geqslant h(\alpha)L_m(S_1) \Leftrightarrow L_m(S_2) \geqslant L_m(S_1),$$
于是
$$L_m(S) = L_m(S_2) + L_m(S^*) \geqslant L_m(S_1) + L_m(S^*) = L_m(S(\alpha)).$$

引理得证.

VDR 检验的样本空间接受域, 即接受 $H_0 : \boldsymbol{\eta} = \boldsymbol{\eta}_0$ 的全体样本是
$$S(\alpha; \boldsymbol{\eta}_0) = \{\mathcal{X} : f_{\boldsymbol{\eta}}(\boldsymbol{\eta}_0; \mathcal{X}) \geqslant Q_Z(\alpha; \mathcal{X}), \mathcal{X} \in \mathscr{X}_{n \times p}\}.$$

若 $\mathbf{h}(\cdot; \cdot)$ 是正则的, 由 (3.10)

$$P_{\boldsymbol{\eta}}(\mathbb{X} \in S(\alpha; \boldsymbol{\eta})) = P_{\boldsymbol{\eta}}(f_{\boldsymbol{\eta}}(\boldsymbol{\eta}; \mathbb{X}) \geqslant Q_{\boldsymbol{\eta}}(\alpha; \mathbb{X})) = P_{\boldsymbol{\eta}}(f_h(\mathbf{h}(\mathbb{X}; \boldsymbol{\eta})) > Q_V(\alpha))$$

$$= P_h(\mathbf{h}(\mathbb{X}; \boldsymbol{\eta}) \in C(\alpha)) = 1 - \alpha, \quad \forall \boldsymbol{\eta} \in \mathcal{N}. \tag{3.11}$$

且 $S(\alpha; \boldsymbol{\eta})$ 有最小 Lebesgue 测度:

$$L_{np}(S(\alpha; \boldsymbol{\eta})) = \min\{L_{np}(S) : P_{\boldsymbol{\eta}}(\mathbb{X} \in S) = 1 - \alpha\}. \tag{3.12}$$

它是引理 3.3 的直接推论, 只需令 $m = np, k = l, P = P_{\boldsymbol{\eta}}, \mathbf{h}(\mathbf{x}) = \mathbf{h}(\mathbf{x}; \boldsymbol{\eta}_0)$ 就得到所要结论. 因此, VDR 检验是平均似然函数最大检验.

引理 3.3 $\mathbf{X}$ 是概率空间 $(\mathfrak{R}^m, \mathscr{B}^m, P)$ 上的随机向量, $\mathbf{h}(\cdot)$ 是由 $(\mathfrak{R}^m, \mathscr{B}^m)$ 到 $(\mathfrak{R}^k, \mathscr{B}^k)$ 上的可测变换, 由 $\mathbf{h}(\cdot)$ 导入的 $(\mathfrak{R}^k, \mathscr{B}^k)$ 上的概率测度记作 $P_h(\cdot)$, 其概率密度, 即 $\mathbf{Y} = \mathbf{h}(\mathbf{X})$ 的概率密度函数是 $f_Y(\mathbf{y}), \mathbf{y} \in \mathfrak{R}^k$:

$$P_h(A) = \int_A f_Y(\mathbf{y})d\mathbf{y} = P(\mathbf{h}^{-1}A), \quad \forall A \in \mathscr{B}^k,$$

$$\mathscr{B}_h^m = \{B : B = \mathbf{h}^{-1}A, \ A \in \mathscr{B}^k\} \subseteq \mathscr{B}^m.$$

若

$$S(\alpha) = \{\mathbf{x} : f_Y(\mathbf{h}(\mathbf{x})) > Q_h(\alpha)\} = \mathbf{h}^{-1}(\{f_Y(\mathbf{Y}) > Q_h(\alpha)\}),$$

$$\text{且 } P_h(f_Y(\{\mathbf{Y}\}) > Q_h(\alpha)) = 1 - \alpha,$$

则

$$P(\mathbf{X} \in S(\alpha)) = 1 - \alpha,$$

$$L_m(S(\alpha)) = \inf\{L_m(S) : P(\mathbf{X} \in S) = 1 - \alpha, \ S \in \mathscr{B}_h^m\},$$

其中 L_m 是 $\mathfrak{R}^m$ 上的 Lebesgue 测度.

证明:

$$1 - \alpha = P_h(f_Y(\mathbf{Y}) > Q_h(\alpha)) = P(\mathbf{h}^{-1}\{f_Y(\mathbf{h}(\mathbf{Y})) > Q_h(\alpha)\}) = P(S(\alpha)).$$

只需证明对任意满足

$$P(\mathbf{X} \in S) = 1 - \alpha$$

的 $S \in \mathscr{B}_h^m$, 恒有

$$L_m(S) \geqslant L_m(S(\alpha)).$$

令

$$S^* = S(\alpha) \cap S, \quad S_1 = S(\alpha) \setminus S^*, \quad S_2 = S \setminus S^*,$$

则

$$\mathbf{x} \in S_1 \Rightarrow f_Y(\mathbf{h}(\mathbf{x})) \geqslant Q_h(\alpha); \quad \mathbf{x} \in S_2 \Rightarrow f_Y(\mathbf{h}(\mathbf{x})) \leqslant Q_h(\alpha).$$

$$Q_h(\alpha)L_m(S_2) + \int_{S^*} f_Y(\mathbf{h}(\mathbf{x}))d\mathbf{x}$$

$$\geqslant \int_{S_2} f_Y(\mathbf{h}(\mathbf{x}))d\mathbf{x} + \int_{S^*} f_Y(\mathbf{h}(\mathbf{x}))d\mathbf{x}$$

$$= \int_S f_Y(\mathbf{h}(\mathbf{x}))d\mathbf{x} = 1 - \alpha = P(S(\alpha)) = P(\mathbf{h}^{-1}(\mathbf{h}(S(\alpha)))) = P_h(\mathbf{h}(S(\alpha)))$$

$$= \int_{\mathbf{h}(S(\alpha))} f_Y(\mathbf{y})d\mathbf{y} = \int_{S(\alpha)} f_Y(\mathbf{h}(\mathbf{x}))d\mathbf{x} \geqslant Q_h(\alpha)L_m(S_1) + \int_{S^*} f_Y(\mathbf{h}(\mathbf{x}))d\mathbf{x},$$

其中

$$\mathbf{h}(S) = \{\mathbf{y} : \mathbf{y} = \mathbf{h}(\mathbf{x}), \mathbf{x} \in S\}.$$

上式意味着

$$Q_h(\alpha)L_m(S_2) \geqslant Q_h(\alpha)L_m(S_1) \Leftrightarrow L_m(S_2) \geqslant L_m(S_1),$$

于是

$$L_m(S) = L_m(S_2) + L_m(S^*) \geqslant L_m(S_1) + L_m(S^*) = L_m(S(\alpha)).$$

引理得证.

引理 3.3 指明当枢轴量是正则的, 即是参数的线性函数时样本空间接受集合和参数的置信域都有最小 Lebesgue 测度. 因为此时恒有

$$C_0 = \{\boldsymbol{\eta} : f_h(\boldsymbol{\eta}) > Q_V(\alpha), \boldsymbol{\eta} \in \mathcal{N}\},$$

$$P_h(C_0) = 1 - \alpha,$$

$$S(\alpha; \boldsymbol{\eta}) = \{\mathcal{X} : f_{\boldsymbol{\eta}}(\boldsymbol{\eta}; \mathcal{X}) > Q_Z(\alpha; \mathcal{X}), \mathcal{X} \in \mathscr{X}_{n \times p}\} = \{\mathcal{X} : \mathbf{h}(\mathcal{X}; \boldsymbol{\eta}) \in C_0, \mathcal{X} \in \mathscr{X}\},$$

$$C(\alpha; \mathcal{X}) = \{\boldsymbol{\eta} : f_{\boldsymbol{\eta}}(\boldsymbol{\eta}; \mathcal{X}) > Q_Z(\alpha; \mathcal{X}), \boldsymbol{\eta} \in \mathcal{N}\} = \{\boldsymbol{\eta} : \mathbf{h}(\mathcal{X}; \boldsymbol{\eta}) \in C_0\}.$$

而当枢轴量 $\mathbf{h}(\mathcal{X}; \boldsymbol{\eta})$ 不是正则的, 上面第三式最右边等式不再成立, 不能应用引理 3.3, 不能导出接受域有最小 Lebesgue 测度. 但是, 上面第四式最右边等式成立与否不影响应用引理 3.2, 参数 $\boldsymbol{\eta}$ 的置信域仍有最小 Lebesgue 测度. 由参数 $\boldsymbol{\eta}$ 的枢轴量定义参数 $\boldsymbol{\eta}$ 的随机估计 $W_{\boldsymbol{\eta}}$, 其密度函数就是参数的似然函数, 是推断参数的依据. 视其概率密度函数 $f_{\boldsymbol{\eta}}(\boldsymbol{\eta}; \mathcal{X})$ 为定义在 $\mathscr{X}_{n \times p} \times \mathcal{N}$ 上的二元函数. 当参数取定值由密度函数值确定样本空间接受域, 当样本取定由密度函数值确定置信域.

3.2.4 随机估计的比较

VDR 检验由参数的随机估计的概率密度函数确定. 随机估计是由枢轴量定义的. 随机估计的本质特征是由引理 3.1 描述的, 可以用来定义随机估计. 若存在几个随机估计就有如何评价或比较随机估计的问题. 比较方法很多, 如 Xie 等 (2011) 提出一些原则适合一维参数随机估计的比较, 如以随机变量随机大小比较随机估计. 也可以从点估计评价随机估计, $E(W_{\boldsymbol{\eta}})$ 和 $W_{\boldsymbol{\eta}}$ 的密度函数极大值点都可作为点估计, 可用是否无偏、方差一致最小等评价 $W_{\boldsymbol{\eta}}$. 基于 VDR 检验也可比较随机估计的优劣. 众所周知, 假设检验规则和置信域可相互导出: 对给定样本, 按给定检验规则在显著水平 α 下, 可以接受原假设的全体 $\boldsymbol{\eta}_0$ 形成的集合就是置信度为 $1 - \alpha$ 的参数 $\boldsymbol{\eta}$ 的置信域; 反之, 给定置信度为 $1 - \alpha$ 的参数 $\boldsymbol{\eta}$ 的置信域, 就可以确定在显著水平 α 下的检验规则, $\boldsymbol{\eta}_0$ 属于该置信域就接受原假设 $H_0 : \boldsymbol{\eta} = \boldsymbol{\eta}_0$. 自然最好的置信域应有最小的 Lebesgue 测度, 对一维参数就是最短置信区间. 对给定随机估计 $W_{\boldsymbol{\eta}}$, 基于它的 VDR 置信域有最小 Lebesgue 测度. 如何比较随机估计? 首先给出随机估计的定义.

定义 3.2 设 $(\mathcal{N}, \mathcal{B}_{\mathcal{N}}) = (\mathfrak{R}^l, \mathcal{B}^l)$ 是参数 $\boldsymbol{\eta}$ 的可测空间, W 是 $\mathcal{N} \to \mathcal{N}$ 的一一可测变换, 其概率分布是以样本空间 $\mathscr{X}$ 为分布参数空间的 $(\mathcal{N}, \mathcal{B}_{\mathcal{N}})$ 上的概率分布族

$$\mathscr{P}(\mathscr{X}) = \{q(\cdot; \mathcal{X}) : q(\cdot; \mathcal{X}) \text{ 是 } \mathcal{N} \text{ 上的概率密度函数}, \forall \mathcal{X} \in \mathscr{X}\}.$$

若 $C \in \mathcal{B}_{\mathcal{N}}$, 则 C 是观测样本为 $\mathcal{X}$ 时置信度为

$$P(C; \mathcal{X}) = \int_C q(\mathbf{v}; \mathcal{X}) d\mathbf{v}, \quad \forall \mathcal{X} \in \mathscr{X}; \quad \forall C \in \mathcal{B}_{\mathcal{N}}$$

的参数 $\boldsymbol{\eta}$ 的置信域, 就称 W 为参数 $\boldsymbol{\eta}$ 的随机估计.

由枢轴量确定的随机估计符合该定义, 该定义拓展了随机估计的确定方式. 定义随机估计的方式值得深入研究. 为求得复合参数的随机估计提供了途径. 参数 $\boldsymbol{\eta}$ 的随机估计全体记作 $\mathfrak{W}$, 可以猜测, $\mathfrak{W}$ 往往是有穷集合.

定义 3.3 设 $W \in \mathfrak{W}$ 是参数 $\boldsymbol{\eta}$ 的随机估计, 其概率密度函数记作 $f_W(\cdot; \mathcal{X})$. 由它确定的 VDR 检验在显著水平 α 下的临界值 (α 分位点) 是 $Q(\alpha; \mathcal{X}, W)$. 若对随机估计 $W' \in \mathfrak{W}$ 有

$$L_l(D_{[f_W(\cdot; \mathcal{X})]}(Q(\alpha; \mathcal{X}, W))) \leqslant L_l(D_{[f_{W'}(\cdot; \mathcal{X})]}(Q(\alpha; \mathcal{X}, W'))), \quad a.e. \ \mathcal{X} \in \mathscr{X}_{n \times p},$$

则称 W 在显著水平 α 下优于 W', 记作

$$W \preceq W', \ (\alpha).$$

若

$$W \preceq W', \ (\alpha), \ \forall W',$$

则称 W 是 $\mathfrak{W}$-α 最优的, 记作

$$W = \inf_{\preceq} \mathfrak{W}, \ (\alpha).$$

若

$$W = \inf_{\preceq} \mathfrak{W}, \ (\alpha), \ \forall \alpha \in (0, 1],$$

则称 W 是 $\mathfrak{W}$ 最优的, 记作

$$W_{\boldsymbol{\eta}} = \inf_{\preceq} \mathfrak{W}.$$

在显著水平 α 下的最优随机估计总是存在的.

引理 3.4 若 $\mathfrak{W}$ 是有限集合, 则对任意显著水平 α, 存在显著水平 α 下的最优随机估计.

证明: 给定显著水平 α、样本 $\mathcal{X}$, 存在随机估计 $\mathbf{W} = \mathbf{W}(\alpha, \mathcal{X}) \in \mathfrak{W}$ 使得

$$L_l(D_{[f_W(\cdot; \mathcal{X})]}(Q(\alpha; \mathcal{X}, W))) = \inf_{W \in \mathfrak{W}} L_l(D_{[f_{W'}(\cdot; \mathcal{X})]}(Q(\alpha; \mathcal{X}, W'))),$$

其中 $f_{W'}(\cdot; \mathcal{X})$ 是 W 的密度函数, 还依赖于 α, 将该密度函数记作 $q(\cdot; \mathcal{X}, \alpha)$, 那么参数空间上的以

$$\mathscr{P}_{\alpha} = \{q_{\mathcal{X}}(\cdot, \alpha) : \mathcal{X} \in \mathscr{X}_{n \times p}\}$$

为其分布族的随机估计 $W(\alpha)$ 就是在显著水平 α 下参数 $\boldsymbol{\eta}$ 的最优估计. **引理得证.**

该引理称为显著水平 α 下最优随机估计存在定理. 它蕴含着在给定显著水平下, 存在最小 Lebesgue 测度置信域. 不过在不同显著水平下确定置信域的随机估计可能是不同的. 当存在最优随机估计时最小 Lebesgue 测度置信域是最优随机估计确定的 VDR 置信域.

定义 3.4 若对任意给定 $0 < \alpha \leqslant 1$ 恒有

$$W \preceq W', \ (\alpha), \tag{3.13}$$

则称 W 一致优于 W', 记作 $W \preceq W'$. 若 (3.13) 是严格的, 则记作 $W \prec W'$. 若对任意 η 的随机估计 W' 恒有 $W \preceq W'$, 则称 W 是一致最优的.

若 $W \preceq W'$, 则只需用 W. 我们猜测依赖参数的充分统计量的枢轴量导出的随机估计是最优的. 从假设检验角度, 只要在给定显著水平有最优估计就可以了. 显然一致最优估计在任意显著水平下都是最优的, 反之亦然.

例 3.2 正态分布.

$\mathbf{x} = (x_1, x_2, \cdots, x_n)$ 是抽自正态总体 $N(\mu, 1)$ 的样本. 令

$$h_r(\mathbf{x}, \mu) = \frac{1}{r} \sum_{i=1}^{r} x_i - \mu = \bar{x}_r, \quad r = 1, \cdots, n.$$

由 $h_r(\mathbf{x}, \mu)$ 确定的 μ 的随机估计是

$$W_r = \bar{x}_r - Z_r, Z_r \sim N\left(\mu, \frac{1}{r}\right), \quad r = 1, \cdots, n.$$

不难看出

$$W_n \prec W_r, \quad r = 1, \cdots, n-1.$$

对方差未知总体, 也有相同结论. 还可以举出其他例子.

3.3 正态总体参数的 VDR 检验

设 $\mathbf{x} = (x_1, \cdots, x_n)'$ 是抽自 $N(\mu, \sigma^2)$ 的样本, $\mathbf{X} = (X_1, \cdots, X_n)'$ 是随机样本. 考虑以下假设的 VDR 检验.

$$H_0 : \mu = \mu_0 \leftrightarrow H_1 : \mu \neq \mu_0, \tag{3.14}$$

$$H_0 : \sigma^2 = \sigma_0^2 \leftrightarrow H_1 : \sigma^2 \neq \sigma_0^2, \tag{3.15}$$

$$H_0 : \boldsymbol{\theta} = \boldsymbol{\theta}_0 \leftrightarrow H_1 : \boldsymbol{\theta} \neq \boldsymbol{\theta}_0, \tag{3.16}$$

其中

$$\boldsymbol{\theta} = \begin{pmatrix} \mu \\ \sigma^2 \end{pmatrix}, \quad \boldsymbol{\theta}_0 = \begin{pmatrix} \mu_0 \\ \sigma_0^2 \end{pmatrix}.$$

3.3.1 t 检验是 VDR 检验

首先考虑假设 (3.14) 的 VDR 检验, 即将公式 (3.7) 应用到一维参数假设检验和构造置信区间, 或者说当 $l = 1$ 且总体为正态分布 $N(\mu, \sigma^2)$ 时公式 (3.7) 就是我们熟

悉的 t 检验. 分析 VDR 检验构建过程得到一维参数 VDR 检验计算过程如下 (见图 3.2):

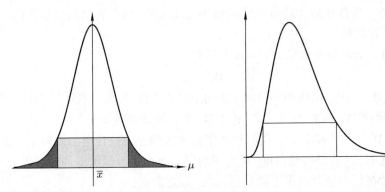

图 3.2　VDR 检验示意图 (说明: 左图为密度函数 $q_{\mathbf{x}}$ 的图像, 右图为逆 χ^2 分布密度图像. 由 VDR 统计量 Z 确定拒绝域. 右图中矩形高是 $h(\alpha)$, 左图中矩形底边长度 $= qt_{n-1}\left(1 - \dfrac{\alpha}{2}\right) + qt_{n-1}\left(\dfrac{\alpha}{2}\right)$, $qt_k(\cdot)$ 是 t 分布分位点).

1. μ 的枢轴量是

$$h(\bar{x}, s_n^2; \mu) = \frac{\sqrt{n}(\bar{x} - \mu)}{s_n}, \quad h(\bar{X}, S_n^2; \mu) \sim t_{n-1}.$$

由于 $\bar{x}, s_n^2$ 是参数 μ, σ^2 的充分统计量, 故其枢轴量只需依赖于充分统计量和参数.

2. 参数 μ 的随机估计 $W_\mu = \bar{x} - \dfrac{s_n}{\sqrt{n}} T_{n-1}$ 的概率密度函数是

$$f_\mu(\cdot; \mathbf{x}, s_n^2) = \frac{\sqrt{n}}{s_n} dt\left(\frac{\sqrt{n}(\bar{x} - \cdot)}{s_n}, n-1\right).$$

3. 求检验变量 $Z = f_\mu(W_\mu; \mathbf{x}, s_n^2)$ 的 α 分位点 $Q_Z(\alpha; \bar{x}, s_n^2)$.

求 u, v 满足:

$$u > 0 > v,$$

$$\alpha = P(Z \leqslant Q_Z(\alpha; \bar{x}, s_n^2)) = P(W_\eta \geqslant u) + P(W_\mu \leqslant v) = \alpha_1 + \alpha_2$$

$$= P\left(dt(T_{n-1}, n-1) \leqslant Q_{t_{n-1}}(\alpha) = \frac{s_n}{\sqrt{n}}\right)$$

$$= P\left(T_{n-1} \leqslant t_{n-1}\left(\frac{\alpha}{2}\right)\right) + P\left(T_{n-1} \geqslant t_{n-1}\left(1 - \frac{\alpha}{2}\right)\right),$$

$$\alpha_1 = P(W_\mu \leqslant v) = P\left(T_{n-1} \leqslant t_{n-1}\left(\frac{\alpha}{2}\right)\right) = \alpha_2$$

$$= P(W_\eta \geqslant u) = P\left(T_{n-1} \geqslant t_{n-1}\left(1 - \frac{\alpha}{2}\right)\right) = \frac{\alpha}{2},$$

$$Q_Z(\alpha; \mathbf{x}, s_n^2) = \frac{\sqrt{n}}{s_n} dt\left(\frac{\sqrt{n}(\bar{x} - u)}{s_n}, n-1\right) = \frac{\sqrt{n}}{s_n} dt\left(\frac{\sqrt{n}(\bar{x} - v)}{s_n}, n-1\right)$$

$$= \frac{\sqrt{n}}{s_n} dt\left(t_{n-1}\left(\frac{\alpha}{2}\right), n-1\right) = \frac{\sqrt{n}}{s_n} dt\left(t_{n-1}\left(1 - \frac{\alpha}{2}\right), n-1\right)$$

$$= \frac{\sqrt{n}}{s_n} Q_{t_{n-1}}(\alpha),$$

计算得

$$v = \bar{x} - \frac{s_n}{\sqrt{n}} t_{n-1} \left(1 - \frac{\alpha}{2} \right), \quad u = \bar{x} + \frac{s_n}{\sqrt{n}} t_{n-1} \left(\frac{\alpha}{2} \right),$$

则参数 η 的置信度为 $1 - \alpha$ 的置信区间是 $[v, u]$.

4. 检验假设 (3.14) 的 VDR 检验规则是

若 $f_\eta(\mu_0; \mathbf{x}) \geqslant Q_Z(\alpha; \mathbf{x})$, **即** $v \leqslant \mu_0 \leqslant u$, **则接受原假设, 否则拒绝原假设.**

关于构建 VDR 检验的全过程已在例 1.1 中论述, 检验假设 (3.14) 的 VDR 检验就是 t 检验.

3.3.2 方差的 VDR 检验

考虑假设 (3.15) 的 VDR 检验. VDR 检验构建的过程如下:

1. σ^2 的枢轴量为

$$h(s_n^2; \sigma^2) = \frac{(n-1)s_n^2}{\sigma^2}, \quad h(S_n^2; \sigma^2) \sim pchi(\cdot, n-1),$$

这里 $pchi(\cdot, k)$ 表示自由度为 k 的 χ^2 分布函数, χ_k^2 表示服从 $pchi(\cdot, k)$ 分布的随机变量, 其密度函数记作 $dchi(\cdot, k)$.

2. σ^2 的随机估计 W_{σ^2} 及其概率密度函数 $f_{\sigma^2}(\cdot; s_n^2)$ 分别是

$$W_{\sigma^2} = \frac{(n-1)s_n^2}{\chi_{n-1}^2},$$

$$f_{\sigma^2}(w; s_n^2) = \frac{1}{(n-1)s_n^2} dich \left(\frac{w}{(n-1)s_n^2}, n-1 \right),$$

$$dich(w, n-1) = \frac{1}{2^{\frac{n-1}{2}} \Gamma \left(\frac{n-1}{2} \right)} w^{-\frac{n+1}{2}} e^{-\frac{1}{2w}},$$

这里 $dich(\cdot, n-1)$ 是自由度为 $n-1$ 的逆 χ^2 分布密度函数, 即 $V = \dfrac{1}{\chi_{n-1}^2}$ 的概率密度函数.

$$dich(v, n-1) = dchi \left(\frac{1}{v}, n-1 \right) \frac{1}{v^2} = \frac{1}{2^{\frac{n-1}{2}} \Gamma \left(\frac{n-1}{2} \right)} \frac{1}{v^{\frac{n+1}{2}}} e^{-\frac{1}{2v}}, \; v > 0.$$

3. 计算 VDR 检验临界值 $Q_Z(\alpha; s_n^2)$

检验统计量 $Z = f_{\sigma^2}(W_{\sigma^2}; s_n^2)$, $Q_Z(\alpha; s_n^2)$ 是它的 α 分位点, 即

$$\alpha = P(Z \leqslant Q_Z(\alpha; s_n^2)) = P(W_{\sigma^2} \leqslant v) + P(W_{\sigma^2} \geqslant u),$$

其中 u, v 满足

$$q_0 = \frac{1}{(n-1)s_n^2} dich\left(\frac{w_0}{(n-1)s_n^2}, n-1\right)$$

$$= \sup_{w \in \Re^+} \frac{1}{(n-1)s_n^2} dich\left(\frac{w}{(n-1)s_n^2}, n-1\right),$$

$$u > w_0 > v, \tag{3.17}$$

$$Q_Z(\alpha; s_n^2) = \frac{1}{(n-1)s_n^2} dich\left(\frac{u}{(n-1)s_n^2}, n-1\right)$$

$$= \frac{1}{(n-1)s_n^2} dich\left(\frac{v}{(n-1)s_n^2}, n-1\right),$$

意味着 $[v, u]$ 是 σ^2 的置信度为 $1-\alpha$ 的最短置信区间.

$$\alpha_1 = P(W_{\sigma^2} \leqslant v) = P\left(\frac{(n-1)s_n^2}{\chi_{n-1}^2} \leqslant v\right) = P\left(\frac{1}{\chi_{n-1}^2} \leqslant \frac{v}{(n-1)s_n^2}\right),$$

$$\alpha_2 = P(W_{\sigma^2} \geqslant u) = P\left(\frac{(n-1)s_n^2}{\chi_{n-1}^2} \geqslant u\right) = P\left(\frac{1}{\chi_{n-1}^2} \geqslant \frac{u}{(n-1)s_n^2}\right).$$

由上式和 (3.17)

$$(n-1)s_n^2 Q_Z(\alpha; s_n^2) = Q_{Z^*}(\alpha), \quad v = (n-1)s_n^2 v^*, \quad u = (n-1)s_n^2 u^*,$$

$$Q_{Z^*}(\alpha) = dich\,(u^*, n-1) = dich\,(v^*, n-1),$$

$$\alpha_1 = P\left(\frac{1}{\chi_{n-1}^2} \leqslant v^*\right) = P\left(\chi_{n-1}^2 \geqslant \frac{1}{v^*}\right), \tag{3.18}$$

$$\alpha_2 = P\left(\frac{1}{\chi_{n-1}^2} > u^*\right) = P\left(\chi_{n-1}^2 < \frac{1}{u^*}\right).$$

u^*, v^* 不依赖于样本, 可以造表. 按公式 (3.18) 计算的 $\alpha_1, \alpha_2, v^*, u^*$ 列于表 3.1, 四个值按 $\alpha_1, \dfrac{1}{u^*}, \dfrac{1}{v^*}, \alpha_2$ 顺序排列.

表 3.1　正态方差置信区间及两端概率分配

样本方差 自由度	显著水平											
	0.1				0.05				0.01			
3	0.0995	0.1701	5.1539	0.0005	0.0499	0.1446	8.5410	0.0001	0.0100	0.1090	26.1320	0.0000
4	0.0988	0.2209	3.7876	0.0012	0.0497	0.1899	5.6477	0.0003	0.0100	0.1457	13.4749	0.0000
5	0.0980	0.2644	3.1372	0.0020	0.0494	0.2294	4.3889	0.0006	0.0100	0.1784	9.0346	0.0000
6	0.0971	0.3019	2.7586	0.0029	0.0491	0.2638	3.6962	0.0009	0.0099	0.2077	6.8965	0.0001
7	0.0961	0.3344	2.5105	0.0039	0.0488	0.2942	3.2599	0.0012	0.0099	0.2339	5.6679	0.0001
8	0.0952	0.3630	2.3350	0.0048	0.0484	0.3211	2.9600	0.0016	0.0099	0.2576	4.8789	0.0001
9	0.0942	0.3882	2.2037	0.0058	0.0480	0.3451	2.7409	0.0020	0.0098	0.2792	4.3320	0.0002
10	0.0933	0.4107	2.1015	0.0067	0.0476	0.3667	2.5736	0.0024	0.0098	0.2988	3.9317	0.0002

续表

样本方差自由度	显 著 水 平		
	0.1	0.05	0.01
11	0.0924 0.4309 2.0196 0.0076	0.0473 0.3863 2.4415 0.0027	0.0097 0.3168 3.6261 0.0003
12	0.0915 0.4491 1.9521 0.0085	0.0469 0.4041 2.3342 0.0031	0.0097 0.3334 3.3854 0.0003
13	0.0907 0.4657 1.8955 0.0093	0.0465 0.4205 2.2453 0.0035	0.0096 0.3487 3.1907 0.0004
14	0.0899 0.4809 1.8473 0.0101	0.0462 0.4355 2.1702 0.0038	0.0096 0.3630 3.0299 0.0004
15	0.0892 0.4949 1.8055 0.0108	0.0458 0.4493 2.1059 0.0042	0.0095 0.3762 2.8949 0.0005
16	0.0884 0.5077 1.7690 0.0116	0.0455 0.4622 2.0501 0.0045	0.0095 0.3886 2.7797 0.0005
17	0.0878 0.5197 1.7367 0.0123	0.0452 0.4741 2.0013 0.0048	0.0094 0.4003 2.6803 0.0006
18	0.0871 0.5307 1.7080 0.0129	0.0449 0.4853 1.9580 0.0051	0.0094 0.4112 2.5936 0.0006
19	0.0865 0.5411 1.6822 0.0135	0.0446 0.4957 1.9194 0.0054	0.0093 0.4215 2.5172 0.0007
20	0.0859 0.5507 1.6589 0.0141	0.0443 0.5056 1.8847 0.0057	0.0093 0.4313 2.4493 0.0007
21	0.0853 0.5598 1.6376 0.0147	0.0441 0.5148 1.8533 0.0059	0.0092 0.4405 2.3886 0.0008
22	0.0848 0.5684 1.6183 0.0152	0.0438 0.5235 1.8248 0.0062	0.0092 0.4492 2.3340 0.0008
23	0.0842 0.5764 1.6005 0.0158	0.0435 0.5317 1.7987 0.0065	0.0092 0.4575 2.2846 0.0008
24	0.0837 0.5840 1.5840 0.0163	0.0433 0.5396 1.7748 0.0067	0.0091 0.4655 2.2394 0.0009
25	0.0833 0.5912 1.5688 0.0167	0.0431 0.5470 1.7527 0.0069	0.0091 0.4730 2.1983 0.0009
26	0.0828 0.5981 1.5547 0.0172	0.0428 0.5540 1.7323 0.0072	0.0090 0.4802 2.1604 0.0010
27	0.0823 0.6046 1.5416 0.0177	0.0426 0.5608 1.7133 0.0074	0.0090 0.4871 2.1255 0.0010
28	0.0819 0.6107 1.5293 0.0181	0.0424 0.5672 1.6956 0.0076	0.0089 0.4937 2.0932 0.0011
29	0.0815 0.6167 1.5177 0.0185	0.0422 0.5733 1.6791 0.0078	0.0089 0.5001 2.0632 0.0011
31	0.0807 0.6277 1.4966 0.0193	0.0418 0.5848 1.6491 0.0082	0.0088 0.5120 2.0091 0.0012
33	0.0800 0.6378 1.4778 0.0200	0.0414 0.5954 1.6226 0.0086	0.0088 0.5231 1.9618 0.0012
35	0.0793 0.6471 1.4610 0.0207	0.0411 0.6051 1.5988 0.0089	0.0087 0.5333 1.9199 0.0013
37	0.0787 0.6557 1.4458 0.0213	0.0408 0.6142 1.5774 0.0092	0.0086 0.5429 1.8825 0.0014
39	0.0781 0.6637 1.4318 0.0219	0.0405 0.6226 1.5580 0.0095	0.0086 0.5519 1.8489 0.0014
44	0.0767 0.6814 1.4020 0.0233	0.0398 0.6415 1.5166 0.0103	0.0084 0.5721 1.7780 0.0016
49	0.0756 0.6965 1.3774 0.0244	0.0392 0.6576 1.4828 0.0109	0.0083 0.5896 1.7212 0.0017
54	0.0745 0.7097 1.3567 0.0255	0.0386 0.6716 1.4547 0.0114	0.0082 0.6050 1.6744 0.0018
59	0.0737 0.7212 1.3390 0.0264	0.0381 0.6841 1.4308 0.0119	0.0081 0.6186 1.6349 0.0019
64	0.0727 0.7315 1.3238 0.0272	0.0377 0.6951 1.4101 0.0123	0.0080 0.6309 1.6014 0.0020
69	0.0721 0.7407 1.3102 0.0280	0.0373 0.7050 1.3920 0.0127	0.0079 0.6420 1.5723 0.0021
79	0.0707 0.7564 1.2876 0.0293	0.0366 0.7221 1.3619 0.0134	0.0078 0.6613 1.5239 0.0022
89	0.0696 0.7695 1.2692 0.0303	0.0360 0.7367 1.3376 0.0140	0.0076 0.6776 1.4858 0.0024
99	0.0687 0.7807 1.2538 0.0312	0.0355 0.7490 1.3174 0.0145	0.0075 0.6917 1.4544 0.0025
199	0.0635 0.8425 1.1742 0.0365	0.0326 0.8178 1.2146 0.0175	0.0068 0.7719 1.2992 0.0032

4. VDR 检验规则

假设 (3.15) 的 VDR 检验规则如下:

若 $f_{\sigma^2}(\sigma_0^2; s_n^2) \geqslant Q_Z(\alpha; s_n^2) \Leftrightarrow \dfrac{(n-1)s_n^2}{u^*} \leqslant \sigma_0^2 \leqslant \dfrac{(n-1)s_n^2}{v^*}$, **则接受假设** H_0 : $\sigma^2 = \sigma_0^2$, **否则拒绝之**.

VDR 检验就是 χ^2 检验, 不过两端尾概率不相等. 尾概率选取原则是临界值处逆 χ^2 密度函数值相等. $\left[\dfrac{(n-1)s_n^2}{u^*}, \dfrac{(n-1)s_n^2}{v^*}\right] = (n-1)s_n^2\left[\dfrac{1}{u^*}, \dfrac{1}{v^*}\right]$ 是 σ^2 的置信度为 $1-\alpha$ 的置信区间. 称 $\dfrac{1}{v^*} - \dfrac{1}{u^*}$ 为置信区间的相对长度, 部分值列于表 3.2.

表 3.2　置信区间长度比较

估计	左端点	右端点	长度	置信度	样本容量
VDR	0.3882	2.2035	1.8153	0.1	10
经典	0.5319	2.7067	2.1747	0.1	10
VDR	0.6167	1.5177	0.9010	0.1	30
经典	0.6814	1.6376	0.9562	0.1	30
VDR	0.3451	2.7411	2.3960	0.05	10
经典	0.4731	3.3329	2.8597	0.05	10
VDR	0.5733	1.6791	1.1058	0.05	30
经典	0.6343	1.8072	1.1729	0.05	30

3.3.3　正态分布参数的同时检验

尽管单参数检验都有很好的方法, 经典统计中未考虑假设 (3.16) 的检验, 难点可能是显著水平的确定问题. 以下讨论假设 (3.16) 的 VDR 检验.

3.3.3.1　构造枢轴量和确定随机估计

参数 $\boldsymbol{\theta}$ 的枢轴量可为

$$\mathbf{h}(\bar{x}, s_n^2; \boldsymbol{\theta}) = \begin{pmatrix} h_1(\bar{x}; \boldsymbol{\theta}) \\ h_2(s_n^2; \sigma^2) \end{pmatrix} = \begin{pmatrix} \dfrac{\sqrt{n}(\bar{x}-\mu)}{\sigma} \\ \dfrac{\sum\limits_{i=1}^{n}(x_i - \bar{x})^2}{\sigma^2} \end{pmatrix}.$$

显然

$$\mathbf{h}(\bar{X}, S_n^2; \boldsymbol{\theta}) \stackrel{d}{=} \mathbf{h}(\bar{X}, S_n^2; (0,1)') = \begin{pmatrix} \sqrt{n}(\bar{Z}-\mu) \\ \sum\limits_{i=1}^{n}(Z_i - \bar{Z})^2 \end{pmatrix} \stackrel{def.}{=} \begin{pmatrix} U \\ \chi_{n-1}^2 \end{pmatrix},$$

其中

$Z_1, \cdots, Z_n$ 相互独立同分布, $Z_1 \sim N(0,1)$, $U \sim N(0,1)$, U 与 χ_{n-1}^2 相互独立.

$\mathbf{h}(\bar{X}, S_n^2; \boldsymbol{\theta})$ 的分布函数不依赖于参数 $\boldsymbol{\theta}$, 故 $\mathbf{h}(\bar{x}, s_n^2; \boldsymbol{\theta})$ 是枢轴量. 枢轴变量 $\mathbf{V} = (U, \chi_{n-1}^2)'$ 的密度函数记作 $f_h(\cdot)$. $\boldsymbol{\theta} = (\mu, \sigma^2)'$ 的随机估计 $\mathbf{W}_{\boldsymbol{\theta}} = (W_\mu, W_{\sigma^2})'$ 满足

$$\mathbf{h}(\bar{x}, s_n^2; W_\mu, W_{\sigma^2}) = (h_1(\bar{x}; W_\mu, W_{\sigma^2}), h_2(s_n^2; W_{\sigma^2}))' = \mathbf{V},$$

写成显式

$$\begin{pmatrix} U \\ \chi_{n-1}^2 \end{pmatrix} = \begin{pmatrix} \dfrac{\sqrt{n}(\bar{x} - W_\mu)}{\sqrt{W_{\sigma^2}}} \\ \dfrac{(n-1)s_n^2}{W_{\sigma^2}} \end{pmatrix}, \quad \begin{pmatrix} W_\mu \\ W_{\sigma^2} \end{pmatrix} = \begin{pmatrix} \bar{x} - \dfrac{s_n}{\sqrt{n}}\sqrt{\dfrac{n-1}{\chi_{n-1}^2}}U \\ \dfrac{(n-1)s_n^2}{\chi_{n-1}^2} \end{pmatrix}. \tag{3.19}$$

由于 U 与 χ_{n-1}^2 相互独立, 所以

$$T_{n-1} = \sqrt{\frac{n-1}{\chi_{n-1}^2}}U \sim t_{n-1} \quad (\text{自由度为 } n-1 \text{ 的 } t \text{ 分布}),$$

随机估计可写作

$$\begin{pmatrix} W_\mu \\ W_{\sigma^2} \end{pmatrix} = \begin{pmatrix} \bar{x} - \dfrac{s_n}{\sqrt{n}}T_{n-1} \\ \dfrac{(n-1)s_n^2}{\chi_{n-1}^2} \end{pmatrix}.$$

3.3.3.2 随机估计的密度函数计算

随机估计 $W_{\boldsymbol{\theta}}$ 的第一分量是参数 μ 的随机估计, 第二分量是参数 σ^2 的随机估计. $\mathbf{W}_{\boldsymbol{\theta}}$ 的密度函数记作 $f_{\boldsymbol{\theta}}(\cdot; \bar{x}, s_n^2)$. 由于 U 与 χ_{n-1}^2 相互独立, 其联合概率密度函数为

$$f_h(u, v) = \frac{1}{2^{\frac{n-1}{2}}\Gamma\left(\frac{n-1}{2}\right)\sqrt{2\pi}}v^{\frac{n-1}{2}-1}e^{-\frac{u^2}{2}-\frac{v}{2}} \equiv f_n^{-1}v^{\frac{n-3}{2}}e^{-\frac{u^2}{2}-\frac{v}{2}}.$$

由 (3.19) 左边等式

$$\left|\frac{\partial(U, \chi_{n-1}^2)'}{\partial \mathbf{W}_{\boldsymbol{\theta}}}\right| = \left|\begin{matrix} \sqrt{\dfrac{n}{W_{\sigma^2}}} & -\dfrac{\sqrt{n}(\bar{x}-W_\mu)}{2W_{\sigma^2}^{\frac{3}{2}}} \\ 0 & -\dfrac{(n-1)s_n^2}{W_{\sigma^2}^2} \end{matrix}\right| = -\frac{\sqrt{n}(n-1)s_n^2}{W_{\sigma^2}^{\frac{5}{2}}} \overset{\text{def}}{=} J(W_{\sigma^2}; s_n^2),$$

故

$$f_{\boldsymbol{\theta}}(t, s; \bar{x}, s_n^2)$$
$$= |J(s; s_n^2)|f_h(h_1(\bar{x}; t, s), h_2(s_n^2; s))$$
$$= f_n^{-1}\left(\frac{(n-1)s_n^2}{s}\right)^{\frac{n-3}{2}}\frac{(n-1)s_n^2}{s^{\frac{5}{2}}}\sqrt{n}\exp\left(-\frac{1}{2}\frac{n(\bar{x}-t)^2}{s} - \frac{1}{2}\frac{(n-1)s_n^2}{s}\right)$$
$$= \frac{1}{f_n}\left(\frac{(n-1)s_n^2}{s}\right)^{\frac{n}{2}+1}\left(\frac{1}{(n-1)s_n^2}\right)^{\frac{3}{2}}\sqrt{n}\exp\left(-\frac{(n-1)s_n^2}{2s}\left(1 + \frac{n(\bar{x}-t)^2}{(n-1)s_n^2}\right)\right)$$
$$= k(t, s; \bar{x}, (n-1)s_n^2),$$

其中

$$k(t, s; 0, 1) = \frac{1}{f_n} \left(\frac{1}{s}\right)^{\frac{n}{2}+1} \sqrt{n} \exp\left(-\frac{1}{2s}(1 + nt^2)\right),$$

$$k(t, s; a, b) = \frac{1}{b^{\frac{3}{2}}} k\left(\frac{t-a}{\sqrt{b}}, \frac{s}{b}; 0, 1\right).$$

3.3.3.3 VDR 检验临界值计算

假设 (3.16) 的检验随机变量为 $Z = f_{\boldsymbol{\theta}}(W_{\boldsymbol{\theta}}; \bar{x}, s_n^2) = f_{\boldsymbol{\theta}}(W_\mu, W_{\sigma^2}; \bar{x}, s_n^2)$, 则 Z 的概率密度函数是

$$f_Z(z; \bar{x}, s_n^2) = -z \frac{dL_2(D_{[f_{\boldsymbol{\theta}}(\cdot;\ \bar{x}, s_n^2)]}(z))}{dv} = -z \frac{dL_2(D_{[k(\cdot;\ \bar{x}, (n-1)s_n^2)]}(z))}{dz}.$$

首先求出 $D_{[k(\cdot, a, b)]}(v)$ 的表达式.

$$k_{(0,1)} = \sup\{k(t, s; 0, 1) : s > 0, t \in \Re\} = k\left(0, \frac{1}{n+2}; 0, 1\right)$$

$$= \frac{\sqrt{n}}{f_n}(n+2)^{\frac{n}{2}+1} e^{-(n+2)},$$

$$k_{(a,b)} = \sup\{k(t, s; a, b) : s > 0, t \in \Re\} = \frac{1}{b^{\frac{3}{2}}} k_{(0,1)},$$

$$\begin{aligned}
D_{(a,b)}(v) &= D_{[k(\cdot; a, b)]}(v) \\
&= \{(t, s)' : k(t, s; a, b) \geqslant v\}, 0 < v \leqslant k_{(a,b)}, a \in \Re, b > 0 \\
&= \left\{(t, s)' : \frac{1}{b^{\frac{3}{2}}} k\left(\frac{t-a}{\sqrt{b}}, \frac{s}{b}; 0, 1\right) \geqslant v\right\} \\
&= \left\{(t, s)' : \left(\frac{t-a}{\sqrt{b}}, \frac{s}{b}\right)' \in D_{(0,1)}(b^{\frac{3}{2}}v)\right\} \\
&= \{(t, s)' : t = a + \sqrt{b}u, s = bv, (u, v)' \in D_{(0,1)}(b^{\frac{3}{2}}v)\}.
\end{aligned}$$

于是

$$L_2(D_{(a,b)}(v)) = L_2(D_{(0,b)}(v)) = b^{\frac{3}{2}} L_2(D_{(0,1)}(b^{\frac{3}{2}}v)).$$

Z 的 α 分位点记作 $Q_Z(\alpha; s_n^2)$. 对给定显著水平 α,

$$\begin{aligned}
\alpha &= \int_0^{Q_Z(\alpha; b)} L_2(D_{(0,b)}(v)) dv - L_2(D_{(0,b)}(Q_Z(\alpha; b))) Q_Z(\alpha; b) \\
&= \int_0^{Q_Z(\alpha; b)} b^{\frac{3}{2}} L_2(D_{(0,1)}(b^{\frac{3}{2}}u)) du - b^{\frac{3}{2}} L_2(D_{(0,1)}(b^{\frac{3}{2}}Q_Z(\alpha; b))) Q_Z(\alpha; b) \\
&= \int_0^{b^{\frac{3}{2}}Q_Z(\alpha; b)} L_2(D_{(0,1)}(u)) du - L_2(D_{(0,1)}(b^{\frac{3}{2}}Q_Z(\alpha; b))) b^{\frac{3}{2}} Q_Z(\alpha; b) \\
&= \int_0^{Q_Z(\alpha; 1)} L_2(D_{(0,1)}(u)) du - L_2(D_{(0,1)}(Q_Z(\alpha; 1))) Q_Z(\alpha; 1).
\end{aligned}$$

于是

$$b^{\frac{3}{2}} Q_Z(\alpha; b) = Q_Z(\alpha; 1) \Rightarrow Q_Z(\alpha; (n-1)s_n^2) = \frac{Q_Z(\alpha; 1)}{(n-1)^{\frac{3}{2}} s_n^3}.$$

$Q_Z(\alpha) = Q_Z(\alpha; 1)$ 可以模拟获得, 也可直接计算.

3.3.3.4 $Q_Z(\alpha)$ 的计算

$$D_{(0,1)}(z) = \{(u,v)' : k(u,v;0,1) > z\}$$
$$= \left\{(u,v)' : -\frac{n+2}{2}\ln v - \frac{1}{2v} - \ln\left(\frac{zf_n}{\sqrt{n}}\right) \geqslant \frac{1}{2}\frac{nu^2}{v}\right\}$$
$$= \left\{(u,v)' : -(n+2)\ln v - \frac{1}{v} - 2\ln\left(\frac{zf_n}{\sqrt{n}}\right) \geqslant \frac{nu^2}{v}\right\}, \quad \forall 0 < z \leqslant k_{(0,1)}.$$

为使集合 $D_{(0,1)}(z)$ 不空, 必须满足

$$w(n,v) = -2\ln\left(\frac{zf_n}{\sqrt{n}}\right) - (n+2)\ln v - \frac{1}{v} \geqslant 0.$$

由于

$$\frac{\partial w(n,v)}{\partial v} = -\frac{n+2}{v} + \frac{1}{v^2} \begin{cases} > 0, & \text{若 } 0 < v < \dfrac{1}{n+2}, \\ = 0, & \text{若 } v = \dfrac{1}{n+2}, \\ < 0, & \text{若 } v > \dfrac{1}{n+2}, \end{cases}$$

$w(n,v)$ 在 $\left(0, \dfrac{1}{n+2}\right)$ 内单调上升, 在 $\left(\dfrac{1}{n+2}, \infty\right)$ 内单调下降, 在 $\dfrac{1}{n+2}$ 处达到最大值

$$w\left(n, \frac{1}{n+2}\right) = \sup_{v>0} w(n,v)$$
$$= -2\ln\left(\frac{f_n z}{\sqrt{n}}\right) - (n+2)\ln\left(\frac{1}{n+2}\right) - (n+2)$$
$$= -2\ln\left(\frac{f_n k_{(0,1)} z^*}{\sqrt{n}}\right) + (n+2)\ln(n+2) - (n+2), \quad 0 < z^* \leqslant 1$$
$$= -2\ln z^* - 2\ln\left((n+2)^{\frac{n+2}{2}}e^{-\frac{n+2}{2}}\right) + (n+2)\ln(n+2) - (n+2)$$
$$= -2\ln z^* > 0.$$

而 $w_n(n,0) < 0, w_n(n,\infty) < 0$. 方程 $w(n,v) = 0$ 的两个根记作 $v_1(z), v_2(z)$, 且

$$0 < v_1(z) < \frac{1}{n+2} < v_2(z) < \infty, \quad w(n,v) \geqslant 0, \quad \forall v \in [v_1(z), v_2(z)].$$

于是,

$$L_2(D_{(0,1)}(z)) = 2\int_{v_1(z)}^{v_2(z)} \sqrt{\frac{v}{n}w(n,v)}\, dv$$
$$= 2\int_{v_1(z)}^{v_2(z)} \sqrt{\frac{v}{n}\left(-2\ln\left(\frac{zf_n}{\sqrt{n}}\right) - (n+2)\ln v - \frac{1}{v}\right)}\, dv, \quad 0 \leqslant z \leqslant k_{(0,1)}.$$

$Q_Z(\alpha)$ 满足方程

$$\alpha = \int_0^{Q_Z(\alpha)} L_2(D_{(0,1)})(z))dz - D_{(0,1)}(Q_Z(\alpha))Q_Z(\alpha). \tag{3.20}$$

于是检验假设 (3.16) 的规则也可以表示为

若 $k\left(\dfrac{\mu_0 - \bar{x}}{\sqrt{n-1}\, s_n}, \dfrac{\sigma_0^2}{(n-1)s_n^2}; 0, 1\right) > Q_Z(\alpha)$, 则接受 H_0, 否则拒绝 H_0.

3.3.3.5　$Q_Z(\alpha)$ 的模拟计算

$Q_Z(\alpha)$ 也可以模拟获得. 设随机向量

$$\begin{pmatrix} T \\ S \end{pmatrix} \sim k(\cdot; 0, 1), \quad T \in \mathfrak{R},\ S > 0,$$

则 S 的边缘密度函数是

$$f_S(s) = \int_{-\infty}^{\infty} k(t, s; 0, 1)dt = \frac{\sqrt{n}}{f_n} \int_{-\infty}^{\infty} \left(\frac{1}{s}\right)^{\frac{n+1}{2}} \frac{\sqrt{n}}{\sqrt{2\pi s}} e^{-\frac{1}{2}s^{-1}nt^2 - \frac{1}{2}s^{-1}} dt$$

$$= \frac{\sqrt{2\pi}}{f_n} \left(\frac{1}{s}\right)^{\frac{n+1}{2}} e^{-\frac{1}{2}s^{-1}} = \frac{1}{2^{\frac{n-1}{2}} \Gamma\left(\frac{n-1}{2}\right)} \left(\frac{1}{s}\right)^{\frac{n+1}{2}} e^{-\frac{1}{2}s^{-1}},$$

恰是自由度为 $n-1$ 的逆 χ^2 分布密度函数, 即 $f_S(s)$ 是 $\dfrac{1}{\chi_{n-1}^2}$ 的密度函数. 给定 $S = s$ 的条件下, T 的条件密度函数是

$$f_{(T|S)}(t) = \frac{k(t, s; 0, 1)}{f_S(s)} = \frac{\sqrt{n}}{\sqrt{2\pi}\, s} e^{-\frac{1}{2}ns^{-1}t^2} = \phi\left(t; 0, \sqrt{\frac{s}{n}}\right),$$

这里 $\phi(\cdot, \mu, \sigma)$ 是正态分布 $N(\mu, \sigma^2)$ 的概率密度函数.

$Q_{\mathbf{h}}(\alpha)$ 的模拟算法如下:

(1) 生成 $s \sim \chi_{n-1}^2,\ t \sim N\left(0, \dfrac{s}{n}\right)$, 计算 $q = k\left(t, \dfrac{1}{s}; 0, 1\right)$;

(2) 重复 (1) N 次, q 值结果顺序统计量记作 $(q_1, \cdots, q_N)$, $q_{[N\alpha]}$ 就是 $Q_Z(\alpha)$ 的模拟值.

基于假设检验的关系, 可以导出点估计、置信区间. 易见, $E\mathbf{h}(\mathbf{X}, \boldsymbol{\theta}) = (0, n-1)'$, 由方程 $\mathbf{h}(\mathbf{X}, \boldsymbol{\theta}) = (0, n-1)'$ 确定点估计, 恰是

$$\hat{\boldsymbol{\theta}} = (\hat{\mu}, \hat{\sigma}^2)' = \left(\bar{X}, \frac{\sum_{i=1}^{n} (X_i - \bar{X})^2}{n-1}\right)' = (\bar{X}, s^2)'.$$

3.3.3.6　关于参数分量的随机估计的一点说明

当枢轴量的某分量只含一个参数时, 可求其分布, 恰是枢轴量分布的边缘分布, 可给出这个参数的置信区间或置信域. 如本例枢轴量第二分量仅含参数 σ^2, 可得其分布是自由度为 $n-1$ 的 χ^2 分布, 就得到通常的正态方差的置信区间. 第一分量含有参数 μ 和 σ^2, 不能获得 μ 的置信区间. 只能对枢轴量作变换, 得到每个分量都只含一个参数的枢轴量, 即令

$$\begin{pmatrix} T \\ V \end{pmatrix} = \begin{pmatrix} \dfrac{\sqrt{n-1}\,U}{S} \\ S^2 \end{pmatrix},$$

其 Jacobi 行列式为

$$\left| \frac{\partial(T, V)}{\partial(U, S^2)} \right| = \left| \begin{matrix} \dfrac{\sqrt{n-1}}{S} & -\dfrac{\sqrt{n-1}U}{2(S^2)^{\frac{3}{2}}} \\ 0 & 1 \end{matrix} \right| = \frac{\sqrt{n-1}}{S}.$$

因此, (T, S^2) 的密度函数是

$$f_{t,s}(u, v) = \frac{1}{2^{\frac{n-1}{2}-1}\Gamma\left(\dfrac{n-1}{2}\right)\sqrt{n-1}\sqrt{2\pi}} v^{\frac{n}{2}-1} e^{-\frac{v}{2}-\frac{vu^2}{2(n-1)}}, \quad v > 0, \ -\infty < u < \infty.$$

$$(3.21)$$

T 的密度函数是自由度为 $n-1$ 的 t 分布,

$$f_t(u) = \int_0^\infty f_{t,s}(u, v) dv = \frac{\Gamma\left(\dfrac{n}{2}\right)}{\sqrt{(n-1)\pi}\Gamma\left(\dfrac{n-1}{2}\right)} \left(1 + \frac{u^2}{n-1}\right)^{-\frac{n}{2}}.$$

由于 $f_{t,s}(u, v)$ 对任意给定 v 是 u 的对称函数, 故

$$EU = EE(U|V) = 0, \quad E(UV) = E(VE(U|V)) = 0.$$

虽然 T, S^2 的相关系数是 0, 但它们并不独立.

这里仅将 VDR 检验应用到一维总体的参数检验的几个例子, 已经看到或得到熟知的结果, 或者给出改进的结果, 还有应用潜力. 对多元总体将在后面章节论述, 可以应用到回归分析、时序分析、多元统计分析, 甚至应用到质量控制图及建立多指标质量控制图.

3.4 指数分布参数检验

指数分布有用失效率参数表示和平均寿命参数表示两种方法:

$$p(x, \lambda) = \begin{cases} \lambda e^{-\lambda x}, & \text{若 } x \geqslant 0, \\ 0, & \text{若 } x < 0; \end{cases} \quad p(x, \theta) = \begin{cases} \dfrac{1}{\theta} e^{-\frac{x}{\theta}}, & \text{若 } x \geqslant 0, \\ 0, & \text{若 } x < 0. \end{cases}$$

两种表示是等价的, 可根据自己的习惯选取一种. 关键是这两种参数互为倒数且都有统计意义, 要同时估计两个参数. 通常只估计一个, 另一个就取其倒数. 对点估计尤其是极大似然估计是正确的, 也会失去一些性质. 样本均值是平均寿命的方差一致最小无偏估计, 其倒数是失效率的极大似然估计, 不是无偏的了. 置信区间也互为倒数, 其一是在某种意义下最优, 如置信区间最短, 其倒数做另一参数的置信区间就没有最优性了.

基于样本 $\mathbf{x} = (x_1, \cdots, x_n)$ 检验假设

$$H_0 : \theta = \theta_0 \leftrightarrow H_1 : \theta \neq \theta_0.$$

按 VDR 检验计算程序

枢轴量：
$$\frac{2\sum\limits_{i=1}^{n}X_i}{\theta} \sim \chi_{2n}^2, \quad \theta = \frac{1}{\lambda},$$

随机估计：
$$W_\theta = \frac{2\sum\limits_{i=1}^{n}x_i}{\chi_{2n}^2} = \frac{2n\bar{x}}{\chi_{2n}^2} \sim \frac{1}{2n\bar{x}} dich\left(\frac{\cdot}{2n\bar{x}}, 2n\right),$$

检验变量：
$$Z = \frac{1}{2n\bar{x}} dich\left(\frac{W_\theta}{2n\bar{x}}, 2n\right),$$

显著水平：
$$\alpha = P(Z \leqslant Q_Z(\alpha; \bar{x})) = P\left(\chi_{2n}^2 \leqslant \frac{1}{u}\right) + P\left(\chi_{2n}^2 > \frac{1}{l}\right),$$

临界值条件：$dich(l, 2n) = dich(u, 2n) = 2n\bar{x}Q_Z(\alpha; \bar{x}),$

检验规则：

$$\text{当 } \frac{2n}{u}\bar{x} \leqslant \theta_0 \leqslant \frac{2n}{l}\bar{x} \text{ 时, 接受 } H_0.$$

$\dfrac{2n}{u}, \dfrac{2n}{l}$ 可查表 3.1 获得. θ 的置信区间为 $\bar{x}\left[\dfrac{2n}{u}, \dfrac{2n}{l}\right]$.

表 3.3　指数失效率置信区间两端概率分配

样本容量	显著水平					
	0.1		0.05		0.02	
	左	右	左	右	左	右
5	0.0070	0.093	0.0023	0.0477	0.0005	0.0195
6	0.0103	0.0897	0.0037	0.0463	0.0009	0.0191
7	0.0131	0.0869	0.0050	0.0450	0.0014	0.0186
8	0.0154	0.0846	0.0061	0.0439	0.0018	0.0182
9	0.0173	0.0827	0.0071	0.0429	0.0022	0.0178
10	0.0190	0.0810	0.0079	0.0421	0.0025	0.0175
11	0.0204	0.0796	0.0087	0.0413	0.0028	0.0172
12	0.0217	0.0783	0.0093	0.0407	0.0031	0.0169
13	0.0228	0.0772	0.0099	0.0401	0.0033	0.0167
14	0.0238	0.0762	0.0104	0.0395	0.0035	0.0165
15	0.0247	0.0753	0.0109	0.0391	0.0037	0.0163
16	0.0255	0.0745	0.0113	0.0387	0.0039	0.0161
17	0.0262	0.0738	0.0117	0.0383	0.0041	0.0159
18	0.0269	0.0731	0.0121	0.0379	0.0042	0.0158
19	0.0275	0.0725	0.0124	0.0376	0.0044	0.0156
20	0.0281	0.0719	0.0128	0.0372	0.0045	0.0155

续表

样本容量	显著水平					
	0.1		0.05		0.02	
	左	右	左	右	左	右
25	0.0304	0.0696	0.0140	0.0360	0.0051	0.0149
30	0.0322	0.0678	0.0150	0.0350	0.0055	0.0145
40	0.0346	0.0654	0.0163	0.0337	0.0061	0.0139
50	0.0362	0.0638	0.0172	0.0328	0.0065	0.0135
75	0.0387	0.0613	0.0186	0.0314	0.0071	0.0129
100	0.0403	0.0597	0.0195	0.0305	0.0075	0.0125
200	0.0431	0.0569	0.0211	0.0289	0.0082	0.0118

考虑假设

$$H_0 : \lambda = \lambda_0 \leftrightarrow H_1 : \lambda \neq \lambda_0.$$

和前面一样

$$2\lambda \sum_{i=1}^{n} X_i \sim \chi_{2n}^2,$$

$$W_\lambda = \frac{\chi_{2n}^2}{2 \sum_{i=1}^{n} x_i} = \frac{\hat{\lambda}\chi_{2n}^2}{2n} \sim \chi_{2n}^2,$$

$$Z = dchi\left(\frac{W_\lambda}{2n\bar{x}}\right),$$

$$\alpha = P\left(Z \leqslant \frac{Q_Z(\alpha)}{2n\bar{x}}\right) = P(chi(\chi_{2n}^2) \leqslant Q_Z(\alpha)),$$

$$dchi(l, 2n) = dchi(u, 2n) = Q_Z(\alpha),$$

检验规则:

$$\text{当 } \frac{\hat{\lambda}l}{2n} \leqslant \lambda_0 \leqslant \frac{\hat{\lambda}u}{2n} \text{ 时, 接受 } H_0.$$

$\alpha_1 = chi(l, 2n), \alpha_2 = chi(u, 2n)$ 查表 3.3 获得. λ 的置信区间为 $\hat{\lambda}\left[\frac{\chi_{2n}^2(\alpha_1)}{2n}, \frac{\chi_{2n}^2(\alpha_2)}{2n}\right]$, 区间长度短于经典置信区间. 如 $n = 4$, 经典置信区间长度是

$$\frac{\chi_8^2(0.95)}{8} - \frac{\chi_8^2(0.05)}{8} = 1.9384 - 0.3416 = 1.5968,$$

VDR 置信区间长度是

$$\frac{\chi_8^2(0.9173)}{8} - \frac{\chi_8^2(0.0173)}{8} = 1.7455 - 0.2429 = 1.5026.$$

3.5 关于随机估计的若干说明

用参数空间上的随机向量估计多维参数和基于它的 VDR 检验称为随机推断.

随机推断是经典统计即频率学派的一种推断模式, 是由 Fisher 的信仰推断引申出来的推断模式, 认为参数是未知常数或向量, 用随机变量 (向量) 估计未知参数 (向量) 的基本观点扩展了推断模式. 20 世纪 30 年代提出 Bayes 推断方法时, Fisher 提出信仰推断挑战 Bayes 推断方法, 认为可以直接从样本求出随机变量参数的密度函数, 没有坚持参数是未知常数的观点, 接受了 Bayes 学派认为参数是随机变量的观点, 直接计算其密度函数. 这也许是产生 Fisher 疑惑的原因吧. Neyman 为解释 Fisher 的思想提出 CD 概念, 未被 Fisher 接受. Fisher 的思想是近年来研究 CD 的基础, 是在现代统计基础上重新研究 CD, 有人形容为新瓶装旧酒. 随机估计是在参数是未知常数的观点下基于 Fisher 思想的频率学派的推断方法. 设 $X \sim F(\cdot, \theta)$, $\theta \in \Theta$, $F(\cdot, \theta)$ 是分布函数, θ 是未知参数. X 的概率密度函数是 $\dfrac{\partial F(x, \theta)}{\partial \theta}$. 当观测到 X 的实现值是 x, Fisher 认为参数 θ 是随机变量, 定义它的概率密度函数是

$$fid(\theta|x) \propto -\frac{\partial F(x, \theta)}{\partial \theta}, \tag{3.22}$$

就是常说的信仰分布密度函数, 用 $fid(\theta|x)$ 推断参数 θ, 和 Bayes 推断用后验分布推断参数一样, 是 Fisher 针对后验分布提出的概念. 例如, 设 $\mathbf{x} = (x_1, \cdots, x_n)'$ 是抽自 $N(\mu, \sigma^2)$ 的简单样本, $\boldsymbol{\theta} = (\mu, \sigma^2)'$ 是未知分布参数. 统计量

$$\begin{pmatrix} \bar{x} \\ s_n^2 \end{pmatrix} = \begin{pmatrix} \bar{x}(\mathbf{x}) \\ s_n^2(\mathbf{x}) \end{pmatrix} = \begin{pmatrix} \dfrac{1}{n} \sum_{i=1}^{n} x_i \\ \dfrac{1}{n-1} \sum_{i=1}^{n} (x_i - \bar{x})^2 \end{pmatrix}$$

是 $\boldsymbol{\theta}$ 的充分统计量. 由于 $\dfrac{s_n^2(\mathbf{X})}{\sigma^2} \sim \chi_{n-1}^2$, $s_n^2(\mathbf{X})$ 的分布函数是 $pchi\left(\dfrac{s_n^2}{\sigma^2}\right)$, 这里 $pchi(\cdot, k)$ 是自由度为 k 的 χ^2 分布的分布函数, 它的密度函数是 $dchi(\cdot, k)$. 应用公式 (3.22), σ^2 的信仰密度函数是

$$fid(\sigma^2|s_n^2) = -\frac{\partial pchi\left(\dfrac{s_n^2}{\sigma^2}\right)}{\partial \sigma^2} = \frac{s_n^2}{\sigma^4} dchi\left(\frac{s_n^2}{\sigma^2}, n-1\right),$$

是逆 χ^2 分布密度函数 $dich(\sigma^2, n-1)$. 由于 $\dfrac{\sqrt{n}(\bar{X} - \mu)}{s_n(\mathbf{X})} \sim t_{n-1}$, 再应用公式 (3.22), 得到 μ 的信仰分布密度函数是 $\dfrac{\sqrt{n}}{s_n} dt\left(\dfrac{\sqrt{n}(\bar{X} - \mu)}{s_n}, n-1\right)$, 这里 $pt(\cdot, k)$ 是自由度为 k 的 t 分布的分布函数, 其密度函数是 $dt(\cdot, k)$. 自 1930 年 Fisher 提出信仰概率的 32 年间, 在他的书和文章中坚持 (3.22) 中的统计思想, 推动了信仰推断的发展. 人们难以理解为什么会有公式 (3.22). 似乎应有什么理念将经典统计 (频率学派) 思想和 (3.22) 的统计思想连接起来. 这一不足可能就是 Fisher 疑惑的原因. 试图揭示公式 (3.22) 的由来.

　　若 $X \sim F(X, \theta)$, 则 $V = F(X, \theta) \sim U(0, 1)$, $\quad \forall \theta \in \Theta$.

当观测到 $X = x$, 仍保持上式关系认为 θ 是随机变量, 则

$$V \sim U(0,1), V = F(x,\theta), \theta \text{ 是随机变量 } \Rightarrow f(\theta|x) = \left| \frac{\partial F(x,\theta)}{\partial \theta} \right|, \tag{3.23}$$

这里运用了随机变量的函数的概率密度计算公式. (3.23) 恰是公式 (3.22). 整个过程是形式的推导, 仍有逻辑不一致: θ 是未知常数, 又是随机变量. 引进随机估计就可化解疑惑. 坚持 θ 是未知常数的观点, 而用随机变量 W_θ 估计参数 θ. W_θ 满足 (3.23), 即

$$V = F(x, W_\theta), \quad V \sim U(0,1).$$

正是随机估计来源于 Fisher 的理由. 以下概括随机估计的基本模型.

设 $f(\cdot; \boldsymbol{\eta}, \boldsymbol{\lambda})$ 是 $\mathfrak{R}^p$ 上的概率密度函数, $\boldsymbol{\eta}, \boldsymbol{\lambda}$ 是分布参数, $\boldsymbol{\eta} \in \mathcal{N} \subseteq \mathfrak{R}^l, \boldsymbol{\lambda} \in \Lambda \subseteq \mathfrak{R}^{s-l}$, $\mathcal{N}$ 上的 Borel 域 (代数) 记作 $\mathcal{B}_{\mathcal{N}} \subseteq \mathcal{B}^l$. $\mathcal{X}$ 是 p 维具体样本, $\mathbb{X}$ 是 p 维随机样本, 样本空间记作 $\mathcal{X}_{np}$. 参数 $\boldsymbol{\eta}$ 是我们感兴趣的参数, $\boldsymbol{\lambda}$ 是冗余参数. 考虑假设

$$H_0 : \boldsymbol{\eta} = \boldsymbol{\eta}_0 \leftrightarrow H_1 : \boldsymbol{\eta} \neq \boldsymbol{\eta}_0, \tag{3.24}$$

这是统计推断的最基本问题.

3.5.1 随机推断步骤

随机推断的步骤描述如下.

1. 构造枢轴量

枢轴量是经典统计概念, 由一维参数的假设检验问题产生的概念. 在随机推断中认为枢轴量是向量, 不再区分一维和多维参数, 一维参数只是多维参数的特例. 枢轴量的严格定义见 3.1.2 节. 设 $\mathbf{h}(\mathcal{X}; \boldsymbol{\eta})$ 是枢轴量, 记

$$J(\mathcal{X}, \boldsymbol{\eta}) = \left| \det \left(\frac{\partial \mathbf{h}(\mathcal{X}; \boldsymbol{\eta})}{\partial \boldsymbol{\eta}} \right) \right|.$$

若 $J(\mathcal{X}, \boldsymbol{\eta}) = J(\mathcal{X})$, 则称 $\mathbf{h}(\mathcal{X}; \boldsymbol{\eta})$ 是正则的.

枢轴量最基本的性质是 $\mathbf{h}(\mathbb{X}, \boldsymbol{\eta})$ 的分布函数与参数 $\boldsymbol{\eta}, \boldsymbol{\lambda}$ 无关, 记作 $F_{\mathbf{h}}(\cdot)$, 其密度函数记作 $f_{\mathbf{h}}(\cdot)$.

2. 确定随机估计及其概率密度函数

在可测空间 $(\mathcal{N}_h, \mathcal{B}_{\mathcal{N}_h})$ 上由 $F_h(\cdot)$ 导入的概率测度记作 P_h. 设 $\mathbf{Z}$ 是 $\mathcal{N}_h$ 上的恒等变换, 则 $\mathbf{Z}$ 的分布恰是 P_h, 分布函数是 $F_h(\cdot)$. 参数 $\boldsymbol{\eta}$ 的随机估计 $\mathbf{W}$(经常记作 $\mathbf{W}_{\boldsymbol{\eta}}$) 由下式确定:

$$\mathbf{Z} = \mathbf{h}(\mathcal{X}; \mathbf{W}), \quad \mathbf{Z} \sim f_h(\cdot), \quad \mathbf{Z}, \mathbf{W} \in \mathcal{N}.$$

$\mathbf{W}$ 的密度函数是

$$f_{\boldsymbol{\eta}}(\mathbf{v}; \mathcal{X}) = J(\mathcal{X}, \boldsymbol{\eta}) f_h(\mathbf{h}(\mathcal{X}; \mathbf{v})), \quad v \in \mathcal{N}. \tag{3.25}$$

3. VDR 检验

假设 (3.24) 的检验随机变量定义为 $Z = f_{\boldsymbol{\eta}}(\mathbf{W}; \mathcal{X})$, 简称为检验变量. 检验变量

Z 的分布函数记作 $F_Z(\cdot; \mathcal{X})$, 它的 γ 分位点记作 $Q_Z(\gamma; \mathcal{X})$. 若 $\mathbf{h}(\mathcal{X}; \boldsymbol{\eta})$ 是正则的,

$$Q_Z(\alpha; \mathcal{X}) = J(\mathcal{X})Q_V(\alpha),$$
$$P(V \leqslant Q_V(\alpha)) = P(f_h(\mathbf{Z}) \leqslant Q_V(\alpha)) \tag{3.26}$$
$$= P(f_{\boldsymbol{\eta}}(W; \mathcal{X}) \leqslant Q_Z(\alpha; \mathcal{X})) = \alpha.$$

如检验正态均值参数的 t 统计量是正则的.

检验假设 (3.24) 的 VDR 检验规则是

若 $f_{\boldsymbol{\eta}}(\boldsymbol{\eta}_0; \mathcal{X}) > Q_Z(\alpha; \mathcal{X})$, 则接受假设 H_0, 否则拒绝假设 H_0.

当 $\mathbf{h}(\mathcal{X}; \boldsymbol{\eta})$ 是正则的, 则

$$f_{\boldsymbol{\eta}}(\boldsymbol{\eta}_0; \mathcal{X}) > Q_Z(\alpha; \mathcal{X}) \Leftrightarrow f_h(\mathbf{h}(\mathcal{X}; \boldsymbol{\eta}_0)) > Q_V(\alpha).$$

$f_{\boldsymbol{\eta}}(\boldsymbol{\eta}_0; \mathcal{X})$ 就是经典统计的统计量, 可按经典统计的方法确定临界值.

4. VDR 置信域

令

$$S(\alpha; \boldsymbol{\eta}) = \{\mathcal{X} : f_{\boldsymbol{\eta}}(\boldsymbol{\eta}; \mathcal{X}) > Q_Z(\alpha; \mathcal{X})\}, \tag{3.27}$$

$$C(\alpha; \mathcal{X}) = \{\boldsymbol{\eta} : f_{\boldsymbol{\eta}}(\boldsymbol{\eta}; \mathcal{X}) > Q_Z(\alpha; \mathcal{X})\}, \tag{3.28}$$

$$P_{\boldsymbol{\eta}}(\mathbb{X} \in S(\alpha; \boldsymbol{\eta})) = P_{\boldsymbol{\eta}}(\boldsymbol{\eta} \in C(\alpha; \mathbb{X})) = 1 - \alpha. \tag{3.29}$$

$S(\alpha; \boldsymbol{\eta})$ 是检验假设 (3.24) 的显著水平为 α 的接受集合. $C(\alpha; \mathcal{X})$ 是参数 $\boldsymbol{\eta}$ 的置信度为 $1 - \alpha$ 的置信集合.

5. 点估计

VDR 理论提供了计算分位点 $Q_Z(\gamma; \mathcal{X})$ 的依据, 可用 $EW_{\boldsymbol{\eta}} = \hat{\boldsymbol{\eta}}$ 或 $f_{\boldsymbol{\eta}}(\cdot; \mathcal{X})$ 的极大值点 $\hat{\boldsymbol{\eta}}$ 作为 $\boldsymbol{\eta}$ 的估计.

无论什么统计模型, 只要构造出枢轴量, 按上述步骤处理即可完成感兴趣的假设检验和有关推断. 以下对有关问题作概括说明.

3.5.2　关于枢轴量

构造枢轴量是随机推断的关键, 如何构造枢轴量是最关心的问题. 没有通用方法, 一般途径是分析似然方程的结构得到枢轴量. 如正态样本的对数似然方程是

$$\begin{cases} \displaystyle\sum_{i=1}^{n} \frac{x_i - \mu}{\sigma} = 0, \\ \displaystyle\frac{n}{\sigma} - \sum_{i=1}^{n} \frac{(x_i - \mu)^2}{\sigma^3} = 0, \end{cases}$$

分析该方程结构, 易想到如下结构枢轴量:

$$\mathbf{h}^*(\mathbf{x}; \mu, \sigma^2) = \begin{pmatrix} h_1^*(\mathbf{x}; \mu, \sigma^2) \\ h_2^*(\mathbf{x}; \mu, \sigma^2) \end{pmatrix} = \begin{pmatrix} \displaystyle\frac{1}{\sqrt{n}} \sum_{i=1}^{n} \frac{x_i - \mu}{\sigma} \\ \displaystyle\sum_{i=1}^{n} \frac{(x_i - \mu)^2}{\sigma^2} \end{pmatrix}.$$

每个分量都含两个参数, 无法用一个分量推断一个参数. 为简化枢轴量, 由似然方程的第一式解得 $\mu = \bar{x}$, 代入第二式得到如下枢轴量

$$\mathbf{h}(\mathbf{x}; \mu, \sigma^2) = \begin{pmatrix} \dfrac{1}{\sqrt{n}} \sum_{i=1}^{n} \dfrac{x_i - \mu}{\sigma} \\ \sum_{i=1}^{n} \dfrac{(x_i - \bar{x})^2}{\sigma^2} \end{pmatrix} = \begin{pmatrix} \sqrt{n} \dfrac{\bar{x} - \mu}{\sigma} \\ \dfrac{(n-1)s_n^2}{\sigma^2} \end{pmatrix}$$

$$= \begin{pmatrix} h_1(\bar{x}, s_n^2; \mu) \\ h_2(s_n^2; \sigma^2) \end{pmatrix} = \mathbf{h}(\bar{x}, s_n^2; \mu, \sigma^2),$$

且

$$\mathbf{h}(\bar{X}, S_n^2; \mu, \sigma^2) = \begin{pmatrix} \sqrt{n} \dfrac{\bar{X} - \mu}{\sigma} \\ \dfrac{(n-1)S_n^2}{\sigma^2} \end{pmatrix} \stackrel{d}{=} \begin{pmatrix} \dfrac{1}{\sqrt{n}} \sum_{i=1}^{n} Z_i \\ \sum_{i=1}^{n} (Z_i - \bar{Z})^2 \end{pmatrix}$$

$$= \begin{pmatrix} \sqrt{n} \bar{Z} \\ s_n^2(\mathbf{Z}) \end{pmatrix} \sim \begin{pmatrix} N(0,1) \\ pchi(\cdot, n-1) \end{pmatrix},$$

其中 $Z_i, 1 \leqslant i \leqslant n$ 相互独立同分布, $Z_1 \sim N(0,1)$, $\mathbf{Z} = (Z_1, \cdots, Z_n)'$. 称 $(\sqrt{n}\bar{Z}, s_n^2(\mathbf{Z}))'$ 为枢轴向量, 用来定义随机估计. 以上构造的枢轴量是用的完全样本, 也可以用部分样本, 如用前 $n-1$ 个观测值, 用同样方法构造枢轴量. 后者效果自然不如前者, 这就产生了枢轴量或随机估计的比较问题. 显然枢轴量的函数仍是枢轴量, 不能表示为枢轴量函数的枢轴量, 称为基础枢轴量. 直观地可以猜测, 依赖完整样本的基础枢轴量数量是极少的. 如正态分布族是标准正态分布经线性变换得到的分布族, 即若 $Y \sim N(0,1)$, 则 $X = \mu + \sigma X \sim N(\mu, \sigma^2)$. 参数 μ, σ^2 的枢轴量由其逆变换构成, 似然方程蕴含着怎样将每个观测值的逆变换组合成枢轴量. 枢轴量是由分布族的概率结构确定的.

3.5.3 关于随机估计

经典统计认为样本是从分布族中某成员抽取的, 它的参数是未知的常数, 是推断对象. 样本中含有参数信息, 是推断参数的依据. 样本有二重性, 抽得的样本是常量, 具体数值; 当考察如何抽得样本、大样本性质或导出推断方法时, 认为样本是与总体随机变量同分布的随机变量有限序列. 这些基本观点客观地描述了实际问题, 被人们普遍接受. 随机推断的哲学和频率学派的哲学是一致的, 参数是未知常数, 样本有二重性, 不同点仅是用参数空间上的随机变量估计参数, 而不是用统计量. 随机估计的分布依赖于样本而不依赖于参数. 随机估计基本思想就是认为随机估计的实现值或观测值是参数的一个估计值, 即用随机变量估计常数参数值, 体现了在现有样本下对未知参数了解或认识程度, 不能准确地给出参数值. 用随机变量推断参数就和用先验分布表示先验信息一样, 当信息不充分时无法确定参数准确值, 只能确定取值范

围的概率, 用随机变量或分布描述是自然的. 用随机变量推断常数, 也是人们常用的思维方法. 不能确定的事物就用随机变量描述是思维模式. 举例说明人们常用随机变量估计常数.

例 3.3　找眼镜.

某人经常随意在书桌、茶几、床和电视机架上放眼镜. 一日眼镜不见了, 怎样找呢? 根据以往经验 (观测值), 眼镜就依次在上述四个地方, 而在其他地方的可能性很小. 眼镜在某个未知的地方, 相当于未知参数. 用一个取五个值的随机变量判断眼镜在何处. 按可能性大小顺次找就找到了. 就是用随机变量推断常量的例子.

例 3.4　找手机.

当找不到手机时, 常用办法是打电话, 拨通手机后, 听手机在什么地方响, 寻声就找到了. 这时信息足已确定未知参数, 随机估计退化为常数了.

例 3.5　天气预报.

经常听到天气预报: 明天降雨概率是 60%. 明天是否降雨是客观的, 未知常量. 用随机变量 (以概率 60% 下雨, 以概率 40% 不下雨) 预报天气也是用随机变量推断常量的例子.

例 3.6　预测.

在预测将会发生什么事时, 会列举出种种可能. 这种种可能就是离散随机变量可能的取值, 将发生什么是未知常量.

如何理解用随机变量估计参数? 若用随机变量 W_n 估计参数 θ, 那么 W_n 的实现值就是参数的一个估计, 样本和随机估计形成 Bayes 机制. 已有的随机估计的分布视为先验分布, 在观测的样本后增加了信息, 按 Bayes 公式计算的后验分布就是观测新样本后的随机估计的分布密度函数. 当样本容量无限增加时, 随机估计不断变化是自然的, 摆脱了将参数视为随机变量而其分布不断变化不好解释的境地. (3.30) 成立是自然的, 应是随机估计序列满足的性质.

3.5.3.1　随机估计和信仰分布

公式 (3.25) 恰是 Fisher 给出的信仰分布密度函数计算公式, 作为随机变量的参数的密度函数. 参数看做常数又看做随机变量才是 Fisher 疑惑的原因吧. Fisher 提出信仰分布是挑战 Bayes 分析的后验分布, 站在经典统计的观点提出信仰分布. 未能建立信仰推断和经典推断的联系, 看做不同的推断模式, 就有了信仰置信区间等名词. 在用枢轴量推断参数时经典推断和信仰推断结果是一致的. 引进随机估计, 公式 (3.25) 自然正确, 恰是随机变量函数的密度函数计算公式. 同时坚持了参数是未知常数的基本观点, 也就不存在疑惑了. 该公式给出随机估计 W 的概率密度函数, 它依赖于样本 $\mathcal{X}$, 换言之, 是以样本 $\mathcal{X}$ 为分布参数的密度函数. 对一维参数, 其分布函数是一个 CD, 关于 CD 参见 Xie 等 (2011), 随机估计的分布函数恰是 CD, 是参数空间上的分布函数. 随机估计的密度函数集中了参数的信息, 理解为频率学派的后验分布就很自然了. 随机估计的密度就是信仰分布密度, 引入随机估计使信仰推

断体系完善, 也丰富了经典统计. 枢轴量建立了随机估计和经典统计推断的联系:

设 W 是参数 η 的随机估计, 若 $P(W \in A) = 1 - \alpha, A \in \mathscr{B}_{\mathcal{N}}$, 则 A 是 η 的置信度为 $1 - \alpha$ 的置信集.

这意味着随机推断和经典推断结果一致. 随机估计 W 代替参数是随机变量, 既解释了 Fisher 疑惑, 又使信仰推断纳入经典统计. 尽管在很多情形, 无知先验分布下, Bayes 推断结果和经典推断结果一致, 但是没有从理论上证明这一点.

重要的一点是随机估计不再区分一维参数和多维参数, 都是一样的推断机制.

3.5.3.2 随机估计和 Bayes 分析

将随机估计引入 Bayes 分析, 用随机估计代替参数是随机变量, 对 Bayes 分析的质疑问题都迎刃而解. 在 Bayes 分析中认为抽取样本时参数不变, 接受频率学派观点. 如果参数是随机变量, 这是难以想象的, 抽取样本不是瞬间完成的, 随机变量怎能保持值不变, 如茆诗松等 (2004) 所言, 只能求上帝帮忙了. 用随机估计代替参数是随机变量, 参数仍是常数, 无须上帝帮忙了. 计算后验分布叙述为计算随机估计的后验分布. Bayes 推断的核心是利用先验信息, 将参数看做随机变量, 先验信息用先验分布描述. 用 Bayes 公式计算后验分布, 再用后验分布作参数推断. 作为 Bayes 体系, 确有不能自圆其说之处. 参数是随机变量, 在 Bayes 推断中其分布函数却要不断地变动, 有了新的观测值就要变. 如果观测样本在不断地分阶段进行, 前阶段样本的后验分布是后阶段样本的先验分布, 再求出后验分布, 这个过程一直继续下去, 极限状况如何? 设 $X_1, X_2, \cdots$ 是样本序列, 即 $X_1, X_2, \cdots$ 是 i.i.d., 共同分布是 $F(\cdot, \theta) \in \mathcal{F}$. $p(\theta), \theta \in \Theta$ 是先验分布, $p_1(\theta), \theta \in \Theta$ 是观测 X_1 后的后验分布, $p_n(\theta), \theta \in \Theta$ 是观测 $X_1, X_2, \cdots, X_n$ 后的后验分布, $n = 1, 2, \cdots$. 姑且搁置得到 $p_n(\cdot)$ 的具体途径. 在很多情形下

$$\hat{\theta}_n = E_n \theta = \int \theta p_n(\theta) d\theta \xrightarrow{P} \theta_0$$

或等价地
$$p_n(\cdot) \xrightarrow{w} I_{\theta_0}(\cdot), \quad I_{\theta_0}(\theta) = \begin{cases} 1, & \text{若 } \theta \geqslant \theta_0, \\ 0, & \text{若 } \theta < \theta_0, \end{cases} \tag{3.30}$$

这里 θ_0 可以理解为真实参数. 这时认为参数是未知常数更合理. 再者样本的抽取, 认为抽取样本时参数取值是确定的, 设想抽取样本过程需要时间, 可能几小时, 也可能更长, 参数保持不变. 能这样控制随机变量吗?

看起来经典推断的前提更符合实际, 没有致命弱点. Bayes 推断有独到之处, 尤其是利用先验信息观点, 并给出具体做法. 信仰推断是直接用样本计算信仰分布. 将三者优点集中起来, 并克服其不足的推断理念才是理想的. 只需引入用随机变量估计未知常数参数的概念, 称其为随机变量估计, 简称随机估计. 统计推断基于随机估计展开. 随机估计是取值于参数空间且其分布不直接依赖于参数, 依赖于含参数信息的样本, 即以样本为分布参数的分布族. 在信仰推断和 Bayes 推断中, 参数是随机变量换成参数的随机估计, 所述的不协调之点都迎刃而解. Bayes 学派用先验分布描

述先验信息, 按随机推断理念是初始推断随机变量的分布, 观测到样本后增加了参数信息, 参数的全部信息集中体现在后验分布. 随样本容量增加, 推断变量越接近真实参数的单点分布就很自然了, 即 (3.30) 是自然的了. 经典推断就用 CD 或用随机估计推断参数. 随机估计使得信仰分布算法找到理论根据. 当已知 CD 时似乎用分布推断和用随机推断无差别, 实际不然, 变量运算简单易行, 分布运算就复杂了. 随机估计容易和信仰推断及 Bayes 推断联系起来, 信仰推断和 Bayes 推断的不足得以解释. 总之, 用随机估计推断参数出现了使三种推断方式统一起来的前景, 都是经典统计推断的组成部分.

3.5.4 关于 VDR 检验

在观测到样本 $\mathcal{X}$ 的前提下, 密度函数 $f_\eta(\cdot; \mathcal{X})$ 概括了参数 η 的信息, 即参数是各种值的可能性或概率. 概率密度函数值越大, 参数是它的可能性越大, 体现了极大似然原则. $f_\eta(\cdot; \mathcal{X})$ 被 Schweder 和 Hjort (2002) 称为收缩似然函数, 是参数 η 的似然函数, 集中了样本中关于参数 η 的信息, 而滤除了冗余参数 λ 的信息. 密度函数值小的区域应是拒绝域. 恰是 VDR 理论提供了计算密度函数值小于给定值的概率之计算方法, 才可以实现依据密度函数值作检验的思想, 就是 VDR 检验. $Q_Z(\gamma; \mathcal{X})$ 的计算见 (3.7), 当枢轴量是正则的, 用公式 (3.26). 整个计算基于概率密度函数 $f_h(\cdot)$, 是枢轴量的概率密度函数. 枢轴量的分布不依赖于分布参数, 不含参数信息, 但是含有总体结构信息. 随机估计正是运用了枢轴量的分布密度函数, 即总体结构信息. 枢轴量的自变量是样本和参数, 都含参数信息. 而函数值即枢轴量值不含参数信息, 说明枢轴量的结构充分利用了参数信息. 集中体现在 $f_h(\cdot)$ 上. VDR 检验和经典检验的置信区间的关系体现在 (3.27) 至 (3.29). (3.27) 确定样本空间的接受域, (3.28) 确定参数的置信域, (3.29) 明确了置信度, 是利用枢轴量计算的. 这三式明确了随机估计推断结果和经典统计概念、结果是一致的. (3.26) 至 (3.29) 体现了随机估计的特征. (3.26) 是确定随机估计 W_η 取值于某集合的概率. 参数空间上的随机变量由 (3.26) 确定的临界值还满足 (3.27) 至 (3.29) 就可以做 η 的随机估计. 若渐近成立, 就叫渐近随机估计.

例 3.7 指数总体.

$\mathbf{x} = (x_1, \cdots, x_n)'$ 抽自指数分布总体 $E(\lambda)$, 其概率密度函数是

$$p_e(x, \lambda) = \begin{cases} \lambda e^{-\lambda x}, & \text{若 } x \geqslant 0, \\ 0, & \text{若 } x < 0. \end{cases}$$

参数 λ 的枢轴量是 $h_e(\mathbf{x}, \lambda) = 2\lambda \sum_{i=1}^{n} x_i$, 随机估计是

$$W_\lambda = \hat{\lambda}_n \frac{2}{\chi_{2n}^2}, \quad \hat{\lambda} = \frac{n}{\sum_{i=1}^{n} x_i}.$$

复合参数 $R(t) = e^{-\lambda t}$ 是可靠性, 随机变量 $W_R = e^{-W_\lambda t}$ 是 $R(t)$ 的随机估计.

如前面讨论, 对于正态总体, 期望和方差均未知, 期望参数 μ 的随机估计是

$$W_\mu = \bar{x} - \frac{s_n}{\sqrt{n}} T_{n-1},$$

对任意给定 α, 它满足 (3.26) 至 (3.29). 将上式第二项换成其他随机变量, 就不能同时满足了.

$$W_\mu^* = \bar{x} - \frac{s_n}{\sqrt{n}} U, \quad U \sim N(0, s_n^2),$$

虽然不能同时满足, 但是诸式渐近成立, 可称 W_μ^* 是 μ 的渐近随机估计, 可给出近似置信区间.

3.6 无充分统计量总体参数随机估计

前面讨论枢轴量实际上都是基于充分统计量的. 正态总体随机估计的密度函数以 $\bar{x}, s_n^2$ 为参数. 指数总体随机估计密度函数以 $\bar{x}$ 为参数. 简言之, 随机估计的概率密度函数以充分统计量为分布参数. 在很多情形下, 没有直接依赖样本的充分统计量, 如 Weibull 分布等的形状参数就没有充分统计量, 还能实现随机估计吗? 本节以 Gamma 分布为例说明形状参数的随机估计实现途径.

对单参数分布族 $\{F(x; \theta) : x \in \Re, \theta \in \Theta \subseteq \Re\}$ 的单个观测值永远存在枢轴量 $F(x; \theta)$, 因为

$$F(X; \theta) \sim U(0, 1), \ \text{若} \ X \sim F(\cdot; \theta).$$

虽然 $F(x; \theta)$ 的值域是 $(0, 1)$ 而不是 Θ, 但总有 $(0, 1) \to \Theta$ 的一一变换, 和枢轴量的定义无矛盾. 是 Fisher 提出信仰推断使用的例子. 对单参数和单个观测值可以考虑随机估计和 VDR 检验. 设 V 是随机变量, 其分布是 $U(0, 1)$, 则基于观测值 x 的 θ 的随机估计 W 定义为

$$V = F(x; W), \quad V \sim U(0, 1).$$

基于单个观测值, $F(x; \theta)$ 就是一个 CD. 这时 W 是取值于参数空间的随机变量, 也是 Xie 等 (2011) 定义的随机估计. 当有充分统计量时, 视充分统计量为观测值就归结为这种情形.

3.6.1 Gamma 分布族

众所周知 Gamma 分布族是双参数分布族, 其密度函数是

$$g(x; \beta, \lambda) = \begin{cases} \dfrac{\lambda^\beta}{\Gamma(\beta)} x^{\beta-1} e^{-\lambda x}, & \text{若} \ x \geqslant 0, \\ 0, & \text{若} \ x < 0, \end{cases} \quad \beta, \lambda > 0,$$

β 是形状参数, λ 是刻度参数. 参数为 β, λ 的 Gamma 分布记作 $\Gamma(\beta, \lambda)$. 标准 Gamma 分布的密度函数为

$$g(x; \beta) = g(x; \beta, 1) = \frac{1}{\Gamma(\beta)} x^{\beta-1} e^{-x}, \quad x \geqslant 0, \ \beta > 0.$$

$g(\cdot;\beta)$ 的分布函数是不完全 Gamma 函数

$$I(x;\beta) = \int_0^x g(s;\beta)ds = \frac{1}{\Gamma(\beta)}\int_0^x s^{\beta-1}e^{-s}ds,$$

$$I(x;\beta,\lambda) = \int_0^x g(s;\beta,\lambda)ds = \frac{\lambda^\beta}{\Gamma(\beta)}\int_0^x s^{\beta-1}e^{-\lambda s}ds$$

$$= \frac{1}{\Gamma(\beta)}\int_0^{\lambda x} s^{\beta-1}e^{-s}ds = I(\lambda x;\beta), \quad x \geqslant 0,\ \beta > 0,\ \lambda > 0.$$

3.6.1.1　Gamma 分布的性质

Gamma 分布有许多性质, 这里列出我们需要用的几条.

1. 若 $X \sim \Gamma(\beta,\lambda)$, 则 X 的矩母函数和特征函数分别是

$$M(t) = \left(\frac{\lambda}{\lambda-t}\right)^\beta, \quad \psi(t) = \left(\frac{\lambda}{\lambda-it}\right)^\beta.$$

证明: 由矩母函数的定义, 当 $t < \lambda$ 时,

$$M(t) = \frac{\lambda^\beta}{\Gamma(\beta)}\int_0^\infty e^{tx}x^{\beta-1}e^{-\lambda x}dx = \frac{\lambda^\beta}{\Gamma(\beta)}\cdot\frac{\Gamma(\beta)}{(\lambda-t)^\beta} = \left(\frac{\lambda}{\lambda-t}\right)^\beta.$$

类似的, 求得 $\psi(t)$.

2. 设 $X_1,\cdots,X_n$ 相互独立, $X_i \sim \Gamma(\beta_i,\lambda), i=1,\cdots,n,$ 则

$$X \equiv X_1 + \cdots + X_n \sim \Gamma(\beta_1 + \cdots + \beta_n, \lambda). \tag{3.31}$$

证明: X 的特征函数为

$$\psi_X(t) = \prod_{j=1}^n \left(\frac{\lambda}{\lambda-it}\right)^{\beta_j} = \left(\frac{\lambda}{\lambda-it}\right)^{\beta_1+\cdots+\beta_n},$$

即 $X \sim \Gamma(\beta_1 + \cdots + \beta_n, \lambda)$.

该性质叫 Gamma 分布的可加性.

3. 设 $X \sim \Gamma(\beta_1,\lambda)$ 与 $Y \sim \Gamma(\beta_2,\lambda)$ 相互独立, 则 $U = \dfrac{X}{X+Y} \sim \mathrm{B}(\beta_1,\beta_2)$, 且与 $V = X + Y$ 相互独立, $X + Y \sim \Gamma(\beta_1+\beta_2,\lambda)$.

证明: 由于 $\dfrac{X}{X+Y} = \dfrac{\dfrac{X}{\lambda}}{\dfrac{X}{\lambda}+\dfrac{Y}{\lambda}}$ 及 $\dfrac{X}{\lambda} \sim \Gamma(\beta_1,1), \dfrac{Y}{\lambda} \sim \Gamma(\beta_2,1)$, 不失一般性, 可

设 $X \sim \Gamma(\beta_1,1), Y \sim \Gamma(\beta_2,1)$. X,Y 的联合概率密度函数是

$$f(x,y) = \frac{1}{\Gamma(\beta_1)\Gamma(\beta_2)}x^{\beta_1-1}y^{\beta_2-1}e^{-(x+y)}.$$

作变换

$$\begin{cases} u = \dfrac{x}{x+y}, \\ v = x+y, \end{cases} \quad \text{即} \quad \begin{cases} x = uv, \\ y = v(1-u). \end{cases}$$

变换的 Jacobi 行列式是

$$J = \left|\frac{\partial(x,y)}{\partial(u,v)}\right| = \begin{vmatrix} v & u \\ -v & 1-u \end{vmatrix} = v(1-u) + uv = v.$$

于是 U, V 的联合概率密度函数是

$$
\begin{aligned}
f_{U,V}(u, v) &= \frac{1}{\Gamma(\beta_1)\Gamma(\beta_2)} v(uv)^{\beta_1-1}[v(1-u)]^{\beta_2-1}e^{-v} \\
&= \frac{\Gamma(\beta_1+\beta_2)}{\Gamma(\beta_1)\Gamma(\beta_2)} u^{\beta_1-1}(1-u)^{\beta_2-1}\frac{1}{\Gamma(\beta_1+\beta_2)}v^{\beta_1+\beta_2-1}e^{-v} \\
&= dbe(u; \beta_1, \beta_2)g(v; \beta_1+\beta_2, 1),
\end{aligned}
$$

其中 $dbe(\cdot, \beta, \lambda)$ 是参数为 β, λ 的 Beta 分布的密度函数. 由 Gamma 分布的可加性, 得 $X + Y \sim \Gamma(\beta_1+\beta_2, 1)$, 故 U, V 独立, 且 $U \sim \mathrm{B}(\beta_1, \beta_2)$.

4. 设 $X_i \sim \Gamma(\beta_i, \lambda), i = 1, \cdots, n$ **相互独立**, 令

$$
U_i = \frac{X_i}{\displaystyle\sum_{j=1}^{n} X_j}, \quad i = 1, \cdots, n,
$$

则

$$
\mathbf{U} = (U_1, \cdots, U_n)' \sim D_n(\beta_1, \cdots, \beta_n),
$$

其中 $D_n(\beta_1, \cdots, \beta_n)$ 是参数为 $\beta_1, \cdots, \beta_n$ 的 Dirichlet 分布.

该结论见方开泰, 许建伦 (1987). 关于 Dirichlet 分布的性质有以下引理.

引理 3.5 设 $\mathbf{Y}_n = (Y_1, \cdots, Y_n)' \sim D(\beta_1, \cdots, \beta_n)$, 则 $Y_1 \sim \mathrm{B}\left(\beta_1, \displaystyle\sum_{i=2}^{n}\beta_i\right)$, 且与

$$
\frac{\mathbf{Y}_{[1]}}{1-Y_1} \sim D_{n-1}(\beta_2, \cdots, \beta_n), \quad \mathbf{y}_{[k]} = (y_{k+1}, \cdots, y_n)'
$$

相互独立.

证明: 由 Dirichlet 分布的性质, $Y_1 \sim \mathrm{B}\left(\beta_1, \displaystyle\sum_{i=2}^{n}\beta_i\right)$, 见方开泰, 许建伦 (1987) 第 339 页. $\mathbf{Y}_n$ 的概率密度函数可写作

$$
dD_n(\mathbf{y}, \beta_1, \cdots, \beta_n)
$$

$$
= \frac{\Gamma\left(\displaystyle\sum_{i=1}^{n}\beta_i\right)}{\displaystyle\prod_{i=1}^{n}\Gamma(\beta_i)}\prod_{i=1}^{n} y_i^{\beta_i-1}, \quad \sum_{i=1}^{n} y_i = 1
$$

$$
= \frac{\Gamma\left(\displaystyle\sum_{i=1}^{n}\beta_i\right)}{\Gamma(\beta_1)\Gamma\left(\displaystyle\sum_{i=2}^{n}\beta_i\right)} y_1^{\beta_1-1}(1-y_1)^{\sum_{i=2}^{n}\beta_i-1} \cdot \frac{1}{(1-y_1)^{n-2}}\frac{\Gamma\left(\displaystyle\sum_{i=2}^{n}\beta_i\right)}{\displaystyle\prod_{i=2}^{n}\Gamma(\beta_i)}\prod_{i=2}^{n}\left(\frac{y_i}{1-y_1}\right)^{\beta_i-1}
$$

$$
= dbe\left(y_1, \beta_1, \sum_{i=2}^{n}\beta_i\right)\frac{1}{(1-y_1)^{n-2}}dD_{n-1}\left(\frac{y_{[1]}}{1-y_i}, \beta_2, \cdots, \beta_n\right),
$$

这里 $dbe(\cdot, \beta, \lambda)$ 是 $\mathrm{B}(\beta, \lambda)$ 分布的密度函数. 因此, 给定 $Y_1 = y_1$ 的条件下 $Y_2, \cdots, Y_n$

的条件概率密度函数是

$$f(\mathbf{y}_{[1]}|y_1) = \frac{1}{(1-y_1)^{n-2}} \frac{\Gamma\left(\sum_{i=2}^{n} \beta_i\right)}{\prod_{i=2}^{n} \Gamma(\beta_i)} \prod_{i=2}^{n} \left(\frac{y_i}{1-y_1}\right)^{\beta_i - 1}.$$

令

$$\mathbf{Y}_n^* = \left(Y_1, \frac{\mathbf{Y}_{[1]}}{1-Y_1}'\right)' = (Y_1^*, \mathbf{Y}_{[1]}^*), \quad \sum_{i=2}^{n} Y_i^* = 1, \quad \mathbf{y}_{[k]} = (y_{k+1}, \cdots, y_n)',$$

由于

$$\left|\frac{\partial \mathbf{y}_{n-1}}{\partial \mathbf{y}_{n-1}^*}\right| = (1-y_1)^{n-2},$$

给定 $Y_1 = y_1$ 的条件下 $(Y_2^*, \cdots, Y_n^*)$ 的条件密度函数是

$$f(\mathbf{y}_{[1]}^*|Y_1 = y_1) = (1-y_1)^{n-2} f((1-y_1)\mathbf{y}_{[1]}^*|y_1) = dD_{n-1}(\mathbf{y}_{[1]}^*),$$

与 y_1 无关, 蕴含着 Y_1 和 $\mathbf{Y}_{[1]}^* \sim D_{n-1}(\beta_2, \cdots, \beta_n)$ 相互独立. **引理得证.**

3.6.1.2 Gamma 分布的参数信息变换

有了以上准备, 考虑 Gamma 分布族参数随机估计. 设 $\mathbf{x} = (x_1, \cdots, x_n)'$ 是抽自 $\Gamma(\beta, \lambda)$ 的简单样本. 考虑假设

$$\begin{aligned} H_{01}: \beta = \beta_0 &\leftrightarrow H_{11}: \beta \neq \beta_0, \\ H_{02}: \lambda = \lambda_0 &\leftrightarrow H_{12}: \lambda \neq \lambda_0, \\ H_{03}: \boldsymbol{\theta} = \boldsymbol{\theta}_0 &\leftrightarrow H_{13}: \boldsymbol{\theta} \neq \boldsymbol{\theta}_0, \end{aligned} \tag{3.32}$$

其中

$$\boldsymbol{\theta} = \begin{pmatrix} \beta \\ \lambda \end{pmatrix}, \quad \boldsymbol{\theta}_0 = \begin{pmatrix} \beta_0 \\ \lambda_0 \end{pmatrix}.$$

容易给出 Gamma 分布族参数的矩估计和极大似然估计, 近似地给出置信区间. 求出精确置信区间比较困难. 关键是形状参数没有充分统计量, 按常规就难给出确定精确置信区间的方法. 为此对样本作一一变换, 尽量保持信息不失.

由 Gamma 分布的可加性, $Y_n = \sum_{i=1}^{n} X_i \sim \Gamma(n\beta, \lambda)$, 给定 $Y_n = y_n$ 的条件下 $\mathbf{X}$ 的条件密度函数是

$$f\left(\mathbf{x}\middle|\sum_{i=1}^{n} x_i\right) = \frac{\prod_{i=1}^{n}\left(\frac{\lambda^\beta}{\Gamma(\beta)} x_i^{\beta-1} e^{-\lambda x_i}\right)}{\frac{\lambda^{n\beta}}{\Gamma(n\beta)}\left(\sum_{i=1}^{n} x_i\right)^{n\beta-1} e^{-\lambda \sum_{i=1}^{n} x_i}}$$

$$= \left(\sum_{i=1}^{n} x_i\right)^{n-1} \frac{\Gamma(n\beta)}{\Gamma^n(\beta)} \prod_{i=1}^{n} \left(\frac{x_i}{\sum_{i=1}^{n} x_i}\right)^{\beta-1}$$

$$= \left(\sum_{i=1}^{n} x_i\right)^{n-1} dD_n\left(\mathbf{x}\left(\sum_{i=1}^{n} x_i\right)^{-1} ; \beta, \cdots, \beta\right),$$

这里 $D_n(\beta_1, \cdots, \beta_n)$ 是参数为 $\beta_1, \cdots, \beta_n$ 的 Dirichlet 分布, $dD_n(\cdot; \beta_1, \cdots, \beta_n)$ 是其概率密度函数. 该条件密度不依赖于参数 λ. 因此, 统计量 $y_n = \sum_{i=1}^{n} x_i$ 关于参数 λ 是充分的. 同时看到

$$\mathbf{Z} = (Z_1, \cdots, Z_n)' \sim D_n(\beta, \cdots, \beta), \quad Z_i = \frac{X_i}{\sum_{i=1}^{n} X_i}, \quad i = 1, \cdots, n, \quad \sum_{i=1}^{n} Z_i = 1,$$

$\mathbf{Z}$ 中不含 λ 的信息, 仅含 β 的信息, 是估计 β 的依据. 关于 Dirichlet 分布和 Beta 分布之间的关系, 由引理 3.5 给出.

应用引理 3.5 于 $\mathbf{Z}$, $Z_1 = \dfrac{X_1}{\sum_{i=1}^{n} X_i} \sim \mathrm{B}(\beta, (n-1)\beta)$, 与 $\dfrac{\mathbf{Z}_{[1]}}{1 - Z_1} \sim D_{n-1}(\beta, \cdots, \beta)$

相互独立, 注意到

$$\frac{z_i}{1 - z_1} = \frac{\dfrac{x_i}{\sum_{i=1}^{n} x_i}}{1 - \dfrac{x_1}{\sum_{i=1}^{n} x_i}} = \frac{x_i}{\sum_{i=2}^{n} x_i}, \quad i > 1.$$

反复应用引理 3.5,

$$Y_i = \frac{X_i}{\sum_{j=i}^{n} X_j}, \quad i = 1, \cdots, n-1$$

相互独立, 且 $Y_i \sim \mathrm{B}(\beta, i\beta)$.

样本 $X_1, \cdots, X_n$ 到 $Y_n, \mathbf{Y}_{n-1} = (Y_1, \cdots, Y_{n-1})'$ 的变换实现了信息分离, $\mathbf{Y}_{n-1}$ 仅含参数 β 的信息. 这和正态总体情形一样, s_n^2 仅含方差 σ^2 的信息.

3.6.1.3 Gamma 分布形状参数的推断

$\mathrm{B}(\beta, \lambda)$ 分布的分布函数和概率密度函数分别记作 $pbe(\cdot, \beta, \lambda)$ 和 $dbe(\cdot, \beta, \lambda)$. 由于

$$U = I(Y_n; n\beta, \lambda) = I(\lambda Y_n; n\beta) \sim U(0, 1).$$

令

$$\begin{pmatrix} h_1(y_n; \beta, \lambda) \\ h_2(\mathbf{y}_{n-1}; \beta) \end{pmatrix} = \begin{pmatrix} I(\lambda y_n; n\beta) \\ \sum_{i=1}^{n-1} -2\ln(pbe(y_i, \beta, i\beta)) \end{pmatrix}, \tag{3.33}$$

则

$$\begin{pmatrix} h_1(Y_n;\beta,\lambda) \\ h_2(\mathbf{Y}_{n-1};\beta) \end{pmatrix} \stackrel{d}{=} \begin{pmatrix} U \\ \chi^2_{2n-2} \end{pmatrix}, \quad U \sim \begin{pmatrix} U(0,1) \\ pchi(\cdot,2n-2) \end{pmatrix},$$

且 U 与 χ^2_{2n-2} 相互独立. $(h_1(y_n;\beta,\lambda),h_2(\mathbf{y}_{n-1};\beta))'$ 是 $(\beta,\lambda)'$ 的枢轴量, $(U,\chi^2_{2n-2})'$ 是枢轴向量. $(U,\chi^2_{2n-2})'$ 的联合密度函数记作

$$\varphi(u,v) = I_{(0,1)}(u)I_{(0,\infty)}(v)\frac{1}{2^{n-1}(n-2)!}v^{n-2}e^{-\frac{v}{2}}.$$

参数 β,λ 的随机估计 W_β, W_λ 由下式确定:

$$\begin{pmatrix} h_1(y_n;W_\beta,W_\lambda) \\ h_2(\mathbf{y}_{n-1};W_\beta) \end{pmatrix} = \begin{pmatrix} U \\ \chi^2_{2n-2} \end{pmatrix} \Leftrightarrow \begin{cases} h_1(y_n;W_\beta,W_\lambda) = U, \\ h_2(\mathbf{y}_{n-1};W_\beta) = \chi^2_{2n-2}. \end{cases} \tag{3.34}$$

该方程容易求得数值解, 由 $h_2(\mathbf{y}_{n-1};W_\beta) = \chi^2_{2n-2}$ 求得 W_β, 代入 $h_1(y_n;W_\beta,W_\lambda) = U$ 求得 W_λ. 随机估计 W_β 的密度函数是

$$f_\beta(v;\mathbf{y}_{n-1}) = dchi(h_2(\mathbf{y}_{n-1};v),2n-2)|J_2(v)|, \tag{3.35}$$

其中

$$J_2(v) = \frac{\partial h_2(\mathbf{y}_{n-1};v)}{\partial v} = \sum_{i=1}^{n-1}\frac{\partial \ln(-pbe(y_i,v,iv))}{\partial v},$$

$$pbe(y,\beta,\lambda) = \left(\int_0^1 x^{\beta-1}(1-x)^{\lambda-1}dx\right)^{-1}\int_0^y x^{\beta-1}(1-x)^{\lambda-1}dx,$$

$$\frac{\partial \ln(-pbe(y_i,r,ir))}{\partial r} = -\frac{\displaystyle\int_0^1 x^{r-1}(1-x)^{ir-1}(-\ln x - i\ln(1-x))dx}{\displaystyle\int_0^1 x^{r-1}(1-x)^{ir-1}dx}$$

$$+\frac{\displaystyle\int_0^{y_i} x^{r-1}(1-x)^{ir-1}(-\ln x - i\ln(1-x))dx}{\displaystyle\int_0^{y_i} x^{r-1}(1-x)^{ir-1}dx}.$$

基于 (3.34) 的第二式和 VDR 检验可求得形状参数 β 的置信度为 γ 的置信区间. 形状参数 β 的检验统计量为

$Z_\beta = f_\beta(W_\beta;\mathbf{y}_{n-1})$, 其分布函数是 $F_{Z_\beta}(\cdot;\mathbf{y}_{n-1})$, $Q_{Z_\beta}(\gamma;\mathbf{y}_{n-1})$ 是它的 γ 分位点. 设 $u > v$ 满足

$$f_\beta(u;\mathbf{y}_{n-1}) = f_\beta(v;\mathbf{y}_{n-1}),$$

$$\alpha_1 = pchi(v,2n-2),$$

$$1 - \alpha_2 = pchi(u,2n-2),$$

$$\alpha = \alpha_1 + \alpha_2.$$

$[\underline{\beta},\overline{\beta}] = [v,u]$ 是参数 β 的置信度为 $1-\alpha$ 的置信区间.

3.6.1.4 Gamma 分布刻度参数的推断

变换 $(u, v)' = (h_1(y_n; r, s), h_2(\mathbf{y}_{n-1}; r))'$ 的 Jacobi 行列式为

$$|J| = \begin{vmatrix} \dfrac{\partial h_1(y_n; r, s)}{\partial r} & \dfrac{\partial h_2(\mathbf{y}_{n-1}; r)}{\partial r} \\ \dfrac{\partial h_1(y_n; r, s)}{\partial s} & \dfrac{\partial h_2(\mathbf{y}_{n-1}; r)}{\partial s} \end{vmatrix} = \begin{vmatrix} \dfrac{\partial h_1(y_n; r, s)}{\partial r} & \dfrac{\partial h_2(\mathbf{y}_{n-1}; r)}{\partial r} \\ \dfrac{\partial h_1(y_n; r, s)}{\partial s} & 0 \end{vmatrix}$$

$$= -\frac{\partial h_1(y_n; r, s)}{\partial s} \cdot \frac{\partial h_2(\mathbf{y}_{n-1}; r)}{\partial r} \equiv -J_1(r, s)J_2(r),$$

其中

$$J_1(r, s) = \frac{\partial h_1(y_n; r, s)}{\partial s} = -\frac{1}{\Gamma(nr)} \left(\frac{y_n}{s}\right)^{nr-1} \frac{y_n}{s^2} e^{-\frac{y_n}{s}} = -\frac{1}{\Gamma(nr)} \left(\frac{y_n}{s}\right)^{nr} \frac{1}{s} e^{-\frac{y_n}{s}},$$

进而 W_β, W_λ 的联合密度函数是

$$f_{\beta,\lambda}(r, s; \mathbf{y}_n) = \varphi(h_1(y_n; r, s), h_2(\mathbf{y}_{n-1}; r)) |J_1(r, s)J_2(r)|$$

$$= \left[\frac{1}{\Gamma(nr)} \left(\frac{y_n}{s}\right)^{nr} \frac{1}{s} e^{-\frac{y_n}{s}}\right] [dchi(h_2(\mathbf{y}_{n-1}; r), 2n-2)|J_2(r)|]$$

$$\equiv f_\lambda(s; y_n | W_\beta = r) f_\beta(r; \mathbf{y}_{n-1}).$$

$f_\beta(r; \mathbf{y}_{n-1})$ 是 W_β 的密度函数, $f_\lambda(s; y_n | W_\beta = r)$ 是给定 $W_\beta = r$ 条件下 W_λ 的条件概率密度. 为推断参数 λ, 求出随机估计 W_λ 的概率密度函数

$$f_\lambda(s; \mathbf{y}_n) = \int_0^\infty f_{\beta,\lambda}(r, s; \mathbf{y}_n) dr = \frac{1}{s} e^{-\frac{y_n}{s}} \int_0^\infty \left[\frac{1}{\Gamma(nr)} \left(\frac{y_n}{s}\right)^{nr}\right] f_\beta(r; \mathbf{y}_{n-1}) dr.$$

理论上可以求出 W_λ 的密度函数, 给出了表达式, 实际计算困难. 可以用模拟随机估计绕过难以实现的计算. 不过最简单的方法是用 β 的估计 $\hat{\beta}$ 代替它, 于是 λ 的置信度为 γ 的近似置信区间是 $[\underline{\lambda}, \bar{\lambda}]$, 由下列方程确定:

$$I(y_n\underline{\lambda}^{-1}, n\hat{\beta}, 1) = \gamma_1, I(y_n\bar{\lambda}^{-1}, n\hat{\beta}, 1) = \gamma_2,$$
$$\gamma_1 + \gamma_2 = 1 - \gamma,$$
$$f_{\hat{\beta},\lambda}(\hat{\beta}, \underline{\lambda}) = f_{\hat{\beta},\lambda}(\hat{\beta}, \bar{\lambda}).$$

如取 $\hat{\beta}$ 为中位估计.

3.6.1.5 Gamma 分布参数的模拟推断

(3.32) 列出的三个假设都可以给出 VDR 检验和 VDR 置信区间, 可以实现模拟数值解. 具体算法如下.

(1) 设 $\mathbf{x} = (x_1, \cdots, x_n)'$ 是抽自 $\Gamma(\beta, \lambda)$ 的样本, 计算 $\mathbf{y}' = (y_n, \mathbf{y}_{n-1})$.

(2) 生成 $(0, 1]$ 上的均匀随机数 u 和自由度为 $2n-2$ 的 χ^2 分布随机数 v, 两者相互独立.

(3) 由 (3.33) 的第二式得方程 $h_2(\mathbf{y}_{n-1}; w_\beta) = v$, 解得 $w_\beta = w_\beta(\mathbf{y}_{n-1}, v)$. 将 w_β 代入 (3.33) 的第一式得方程 $h_1(y_n; w_\beta, w_\lambda) = u$, 解得 $w_\lambda = w_\lambda(\mathbf{y}_{n-1}, v)$.

(4) 重复 (2)、(3) N 次, 第 i 次重复的结果记作 $\mathbf{w}_i' = (w_{1i}, w_{2i}) = (w_\lambda, w_\beta)$. 记

$$\mathcal{W} = (\mathbf{w}_1, \cdots, \mathbf{w}_N) = \begin{pmatrix} \mathbf{w}_{1\cdot} \\ \mathbf{w}_{2\cdot} \end{pmatrix}.$$

(5) 用 $\mathbf{w}_1$. 推断参数 λ, 用 $\mathbf{w}_2$. 推断参数 β, 用 $\mathcal{W}$ 同时推断参数 λ, β. 具体算法略.

3.6.2 Weibull 分布参数的随机估计

Weibull 分布的概率密度函数是

$$dw(x; \beta, \lambda) = I_{[0,\infty)}(x)\lambda\beta x^{\beta-1}e^{-\lambda x^\beta}, \quad \beta, \lambda > 0, \tag{3.36}$$

其中 β, λ 是分布参数, 其分布函数是 $pw(x; \beta, \lambda) = 1 - e^{-\lambda x^\beta}$. 若随机变量 X 的分布是 Weibull 分布, 记作 $X \sim W(\beta, \lambda)$, 称 β 为形状参数, λ 为失效率. 设 $X_1, \cdots, X_n$ 是抽自 $W(\beta, \lambda)$ 的样本, 如何推断参数 β, λ 是最基本的问题. 最基本的是以下假设的检验问题.

$$H_{10} : \beta = \beta_0 \leftrightarrow H_{11} : \beta \neq \beta_0,$$
$$H_{20} : \lambda = \lambda_0 \leftrightarrow H_{21} : \lambda \neq \lambda_0,$$
$$H_{30} : \beta = \beta_0, \lambda = \lambda_0 \leftrightarrow H_{31} : \beta \neq \beta_0, \lambda \neq \lambda_0.$$

众所周知,

$$\text{若 } X \sim W(\beta, \lambda), \text{ 则 } Y = X^\beta \sim E(\lambda),$$

这里 $E(\lambda)$ 表示失效率为 λ 的指数分布. Weibull 分布的参数估计自然和指数分布关联.

3.6.2.1 指数分布的一个有用性质

设 $Y_1, \cdots, Y_n$ 是 i.i.d., $Y_1 \sim E(\lambda)$, 记作 $\mathbf{Y} = (Y_1, \cdots, Y_n)'$. 作变换

$$z_i = y_i, \quad 1 \leqslant i \leqslant n-1, \quad z_n = \sum_{i=1}^n y_i, \quad \left|\frac{\partial(z_1, \cdots, z_n)}{\partial(y_1, \cdots, y_n)}\right| = 1,$$

则 $Z_1, \cdots, Z_n$ 的联合概率密度函数是

$$f(\mathbf{z}; \lambda) = f((\mathbf{z}'_{n-1}, z_n)'; \lambda) = \lambda^n e^{-\lambda z_n} \prod_{i=1}^n I_{[0,\infty)}(z_i) I_{[0,z_n]}\left(\sum_{i=1}^{n-1} z_i\right).$$

Z_n 的概率密度函数是

$$f_n(z_n; \lambda) = \int_{\left\{\mathbf{z}_{n-1}: \sum_{i=1}^{n-1} z_i \leqslant z_n\right\}} f((\mathbf{z}'_{n-1}, z_n)'; \lambda) d\mathbf{z}_{n-1} = \lambda^n \Gamma^{-1}(n) z_n^{n-1} e^{-\lambda z_n} I_{[0,\infty)}(z_n).$$

该式也可由 $2\lambda Z_n$ 服从自由度为 $2n$ 的 χ^2 分布得到. 给定 $Z_n = \sum_{i=1}^n Y_i = z_n$ 条件下 $Z_1, \cdots, Z_{n-1}$ 的条件概率密度函数是

$$f(\mathbf{z}_{n-1}|Z_n = z_n) = \frac{f(\mathbf{z}_{n-1}, z_n; \lambda)}{f_n(z_n; \lambda)} = \frac{\lambda^n e^{-\lambda z_n} I_{[0,z_n]}\left(\sum_{i=1}^{n-1} z_i\right)}{\lambda^n \Gamma^{-1}(n) z_n^{n-1} e^{-\lambda z_n}}$$

$$= \frac{(n-1)!}{z_n^{n-1}} I_{[0,z_n]}\left(\sum_{i=1}^{n-1} z_i\right),$$

即在给定 $Z_n = \sum_{i=1}^{n} Y_i = z_n$ 条件下 $Z_1, \cdots, Z_{n-1}$ 的条件分布是

$$\Delta_{n-1}(z_n) = \left\{ \mathbf{y}_{n-1} : \sum_{i=1}^{n-1} y_i \leqslant z_n \right\}$$

上的均匀分布, 也是 $Y_1, \cdots, Y_{n-1}$ 的条件分布. 等价于 $\dfrac{\mathbf{Y}_{n-1}}{\sum\limits_{i=1}^{n} Y_i}$ 均匀分布在 $\Delta_{n-1} =$

$\Delta_{n-1}(1)$ 上, 也等价于 $\dfrac{\mathbf{Y}}{\sum\limits_{i=1}^{n} Y_i}$ 均匀分布在 $\bar{\Delta} = \left\{ \mathbf{y} : \sum\limits_{i=1}^{n} y_i = 1 \right\}$ 上, 即

$$\left(\frac{\mathbf{Y}}{\sum\limits_{i=1}^{n} Y_i} \right) \sim D_n(1, \cdots, 1).$$

$D_n(1, \cdots, 1)$ 与 Z_n 无关, 意味着 Z_n 与 $\dfrac{\mathbf{Y}}{\sum\limits_{i=1}^{n} Y_i}$ 相互独立. 应用引理 3.5 于 $\mathbf{Y}$ 得

$$\frac{Y_i}{\sum\limits_{j=i}^{n} Y_j} \sim \mathrm{B}(1, n-i), \quad i = 1, \cdots, n-1, \text{ 且相互独立}.$$

对任何整数 k 恒有

$$pbe(x, 1, k) = 1 - (1-x)^k.$$

注意到对任意有连续分布函数 $F(\cdot)$ 的随机变量 X 恒有 $-2\ln(1 - F(X)) \sim \chi_2^2$, 故

$$\sum_{i=1}^{n-1} -2\ln\left(1 - pbe\left(\frac{Y_i}{\sum\limits_{j=i}^{n} Y_j}, 1, n-i \right) \right) \sim \chi_{2n-2}^2,$$

$$\text{上式左端} = -2\sum_{i=1}^{n-1} (n-i)\ln\left(1 - \frac{Y_i}{\sum\limits_{j=i}^{n} Y_j} \right)$$

$$= 2\sum_{i=1}^{n-1} (n-i)\ln\left(\sum_{j=i}^{n} Y_j \right) - 2\sum_{i=1}^{n-1} (n-i)\ln\left(\sum_{j=i+1}^{n} Y_j \right)$$

$$= 2\sum_{i=1}^{n-1} (n-i)\ln\left(\sum_{j=i}^{n} Y_j \right) - 2\sum_{i=2}^{n} (n-i+1)\ln\left(\sum_{j=i}^{n} Y_j \right)$$

$$= 2(n-1)\ln\left(\sum_{j=1}^{n} Y_j\right) - 2\ln(Y_n).$$

综合上述论断得以下引理.

引理 3.6 $Y_1, \cdots, Y_n$ 是 $i.i.d.$, $Y_1 \sim E(\lambda)$, 则

$$2(n-1)\ln\left(\sum_{i=1}^{n} Y_i\right) - 2\ln(Y_n) \sim \chi^2_{2n-2},$$

$$2\lambda\sum_{i=1}^{n} Y_i \sim \chi^2_{2n},$$

且相互独立.

3.6.2.2 Weibull 分布参数的推断

设 $x_1, \cdots, x_n$ 是抽自 $W(\beta, \lambda)$ 的样本, 由指数分布的性质和引理 3.6,

$$\mathbf{h}(\mathbf{x}; \lambda, \beta) = \begin{pmatrix} h_1(\mathbf{x}; \lambda, \beta) \\ h_2(\mathbf{x}; \beta) \end{pmatrix}$$

$$= \begin{pmatrix} 2\lambda\displaystyle\sum_{i=1}^{n} x_i^{\beta} \\[2mm] 2(n-1)\ln\left(\displaystyle\sum_{j=1}^{n} x_j^{\beta}\right) - 2\ln(x_n^{\beta}) \end{pmatrix},$$

$$\mathbf{h}(\mathbf{X}; \lambda, \beta) \stackrel{d}{=} \begin{pmatrix} U \\ V \end{pmatrix} \sim \begin{pmatrix} \chi^2_{2n} \\ \chi^2_{2n-2} \end{pmatrix},$$

且 U, V 相互独立. $\mathbf{h}(\mathbf{x}; \lambda, \beta)$ 是参数 $(\lambda, \beta)'$ 的枢轴量, $h_2(\mathbf{x}; \beta)$ 是形状参数 β 的枢轴量, 它们是非正则的. $(U, V)'$ 是枢轴向量. 参数 λ, β 的随机估计 W_λ, W_β 由下式确定:

$$\mathbf{h}(\mathbf{x}; W_\lambda, W_\beta) = (U, V)',$$

等价于

$$h_1(\mathbf{x}; W_\lambda, W_\beta) = 2W_\lambda\sum_{i=1}^{n} x_i^{W_\beta} = U,$$

$$h_2(\mathbf{x}; W_\beta) = 2(n-1)\ln\left(\sum_{j=1}^{n} x_j^{W_\beta}\right) - 2\ln(x_n^{W_\beta}) = V. \tag{3.37}$$

W_λ, W_β 的联合密度函数为

$$f(r, s; \mathbf{x}) = J_1(\mathbf{x}; s)J_2(\mathbf{x}; s)dchi(h_1(\mathbf{x}; r, s), 2n)dchi(h_2(\mathbf{x}; s), 2n-2), \tag{3.38}$$

其中

$$J_1(\mathbf{x}; s) = \left|\frac{\partial h_1(\mathbf{x}; r, s)}{\partial s}\right| = 2\sum_{i=1}^{n} x_i^s,$$

$$J_2(\mathbf{x}; v) = \left| \frac{\partial h_2(\mathbf{x}; v)}{\partial v} \right| = 2 \left| (n-1) \frac{\sum_{j=1}^{n} x_j^v \ln x_j}{\sum_{j=1}^{n} x_j^v} - \ln x_n \right|.$$

注意到 (3.37) 的第二个方程仅含 W_β, 确定了随机估计 W_β. W_β 的概率密度函数和分布函数分别是 $f_2(\cdot; \mathbf{x}), F_2(\cdot; \mathbf{x})$.

$$f_2(s; \mathbf{x}) = J_2(\mathbf{x}; s) dchi(h_2(\mathbf{x}; s), 2n-2),$$
$$F_2(s; \mathbf{x}) = pchi(h_2(\mathbf{x}, s), 2n-2). \tag{3.39}$$

因此, 形状参数 β 的置信度为 $1 - \alpha$ 的置信区间 $[\underline{\beta}, \bar{\beta}]$ 由下列诸式取定:

$$f_2(\mathbf{x}, \underline{\beta}) = f_2(\mathbf{x}, \bar{\beta}), \underline{\beta} < \bar{\beta},$$
$$\alpha_1 = pchi(h_2(\mathbf{x}, \underline{\beta}), 2n-2), \alpha_2 = 1 - pchi(h_2(\mathbf{x}, \bar{\beta}), 2n-2), \tag{3.40}$$
$$\alpha = \alpha_1 + \alpha_2.$$

由 (3.38) 和 (3.39), 给定 $W_\beta = s$ 的条件下 W_λ 的条件密度函数和条件分布函数分别是

$$f_1(r; \mathbf{x}|s) = J_1(\mathbf{x}; s) dchi(h_1(\mathbf{x}; r, s), 2n)$$
$$= 2 \sum_{i=1}^{n} x_i^s \cdot dchi\left(2r \sum_{i=1}^{n} x_i^s, 2n\right), \tag{3.41}$$
$$F_1(r; \mathbf{x}|s) = pchi\left(2r \sum_{i=1}^{n} x_i^s, 2n\right),$$

进而参数 λ 的置信度为 $1 - \alpha$ 的条件 VDR 置信区间 $[\underline{\lambda}(s), \bar{\lambda}(s)]$ 由以下诸式确定:

$$f_1(\underline{\lambda}(s); \mathbf{x}|s) = f_1(\bar{\lambda}(s); \mathbf{x}|s), \quad \underline{\lambda} < \bar{\lambda},$$
$$F_1(\mathbf{x}, \underline{\lambda}(s)|s) = \alpha_1, \quad F_1(\mathbf{x}, \bar{\lambda}(s)|s) = 1 - \alpha_2,$$
$$\alpha_1 + \alpha_2 = \alpha.$$

将 (3.41) 代入上式, 得

$$\underline{\lambda}(s) = \frac{\chi_{2n}^2(\alpha_1)}{2\sum_{i=1}^{n} x_i^s}, \quad \bar{\lambda}(s) = \frac{\chi_{2n}^2(1-\alpha_2)}{2\sum_{i=1}^{n} x_i^s},$$

其中 α_1, α_2 满足

$$\alpha_1 + \alpha_2 = \alpha,$$
$$\alpha_1 = pchi(v_l, 2n), \quad \alpha_2 = 1 - pchi(v_u, 2n),$$
$$dchi(v_l, 2n) = dchi(v_u, 2n).$$

可用二分法求解 α_1, α_2. 用 β 的点估计代替 s 就得到 λ 的近似置信区间, 可用极大似然估计、期望估计和中位估计. 当 $\alpha_1 = \alpha_2 = 0.5$ 时置信上下限相等, 就是中位估计, 是容易计算的.

求 α_1, α_2 的二分法

(1) 令 $\alpha_1 = \alpha_2 = \frac{\alpha}{2}, \Delta = 0.00001$.

(2) $v_1 = dchi(qchi(\alpha_1), 2n), v_2 = dchi(qchi(1 - \alpha_2), 2n)$.

(3) 若 $|v_1 - v_2| \leqslant \Delta$, 输出 α_1, α_2, 计算结束.

(4) 若 $v_1 < v_2$, 则 $\alpha_1 \leftarrow 0.5(\alpha_1 + \alpha)$, $\alpha_2 = \alpha - \alpha_1$, 转 (2).

(5) 若 $v_1 > v_2$, 则 $\alpha_2 \leftarrow 0.5(\alpha_2 + \alpha)$, $\alpha_1 = \alpha - \alpha_2$, 转 (2).

3.7 随机估计的计算

当不仅给出随机估计的表达式, 同时也可以求得其分布函数时, 随机推断和分布推断是一致的. 当随机估计的分布难求得时, 就显示出随机推断的优越性. 随机变量的运算容易实现, 而分布对应运算就困难多了. 如何定义和确定随机估计? 运用枢轴量给出随机估计是重要方法之一, 也是最基本的方法. 还有其他方法确定随机估计, 列举如下.

3.7.1 用枢轴量定义随机估计

到目前为止我们讨论的都是用枢轴量确定随机估计. 参数 $\boldsymbol{\eta}$ 的枢轴量

$$\mathbf{h}(\mathcal{X}; \boldsymbol{\eta}) = \mathbf{h}(\mathbf{x}_1, \cdots, \mathbf{x}_n; \boldsymbol{\eta}), \mathbf{h}(\mathbb{X}; \boldsymbol{\eta}) \sim F_h(\cdot), \quad \forall \boldsymbol{\eta} \in \mathcal{N}. \tag{3.42}$$

$\mathbf{h}(\mathcal{X}; \boldsymbol{\eta})$ 是向量函数, 和 $\boldsymbol{\eta}$ 有相同维数, 是 $\mathcal{X}_{np} \times \mathcal{N} \to \mathcal{N}_h$ 的 $\mathscr{B}_h$ 可测变换. 对给定 $\mathcal{X}$, $\mathbf{h}(\mathcal{X}; \cdot)$ 是 $\mathcal{N} \to \mathcal{N}_h$ 的一一变换. 对给定参数 $\boldsymbol{\eta}, \boldsymbol{\lambda}$, 即样本总体是 $f(\cdot; \boldsymbol{\eta}, \boldsymbol{\lambda})$ 时, $\mathbf{h}(\mathcal{X}; \boldsymbol{\eta})$ 是 $\mathcal{X}_{np} \to \mathcal{N}$ 的随机向量, 其分布函数 $F_h(\cdot)$ 不依赖于参数 $\boldsymbol{\eta}, \boldsymbol{\lambda}$, 是 $\mathcal{N}_h = \mathfrak{R}^l$ 上的分布函数. 它的密度函数记作 $f_h(\cdot)$. 由 $F_h(\cdot)$ 导出的 $(\mathcal{N}_h, \mathscr{B}_h)$ 上的概率测度记作 $P_h(\cdot)$. $\mathcal{N}_h \to \mathcal{N}_h$ 的恒等变换 $\mathbf{Z}$ 是概率空间 $(\mathcal{N}_h, \mathscr{B}_h, P_Q)$ 上的随机向量, 叫做枢轴变量, 其分布函数也是 $F_h(\cdot)$. 对给定样本 $\mathcal{X}$, $\mathbf{h}(\mathcal{X}; \cdot)$ 和枢轴变量 $\mathbf{Z}$ 共同确定随机估计 $\mathbf{W}$:

$$\mathbf{W} = \mathbf{h}^{-1}(\mathcal{X}; \mathbf{Z}) \text{ 或 } \mathbf{Z} = \mathbf{h}(\mathcal{X}; \mathbf{W}),$$

$\mathbf{W}$ 是概率空间 $(\mathcal{N}, \mathscr{B}_{\mathcal{N}}, P(\cdot; \mathcal{X}))$ 上的随机向量,

$$P(A; \mathcal{X}) = P_h(\mathbf{h}(\mathcal{X}; A)) = P_h(\{\boldsymbol{\eta}' : \boldsymbol{\eta}' = \mathbf{h}(\mathbf{x}; \boldsymbol{\eta}), \boldsymbol{\eta} \in A\}), \quad \forall A \in \mathscr{B}^l.$$

$P(\cdot; \mathcal{X})$ 是参数 $\boldsymbol{\eta}$ 的置信测度, $\mathbf{W}$ 是其随机估计. 当 $l = 1$ 时 $P(\cdot; \mathbf{x})$ 的分布函数 $F(\cdot; \mathbf{x})$ 是参数 $\boldsymbol{\eta}$ 的置信分布 (CD). $\mathbf{W}$ 的密度函数是

$$f_{\boldsymbol{\eta}}(\mathbf{w}; \mathcal{X}) = q_l(\mathbf{h}(\mathcal{X}; \mathbf{w})) \left| \frac{\partial \mathbf{h}(\mathcal{X}; \mathbf{w})}{\partial \mathbf{w}} \right|. \tag{3.43}$$

对多维参数, 用推断密度函数比用置信分布更方便, 容易求得.

如前面讨论, 可用 $f_h(\cdot)$ 或 $f_{\boldsymbol{\eta}}(\cdot; \mathcal{X})$ 给出参数 $\boldsymbol{\eta}$ 的置信域.

3.7.2 二项分布参数的推断变量

对单参数分布族, 当不存在枢轴量时, 就直接求参数的置信上限. 置信度表示为置信上限的函数就是置信分布, 即 CD. 设 $x \sim B(n, p)$, 如何找出置信分布? 以 $\bar{p}$ 记

p 的置信度为 $\gamma = 1 - \alpha$ 的置信上限, 则 $\bar{p}$ 满足

$$\varphi_n(x, \bar{p}) = \sum_{i=x+1}^{n} \binom{n}{i} \bar{p}^i (1 - \bar{p})^{n-i} = \gamma.$$

恰好置信度表示为置信上限的函数, 是 p 的置信分布:

$$F_{p,n}(x, w) = \varphi_n(x, w) = \sum_{i=x+1}^{n} \binom{n}{i} w^i (1 - w)^{n-i}$$

$$= x \binom{n}{x} \int_0^w s^x (1 - s)^{n-x} ds, \quad 0 \leqslant w \leqslant 1.$$

于是, p 的置信密度函数是

$$f_{p,n}(w; x) = x \binom{n}{x} w^x (1 - w)^{n-x} = dbe(w, x+1, n-x+1), \quad 0 \leqslant w \leqslant 1,$$

这里 $dbe(\cdot, a, b)$ 是参数为 a, b 的 Beta 分布密度函数, 恰是无知先验分布的后验分布.
p 的随机估计记作 $W_{p,n}$, 它的分布函数是 $F_{p,n}(x, \cdot)$.

$$EW_{p,n} = \int_0^1 w \, dbe(w, x, n-x+1) dw = \frac{x}{n+1},$$

$$EW_{p,n}^2 = \int_0^1 w^2 \, dbe(w, x, n-x+1) dw = \frac{x(x+1)}{(n+1)(n+2)},$$

$$\lim_{n \to \infty} nE(W_n - p)^2 = 2.$$

故

$$\lim_{n \to \infty} F_{p,n}(x, \cdot) \xrightarrow{w} I_p(\cdot),$$

$$\lim_{n \to \infty} W_n = p(P),$$

其中 "$\xrightarrow{w}$" 表示弱收敛, $I_p(\cdot)$ 是单点分布,

$$I_p(x) = \begin{cases} 1, & \text{若 } x \geqslant p, \\ 0, & \text{若 } x < p. \end{cases}$$

p 的置信度为 $1 - \alpha$ 的 VDR 置信区间 $[\underline{p}, \bar{p}]$ 由下式确定:

$$dbe(\underline{p}, x+1, n-x+1) = dbe(\bar{p}, x+1, n-x+1),$$

$$\alpha_1 = pbe(\underline{p}, x+1, n-x+1),$$

$$1 - \alpha_2 = pbe(\bar{p}, x+1, n-x+1),$$

$$\alpha = \alpha_1 + \alpha_2.$$

3.7.3 复合参数的随机估计

复合参数是经参数的一一变换得到的参数. 关于复合参数的随机估计有以下定理.

定理 3.1 设样本 $\mathcal{X}$ 抽自分布族 $f(\cdot; \boldsymbol{\theta})$, $\boldsymbol{\theta} = (\theta_1, \cdots, \theta_s) \in \Theta$. 设参数 $\boldsymbol{\theta}$ 的枢轴量是

$$\mathbf{h}(\mathcal{X}; \boldsymbol{\theta}) = (h_1(\mathcal{X}; \boldsymbol{\theta}), \cdots, h_s(\mathcal{X}; \boldsymbol{\theta}))', \quad \mathbf{h}(\mathbb{X}, \boldsymbol{\theta}) \sim F_h(\cdot).$$

θ 的随机估计 $\mathbf{W}$ 满足

$$\mathbf{h}(\mathcal{X}; \mathbf{W}) = \mathbf{Z}, \quad \mathbf{Z} \sim F_h(\cdot) \text{ 是枢轴变量}.$$

令

$$\boldsymbol{\gamma} = (\gamma_1, \cdots, \gamma_s)' = \boldsymbol{\phi}(\theta_1, \cdots, \theta_s) \in \Theta \subseteq \mathfrak{R}^s, \tag{3.44}$$

其中 $\boldsymbol{\phi}(\cdot)$ 是多元连续可微函数, 是 $\Theta \to \Theta$ 的一一变换. 参数 $\boldsymbol{\gamma}$ 的随机估计是

$$\mathbf{W}_{\boldsymbol{\gamma}} = \boldsymbol{\phi}(W_{\theta_1}, \cdots, W_{\theta_s}) = \boldsymbol{\phi}(\mathbf{W}). \tag{3.45}$$

证明: 令

$$\mathbf{h}^*(\mathcal{X}; \boldsymbol{\gamma}) = \mathbf{h}(\mathcal{X}; \boldsymbol{\phi}^{-1}(\boldsymbol{\gamma})), \quad \mathbf{h}^*(\mathbb{X}; \boldsymbol{\gamma}) = \mathbf{h}(\mathbb{X}; \boldsymbol{\phi}^{-1}(\boldsymbol{\gamma})) \sim F_h(\cdot),$$

则 $\mathbf{h}^*(\mathcal{X}, \boldsymbol{\gamma})$ 是参数 $\boldsymbol{\gamma}$ 的枢轴量, 它的随机估计满足

$$\mathbf{Z} = \mathbf{h}^*(\mathcal{X}, \mathbf{W}_{\boldsymbol{\gamma}}) = \mathbf{h}(\mathcal{X}, \boldsymbol{\phi}^{-1}(\mathbf{W}_{\boldsymbol{\gamma}})).$$

和 $\mathbf{W}$ 的定义相比较得

$$\mathbf{W} = \boldsymbol{\phi}^{-1}(\mathbf{W}_{\boldsymbol{\gamma}}) \Leftrightarrow \mathbf{W}_{\boldsymbol{\gamma}} = \boldsymbol{\phi}(\mathbf{W}).$$

定理得证.

推论 3.1 假设和符号同定理 3.1. 令

$$\gamma = \phi(\theta_1, \cdots, \theta_s) \in \Lambda \subseteq \mathfrak{R}, \tag{3.46}$$

其中 $\phi(\cdot)$ 是多元连续可微函数, 对任意给定 $\theta_1, \cdots, \theta_{s-1}$, $\phi(\theta_1, \cdots, \theta_{s-1}, \theta)$ 是 θ 的单调函数, 则参数 γ 的随机估计是

$$W_{\gamma} = \phi(W_{\theta_1}, \cdots, W_{\theta_s}) = \phi(\mathbf{W}). \tag{3.47}$$

证明: 为求出参数 γ 的随机估计, 对参数 $\boldsymbol{\theta}$ 作变换,

$$\boldsymbol{\gamma} = (\gamma_1, \cdots, \gamma_{s-1}, \gamma)' = \boldsymbol{\phi}(\boldsymbol{\theta})$$
$$= (\theta_1, \cdots, \theta_{s-1}, \phi(\theta_1, \cdots, \theta_s))',$$

其逆变换为

$$\boldsymbol{\theta} = (\theta_1, \cdots, \theta_s)' = \boldsymbol{\phi}^{-1}(\boldsymbol{\gamma})$$
$$= (\gamma_1, \cdots, \gamma_{s-1}, \phi^{-1}(\gamma_1, \cdots, \gamma_{s-1}, \gamma)),$$

其中 $\phi^{-1}(\theta_1, \cdots, \theta_{s-1}, \cdot)$ 是 $\theta_1, \cdots, \theta_{s-1}$ 取定值, $\phi(\theta_1, \cdots, \theta_{s-1}, \cdot)$ 作为第 s 分量的函数的反函数, 约定 $\theta_s = \phi^{-1}(\gamma_1, \cdots, \gamma_{s-1}, \gamma) \equiv \phi^{-1}(\boldsymbol{\gamma})$. 变换 $\boldsymbol{\phi}(\cdot)$ 满足定理 3.1 的条件, 故

$$\mathbf{W}_{\boldsymbol{\gamma}} = (W_{\gamma_1}, \cdots, W_{\gamma_{s-1}}, W_{\gamma})' = \boldsymbol{\phi}(\mathbf{W}) = (W_{\theta_1}, \cdots, W_{\theta_{s-1}}, \phi(\mathbf{W})),$$

比较第 s 分量得

$$W_{\gamma} = \phi(\mathbf{W}).$$

引理得证.

只要求出 W_{γ} 的密度函数, 就可以对假设

$$H_0 : \gamma = \gamma_0 \leftrightarrow H_1 : \gamma \neq \gamma_0$$

作 VDR 检验和参数 γ 点估计、构造置信区间. 若用

$$\hat{\theta}_i(\mathbf{x}_n) = EW_i = \int_{-\infty}^{\infty} h_i^{-1}(\mathbf{x}_n, v) dF_i(v) = \int_{-\infty}^{\infty} v F_i(h_i(\mathbf{x}, dv))$$

估计参数 $\theta_i, i = 1, \cdots, s$, 则可用

$$\check{\gamma} = \phi(\hat{\theta}_1, \cdots, \hat{\theta}_s)$$

估计参数 γ. 显然, 若 $\hat{\theta}_i$ 是 θ 的相合估计, $i = 1, \cdots, p$, 则 $\check{\gamma}$ 是 γ 的相合估计. 可靠性就是典型的复合参数. 有时 W_γ 的分布可以计算出来, 就可用分布推断的方法推断复合参数. 有时无法计算 W_γ 的分布, 可用模拟推断方法得到 γ 的置信区间. 为计算 W_γ 的概率分布密度函数, 首先计算 $\mathbf{W} \to \mathbf{W}_\gamma$ 的 Jacobi 行列式

$$\left| \frac{\partial W_\gamma}{\partial W_\theta} \right| = \begin{vmatrix} 1 & 0 & 0 & \cdots & 0 \\ 0 & 1 & 0 & \cdots & 0 \\ \vdots & \ddots & \ddots & \ddots & \vdots \\ 0 & \cdots & 0 & 1 & 0 \\ \frac{\partial \phi}{\partial \theta_1} & \cdots & \cdots & \frac{\partial \phi}{\partial \theta_{s-1}} & \frac{\partial \phi}{\partial \theta_s} \end{vmatrix} = \frac{\partial \phi}{\partial \theta_s},$$

故 $\mathbf{W}_\gamma$ 的密度函数是

$$f_\gamma(\mathbf{v}; \mathcal{X}) = f_h(\mathbf{h}(v_1, \cdots, v_{s-1}, \phi^{-1}(\mathbf{v}))') \left| \frac{\partial \phi}{\partial \theta_s} \right|^{-1}_{\boldsymbol{\theta} = \psi^{-1}(\mathbf{v})}.$$

W_γ 的密度函数是

$$f_\gamma(v; \mathcal{X}) = \int_{\mathcal{N}_{s-1}} f_\gamma((v_1, \cdots, v_{s-1}, v)'; \mathcal{X}) dv_1 \cdots dv_{s-1}$$

$$= \int_{\mathcal{N}_{s-1}} f_h(\mathbf{h}((v_1, \cdots, v_{s-1})', \phi^{-1}(\mathbf{v}))') \left| \frac{\partial \phi}{\partial \theta_s} \right|^{-1}_{\boldsymbol{\theta} = \psi^{-1}(\mathbf{v})} dv_1 \cdots dv_{s-1},$$

其中 $\mathcal{N}_{s-1}$ 是参数 $(\theta_1, \cdots, \theta_{s-1})$ 的空间. 关键是 (3.47), 根据具体表达式计算密度函数为佳, 不必套用上述公式.

例 3.8 变异系数.

设 $\mathbf{x}_n = (x_1, \cdots, x_n)'$ 是抽自正态总体 $N(\mu, \sigma^2)$ 的简单样本. 考虑复合参数 $\nu = \frac{\mu}{\sigma}$ 的推断问题. ν 是变异系数的倒数. 参数 $\boldsymbol{\theta} = (\mu, \sigma^2)'$ 的枢轴量是

$$\mathbf{h}(\bar{x}, s_n^2; \boldsymbol{\theta}) = \begin{pmatrix} \frac{\sqrt{n}(\bar{x} - \mu)}{\sigma} \\ \frac{(n-1)s_n^2}{\sigma^2} \end{pmatrix},$$

$$\mathbf{h}(\bar{\mathbf{X}}, S_n^2; \boldsymbol{\theta}) \stackrel{d}{=} \mathbf{h}(\bar{\mathbf{X}}, S_n^2; (0, 1)') \stackrel{d}{=} \begin{pmatrix} Z \\ \chi_{n-1}^2 \end{pmatrix} \sim \begin{pmatrix} N(0, 1) \\ pchi(\cdot, n-1) \end{pmatrix},$$

其中 $Z \sim N(0, 1)$, 且与 χ_{n-1}^2 相互独立. 作参数变换

$$\boldsymbol{\vartheta} = \begin{pmatrix} \nu \\ \delta \end{pmatrix}, \quad \nu = \frac{\mu}{\sigma}, \quad \delta = \sigma^2.$$

参数 $\boldsymbol{\vartheta}$ 的枢轴量为

$$\mathbf{h}^*(\bar{x}, s_n^2; \boldsymbol{\vartheta}) = \begin{pmatrix} \sqrt{n}\left(\frac{\bar{x}}{\sqrt{\delta}} - \nu\right) \\ \frac{(n-1)s_n^2}{\delta} \end{pmatrix}, \quad \mathbf{h}^*(\bar{X}, s_n^2(\mathbf{X}); \boldsymbol{\vartheta}) \sim \begin{pmatrix} Z \\ \chi_{n-1}^2 \end{pmatrix}.$$

参数 ϑ 的随机估计 $\mathbf{W}_\vartheta = (W_\nu, W_\delta)'$ 满足

$$
\begin{pmatrix} \sqrt{n}\left(\dfrac{\bar{x}}{\sqrt{W_\delta}} - W_\nu \right) \\[2mm] \dfrac{(n-1)s_n^2}{W_\delta} \end{pmatrix} = \begin{pmatrix} Z \\ \chi_{n-1}^2 \end{pmatrix}.
$$

解得

$$
W_\delta = \frac{(n-1)s_n^2}{\chi_{n-1}^2}, \quad W_\delta > 0,
$$

$$
W_\nu = \sqrt{\frac{\chi_{n-1}^2}{n-1}} \cdot \frac{\bar{x}}{s_n} - \frac{Z}{\sqrt{n}}
$$

$$
= \sqrt{\frac{\chi_{n-1}^2}{n-1}} \cdot \hat{\nu}_n - \frac{Z}{\sqrt{n}}, \quad -\infty < W_\nu < \infty.
$$

Z, χ_{n-1}^2 的联合概率密度函数或 $\mathbf{Z} = (Z, \chi_{n-1}^2)'$ 的密度函数为

$$
f_h(u,v) = \frac{1}{\sqrt{2\pi}\, 2^{\frac{n-1}{2}} \Gamma\left(\dfrac{n-1}{2} \right)} v^{\frac{n-1}{2}-1} e^{-\frac{1}{2}v - \frac{1}{2}u^2}.
$$

变换 $(u,v)' = \mathbf{h}^*(\bar{x}, s_n^2; (t,s)')$ 的 Jacobi 行列式是

$$
J(t,s;\bar{x},s_n^2) = \left| \det\left(\frac{\partial \mathbf{h}^*(\bar{x}, s_n^2, (t,s)')}{\partial(t,s)'} \right) \right| = \left| \det \begin{pmatrix} \sqrt{n} & 0 \\[2mm] \dfrac{\sqrt{n}\bar{x}}{s^{\frac{3}{2}}} & \dfrac{(n-1)s_n^2}{s^2} \end{pmatrix} \right|
$$

$$
= \frac{\sqrt{n}(n-1)s_n^2}{s^2}.
$$

于是 W_ν, W_δ 的联合概率密度函数是

$$
\begin{aligned}
&f_\vartheta(t,s;\bar{x},s_n^2) \\
&= \frac{1}{\sqrt{2\pi}\, 2^{\frac{n-1}{2}} \Gamma\left(\dfrac{n-1}{2} \right)} \frac{\sqrt{n}(n-1)s_n^2}{s^2} \left(\frac{(n-1)s_n^2}{s} \right)^{\frac{n-1}{2}-1} e^{-\frac{(n-1)s_n^2}{2s} - \frac{n}{2}\left(\frac{\bar{x}}{\sqrt{s}} - t \right)^2}.
\end{aligned}
$$

W_ν 的密度函数是

$$
\begin{aligned}
&f_\nu(t;\bar{x},s_n^2) \\
&= \int_0^\infty f_\vartheta(t,s;\bar{x},s_n^2)ds \\
&= \int_0^\infty \frac{1}{\sqrt{2\pi}\, 2^{\frac{n-1}{2}} \Gamma\left(\dfrac{n-1}{2} \right)} \frac{\sqrt{n}(n-1)s_n^2}{s^2} \left(\frac{(n-1)s_n^2}{s} \right)^{\frac{n-1}{2}-1} e^{-\frac{(n-1)s_n^2}{2s} - \frac{n}{2}\left(\frac{\bar{x}}{\sqrt{s}} - t \right)^2} ds
\end{aligned}
$$

$$= \int_0^\infty \frac{\sqrt{n}}{\sqrt{2\pi}2^{\frac{n-1}{2}}\Gamma\left(\frac{n-1}{2}\right)} v^{\frac{n-1}{2}-1} e^{-\frac{1}{2}(v+(\frac{\bar{x}}{\sqrt{n-1}s_n}\sqrt{nv}-\sqrt{n}t)^2)} dv, \quad v = \frac{(n-1)s_n^2}{s}$$

$$= \int_0^\infty \frac{\sqrt{n}}{\sqrt{2\pi}2^{\frac{n+1}{2}}\Gamma\left(\frac{n-1}{2}\right)} v^{n-2} e^{-\frac{1}{2}(v^2+(\sqrt{\frac{n}{n-1}}\cdot\frac{\bar{x}}{s_n}v-\sqrt{n}t)^2)} dv, \text{ 记 } \frac{\bar{x}}{s_n} = \hat{\nu}$$

$$= \frac{\sqrt{n}}{\sqrt{2\pi}2^{\frac{n+1}{2}}\Gamma\left(\frac{n-1}{2}\right)} e^{-\frac{1}{2}\frac{nt^2}{1+\frac{n}{n-1}\hat{\nu}^2}} \int_0^\infty v^{n-2} e^{-\frac{1}{2}(1+\frac{n}{n-1}\hat{\nu}^2)\left(v-\sqrt{n}\frac{\sqrt{\frac{n}{n-1}}\hat{\nu}}{1+\frac{n}{n-1}\hat{\nu}^2}t\right)^2} dv$$

$$= \frac{\sqrt{n}}{\sqrt{2\pi}2^{\frac{n+1}{2}}\Gamma\left(\frac{n-1}{2}\right)} \frac{e^{-\frac{1}{2}\frac{nt^2}{1+\frac{n}{n-1}\hat{\nu}^2}}}{\left(1+\frac{n}{n-1}\hat{\nu}^2\right)^{\frac{n-1}{2}}} \int_0^\infty v^{n-2} e^{-\frac{1}{2}\left(v-\sqrt{\frac{\frac{n}{n-1}\hat{\nu}}{1+\frac{n}{n-1}\hat{\nu}^2}}\sqrt{n}t\right)^2} dv$$

$$\equiv f_\nu(t;\hat{\nu}),$$

这里用了公式

$$v^2 + \left(\sqrt{\frac{n}{n-1}}\cdot\frac{\bar{x}}{s_n}v - \sqrt{n}t\right)^2$$

$$= \left(1+\frac{n}{n-1}\hat{\nu}^2\right)v^2 - 2\sqrt{n}\sqrt{\frac{n}{n-1}}\hat{\nu}tv + nt^2$$

$$= \left(1+\frac{n}{n-1}\hat{\nu}^2\right)\left(v^2 - 2\sqrt{n}\frac{\sqrt{\frac{n}{n-1}}\hat{\nu}}{1+\frac{n}{n-1}\hat{\nu}^2}tv\right) + nt^2$$

$$= \left(1+\frac{n}{n-1}\hat{\nu}^2\right)\left(v - \sqrt{n}\frac{\sqrt{\frac{n}{n-1}}\hat{\nu}}{1+\frac{n}{n-1}\hat{\nu}^2}t\right)^2 + \left(1 - \frac{\frac{n}{n-1}\hat{\nu}^2}{1+\frac{n}{n-1}\hat{\nu}^2}\right)nt^2$$

$$= \left(1+\frac{n}{n-1}\hat{\nu}^2\right)\left(v - \sqrt{n}\frac{\sqrt{\frac{n}{n-1}}\hat{\nu}}{1+\frac{n}{n-1}\hat{\nu}^2}t\right)^2 + \frac{nt^2}{1+\frac{n}{n-1}\hat{\nu}^2}.$$

对给定显著水平 α, 参数 ν 的置信度为 $1-\alpha$ 的 VDR 置信区间为 $[\nu^-, \nu^+] = [\nu^-(\hat{\nu}), \nu^+(\hat{\nu})]$, 满足

$$f_\nu(\nu^-;\hat{\nu}) = f_\nu(\nu^+;\hat{\nu}), \text{ 且 } F_\nu(\nu^-;\hat{\nu}) + 1 - F_\nu(\nu^+;\hat{\nu}) = \alpha,$$

其中 $F_\nu(\cdot;\hat{\nu})$ 是 $f_\nu(\cdot;\hat{\nu})$ 的分布函数.

进而不难得到变异系数 $\kappa = \frac{\sigma}{\mu} = \frac{1}{\nu}$ 的置信区间. κ 的随机估计 $W_\kappa = \frac{1}{W_\nu}$, 它的密度函数是

$$f_\kappa(x) = \frac{1}{x^2} f_\nu\left(\frac{1}{x}\right), \quad x \in \Re.$$

κ 的置信度为 $1-\alpha$ 的 VDR 置信区间 $[\kappa^-, \kappa^+]$ 由下式确定:

$$\left(\frac{1}{\kappa^-}\right)^2 f_\nu\left(\frac{1}{\kappa^-}; \frac{\bar{x}}{s_n}\right) = \left(\frac{1}{\kappa^+}\right)^2 f_\nu\left(\frac{1}{\kappa^+}; \frac{\bar{x}}{s_n}\right),$$

$$P(W_\kappa \leqslant \kappa^-(\alpha)) + P(W_\kappa > \kappa^+(\alpha)) = \alpha.$$

例 3.9 正态总体可靠性和可靠寿命置信下限.

$X_1, \cdots, X_n$ 为抽自 $N(\mu, \sigma^2)$ 的正态样本, 简记作 **X**. 可靠性函数为

$$R(t) = P(X \geqslant t) = 1 - \Phi\left(\frac{t-\mu}{\sigma}\right), \quad X \sim N(\mu, \sigma^2). \tag{3.48}$$

可靠性为 R 的可靠寿命 $t(R)$ 为

$$t(R) = \mu + \sigma\Phi^{-1}(1-R), \tag{3.49}$$

这里 Φ 是标准正态分布函数, Φ^{-1} 是其反函数. 问题是如何估计可靠性置信下限和可靠寿命下限. 首先给出经典方法, 然后给出随机模拟估计.

经典方法

众所周知 μ, σ^2 的无偏估计分别是

$$\hat{\mu} = \bar{X}, \quad \hat{\sigma}^2 = s_n^2 = \frac{1}{n-1}\sum_{i=1}^n (X_i - \bar{X})^2, \quad \mathrm{Var}(\hat{\mu}) = \frac{\sigma^2}{n}.$$

可靠性 $R(t)$ 和可靠寿命 $t(R)$ 的极大似然估计分别是

$$\hat{R}(t) = 1 - \Phi\left(\frac{t-\hat{\mu}}{s_n}\right),$$

$$\hat{t}(R) = \hat{\mu} + s_n\Phi^{-1}(1-R). \tag{3.50}$$

现在求 $R(t)$ 及 $t(R)$ 的置信下限. 由 (3.48) 和 (3.50) 的第一式

$$\sigma\Phi^{-1}(1-R(t)) + \mu = t = s_n\Phi^{-1}(1-\hat{R}(t)) + \hat{\mu},$$

于是

$$\sqrt{n}\Phi^{-1}(1-\hat{R}(t)) = \frac{\sqrt{n}\left(\dfrac{\mu - \hat{\mu}}{\sigma}\right) + \sqrt{n}\Phi^{-1}(1-R(t))}{\dfrac{s_n}{\sigma}}. \tag{3.51}$$

(3.51) 指明 $\sqrt{n}\Phi^{-1}(1-\hat{R})$ 服从自由度为 $n-1$ 的非中心 t 分布, 非中心参数是

$$\delta(R(t)) = \sqrt{n}\Phi^{-1}(1-R(t)).$$

对给定 γ, 以 $t_{\gamma,m}(\delta)$ 记自由度为 m、非中心参数是 δ 的非中心 t 分布的 γ 分位点, 则

$$P(\sqrt{n}\Phi^{-1}(1-\hat{R}(t)) \leqslant t_{\gamma,n-1}(\delta(R(t))) = \gamma. \tag{3.52}$$

由 (3.50) 的第一式,

$$\Phi^{-1}(1-\hat{R}(t)) = -\frac{\hat{\mu}-t}{s_n} \equiv -\lambda(t).$$

由上式和 (3.52), 对给定显著水平 α,

$$P(\sqrt{n}\lambda(t) > t_{\alpha,n-1}(\delta(R(t)))) = P(\sqrt{n}\Phi^{-1}(1-\hat{R}(t)) \leqslant t_{1-\alpha,n-1}(\delta(R(t))) = 1-\alpha.$$

故

$$\{R(t) : \sqrt{n}\lambda(t) > t_{\alpha,n-1}(\delta(R(t)))\}$$

是置信度为 $1-\alpha$ 的 $R(t)$ 的置信集. 由于非中心 t 分布的分位点是非中心参数的增函数, 及 $\delta(R) = \sqrt{n}\Phi^{-1}(1-R)$ 是 R 的减函数, 所以该置信集是线段 $[\underline{R}(t),1]$, $\underline{R}(t)$ 由下式确定:

$$\sqrt{n}\frac{\hat{\mu}-t}{s_n} = t_{1-\alpha,n-1}(\sqrt{n}\Phi^{-1}(1-\underline{R}(t))),$$

那么, $R(t)$ 的置信集为 $[\underline{R}(t),1]$, $\underline{R}(t)$ 是置信度为 $1-\alpha$ 的 R 的置信下限.

以同样的方法, 可靠性为 R 的可靠寿命 $t(R)$ 的置信下限 $\underline{t}(R)$ 由下式确定:

$$\underline{t}(R) = \hat{\mu} - \frac{s}{\sqrt{n}}t_{1-\alpha,n-m}(\sqrt{n}\Phi^{-1}(1-R)).$$

随机模拟推断

经典方法推导比较费解, 应用随机推断就直观多了, 用模拟方法实现. 已经知道 μ 和 σ^2 的随机估计分别是

$$W_\mu = \bar{x} + \frac{s_n}{\sqrt{n}}T_{n-1},$$

$$W_{\sigma^2} = \frac{(n-1)s_n^2}{\chi_{n-1}^2}.$$

可靠性 $R(t)$ 和可靠寿命 $t(R)$ 的随机估计分别是

$$W_R = 1 - \Phi\left(\frac{t-\bar{x}+\frac{s_n}{\sqrt{n}}T_{n-1}}{\sqrt{\frac{(n-1)s_n^2}{\chi_{n-1}^2}}}\right) = 1 - \Phi\left(\sqrt{\frac{\chi_{n-1}^2}{n-1}}\left(\frac{t-\bar{x}}{s_n} + \frac{1}{\sqrt{n}}T_{n-1}\right)\right), \tag{3.53}$$

$$W_t = \bar{x} + \frac{s_n}{\sqrt{n}}T_{n-1} + \sqrt{\frac{(n-1)s_n^2}{\chi_{n-1}^2}}\Phi^{-1}(1-R).$$

已经求出 T_{n-1}, χ_{n-1}^2 的联合概率密度函数, 故可以根据 (3.53) 计算出 W_R 和 W_t 的分布函数. 也可以用模拟方法求得可靠性置信下限和可靠寿命下限.

可靠性和可靠寿命模拟下限算法

(1) 计算样本均值 $\bar{x}$ 和方差 s_n^2.

(2) 抽取 T_{n-1} 的实现值 t^*, χ_{n-1}^2 的实现值 x^*, 在公式 (3.53) 中 T_{n-1} 和 χ_{n-1}^2 分别用 t^* 和 x^* 代替, 计算出 W_R 和 W_t.

(3) 重复 (2) N 次, 第 i 次重复计算结果记作 $W_{R,i}, W_{t,i}$, 而 $W_{R,i}, 1 \leqslant i \leqslant N$ 和 $W_{t,i}, 1 \leqslant i \leqslant N$ 的经验分布分别记作 $F_R(\cdot), F_t(\cdot)$.

(4) $F_R(\cdot), F_t(\cdot)$ 的 $1-\alpha$ 分位点分别是置信度为 $1-\alpha$ 的可靠性和可靠寿命置信下限.

N 可取为 10000, 可根据实际效果确定. 尤其当计算推断变量的分布困难时显现出随机推断的优越性.

3.8 多总体问题

多总体问题是常见的经典统计问题. 设样本

$$\mathbf{x}^{(i)} = (x_1^{(i)}, \cdots, x_{n_i}^{(i)})' \text{ 抽自总体 } f(\cdot, \theta_i, \boldsymbol{\lambda}_i), \quad \theta_i \in \Theta, \ \boldsymbol{\lambda}_i \in \Lambda, \ i = 1, \cdots, m.$$

假设 $\mathbf{x}^{(i)}, i = 1, \cdots, m$ 相互独立. 记 $\mathcal{X} = \{\mathbf{x}^{(1)}, \cdots, \mathbf{x}^{(m)}\}, \mathbb{X} = \{\mathbf{X}^{(1)}, \cdots, \mathbf{X}^{(m)}\}$. 考虑假设

$$H_0 : \theta_1 = \cdots = \theta_m \leftrightarrow H_1 : \theta_1, \cdots, \theta_m \text{ 不全相等.} \tag{3.54}$$

这就是所谓的多总体问题. 众所周知, 当总体是正态分布, 且总体方差相等时就是单因素方差分析, 当各总体方差不等, $m = 2$ 时就是著名的 Behrens-Fisher 问题, 这里讨论更一般的问题.

设 $\mathbf{x}$ 是抽自 $f(\cdot, \theta, \boldsymbol{\lambda}), \theta \in \Theta$ 的样本, n 是样本容量. $h(\mathbf{x}; \theta)$ 是参数 θ 的枢轴量, 其分布记作 $F_h(\cdot)$, 密度函数是 $f_h(\cdot)$. Z 是枢轴变量, 是参数空间 Θ 上的随机变量, 它的分布函数也是 $F_h(\cdot)$. 记 $\boldsymbol{\theta} = (\theta_1, \cdots, \theta_m)'$, 它的枢轴量是

$$\mathbf{h}(\mathcal{X}; \boldsymbol{\theta}) = \begin{pmatrix} h(\mathbf{x}^{(1)}; \theta_1) \\ \vdots \\ h(\mathbf{x}^{(m)}; \theta_m) \end{pmatrix}, \quad \mathbf{h}(\mathbb{X}; \boldsymbol{\theta}) \stackrel{d}{=} \mathbf{Z} = \begin{pmatrix} Z_1 \\ \vdots \\ Z_m \end{pmatrix},$$

其中 Z_i 是参数空间 Θ 上的随机变量, 其分布函数是 $F_h(\cdot)$, 密度函数是 $f_h(\cdot)$, 且 $Z_i, i = 1, \cdots, m$ 相互独立. $\boldsymbol{\theta}$ 的随机估计是 $\mathbf{W}_{\boldsymbol{\theta}} = (W_1, \cdots, W_m)'$, W_i 是 θ_i 的随机估计,

$$Z_i = h(\mathbf{x}^{(i)}; W_i), \quad W_i \sim f_h(h(\mathbf{x}^{(i)}; u)) \left| \frac{\partial h(\mathbf{x}^{(i)}; u)}{\partial u} \right|, \quad u \in \Theta, \ i = 1, \cdots, m.$$

$\mathbf{W}_{\boldsymbol{\theta}}$ 的密度函数是

$$f_{\boldsymbol{\theta}}(\mathbf{u}; \mathbf{x}) = \prod_{i=1}^m \left(f_h(h(\mathbf{x}^{(i)}; u_i)) \left| \frac{\partial h(\mathbf{x}^{(i)}; u_i)}{\partial u_i} \right| \right) \equiv \prod_{i=1}^m f_i(u_i; \mathbf{x}^{(i)}), \tag{3.55}$$

基于随机估计 $W_{\theta_i}, i = 1, \cdots, m$ 如何检验假设 (3.54)?

首先作参数变换

$$\begin{aligned} \boldsymbol{\gamma} = (\gamma_1, \cdots, \gamma_m)' &= (\boldsymbol{\gamma}'_{m-1}, \gamma_m)' = \psi(\boldsymbol{\theta}) \\ &= (\theta_1 - \theta_2, \theta_2 - \theta_3, \cdots, \theta_{m-1} - \theta_m, \theta_m), \end{aligned}$$

$$\boldsymbol{\theta} = \psi^{-1}(\boldsymbol{\gamma}) = \left(\sum_{i=1}^m \gamma_i, \sum_{i=2}^m \gamma_i, \cdots, \gamma_{m-1} + \gamma_m, \gamma_m \right)'.$$

假设 (3.54) 等价于

$$H_0 : \boldsymbol{\gamma}_{m-1} = \mathbf{0}_{m-1} \leftrightarrow H_1 : \boldsymbol{\gamma}_{m-1} \neq \mathbf{0}_{m-1}.$$

由定理 3.1, 参数 $\boldsymbol{\gamma}$ 的枢轴量为

$$\begin{aligned} \mathbf{h}^*(\mathbf{x}; \boldsymbol{\gamma}) = \mathbf{h}(\mathbf{x}; \psi^{-1}(\boldsymbol{\gamma})) &= \mathbf{h}(\mathbf{x}; \boldsymbol{\theta}) \\ &= (h(\mathbf{x}^{(1)}; \theta_1), \cdots, h(\mathbf{x}^{(m)}; \theta_m))' \stackrel{d}{=} \mathbf{Z}, \end{aligned}$$

其中

$$\boldsymbol{\theta} = \psi^{-1}(\boldsymbol{\gamma}) = (\theta_1, \cdots, \theta_m)', \ \theta_i = \sum_{j=i}^{m} \gamma_j, \quad i = 1, \cdots, m.$$

$\boldsymbol{\gamma}$ 的随机估计 $\mathbf{W}_{\boldsymbol{\gamma}} = (W_{\gamma_1}, \cdots, W_{\gamma_m})'$ 由方程

$$\mathbf{Z} = \mathbf{h}^*(\mathbf{x}; \mathbf{W}_{\boldsymbol{\gamma}}) = \mathbf{h}(\mathbf{x}; \psi^{-1}(W_{\boldsymbol{\gamma}})) = \mathbf{h}(\mathbf{x}; \mathbf{W}_{\boldsymbol{\theta}})$$

确定. 于是

$$\mathbf{W}_{\boldsymbol{\theta}} = \psi^{-1}(\mathbf{W}_{\boldsymbol{\gamma}}), \quad \text{即} \ \mathbf{W}_{\boldsymbol{\gamma}} = \psi(\mathbf{W}_{\boldsymbol{\theta}}).$$

由 (3.55), $\mathbf{W}_{\boldsymbol{\gamma}}$ 的密度函数为

$$f_{\boldsymbol{\gamma}}(\mathbf{v}; \mathcal{X}) = \left| \frac{\partial \psi(\mathbf{v})}{\partial \mathbf{v}} \right|^{-1} \prod_{i=1}^{m} f_i \left(\sum_{j=i}^{m} v_j; \mathbf{x}^{(i)} \right) = \prod_{i=1}^{m} f_i \left(\sum_{j=i}^{m} v_j; \mathbf{x}^{(i)} \right).$$

$\mathbf{W}_{\boldsymbol{\gamma}} = (\mathbf{W}'_{\boldsymbol{\gamma}_{m-1}}, W_{\gamma_{m-1}})'$, $\mathbf{W}_{\boldsymbol{\gamma}_{m-1}}$ 是参数 $\boldsymbol{\gamma}_{m-1}$ 的随机估计, 它的概率密度函数是

$$f_{\boldsymbol{\gamma}_{m-1}}(\mathbf{v}_{m-1}; \mathcal{X}) = \int_{\Theta} f_{\boldsymbol{\gamma}}(\mathbf{v}; \mathcal{X}) dv_m = \int_{\Theta} \prod_{i=1}^{m} f_i \left(\sum_{j=i}^{m} v_j; \mathbf{x}^{(i)} \right) dv_m. \tag{3.56}$$

当有冗余参数时最好根据具体情形确定算法, 可能会得到较好的表示.

VDR 检验统计量为 $Z = f_{\boldsymbol{\gamma}_{m-1}}(\mathbf{W}_{\boldsymbol{\gamma}_{m-1}}; \mathcal{X})$, 它的 α 分位点记作 $Q_Z(\alpha; \mathcal{X})$, 则当 $f_{\boldsymbol{\gamma}_{m-1}}(\mathbf{0}_{m-1}; \mathcal{X}) < Q_Z(\alpha; \mathcal{X})$ 时拒绝各总体参数都相等的假设.

这里只是给出一种思路, 没有讨论最优性. 因为变换很任意, 任何 $\theta_i, 1 \leqslant i \leqslant m$ 都可以取作 v_m. 自然想到 U 统计量.

在多总体情形也可以考虑复合参数 $\kappa = \varphi(\theta_1, \cdots, \theta_m)$ 的推断问题. 考虑假设

$$H_0 : \kappa = \kappa_0 \leftrightarrow H_1 : \kappa \neq \kappa_0. \tag{3.57}$$

作变换

$$\boldsymbol{\kappa} = (\kappa_1, \cdots, \kappa_{m-1}, \kappa)' = \phi(\boldsymbol{\theta}),$$
$$\kappa_i = \theta_i, \quad i = 1, \cdots, m-1,$$
$$\kappa = \varphi(\theta_1, \cdots, \theta_m).$$

当 $\phi(\boldsymbol{\theta})$ 是 $\times_{i=1}^{m} \Theta \to \times_{i=1}^{m} \Theta \equiv \Theta^m$ 的一一变换时, $\boldsymbol{\kappa}$ 的随机估计是

$$\mathbf{W}_{\boldsymbol{\kappa}} = (W_{\kappa_1}, \cdots, W_{\kappa_{m-1}}, W_{\kappa}),$$
$$W_{\kappa} = \varphi(W_1, \cdots, W_m),$$

$\mathbf{W}_{\boldsymbol{\kappa}}$ 的联合密度函数是

$$f_{\boldsymbol{\kappa}}(\mathbf{v}; \mathcal{X}) = f_{\boldsymbol{\Theta}}(\varphi^{-1}(v_1, \cdots, v_{m-1}, v_m); \mathcal{X})$$
$$= f_h(\varphi^{-1}(v_1, \cdots, v_{m-1}, v_m); \mathbf{x}^{(m)}) \prod_{i=1}^{m-1} f_h(v_i; \mathbf{x}^{(i)}).$$

于是 W_κ 的密度函数是

$$f_\kappa(v_m; \mathcal{X}) = \int_{\Theta^{m-1}} f_\kappa(\mathbf{v}; \mathcal{X}) dv_1 \cdots dv_{s-1}$$

$$= \int_{\Theta^{m-1}} f_h(\varphi^{-1}(v_1, \cdots, v_{m-1}, v_m); \mathbf{x}^{(m)}) \prod_{i=1}^{m-1} f_h(v_i; \mathbf{x}^{(i)}) dv_1 \cdots dv_{s-1}.$$

假设 (3.57) 的检验变量 $Z = f_\kappa(W_\kappa; \mathcal{X})$, 它的概率密度函数是 $f_Z(\cdot; \mathcal{X})$. $Q_\kappa(\alpha; \mathcal{X})$ 是 α 分位点, 即

$$P(W_\kappa \leqslant Q_\kappa(\alpha; \mathcal{X})) = \alpha = \int_{-\infty}^{Q_\kappa(\alpha;\mathcal{X})} f_Z(z; \mathcal{X}) dz.$$

当

$$f_\kappa(\kappa_0; \mathcal{X}) \leqslant Q_\kappa(\alpha; \mathcal{X})$$

时拒绝 (3.57) 的原假设. 形式地看和复合参数的检验一样, 甚至推导过程都一样. 不过统计模型是完全不同的.

　　Behrens-Fisher 问题是最简单的多总体问题. 结果和信仰推断函数法一致, 详细讨论见第六章.

第四章

概率密度函数的垂直表示 (VDR)

VDR (Vertical Density Representation) 是 1991 年 Troutt 首先提出的. 设 $\mathbf{X}_p = (X_1, \cdots, X_p)'$ 是 p 维随机变量, 它的密度函数和分布函数分别是 $f(\cdot)$ 和 $F(\cdot)$, 那么 $V = f(\mathbf{X}_p)$ 是随机变量, 它的密度函数是什么? 当 $p = 1$ 时, 众所周知 $U = F(\mathbf{X}_p)$ 的分布是 $(0, 1)$ 上的均匀分布, 但是求得 V 的分布就不那么简单了. Troutt (1991) 给出了 V 的密度函数

$$g(v) = -v \frac{dL_p(D_{[f]}(v))}{dv}, \tag{4.1}$$

其中

$$D_{[f]}(v) = \{\mathbf{x}_p : f(\mathbf{x}_p) \geqslant v\}, \tag{4.2}$$

$L_p(\cdot)$ 是 $\mathfrak{R}^p$ 上的 Lebesgue 测度. 给定 $V = v$ 的条件下, $\mathbf{X}_p$ 的条件概率密度记作 $f^*(\mathbf{x}_p|v)$, 那么

$$f(\mathbf{x}_p) = \int_0^{f_0} f^*(\mathbf{x}_p|v)g(v)dv, \tag{4.3}$$

这里

$$f_0 = \sup\{f(\mathbf{x}_p) : \mathbf{x}_p \in \mathfrak{R}^p\}.$$

表达式 (4.3) 称作 I 型垂直密度表示 (Type I VDR). Troutt (1991) 没有给出 $f^*(\,\cdot\,|v)$ 的表示. Fang, Yang 和 Kotz (2001) 提出了 II 型垂直密度表示 (Type II VDR), Pang 和 Yang 等 (2001) 基于 II 型垂直密度表示的结果, 给出了 $f^*(\,\cdot\,|v)$ 的表达式. Troutt, Pang 和 Hou (2004) 中有详细论述. 通常将概率密度函数定义为非负可积函数, 垂直密度表示是密度函数的另一种表达方式, 两者的关系类似 Riemann 积分和 Lebesgue 积分的关系.

4.1 II 型垂直密度表示

I 型垂直密度表示中, 条件密度 $f^*(\cdot|v)$ 是退化的, 概率为 1 地在超曲面

$$\Gamma_{[f]}(v) = \{\mathbf{x}_p : f(\mathbf{x}_p) = v, \ \mathbf{x}_p \in \mathfrak{R}^p, \ v \text{ 是常数}\}$$

上取值, 有时处理起来不方便. II 型垂直密度表示就没有这点不便. 令

$$D_{[f]}(v) = \{\mathbf{x} : f(\mathbf{x}) \geqslant v, \ \mathbf{x} \in \mathfrak{R}^p\} \subset \mathfrak{R}^p,$$

$$D_{[f]}(0+) = \bigcup_{v>0} D_{[f]}(v) = \{\mathbf{x} : f(\mathbf{x}) > 0, \ \mathbf{x} \in \mathfrak{R}^p\} \subseteq \mathfrak{R}^p,$$

$$D_{[f]} = \{\mathbf{x}'_{p+1} = (\mathbf{x}'_p, x_{p+1}) : f(\mathbf{x}_p) \geqslant x_{p+1} > 0\}$$

$$= \{\mathbf{x}'_{p+1} = (\mathbf{x}'_p, x_{p+1}) : I_{(0,f(\mathbf{x}_p)]}(x_{p+1})I_{D_{[f]}(0+)}(\mathbf{x}_p) > 0\} \subset \mathfrak{R}^{p+1},$$

$I_A(\cdot)$ 是集合 A 的示性函数, $D_{[f]}(0+)$ 是概率密度函数 $f(\cdot)$ 的支撑. $D_{[f]}$ 是 $D_{[f]}(0+) \times \{0\}$ 和曲面 $\{(\mathbf{x}'_p, x_{p+1})' : x_{p+1} = f(\mathbf{x}_p), \ \mathbf{x}_p \in \mathfrak{R}^p\}$ 围成的区域. 只要 f 是非负的 $D_{[f]}$ 就有定义, 不必要求 $f(\cdot)$ 是密度函数. $D_{[f]}$ 是由非负函数 f 定义的集合, 其上均匀分布自然和 f 存在联系, II 型垂直密度表示揭示了这种联系.

集合上的均匀分布, 是几何概率的概念. 设 $A \in \mathfrak{R}^k$, $0 < L_k(A) < \infty$, 随机向量 $\mathbf{X}_k$ 的分布是 A 上的均匀分布, 意味着对任何集合 $B \subseteq \mathfrak{R}^k$ 恒有

$$P(\mathbf{X}_k \in B) = \frac{L_k(A \cap B)}{L_k(A)}, \quad P(\mathbf{X}_k \in A) = 1.$$

等价于 $\mathbf{X}_k$ 的概率密度函数 $f_A(\cdot)$ 在 A 上是常数, 在 $A^c = \mathfrak{R}^k \setminus A$ 上是 0, 即

$$f_A(\mathbf{x}_k) = \begin{cases} \dfrac{1}{L_k(A)}, & \text{若 } \mathbf{x}_k \in A, \\ 0, & \text{若 } \mathbf{x}_k \notin A \end{cases} = \frac{I_A(\mathbf{x})}{L_k(A)}.$$

于是

$$P(\mathbf{X}_k \in B) = \int_B f_A(\mathbf{x}_k)d\mathbf{x}_k = \int_{A \cap B} \frac{1}{L_k(A)} d\mathbf{x}_k = \frac{L_k(A \cap B)}{L_k(A)}.$$

$D_{[f]}(0+)$ 是非负函数的支撑, 若 $f(\cdot)$ 是连续的, 则 $D_{[f]}(0+)$ 是开集. 当 f 是概率密度函数时

$$\int_{D_{[f]}(0+)} f(\mathbf{x}_p)d\mathbf{x}_p = 1,$$

$$f_{D_{[f]}}(\mathbf{x}_p, x_{p+1}) = I_{D_{[f]}}(\mathbf{x}_{p+1}) = I_{(0,f(\mathbf{x}_p)]}(x_{p+1})I_{D_{[f]}(0+)}(\mathbf{x}_p).$$

记

$$S_p^2(r, \mathbf{x}_p) = \{\mathbf{x} : (\mathbf{x} - \mathbf{x}_p)'(\mathbf{x} - \mathbf{x}_p) \leqslant r^2, \ \mathbf{x} \in \mathfrak{R}^p\},$$

$$\bar{S}_p^2(r, \mathbf{x}_p) = \{\mathbf{x} : (\mathbf{x} - \mathbf{x}_p)'(\mathbf{x} - \mathbf{x}_p) = r^2, \ \mathbf{x} \in \mathfrak{R}^p\}.$$

若 $f(\cdot)$ 在 $\mathbf{x}_p$ 是连续的, 则当 r 充分小时 $S_p^2(r, \mathbf{x}_p) \subset D_{[f]}$.

设随机向量 $\mathbf{X}'_{p+1} = (\mathbf{X}'_p, X_{p+1})$ 均匀分布在 $D_{[f]}$ 上, 那么

$$P(\mathbf{X}_{p+1} \in B) = \int_B f_{D_{[f]}}(\mathbf{x}_{p+1})d\mathbf{x}_{p+1} = L_{p+1}(B \cap D_{[f]}), \quad \forall B \subseteq \mathfrak{R}^{p+1}.$$

$\mathbf{X}_p$ 的边缘密度函数记作 $f_{\vec{p}}(\,\cdot\,)$. 设 $\mathbf{x}_p$ 是 $f(\cdot)$ 的连续点, 则

$$f_{\vec{p}}(\mathbf{x}_p) = \lim_{r \to 0} \frac{P(\{\mathbf{x}_{p+1} = (\mathbf{x}', x_{p+1})' : \mathbf{x} \in S_p^2(r, \mathbf{x}_p)\})}{L_p(S_p^2(r, \mathbf{x}_p))}$$

$$= \lim_{r \to 0} \frac{\displaystyle\int_{\{\mathbf{x}_{p+1} = (\mathbf{x}', x_{p+1})' : \mathbf{x} \in S_p^2(r, \mathbf{x}_p)\}} I_{D_{[f]}}(\mathbf{x}, x_{p+1}) dx_{p+1} d\mathbf{x}}{L_p(S_p^2(r, \mathbf{x}_p))}$$

$$= \lim_{r \to 0} \frac{\displaystyle\int_{S_p^2(r, \mathbf{x}_p)} \int_0^\infty I_{(0, f(\mathbf{x}))}(x_{p+1}) dx_{p+1} d\mathbf{x}}{L_p(S_p^2(r, \mathbf{x}_p))}$$

$$= \lim_{r \to 0} \frac{\displaystyle\int_{S_p^2(r, \mathbf{x}_p)} f(\mathbf{x}) d\mathbf{x}}{L_p(S_p^2(r, \mathbf{x}_p))} = \lim_{r \to 0} \frac{\displaystyle\int_{S_p^2(r, \mathbf{x}_p)} (f(\mathbf{x}_p) + o(1)) d\mathbf{x}}{L_p(S_p^2(r, \mathbf{x}_p))}$$

$$= \lim_{r \to 0} (f(\mathbf{x}_p) + o(1)) = f(\mathbf{x}_p).$$

给定 $\mathbf{X}_p = \mathbf{x}_p$ 的条件下 X_{p+1} 的条件密度函数是

$$f_{p+1}(x_{p+1} | \mathbf{x}_p) = \frac{f_{D_{[f]}}(\mathbf{x}_p, x_{p+1})}{f_{\vec{p}}(\mathbf{x}_p)} = \frac{I_{(0, f(\mathbf{x}_p))}(x_{p+1})}{f(\mathbf{x}_p)} I_{D_{[f]}(0+)}(\mathbf{x}_p),$$

即给定 $\mathbf{X}_p = \mathbf{x}_p \in D_{[f]}(0+)$ 的条件下 X_{p+1} 的条件分布是 $(0, f(\mathbf{x}_p)]$ 上的均匀分布.

反之, 若 $\mathbf{X}_p$ 的边缘分布密度函数是 $f(\cdot)$, 给定 $\mathbf{X}_p = \mathbf{x}_p \in D_{[f]}(0+)$ 的条件下 X_{p+1} 的条件分布是 $(0, f(\mathbf{x}_p)]$ 上的均匀分布, 则 $(\mathbf{X}_p', X_{p+1})$ 均匀分布于 $D_{[f]}$ 上.

事实上, $(\mathbf{X}_p', X_{p+1})'$ 的概率密度函数是

$$f(\mathbf{x}_p) f_{p+1}(x_{p+1} | \mathbf{x}_p) = I_{(0, f(\mathbf{x}_p)]}(x_{p+1}) I_{D_{[f]}(0+)}(\mathbf{x}_p).$$

对调 $\mathbf{x}_p$ 与 x_{p+1} 的地位

$$f_{D_{[f]}}(\mathbf{x}_p, x_{p+1}) = f_{p+1}(x_{p+1}) f_{\vec{p}}(\mathbf{x}_p |_{x_{p+1}}), \quad 0 < x_{p+1} < f_0,$$

$$f_0 = \sup\{f(\mathbf{x}_p), \ \mathbf{x}_p \in D_{[f]}(0+)\},$$

这里 $f_{p+1}(\cdot)$ 是 X_{p+1} 的边缘概率密度函数, $f_{\vec{p}}(\cdot|_x)$ 是给定 $X_{p+1} = x$ 的条件下 $\mathbf{X}_p$ 的条件概率密度函数. 当 $f(\cdot)$ 是连续函数且 $L_p(D_{[f]}(0+)) > 0$ 时

$$\lim_{c \to c_0} L_p(D_{[f]}(c)) = L_p(D_{[f]}(c_0)),$$

$$f_{p+1}(x) = \lim_{\delta \to 0} \frac{L_p(\{\mathbf{x}_p : x \leqslant f(\mathbf{x}_p) \leqslant x + \delta\})}{\delta}$$

$$= \lim_{\delta \to 0} \frac{(L_p(D_{[f]}(x)) + o(1))\delta}{\delta} = L_p(D_{[f]}(x)),$$

$$f_{\vec{p}}(\mathbf{x}_p | X_{p+1} = x) = \frac{f_{D_{[f]}}((\mathbf{x}_p', x)')}{f_{p+1}(x)} = \frac{I_{(0, f(\mathbf{x}_p))}(x) I_{D_{[f]}(0+)}(\mathbf{x}_p)}{L_p(D_{[f]}(x))}$$

$$= \begin{cases} \dfrac{1}{L_p(D_{[f]}(x))}, & \text{若 } f(\mathbf{x}_p) \geqslant x, \\ 0, & \text{若 } f(\mathbf{x}_p) < x \end{cases} = \frac{I_{D_{[f]}(x)}(\mathbf{x}_p)}{L_p(D_{[f]}(x))}.$$

当 $L_p(D_{[f]}(0+)) = 0$, $L_{p-1}(D_{[f]}(0+)) > 0$ 时

$$f_{p+1}(x) = L_{p-1}(D_{[f]}(x)), \quad f_{\bar{p}}(\mathbf{x}_p | X_{p+1} = x) = \frac{I_{D_{[f]}(x)}(\mathbf{x}_p)}{L_{p-1}(D_{[f]}(x))}.$$

即给定 $X_{p+1} = x$ 的条件下 $\mathbf{X}_p$ 的条件分布是 $D_{[f]}(x)$ 上的均匀分布. 因此有

定理 4.1 (II 型概率密度函数垂直表示定理) 设 $f(\cdot)$ 是 $\Re^p$ 上的连续概率密度函数. $f(\cdot)$ 是随机向量 $\mathbf{X}_p$ 的概率密度函数的充要条件是随机向量 $\mathbf{X}'_{p+1} = (\mathbf{X}'_p, X_{p+1})$ 的分布为 $D_{[f]}$ 上的均匀分布. 等价于

(1) X_{p+1} 的概率密度函数是

$$f_{p+1}(v) = \begin{cases} L_p(D_{[f]}(v)), & \text{若 } L_p(D_{[f]}(v)) > 0, \\ L_{p-1}(D_{[f]}(v)), & \text{若 } L_p(D_{[f]}(v)) = 0, \quad L_{p-1}(D_{[f]}(v)) > 0, \\ \cdots\cdots\cdots \end{cases}$$

(2) 给定 $X_{p+1} = v$ 的条件下, $\mathbf{X}_p$ 的条件分布是 $D_{[f]}(v)$ 上的均匀分布, 即随机向量 $\mathbf{X}_p$ 可表示为

$$\mathbf{X}_p \sim U(D_{[f]}(V)), \quad V \sim L_p(D_{[f]}(\cdot)),$$

这里 $D_{[f]}(v) = \{\mathbf{x}_p : f(\mathbf{x}_p) \geqslant v\}$, $0 < v \leqslant f_0 = \max\limits_{\mathbf{x}\in\Re^p} f(\mathbf{x})$, $U(A)$ 表示可测集 A 上的均匀分布.

该定理的证明也可见 Fang, Yang 和 Kotz (2001). 该定理描述了 f 的性质, 为构造多元密度函数提供理论工具. 称此为 II 型 VDR.

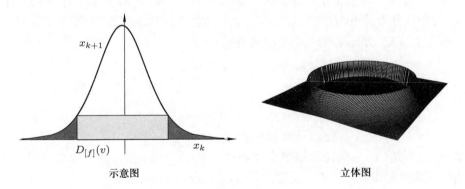

示意图   立体图

图 4.1 $D_{[f]}(v)$ 示意图.

在此, 集合 $D_{[f]}(v)$ 起关键作用, 其几何意义清楚. 当 $L_p(D_{[f]}(0+)) > 0$ 时, 将 $\Re^{p+1}$ 视为 $\Re^p \times \Re$, 纵轴是第 $p+1$ 个分量, $\Re^p$ 为横轴, 是前 p 个分量. 将 $\Re^p$ 沿纵轴方向移动 $v > 0$, 和 $D_{[f]}$ 的交集或截集在 $\Re^p$ 上的投影就是 $D_{[f]}(v)$, 见图 4.1. 当 $L_p(D_{[f]}(0+)) = 0$, $L_{p-1}(D_{[f]}(0+)) > 0$ 时用 $D_{[f]}(0+)$ 代替 $\Re^p$ 即可.

由 II 型密度垂直表示可简单地推出 Troutt 的结果. 不难看出

$$\{(\mathbf{x}_p, x_{p+1}) : f(\mathbf{x}_p) \leqslant v\}$$
$$= \{(\mathbf{x}_p, x_{p+1}) : x_{p+1} \leqslant v\} \setminus \{(\mathbf{x}_p, x_{p+1}) : f(\mathbf{x}_p) > v, 0 < x_{p+1} \leqslant v\},$$

于是

$$P(f(\mathbf{X}_p) \leqslant v) = L_{p+1}(\{f(x_p) \leqslant v\} \cap D_{[f]})$$
$$= L_{p+1}(\{x_{p+1} \leqslant v\} \cap D_{[f]}) - L_{p+1}(\{f(\mathbf{x}_p) > v\}) \cdot L_1(\{x_{p+1} \leqslant v\})$$
$$= \int_0^v L_p(D_{[f]}(s))ds - L_p(D_{[f]}(v)) \cdot v,$$

两边对 v 求导, 得到 $V = f(\mathbf{X}_p)$ 的密度函数

$$g(v) = L_p(D_{[f]}(v)) - L_p(D_{[f]}(v)) - v\frac{dL_p(D_{[f]}(v))}{dv} = -v\frac{dL_p(D_{[f]}(v))}{dv},$$

正是 Troutt 的结果. 基于 II 型密度垂直表示可以导出给定 $V = f(\mathbf{X}_p) = v$ 的条件下, $\mathbf{X}_p$ 的条件密度 $f(\mathbf{x}_p|V = v)$, 结果叙述如下, 其证明见 Pang 和 Yang 等 (2001).

定理 4.2 设随机向量 $\mathbf{X}_p$ 的密度函数为 $f(\mathbf{x}_p)$, $\mathbf{x}_p \in \Re^p$. 假设:

(1) $\nabla f(\mathbf{x}_p)$ 是连续的, 且在 $\Gamma_{[f]}(v)$ 上不为 0;

(2) 对任意固定的单位向量 $\mathbf{u} \in \Re^p$, $f(r\,\mathbf{u})$ 是 r 的减函数,

则在给定 $f(\mathbf{X}_p) = v$ 的条件下, $\mathbf{X}_p$ 的条件概率密度函数为

$$f(\mathbf{x}_p|v) = \frac{I_{\Gamma_{[f]}(v)}(\mathbf{x}_p)}{\|\nabla f(\mathbf{x}_p)\|} \left(\int_{\Gamma_{[f]}(v)} \frac{1}{\|\nabla f(\mathbf{x}_p)\|} \bar{L}_p(d\mathbf{s}) \right)^{-1},$$

其中 $\|\nabla f(\mathbf{x}_p)\| = \sum_{i=1}^p \left(\frac{\partial f}{\partial x_i}\right)^2$, $\bar{L}_p$ 是曲面 $\Gamma_{[f]}(v)$ 上的 Lebesgue 测度, $\mathbf{s}$ 是曲面元素.

定理 4.1 给出的随机向量表示

$$\mathbf{X}_p \sim U(D_{[f]}(V)), \quad V \sim L_p(D_{[f]}(\cdot)), \quad 0 < V \leqslant f_0 = \max_{\mathbf{x} \in \Re^p} f(\mathbf{x}).$$

随机变量 V 的值域与 $f(\cdot)$ 有关. 为将其值域标准化, 令 $R = -\ln\left(\frac{V}{f_0}\right)$, 则 R 的概率密度函数是

$$f_R(r) = L_p(D_{[f]}(f_0 e^{-r}))e^{-r} = L_p(D(r))e^{-r},$$
$$D(r) = D_{[f]}(f_0 e^{-r}), \quad 0 \leqslant r < \infty.$$

$f_R(\cdot)$ 是由 $f(\mathbf{x})$, $\mathbf{x} \in \Re^p$ 定义的 $\Re^+ = \{r : r > 0\}$ 上的密度函数, $\mathfrak{D} = \{D(r) : r \in \Re^+\}$ 是由 $f(\cdot)$ 定义的集族, 则随机向量 $\mathbf{X} \sim f(\cdot)$ 可以表示为

$$\mathbf{X}_p \sim U(D(R)), \quad R \sim f_R(\cdot), \quad \int_0^\infty f_R(r)dr = 1. \tag{4.4}$$

(4.4) 给出了用集族 $\mathfrak{D}$ 和 $\Re^+$ 上的密度函数构造随机向量的模式.

例 4.1 一元 logistic 分布密度函数的 II 型 VDR 表示.

标准 logistic 分布密度函数是

$$p_1(x) = \frac{e^{-x}}{(1 + e^{-x})^2}, \quad -\infty < x < \infty.$$

由定理 4.1, 若 $X \sim p_1(\cdot)$, 则 X 可以表示为

$$X = U(D_{[p_1]}(X_2)), \quad X_2 \sim L_1(D_{p_1}(v)), \quad 0 < v \leqslant \frac{1}{4} = \sup\{p_1(x) : x \in \Re\}.$$

确定集合 $D_{[p_1]}(v)$,

$$\begin{aligned} D_{[p_1]}(v) &= \{x : 0 < v \leqslant p_1(x)\}, \quad 0 < v \leqslant \frac{1}{4} \\ &= \left\{x : \frac{e^{-x}}{(1+e^{-x})^2} \geqslant v > 0\right\} \\ &= \{x : e^{-x} \geqslant v(1 + 2e^{-x} + e^{-2x})\} \\ &= \{x : ve^{-2x} + (2v-1)e^{-x} + v \leqslant 0\}. \end{aligned} \quad (4.5)$$

方程 $az^2 + (2a-1)z + a = 0$ 有实根的充要条件是

$$\begin{cases} a \geqslant 0, \\ (2a-1)^2 - 4a^2 \geqslant 0 \end{cases} \Leftrightarrow 0 \leqslant a \leqslant \frac{1}{4}.$$

设 r_1 和 r_2 是该方程的两个根:

$$r_1(a) = \frac{1 - 2a - \sqrt{1-4a}}{2a}, \quad r_2(a) = \frac{1 - 2a + \sqrt{1-4a}}{2a}.$$

易见,

$$0 < r_1(a) < 1 < r_2(a), \quad \forall\, a < \frac{1}{4},$$

$$r_1\left(\frac{1}{4}\right) = r_2\left(\frac{1}{4}\right) = 1,$$

$$r_1(a) = \frac{(1-2a-\sqrt{1-4a})(1-2a+\sqrt{1-4a})}{2a(1-2a+\sqrt{1-4a})} = \frac{1}{r_2(a)},$$

于是

$$\begin{aligned} D_{[p_1]}(v) &= \{x : r_1(v) < e^{-x} \leqslant r_2(v)\} \\ &= \{x : -\ln(r_2(v)) \leqslant x \leqslant \ln(r_2(v))\} \\ &= [-\ln(r_2(v)), \ln(r_2(v))], \end{aligned} \quad (4.6)$$

$$L(D_{[p_1]}(v)) = 2\ln(r_2(v)).$$

X_2 的密度函数是

$$2\ln(r_2(x_2)), \quad 0 < x_2 \leqslant \frac{1}{4},$$

在 $X_2 = x_2$ 的条件下,

$$\begin{aligned} X &\sim U([-\ln(r_2(x_2)), \ln(r_2(x_2))]) \\ &= \ln(r_2(x_2))U, \quad U \sim U(-1,1), \end{aligned}$$

因此, X 可表示为

$$X = RU, \quad U \sim U(-1,1), \quad R = \ln(r_2(X_2)), \quad X_2 \sim 2\ln(r_2(x_2)), \quad (4.7)$$

R 和 U 相互独立. 注意到

$$X_2 = r_2^{-1}(e^{-R}) = \left.\frac{z}{(1+z)^2}\right|_{z=e^{-R}} = p_1(R),$$

于是 R 的密度函数是

$$g_1(r) = 2r\left|\frac{dx_2}{dr}\right| = 2r\left|\frac{dp_1(r)}{dr}\right| = -2r\frac{dp_1(r)}{dr}, \quad 0 < r < \infty.$$

例 4.2 正态分布的垂直表示.

设随机向量 $\mathbf{X}_p$ 服从多元正态分布 $N(\mathbf{0}_p, \Sigma)$, 它的概率密度函数是

$$\phi_p(\mathbf{x}_p; \Sigma) = \frac{1}{\sqrt{(2\pi)^p |\Sigma|}} \exp\left\{-\frac{1}{2}\mathbf{x}_p' \Sigma^{-1} \mathbf{x}_p\right\}. \tag{4.8}$$

于是

$$\begin{aligned}
&D_{[\phi_p(\cdot;\Sigma)]} = \{(\mathbf{x}_p, x_{p+1}) : 0 < x_{p+1} \leqslant \phi_p(\mathbf{x}_p),\ \mathbf{x}_p \in \mathfrak{R}^p\}, \\
&D_{[\phi_p(\cdot;\Sigma)]}(v) = \{\mathbf{x}_p : \mathbf{x}_p' \Sigma^{-1} \mathbf{x}_p \leqslant r^2(v)\} \stackrel{\text{def}}{=} S_p^2(r(v), \Sigma), \quad 0 < r < \infty,
\end{aligned} \tag{4.9}$$

其中

$$r^2(v) = -2\ln\left(v\sqrt{(2\pi)^p|\Sigma|}\right), \quad 0 < r(v) < \infty, \quad 0 < v < f_0^{-1}, \quad f_0 = \sqrt{(2\pi)^p|\Sigma|}.$$

由 II 型 VDR

$$\mathbf{X}_p \sim U(S_p^2(r(V); \Sigma)), \quad r^2(v) = -2\ln\left(v\sqrt{(2\pi)^p|\Sigma|^{\frac{1}{2}}}\right),$$

$$V \sim L_p(S_p^2(r(v); \Sigma)) = \frac{|\Sigma|^{\frac{1}{2}}\pi^{\frac{p}{2}}}{\Gamma\left(\dfrac{p+2}{2}\right)}\left(-2\ln\left(v\sqrt{(2\pi)^p|\Sigma|^{\frac{1}{2}}}\right)\right)^{\frac{p}{2}}.$$

$S = R^2 = -2\ln\left(V\sqrt{(2\pi)^p|\Sigma|^{\frac{1}{2}}}\right)$ 的密度函数是

$$\begin{aligned}
g(s) &= \frac{|\Sigma|^{\frac{1}{2}}\pi^{\frac{p}{2}}}{\Gamma\left(\dfrac{p+2}{2}\right)} s^{\frac{p}{2}} \left|\frac{dv}{ds}\right| = \frac{|\Sigma|^{\frac{1}{2}}\pi^{\frac{p}{2}}}{\Gamma\left(\dfrac{p+2}{2}\right)} s^{\frac{p}{2}} \frac{1}{\sqrt{(2\pi)^p|\Sigma|}} \frac{1}{2} e^{-\frac{s}{2}} \\
&= \frac{1}{2^{\frac{p+2}{2}}\Gamma\left(\dfrac{p+2}{2}\right)} s^{\frac{p}{2}} e^{-\frac{s}{2}},
\end{aligned}$$

恰是自由度为 $p+2$ 的 χ^2 分布, 于是

$$\mathbf{X}_p = RU, \quad R^2 \sim \chi_{p+2}^2, \quad U \sim \frac{U(S_p^2(R; \Sigma))}{R} = U(S_p^2(1; \Sigma)). \tag{4.10}$$

由于 $U(S_p^2(1; \Sigma))$ 与 R 无关, R 和 U 相互独立. 当 $\mathbf{X}$ 的各分量独立同分布时, 则有

$$\mathbf{X}_p = R\mathbf{U}, \quad \mathbf{U} \sim U(S_p^2), \quad S_p^2 = S_p^2(1; I), \tag{4.11}$$

这里 I 是单位阵, R^2 服从自由度为 $p+2$ 的 χ^2 分布. 这和众所周知的结论

$$\mathbf{X}_p = R^*\mathbf{V}, \quad R^2 \sim \chi_p^2, \quad V \sim U(\bar{S}_p^2), \quad \bar{S}_p^2 = \{\mathbf{x}_p : \|\mathbf{x}_p\| = 1\} \tag{4.12}$$

等价. 由 (4.11) 可导出 (4.12). R 的密度函数是

$$g_1(s) = \frac{1}{2^{\frac{p}{2}}\Gamma\left(\dfrac{p+2}{2}\right)} s^{p+1} e^{-\frac{1}{2}s^2}, \tag{4.13}$$

及

$$\mathbf{X}_p = R\mathbf{U} = R\|\mathbf{U}\|\frac{\mathbf{U}}{\|\mathbf{U}\|} \equiv R^c V^c, \quad \|\mathbf{U}\| \text{ 的密度函数是 } f_{\|\mathbf{U}\|}(s) = ps^{p-1}.$$

显然, $V^c \sim U(\bar{S}_p^2)$, 而 $(R^c)^2$ 的分布函数是

$$P((R^c)^2 \leqslant t) = EP\left(R \leqslant \frac{t^{\frac{1}{2}}}{\|\mathbf{U}\|} \Big| \|\mathbf{U}\|\right) = \int_0^1 pr^{p-1} P\left(R \leqslant \frac{t^{\frac{1}{2}}}{r}\right) dr$$

$$= \int_0^1 pr^{p-1} \left\{ \int_0^{\frac{\sqrt{t}}{r}} \frac{1}{2^{\frac{p}{2}}\Gamma\left(\frac{p+2}{2}\right)} s^{p+1} e^{-\frac{1}{2}s^2} ds \right\} dr.$$

于是 $(R^c)^2$ 的概率密度函数是

$$g_c(t) = \frac{1}{2^{\frac{p}{2}}\Gamma\left(\frac{p+2}{2}\right)} \int_0^1 pr^{p-1} \left(\frac{\sqrt{t}}{r}\right)^{p+1} \frac{1}{2r\sqrt{t}} e^{-\frac{t}{2r^2}} dr$$

$$= \frac{1}{2^{\frac{p}{2}}\Gamma\left(\frac{p}{2}\right)} \int_0^1 t^{\frac{p}{2}-1} \frac{t}{r^3} e^{-\frac{t}{2r^2}} dr$$

$$= \frac{1}{2^{\frac{p}{2}}\Gamma\left(\frac{p}{2}\right)} t^{\frac{p}{2}-1} \left. e^{-\frac{t}{2r^2}} \right|_{r=0}^{r=1}$$

$$= \frac{1}{2^{\frac{p}{2}}\Gamma\left(\frac{p}{2}\right)} t^{\frac{p}{2}-1} e^{-\frac{t}{2}},$$

恰是自由度为 p 的 χ^2 分布. 反之, 由 (4.12) 亦可导出 (4.11).

(4.12) 亦可由 I 型密度垂直表示导出. 对于各分量独立的正态分布 $D_{[\phi_p]}(v)$ 是球面, 容易计算在球面上 $\|\nabla\phi_p(\mathbf{x}_p)\| = $ 常数, 由定理 4.2, 给定 $\phi_p(\mathbf{x}_p) = $ 常数 的条件下, $\mathbf{X}_p$ 的条件分布是球面上的均匀分布.

例 4.3 球对称分布的垂直表示.

随机向量 $\mathbf{X}_p$ 的概率密度函数为

$$f(\mathbf{x}_p) = h(\mathbf{x}_p'\mathbf{x}_p), \quad \mathbf{x}_p \in \Re^p,$$

其中

$$h(\cdot) \text{ 是非负单调下降函数}, \quad \infty \geqslant h(0) > h(u) > 0, \quad 0 \leqslant u < \infty,$$

则称随机向量 $\mathbf{X}_p$ 是球对称分布的. 此时

$$D_{[f]}(z) = \{\mathbf{x}_p : h(\mathbf{x}_p'\mathbf{x}_p) \geqslant z\} = \{\mathbf{x}_p : \mathbf{x}_p'\mathbf{x}_p \leqslant h^{-1}(z)\},$$

$$0 < z \leqslant h(0), \quad 0 \leqslant h^{-1}(z) < \infty.$$

于是

$$\mathbf{X}_p = R\mathbf{U}_p, \quad \mathbf{U}_p \sim U(S_p^2),$$

R 是任意非负随机变量, 当它的分布是自由度为 $p+2$ 的 χ^2 分布时 $\mathbf{X}_p$ 就是标准正态分布了.

4.2 中心相似分布

利用表达式 (4.11) 可扩展正态分布, 构造非正态多元密度函数. 有两个途径实现正态分布扩展: 改变 R 的分布和改变 $\mathbf{U}$ 的分布. 考虑随机向量

$$\mathbf{X}_p = R\mathbf{U}, \quad \mathbf{U} \sim U(S_p^2), \quad R > 0$$

的分布密度函数. 仅当 R^2 的分布是自由度为 $p+2$ 的 χ^2 分布时, $\mathbf{X}_p$ 才是正态的. 若 R 的密度为

$$g_{2k+p}(r) = \frac{1}{2^{\frac{p}{2}+k-1}\Gamma\left(\frac{p}{2}+k\right)} r^{p+2k-1} e^{-\frac{r^2}{2}} \tag{4.14}$$

就得到类正态多元概率密度函数. 当 $k = 1$ 时就是正态分布. 设 $\mathbf{U}$ 是某 p 维有界可测集合 $\mathbf{0}_p \in D$ 上的均匀分布随机向量, R 是非负随机变量, 且和 $\mathbf{U}$ 相互独立, 就称

$$\mathbf{X}_p = R\mathbf{U}$$

的分布是中心相似的, 称有界可测集合 D 为基集. 集合 D 有界是指 $\sup\{\|\mathbf{y}\| : \mathbf{y} \in D\} < \infty$.

也可基于密度函数垂直表示讨论该问题. 若 $\mathbf{X}_p \sim f(\mathbf{x}_p)$, $\mathbf{x}_p \in \Re^p$, 则 (4.4) 成立. 若 $D(r)$ 和 $D(1)$ 相似, 即

$$D(r) = \{\mathbf{x}_p = r\mathbf{y}_p : \mathbf{y}_p \in D(1)\} = r \cdot D(1),$$

则

$$U(D(R)) = R\frac{U(D(R))}{R} = RU\left(\frac{D(R)}{R}\right) = RU(D(1)),$$

$D(1)$ 不依赖于 R, 故 $U(D(1))$ 与 R 相互独立. 于是 $\mathbf{X}_p$ 和 $RU(D(1))$ 同分布, 即 $\mathbf{X}_p$ 可表示为 $\mathbf{X}_p = R\mathbf{U}$. 因为假设了 $D(r), r > 0$ 都是相似集合, 故称为中心相似分布, 是多元正态分布和球对称分布的扩展.

4.2.1 边界函数

当 $D_{[f]}(1)$ 是球体时容易给出随机向量 $\mathbf{X} = R\mathbf{V}$ 的概率密度函数. 而 $D_{[f]}(1)$ 是任意集合时如何求出 $\mathbf{X} = R\mathbf{V}$ 的概率密度函数? 直观感觉必须有集合 $D_{[f]}(1)$ 的合适表示, 否则计算变得复杂. 用边界函数表示集合就是合适的方式.

假设集合 D 是实心的, 即满足条件:

若 $\mathbf{a}_p \in D$, 则有 $\{\mathbf{x}_p = r\mathbf{a}_p : 0 \leqslant r \leqslant 1\} \subset D$.

取 $r = 0$, 则 $\mathbf{0}_p \in D$. 球体是实心集合. 直观地讲, 实心集合就是没有洞的集合. 这是对 $D = D_{[f]}(1)$ 的基本要求. 为简洁表示实心集合, 首先分析二维空间实心有界集合及其边界的表示方式.

(1) 用欧氏距离表示圆:

$$S_2^2(r) = \{\mathbf{x} = (x_1, x_2)' : x_1^2 + x_2^2 \leqslant r^2\} = \{\mathbf{x} : \|\mathbf{x}\| \leqslant r\}.$$

(2) 用欧氏距离表示圆周: 在直角坐标系中用两条曲线 $f^{\pm}(x_1) = \pm\sqrt{r^2 - x_1^2}$ 组成封闭曲线, 它围成的区域

$$S_2^2(r) = \{\mathbf{x} = (x_1, x_2)' : -r \leqslant x_1 \leqslant r,\ f^-(x_1) \leqslant x_2 \leqslant f^+(x_1)\}.$$

(3) 用极坐标表示封闭曲线: 在极坐标系中用 (r, α) 表示平面上的点, 和直角坐标的关系是

$$x_1 = r\cos\alpha, \quad x_2 = r\sin\alpha,$$

封闭曲线表示为

$$r = r(\alpha), 0 \leqslant \alpha \leqslant 2\pi,\ r(2\pi) = r(0).$$

当 $r(\alpha) = r_0,\ \forall\, \alpha \in [0, 2\pi]$ 时就是圆周. 封闭曲线围成的区域表示为

$$r \leqslant r(\alpha), 0 \leqslant \alpha \leqslant 2\pi,\ r(2\pi) = r(0).$$

用距离最为简洁, $\|\mathbf{x}\| \leqslant r$ 是圆面, $\|\mathbf{x}\| = r$ 是圆周. 理想表示是将 (1), (3) 结合起来用距离表示封闭曲面和它围成的区域. 平面上的点 $(x, y)'$ 的极坐标表示为

$$x = r\cos\alpha,$$
$$y = r\sin\alpha, \quad 0 \leqslant \alpha \leqslant 2\pi, \quad r = \sqrt{x^2 + y^2}, \quad \alpha = \arctan\left(\frac{y}{x}\right),$$

α 是参数. 平面上的封闭曲线 ℓ 的极坐标表示为

$$\ell = \{(x, y)' : x = r(\alpha)\cos\alpha,\ y = r(\alpha)\sin\alpha,\ 0 \leqslant \alpha \leqslant 2\pi, r(0) = r(2\pi)\}.$$

该曲线围城的区域表示为

$$\{(x, y)' = r'(\cos\alpha, \sin\alpha)' : r' < r(\alpha),\ 0 \leqslant \alpha < 2\pi\}.$$

$\alpha \leftrightarrow (\sin\alpha, \cos\alpha)'$ 是 $[0, 2\pi)$ 到 $\bar{S}_2^2(1) = \bar{S}_2^2$ 上的一一映射, $\bar{S}_2^2(r)$ 是半径为 r 的圆周. 记

$$\mathbf{z} = \mathbf{z}(\alpha) = (\cos\alpha, \sin\alpha)', \quad 0 \leqslant \alpha < 2\pi;$$
$$\alpha = \alpha(\mathbf{z}) = \arctan\left(\frac{y}{x}\right), \quad \mathbf{z} = (\cos\alpha, \sin\alpha)' = (x, y)' \in \bar{S}_2^2.$$

可以用与 α 等价的参数

$$\mathbf{z} = (\cos\alpha, \sin\alpha)' \in S_2^2$$

表示封闭曲线. 令

$$b(\mathbf{z}) = r(\alpha(\mathbf{z})),\ \mathbf{z} \in S_2^2.$$

$b(\cdot)$ 是定义在圆周 (球面) 上的函数, 称其为边界函数. 封闭曲线和它围成的区域表示为

$$\text{曲线}: \ell = \left\{\mathbf{x} : \|\mathbf{x}\| = b\left(\frac{\mathbf{x}}{\|\mathbf{x}\|}\right)\right\},$$

$$\ell\text{围成的区域}: D_\ell = \left\{\mathbf{x} : \|\mathbf{x}\| \leqslant b\left(\frac{\mathbf{x}}{\|\mathbf{x}\|}\right)\right\}.$$

直观意义见图 4.2.

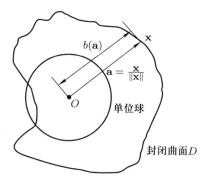

图 4.2 边界函数的直观意义.

显然, 上述表示对 p 维空间仍适用. $\mathfrak{R}^p$ 的极坐标 $(r, \boldsymbol{\theta}'_{p-1}) = (r, \theta_1, \cdots, \theta_{p-1})$ 和直角坐标间的关系是

$$
\begin{aligned}
& x_1 = r\cos\theta_1, \\
& x_i = r\cos\theta_i \prod_{j=1}^{i-1}\sin\theta_j, \ i = 2, \cdots, p-1, \\
& 0 \leqslant \theta_i \leqslant 2\pi, \ i = 1, \cdots, p-2, \quad -\frac{\pi}{2} \leqslant \theta_{p-1} \leqslant \frac{\pi}{2}, \\
& x_p = r\prod_{j=1}^{p-1}\sin\theta_j.
\end{aligned}
\tag{4.15}
$$

可简洁地表示为

$$
\begin{aligned}
& \mathbf{x} = (x_1, \cdots, x_p)' = r\mathbf{z} = r(z_1, \cdots, z_p), \quad r = \|\mathbf{x}\|, \ \|\mathbf{z}\| = 1, \\
& \mathbf{z} = \Big(\cos\theta_1, \cos\theta_2\sin\theta_2, \cdots, \cos\theta_{p-1}\prod_{j=1}^{p-2}\sin\theta_j, \sin\theta_{p-1}\prod_{j=1}^{p-2}\sin\theta_j\Big)' \equiv \mathbf{z}(\boldsymbol{\theta}), \\
& \boldsymbol{\theta} = (\theta_1, \cdots, \theta_{p-1})' \equiv \boldsymbol{\theta}(\mathbf{z}), \\
& \theta_i = \arctan\left(z_i^{-1}\sqrt{\sum_{j=i}^{p-1} z_i^2}\right), i = 1, \cdots, p-2, \quad \theta_{p-1} = \arctan\left(\frac{z_p}{z_{p-1}}\right).
\end{aligned}
$$

$p-1$ 维封闭曲面的极坐标方程为

$$
\mathbf{x} = r(\boldsymbol{\theta})\mathbf{z}, \ \boldsymbol{\theta} = (\theta_1, \cdots, \theta_{p-1})', \ 0 \leqslant \theta_i \leqslant \pi, \ 0 \leqslant \theta_{p-1} \leqslant 2\pi,
\tag{4.16}
$$

其中 $r(\boldsymbol{\theta})$ 是连续函数且若

$$
\boldsymbol{\theta} - \boldsymbol{\vartheta} = \mathbf{o}_{p-1} = (o_1, \cdots, o_{p-1}),
$$

其中 $o_i = 0$ 或 $\pm 2\pi, \ i = 1, \cdots, p-1$,

则

$$
r(\boldsymbol{\theta}) = r(\boldsymbol{\vartheta}).
$$

曲面围成的区域表示为

$$\mathbf{x}_p = r'\mathbf{z}, \quad r' \leqslant r(\boldsymbol{\theta}), \quad \boldsymbol{\theta} = (\theta_1, \cdots, \theta_{p-1})',$$
$$0 \leqslant \theta_i \leqslant 2\pi, \quad -\frac{\pi}{2} \leqslant \theta_{p-1} \leqslant \frac{\pi}{2}. \tag{4.17}$$

令

$$b(\mathbf{z}) = r(\boldsymbol{\theta}(\mathbf{z})), \quad \forall \|\mathbf{z}\| = 1,$$

封闭曲面 (4.16) 等价地表示为 $\left\{ \mathbf{x} : \|\mathbf{x}\| = \mathbf{b}\left(\dfrac{\mathbf{x}}{\|\mathbf{x}\|}\right) \right\}$, 曲面围成的区域 (4.17) 等价地表示为 $\left\{ \mathbf{x} : \|\mathbf{x}\| \leqslant b\left(\dfrac{\mathbf{x}}{\|\mathbf{x}\|}\right) \right\}$, $b(\cdot)$ 就是边界函数.

考虑基集的参数表示, 以单位球面 $\bar{S}_d^2 = \{\mathbf{x}_p : \|\mathbf{x}_p\| = 1\}$ 上的点作为参数, 基集 D 可表示为

$$D = \left\{ \mathbf{x}_p : \|\mathbf{x}_p\| \leqslant b\left(\frac{\mathbf{x}_p}{\|\mathbf{x}_p\|}\right) \right\} = \left\{ \mathbf{x}_p = r\mathbf{y}_p : \mathbf{y}_p \in \bar{S}_p^2, \, 0 \leqslant r \leqslant b(\mathbf{y}_p) \right\},$$

其中

$$b(\mathbf{a}_p) = \sup\{r : r\mathbf{a}_p \in D\}, \, \mathbf{a}_p \in \bar{S}_p^2.$$

以下称 $b(\cdot)$ 为边界函数, 即定义在 $\bar{S}_p^2$ 上的有界连续非负函数叫做边界函数. 球体的边界函数是常数, 等于球体半径. 用边界函数表示区域等价于通常的极坐标表示区域. 用边界函数表示曲面和曲面围成的区域的最大优点是不依赖于空间维数, 表达式是一样的.

边界函数的直观解释

设原点是封闭曲面围成的实心区域 D 的内点, 即过原点的任意直线和 D 的边界有且仅有 2 个交点. 对给定任意向量 $\mathbf{x}$, 从原点出发沿 $\mathbf{x}$ 方向的半直线

$$\{\mathbf{y} : \mathbf{y} = r\mathbf{x}, r \geqslant 0\}$$

和单位球面的交点记作 $\mathbf{a} = \dfrac{\mathbf{x}}{\|\mathbf{x}\|}$, 和封闭曲面的交点记作 $\mathbf{c}$, $\mathbf{a}$ 是参数, $\mathbf{c}$ 的模长就是边界函数的值:

$$b(\mathbf{a}) = b\left(\frac{\mathbf{x}}{\|\mathbf{x}\|}\right) = \|\mathbf{c}\| = \sup\{r : r\mathbf{a} \in D\}.$$

定理 4.3　设非负随机变量 R 的密度函数是 $g(r)$, $r \geqslant 0$, 且与随机向量 $\mathbf{U}$ 相互独立,

$$\mathbf{U} \sim U(D), \quad D = \left\{ \mathbf{x}_p : \|\mathbf{x}_p\| \leqslant b\left(\frac{\mathbf{x}_p}{\|\mathbf{x}_p\|}\right) \right\},$$

则 $\mathbf{X}_p = R\mathbf{U}$ 的概率密度函数是

$$f(\mathbf{x}_p) = \frac{1}{L_p(D)} \int_{\frac{\|\mathbf{x}_p\|}{b\left(\frac{\mathbf{x}_p}{\|\mathbf{x}_p\|}\right)}}^{\infty} \frac{g(r)}{r^p} dr. \tag{4.18}$$

证明:　给定 $R = r$ 的条件下, $\mathbf{X}_p$ 的条件分布是集合

$$r \cdot D = \{\mathbf{x}_p = r\mathbf{y}_p : \mathbf{y}_p \in D\}$$

上的均匀分布. 由于 $L_p(r \cdot D) = r^p L_p(D)$, $\mathbf{X}_p$ 的条件密度是

$$f(\mathbf{x}_p | R = r) = \begin{cases} \dfrac{1}{r^p L_p(D_{[f]}(1))}, & \text{若 } \mathbf{x}_p \in r \cdot D, \\ 0, & \text{若 } \mathbf{x}_p \notin r \cdot D. \end{cases}$$

由 D 的边界函数表示

$$r \cdot D = \{\mathbf{x} : \mathbf{x} = r\mathbf{y}, \ \mathbf{y} \in D\} = \left\{\mathbf{x} : \|\mathbf{x}\| = r\|\mathbf{y}\| \leqslant rb\left(\dfrac{\mathbf{x}}{\|\mathbf{x}\|}\right)\right\},$$

进而

$$\mathbf{x} \in r \cdot D \Leftrightarrow r \geqslant \dfrac{\|\mathbf{x}\|}{b\left(\dfrac{\mathbf{x}}{\|\mathbf{x}\|}\right)}.$$

故

$$f(\mathbf{x} | R = r) = \begin{cases} \dfrac{1}{r^p L_p(D_{[f]}(1))}, & \text{若 } r \geqslant \dfrac{\|\mathbf{x}\|}{b\left(\dfrac{\mathbf{x}}{\|\mathbf{x}\|}\right)}, \\ 0, & \text{若 } r < \dfrac{\|\mathbf{x}\|}{b\left(\dfrac{\mathbf{x}}{\|\mathbf{x}\|}\right)}. \end{cases}$$

$\mathbf{X}_p$, R 的联合概率密度函数是 $f(\mathbf{x}_p | R = r)g(r), r > 0$, $\mathbf{X}_p$ 的概率密度函数是

$$f(\mathbf{x}_p) = \int_0^\infty f(\mathbf{x}_p | R = r)g(r)dr = \dfrac{1}{L_p(D)} \int_{\frac{\|\mathbf{x}_p\|}{b\left(\frac{\mathbf{x}_p}{\|\mathbf{x}_p\|}\right)}}^\infty \dfrac{g(r)}{r^p}dr.$$

定理得证.

例 4.4 多元正态概率密度函数.

令 $D = S_p^2 = \{\mathbf{x}_p : \|\mathbf{x}_p\| \leqslant 1, \ \mathbf{x}_p \in \mathfrak{R}^p\}$, 则 D 的边界函数恒等于 1. 设 R^2 服从自由度为 $p + 2$ 的 χ^2 分布, R 的密度函数是

$$g_{p+2}(r) = \dfrac{1}{2^{\frac{p}{2}} \Gamma\left(\dfrac{p+2}{2}\right)} r^p r e^{-\frac{r^2}{2}}.$$

由定理 4.3 和 $L_p(S_p^2) = \dfrac{\pi^{\frac{p}{2}}}{\Gamma\left(\dfrac{p}{2} + 1\right)}$, $\mathbf{X}_p = R\mathbf{U}$ 的概率密度函数是

$$\begin{aligned} \varphi_p(\mathbf{x}_p) &= \dfrac{1}{L_p(S_p^2)} \int_{\|\mathbf{x}_p\|}^\infty \dfrac{1}{r^p} g_p(r)dr \\ &= \dfrac{\Gamma\left(\dfrac{p}{2} + 1\right)}{\pi^{\frac{p}{2}}} \int_{\|\mathbf{x}_p\|}^\infty \dfrac{1}{2^{\frac{p}{2}} \Gamma\left(\dfrac{p+2}{2}\right)} r e^{-\frac{r^2}{2}} dr \\ &= \dfrac{1}{\sqrt{2\pi}^{\frac{p}{2}}} e^{-\frac{1}{2} \sum\limits_{i=1}^p x_i^2}, \end{aligned}$$

$$\mathbf{x}_p = (x_1, \cdots, x_p)',$$

恰是 p 元标准正态密度函数. 若将 R 的密度函数取为

$$g_{2k+p}(r) = \frac{1}{2^{\frac{p+2k-2}{2}} \Gamma\left(\frac{p+2k}{2}\right)} r^{p+2k-1} r e^{-\frac{r^2}{2}},$$

则 $\mathbf{X}_p$ 的密度函数是

$$f_{p,2k+p}(\mathbf{x}_p) = \frac{1}{L_p(S_p^2)} \int_{\|\mathbf{x}_p\|}^{\infty} \frac{1}{r^p} g_{2k+p}(r) dr$$

$$= \frac{\Gamma\left(\frac{p}{2}+1\right)}{\pi^{\frac{p}{2}}} \int_{\|\mathbf{x}_p\|}^{\infty} \frac{1}{2^{\frac{p}{2}+k-1} \Gamma\left(\frac{p}{2}+k\right)} r^{2(k-1)} r e^{-\frac{r^2}{2}} dr$$

$$= \frac{1}{\sqrt{2\pi}^{\frac{p}{2}}} \int_{\|\mathbf{x}_p\|}^{\infty} \frac{\Gamma\left(\frac{p}{2}+1\right)}{2^{k-1} \Gamma\left(\frac{p}{2}+k\right)} r^{2(k-1)} r e^{-\frac{1}{2}r^2} dr$$

$$= \frac{1}{\sqrt{2\pi}^{\frac{p}{2}}} \left[\frac{\Gamma\left(\frac{p}{2}+1\right)}{2^{k-1} \Gamma\left(\frac{p}{2}+k\right)} \|\mathbf{x}_p\|^{2(k-1)} \right.$$

$$\left. + \int_{\|\mathbf{x}_p\|}^{\infty} \frac{(k-1)\Gamma\left(\frac{p}{2}+1\right)}{2^{k-2} \Gamma\left(\frac{p}{2}+k\right)} r^{2(k-2)} r e^{-\frac{1}{2}r^2} dr \right]$$

$$= \cdots = \frac{1}{\sqrt{2\pi}^{\frac{p}{2}}} P_k\left(\sum_{i=1}^{p} x_i^2\right) e^{-\frac{1}{2}\sum_{i=1}^{p} x_i^2},$$

其中

$$P_k(x) = \frac{\Gamma\left(\frac{p}{2}+1\right)}{\Gamma\left(\frac{p}{2}+k\right)} \sum_{i=0}^{k-1} \frac{1}{2^{k-i}} \frac{d^i x^{k-1}}{dx^i}, \quad \text{约定} \ \frac{d^0 x^k}{dx^0} = x^k.$$

4.2.2 中心相似分布的两种表示

随机向量 $\mathbf{X}_p$ 服从中心相似分布, 则可表示为 $\mathbf{X}_p = R\mathbf{U}_p$, R 是非负随机变量, $\mathbf{U}_p$ 服从 $D = \left\{ \mathbf{x}_p : \|\mathbf{x}_p\| \leqslant b\left(\frac{\mathbf{x}_p}{\|\mathbf{x}_p\|}\right) \right\}$ 上的均匀分布, R 和 $\mathbf{U}_p$ 相互独立. $\mathbf{X}_p$ 也可以表示为

$$\mathbf{X}_p = R\mathbf{U}_p = R\|\mathbf{U}_p\| \frac{\mathbf{U}_p}{\|\mathbf{U}_p\|} = R^* \mathbf{V}_p, \quad R^* = R\|\mathbf{U}_p\|, \ \mathbf{V}_p = \frac{\mathbf{U}_p}{\|\mathbf{U}_p\|}.$$

R^* 是非负的, $\mathbf{V}_p$ 是取值于单位球面上的随机向量. 如果 $D \neq S_p^2$, 则 $\mathbf{V}_p$ 是球面上的非均匀分布随机向量, 其密度函数记作 $g^*(\cdot)$. 关于 R^* 和 $\mathbf{V}_p$ 的密度函数有引理 4.1.

引理 4.1 若 R 和 $\mathbf{U}_p$ 相互独立, 且

$$R \sim g(\cdot), \ \mathbf{U}_p \sim U(D), \ D = \left\{ \mathbf{x}_p : \|\mathbf{x}_p\| \leqslant b\left(\frac{\mathbf{x}_p}{\|\mathbf{x}_p\|}\right) \right\},$$

则

$$R^* \sim g^*(r) = \int_{\bar{S}_p^2} b^{-p}(\mathbf{v}_p) \left[\int_0^{b(\mathbf{v}_p)} pu^{p-2} g\left(\frac{r}{u}\right) du \right] \bar{L}_p(d\mathbf{v}_p),$$

$$\mathbf{V}_p \sim f_V(\mathbf{v}_p) = \frac{b^p(\mathbf{u}_p)}{\displaystyle\int_{\bar{S}_p^2} b^p(\mathbf{u}_p) \bar{L}(d\mathbf{u}_p)}.$$

证明: 在给定 $\mathbf{V}_p = \mathbf{v}_p$ 的条件下, $\|\mathbf{U}_p\|$ 的条件密度函数是

$$f_U(u|\mathbf{v}_p) = \frac{d}{du} P(\|\mathbf{U}_p\| \leqslant u | \mathbf{V}_p = \mathbf{v}_p).$$

设 Δ 是单位球面上含点 $\mathbf{v}_p$ 的集合,

$$P(\|\mathbf{U}_p\| \leqslant u|\mathbf{V}_p = \mathbf{v}_p) = \lim_{L_p(\Delta) \to 0} P(\|\mathbf{U}_p\| \leqslant u | \mathbf{V}_p \in \Delta \ni \mathbf{v}_p)$$

$$= \lim_{L_p(\Delta) \to 0} \frac{P\left(\|\mathbf{U}_p\| \leqslant u, \dfrac{\mathbf{U}_p}{\|\mathbf{U}_p\|} \in \Delta \right)}{P\left(\dfrac{\mathbf{U}_p}{\|\mathbf{U}_p\|} \in \Delta \right)}$$

$$= \lim_{L_p(\Delta) \to 0} \frac{u^p \bar{L}_p(\Delta)}{b^p(\mathbf{v}_p) \overline{L}_p(\Delta)} = \frac{u^p}{b^p(\mathbf{v}_p)},$$

$$f_U(u|\mathbf{v}_p) = \frac{pu^{p-1}}{b^p(\mathbf{v}_p)}, \quad 0 \leqslant u \leqslant b(\mathbf{v}_p),$$

进而

$$P(R^* \leqslant r|\mathbf{V}_p = \mathbf{v}_p) = P(R\|\mathbf{U}_p\| \leqslant r|\mathbf{V}_p = \mathbf{v}_p)$$

$$= \int_0^{b(\mathbf{v}_p)} P\left(R \leqslant \frac{r}{u} \Big| \|\mathbf{U}_p\| = u \right) f_U(u|\mathbf{v}_p) du$$

$$= b^{-p}(\mathbf{v}_p) \int_0^{b(\mathbf{v}_p)} \left[pu^{p-1} \int_0^{\frac{r}{u}} g(r) dr \right] du,$$

那么, 给定 $\mathbf{V}_p = \mathbf{v}_p$ 的条件下, R^* 的条件密度函数是

$$f_{R^*}(r|\mathbf{v}_p) = b^{-p}(\mathbf{v}_p) \int_0^{b(\mathbf{v}_p)} pu^{p-2} g\left(\frac{r}{u}\right) du.$$

于是, R^* 的概率密度是

$$f_{R^*}(r) = \int_{\bar{S}_p^2} b^{-p}(\mathbf{v}_p) \left[\int_0^{b(\mathbf{v}_p)} pu^{p-2} g\left(\frac{r}{u}\right) du \right] \bar{L}_p(d\mathbf{v}_p).$$

第一部分得证.

由于

$$L_p(D) = \int_{\bar{S}_p^2} b^p(\mathbf{u}_p) \bar{L}(d\mathbf{u}_p),$$

$\mathbf{V}_p$ 的密度函数是

$$\begin{aligned}
f_V(\mathbf{v}_p) &= \lim_{\bar{L}(\Delta(\mathbf{v}_p))\to 0} \frac{P(\mathbf{V}_p \in \Delta(\mathbf{v}_p))}{\Delta(\mathbf{v}_p)} \\
&= \lim_{\bar{L}(\Delta(\mathbf{v}_p))\to 0} \frac{b^p(\mathbf{v}_p) + o(1)}{\displaystyle\int_{\bar{S}_p^2} b^p(\mathbf{u}_p)\bar{L}(d\mathbf{u}_p)} \\
&= \frac{b^p(\mathbf{v}_p)}{\displaystyle\int_{\bar{S}_p^2} b^p(\mathbf{u}_p)\bar{L}(d\mathbf{u}_p)}.
\end{aligned}$$

引理得证.

中心相似分布随机向量 $\mathbf{X}_p$ 有两种表示方式:

$$\mathbf{X}_p = R\mathbf{U}_p = R^*\mathbf{V}_p,$$

这里 R 和 R^* 都是非负随机变量, 它们的概率密度函数间的关系由引理 4.1 指明. $\mathbf{U}_p$ 是基集 D 上的均匀分布随机向量, $\mathbf{V}_p$ 是取值于单位球面上的随机向量. 当 D 是单位球时, $\mathbf{V}_p$ 的密度函数是常数, 否则不是常数. 该引理指明基集的边界函数和 $\mathbf{V}_p$ 的密度函数间的关系, 给出了通过估计 $\mathbf{V}_p$ 的密度函数实现估计基集的依据.

4.2.3　球的扩展

中心相似分布基于仿射变换:

$$r \cdot \mathbf{x}_p = r(x_1,\cdots,x_p)' = (rx_1,\cdots,rx_p)',$$

其最基本的性质是

$$\|r \cdot \mathbf{x}_p\| = r\|\mathbf{x}_p\|. \tag{4.19}$$

该变换是基于欧氏模和 q 模的, $\|\mathbf{x}_p\|_q = \left(\sum_{i=1}^p |x_i|^q\right)^{\frac{1}{q}}$, 或是基于齐次模的. 球和球面分别是模小于常数和等于常数的集合, 在中心相似分布讨论中起重要作用. 可以定义更一般的模, 不过将失去通常意义的齐性性质. 将欧氏模和 q 模扩展为 $\boldsymbol{\alpha}$ 模. 设

$$\boldsymbol{\alpha}' = (\alpha_1,\cdots,\alpha_p), \quad \alpha_i > 0, \quad i = 1,\cdots,p,$$

及 $\alpha_{(p)} = \max\{\alpha_i, i = 1,\cdots,p\} > 1$. 令

$$\|\mathbf{x}_p\|_{\boldsymbol{\alpha}} = \left[\sum_{i=1}^p |x_i|^{\alpha_i}\right]^{\frac{1}{\alpha_{(p)}}}, \quad \forall \mathbf{x}_p \in \mathfrak{R}^p, \tag{4.20}$$

$\|\cdot\|_{\boldsymbol{\alpha}}$ 是 $\mathfrak{R}^p$ 上的准模, 因为不满足 (4.19). 由于

$$\text{若 } a > 0, b > 0, 0 < \alpha \leqslant 1, \quad \text{则 } \left(\frac{a}{a+b}\right)^{\alpha} + \left(\frac{b}{a+b}\right)^{\alpha} > \frac{a}{a+b} + \frac{b}{a+b} = 1,$$

$$\text{若 } a > 0, b > 0, \alpha > 1, \quad \text{则 } \left(\frac{a}{a+b}\right)^{\alpha} + \left(\frac{b}{a+b}\right)^{\alpha} < \frac{a}{a+b} + \frac{b}{a+b} = 1,$$

等价于

$$\begin{array}{ll}
\text{若 } a > 0, b > 0, 0 < \alpha \leqslant 1, & \text{则 } a^{\alpha} + b^{\alpha} > (a+b)^{\alpha}, \\
\text{若 } a > 0, b > 0, \alpha > 1, & \text{则 } a^{\alpha} + b^{\alpha} < (a+b)^{\alpha},
\end{array} \tag{4.21}$$

故三角形不等式成立:

$$\|\mathbf{x}_p\|_{\boldsymbol{\alpha}} + \|\mathbf{y}_p\|_{\boldsymbol{\alpha}} = \left(\sum_{i=1}^{p}\left[|x_i|^{\frac{\alpha_i}{\alpha(p)}}\right]^{\alpha(p)}\right)^{\frac{1}{\alpha(p)}} + \left(\sum_{i=1}^{p}\left[|y_i|^{\frac{\alpha_i}{\alpha(p)}}\right]^{\alpha(p)}\right)^{\frac{1}{\alpha(p)}}$$

$$\geqslant \left(\sum_{i=1}^{p}\left[|x_i|^{\frac{\alpha_i}{\alpha(p)}} + |y_i|^{\frac{\alpha_i}{\alpha(p)}}\right]^{\alpha(p)}\right)^{\frac{1}{\alpha(p)}} \quad (\text{Minkowski 不等式})$$

$$\geqslant \left(\sum_{i=1}^{p}[|x_i| + |y_i|]^{\alpha_i}\right)^{\frac{1}{\alpha(p)}} \quad ((4.21) \text{ 的第一式})$$

$$= \|\mathbf{x}_p + \mathbf{y}_p\|_{\boldsymbol{\alpha}}.$$

当 $\boldsymbol{\alpha}$ 的各分量都等于 p, 就转化为 p 模, 都等于 2, 就转化为欧氏模. $\boldsymbol{\alpha}$ 模半径为 r 的球是

$$S_p^{\boldsymbol{\alpha}}(r) = \{\mathbf{x}_p : \|\mathbf{x}_p\|_{\boldsymbol{\alpha}} \leqslant r\} = \left\{\mathbf{x}_p = (x_1, \cdots, x_p) : \sum_{i=1}^{p} x_i^{\alpha_i} \leqslant r^{\alpha(p)}\right\},$$

$S_p^{\boldsymbol{\alpha}}(1)$ 是 $\boldsymbol{\alpha}$ 模单位球, 记作 $S_p^{\boldsymbol{\alpha}}$. 设

$$\Lambda_{\boldsymbol{\alpha}}(r) = \text{diag}(r^{\frac{\alpha(p)}{\alpha_1}}, \cdots, r^{\frac{\alpha(p)}{\alpha_p}}), \quad r > 0, \tag{4.22}$$

令 $\mathbf{x}_p = \Lambda_{\boldsymbol{\alpha}}(r)\mathbf{y}_p$, 则

$$L_p(S_p^{\boldsymbol{\alpha}}(r)) = \int_{\{\sum_{i=1}^{p}|x_i|^{\alpha_i} \leqslant r^{\alpha(p)}\}} d\mathbf{x}_p$$

$$= \int_{\{\sum_{i=1}^{p}|y_i|^{\alpha_i} \leqslant 1\}} \det(\Lambda_{\boldsymbol{\alpha}}(r)) d\mathbf{y}_p = r^{m(\boldsymbol{\alpha})} L_p(S_p^{\boldsymbol{\alpha}}),$$

其中

$$m(\boldsymbol{\alpha}) = \sum_{i=1}^{p} \frac{\alpha(p)}{\alpha_i}. \tag{4.23}$$

易见

$$\Lambda_{\boldsymbol{\alpha}}(r)\mathbf{x}_p = (r^{\frac{\alpha(p)}{\alpha_1}} x_1, \cdots, r^{\frac{\alpha(p)}{\alpha_p}} x_p),$$

$$\|\Lambda_{\boldsymbol{\alpha}}(r)\mathbf{x}_p\|_{\boldsymbol{\alpha}} = \left[\sum_{i=1}^{p}\left(r^{\frac{\alpha(p)}{\alpha_i}} x_1\right)^{\alpha_i}\right]^{\frac{1}{\alpha(p)}},$$

$$= r\left(\sum_{i=1}^{p} x_i^{\alpha_i}\right)^{\frac{1}{\alpha(p)}} = r\|\mathbf{x}_p\|_{\boldsymbol{\alpha}}.$$

这意味着, 对同一 $\boldsymbol{\alpha}$ 不同半径的球是不相似的. 当 $p = 2$, $\boldsymbol{\alpha} = (2, 1)'$ 时, 图 4.3 是三个不同半径的 $\boldsymbol{\alpha}$ 球. 可取 $S_p^{\boldsymbol{\alpha}}$ 作基集, 构造中心相似随机向量.

引理 4.2

$$L_p(S_p^{\boldsymbol{\alpha}}(r)) = r^{m(\boldsymbol{\alpha})}\left\{\prod_{i=1}^{p} \frac{2}{\alpha_i}\right\} \frac{\prod_{i=1}^{p} \Gamma\left(\dfrac{1}{\alpha_i}\right)}{\Gamma\left(\displaystyle\sum_{i=1}^{p} \dfrac{1}{\alpha_i} + 1\right)},$$

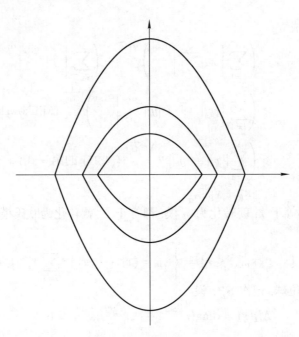

图 4.3 广义球示意图.

$$\bar{L}_p(\bar{S}_p^{\boldsymbol{\alpha}}(r)) = m(\boldsymbol{\alpha})r^{m(\boldsymbol{\alpha})-1}\left\{\prod_{i=1}^{p}\frac{2}{\alpha_i}\right\}\frac{\prod\limits_{i=1}^{p}\Gamma\left(\dfrac{1}{\alpha_i}\right)}{\Gamma\left(\sum\limits_{i=1}^{p}\dfrac{1}{\alpha_i}\right)}, \tag{4.24}$$

这里 $\bar{L}_p$ 是 $\mathfrak{R}^p$ 的 $p-1$ 维曲面 Lebesgue 测度, 及

$$\bar{S}_p^{\boldsymbol{\alpha}}(r) = \{\mathbf{x}_p : \|\mathbf{x}_p\|_{\boldsymbol{\alpha}} = r\}.$$

当 $\boldsymbol{\alpha} = q\mathbf{1}_p$ 时得到 L_q 模球体积和表面积计算公式

$$L_p(S_p^q(r)) = r^p\left(\frac{2}{q}\right)^p\frac{\Gamma^p\left(\dfrac{1}{q}\right)}{\Gamma\left(\dfrac{p}{q}+1\right)},$$

$$\bar{L}_p(\bar{S}_p^q(r)) = pr^{p-1}\left(\frac{2}{q}\right)^p\frac{\Gamma^p\left(\dfrac{1}{q}\right)}{\Gamma\left(\dfrac{p}{q}\right)}.$$

当 $\boldsymbol{\alpha} = 2\mathbf{1}_p$ 时就得到欧氏空间球体积和表面积计算公式

$$L_p(S_p^2(r)) = r^p\frac{\sqrt{\pi^p}}{\Gamma\left(\dfrac{p}{2}+1\right)},$$

$$\bar{L}_p(\bar{S}_p^q(r)) = pr^{p-1}\frac{\sqrt{\pi^p}}{\Gamma\left(\dfrac{p}{2}\right)}.$$

在欧氏空间中计算球体积和表面积最简洁有效的方法是用极坐标. Szablowski (1998) 推广了极坐标, 计算出 L_p 球的体积和表面积. 公式 (4.24) 推广了 Szablowski 的结果, 得到计算 α 球的体积和表面积公式.

公式 (4.24) 的证明: 广义球坐标变换:

$$x_1 = r^{\frac{\alpha_{(p)}}{\alpha_1}}\left(\cos\theta_1\right)^{\frac{2}{\alpha_1}},$$

$$x_j = r^{\frac{\alpha_{(p)}}{\alpha_j}}\left(\cos\theta_j\prod_{i=1}^{j-1}\sin\theta_i\right)^{\frac{2}{\alpha_j}},\quad 2\leqslant j\leqslant p-1,$$

$$x_p = r^{\frac{\alpha_{(p)}}{\alpha_p}}\left(\sin\theta_{p-1}\prod_{j=1}^{p-1}\sin\theta_j\right)^{\frac{2}{\alpha_p}},\ 0\leqslant\theta_i\leqslant\pi,\ 1\leqslant i\leqslant p-2,\ 0\leqslant\theta_{p-1}\leqslant2\pi.$$

于是

$$\begin{aligned}
\frac{\partial x_j}{\partial r} &= \frac{\alpha_{(p)}}{\alpha_j}\frac{x_j}{r}, & 1\leqslant j\leqslant p,\\
\frac{\partial x_j}{\partial\theta_k} &= \frac{2}{\alpha_j}x_j\cot\theta_k, & 1\leqslant k<j<p,\\
\frac{\partial x_j}{\partial\theta_j} &= -\frac{2}{\alpha_j}x_j\tan\theta_j, & k=j,\\
\frac{\partial x_j}{\partial\theta_k} &= 0, & k>j,\\
\frac{\partial x_p}{\partial\theta_k} &= \frac{2}{\alpha_k}x_j\cot\theta_k, & 1\leqslant k<p.
\end{aligned}\tag{4.25}$$

记

$$M(\theta_1,\cdots,\theta_{p-1})=\begin{vmatrix}
1 & -\tan\theta_1 & 0 & \cdots & 0\\
1 & \cot\theta_1 & -\tan\theta_2 & \ddots & \vdots\\
\vdots & \vdots & \cot\theta_2 & \ddots & 0\\
1 & \cot\theta_1 & \vdots & \ddots & -\tan\theta_{p-1}\\
1 & \cot\theta_1 & \cot\theta_2 & \cdots & \cot\theta_{p-1}
\end{vmatrix},$$

由 (4.25), 广义极坐标的 Jacobi 阵是

$$J(r,\theta_1,\cdots,\theta_{p-1})$$

$$=\begin{vmatrix}
\frac{\alpha_{(p)}}{\alpha_1}\frac{x_1}{r} & -\frac{2}{\alpha_1}x_1\tan\theta_1 & 0 & \cdots & 0\\
\frac{\alpha_{(p)}}{\alpha_2}\frac{x_2}{r} & \frac{2}{\alpha_2}x_2\cot\theta_1 & -\frac{2}{\alpha_2}x_2\tan\theta_2 & \ddots & \vdots\\
\vdots & \vdots & \frac{2}{\alpha_3}x_3\cot\theta_2 & \ddots & 0\\
\frac{\alpha_{(p)}}{\alpha_{p-1}}\frac{x_{p-1}}{r} & \frac{2}{\alpha_{p-1}}x_{p-1}\cot\theta_1 & \vdots & \ddots & -\frac{2}{\alpha_{p-1}}x_{p-1}\tan\theta_{p-1}\\
\frac{\alpha_{(p)}}{\alpha_p}\frac{x_p}{r} & \frac{2}{\alpha_p}x_p\cot\theta_1 & \frac{2}{\alpha_p}x_p\cot\theta_2 & \cdots & \frac{2}{\alpha_p}x_p\cot\theta_{p-1}
\end{vmatrix}.$$

第 i 行有公因子 $\dfrac{2}{\alpha_i}x_i$, $i=1,\cdots,p$, 第一列有公因子 $\dfrac{\alpha_{(p)}}{2r}$, 故

$$J(r,\theta_1,\cdots,\theta_{p-1}) = \frac{\alpha_{(p)}}{2r}\left(\prod_{i=1}^{p}\frac{2}{\alpha_i}\right)\left(\prod_{i=1}^{p}x_i\right)M(\theta_1,\cdots,\theta_{p-1}). \tag{4.26}$$

令 $\Delta_p(\theta_1,\cdots,\theta_{p-1}) = \det M(\theta_1,\cdots,\theta_{p-1})$, 将 $M(\theta_1,\cdots,\theta_{p-1})$ 的第二行至第 $p-1$ 行都减去第一行,

$$\Delta_p(\theta_1,\cdots,\theta_{p-1}) = (\cot\theta_1+\tan\theta_1)\Delta_{p-1}(\theta_2,\cdots,\theta_{p-1}).$$

于是

$$\Delta_p(\theta_1,\cdots,\theta_{p-1}) = \prod_{i=1}^{p-1}(\cot\theta_i+\tan\theta_i) = \prod_{i=1}^{p-1}\frac{1}{\sin\theta_i\cos\theta_i}.$$

将上式和 x_i, $i=1,\cdots,p$ 的表达式代入 (4.26)

$$J(r,\theta_1,\cdots,\theta_{p-1}) = \frac{1}{2}\alpha_{(p)}\left(\prod_{i=1}^{p}\frac{2}{\alpha_i}\right)r^{\sum_{i=1}^{p}\frac{\alpha_{(p)}}{\alpha_i}-1}\prod_{i=1}^{p-1}(|\sin\theta_i|^{\sum_{j=i+1}^{p}\frac{2}{\alpha_j}-1}|\cos\theta_i|^{\frac{2}{\alpha_i}-1})$$

$$= \frac{1}{2}\alpha_{(p)}\left(\prod_{i=1}^{p}\frac{2}{\alpha_i}\right)r^{\sum_{i=1}^{p}\frac{\alpha_{(p)}}{\alpha_i}-1}J_0(\theta_1,\cdots,\theta_{p-1}).$$

由于

$$2\int_0^{\frac{\pi}{2}}\sin^{2a-1}s\cos^{2b-1}s\,ds = \int_0^{\frac{\pi}{2}}\sin^{2a-2}s\cos^{2b-2}s(2\sin s\cos s)ds$$

$$= \int_0^1 r^{a-1}(1-r)^{b-1}dr = \mathrm{B}(a,b),$$

$$\int_0^{2\pi}|\sin^{2a-1}s||\cos^{2b-1}s|ds = 4\int_0^{\frac{\pi}{2}}\sin^{2a-1}s\cos^{2b-1}s\,ds = 2\mathrm{B}(a,b),$$

$$\int_0^{\pi}|\sin^{2a-1}s||\cos^{2b-1}s|ds = 2\int_0^{\frac{\pi}{2}}\sin^{2a-1}s\cos^{2b-1}s\,ds = \mathrm{B}(a,b),$$

$$\int_0^{\pi}\cdots\int_0^{\pi}\int_0^{2\pi}J_0(\theta_1,\cdots,\theta_{p-1})d\theta_1\cdots d\theta_{p-1} = 2\prod_{i=1}^{p-1}\frac{\Gamma\left(\sum_{j=i+1}^{p}\frac{1}{\alpha_j}\right)\Gamma\left(\frac{1}{\alpha_i}\right)}{\Gamma\left(\sum_{j=i}^{p}\frac{1}{\alpha_j}\right)}$$

$$= 2\frac{\prod_{i=1}^{p}\Gamma\left(\frac{1}{\alpha_i}\right)}{\Gamma\left(\sum_{i=1}^{p}\frac{1}{\alpha_i}\right)},$$

故

$$L_p(S_p^{\boldsymbol{\alpha}}(r)) = \int_0^r\int_0^{\pi}\cdots\int_0^{\pi}\int_0^{2\pi}J(r,\theta_1,\cdots,\theta_{p-1})d\theta_1\cdots d\theta_{p-1}dr$$

$$= \alpha_{(p)} \prod_{i=1}^{p} \frac{2}{\alpha_i} \int_0^r r^{\sum\limits_{i=1}^{p} \frac{\alpha_{(p)}}{\alpha_i} - 1} \frac{\prod\limits_{i=1}^{p} \Gamma\left(\frac{1}{\alpha_i}\right)}{\Gamma\left(\sum\limits_{i=1}^{p} \frac{1}{\alpha_i}\right)} dr$$

$$= r^{\sum\limits_{i=1}^{p} \frac{\alpha_{(p)}}{\alpha_i}} \left(\prod_{i=1}^{p} \frac{2}{\alpha_i}\right) \frac{1}{\sum\limits_{i=1}^{p} \frac{1}{\alpha_i}} \frac{\prod\limits_{i=p}^{\Gamma} \left(\frac{1}{\alpha_i}\right)}{\Gamma\left(\sum\limits_{i=1}^{p} \frac{1}{\alpha_i}\right)}$$

$$= r^{m(\boldsymbol{\alpha})} \left(\prod_{i=1}^{p} \frac{2}{\alpha_i}\right) \frac{\prod\limits_{i=1}^{p} \Gamma\left(\frac{1}{\alpha_i}\right)}{\Gamma\left(\sum\limits_{i=1}^{p} \frac{1}{\alpha_i} + 1\right)}.$$

上式去掉对 r 的积分就得到表面积公式:

$$\bar{L}_p(S_p^{\boldsymbol{\alpha}}(r)) = \alpha_{(p)} r^{m(\boldsymbol{\alpha})-1} \left(\prod_{i=1}^{p} \frac{2}{\alpha_i}\right) \frac{\prod\limits_{i=1}^{p} \Gamma\left(\frac{1}{\alpha_i}\right)}{\Gamma\left(\sum\limits_{i=1}^{p} \frac{1}{\alpha_i}\right)},$$

其中 $m(\boldsymbol{\alpha})$ 由 (4.23) 定义.

4.3 常见分布的扩展

设 $\mathbf{Y}_p \sim N_p(\mathbf{0}_p, I_p)$, 则

$$\mathbf{X}_p = \boldsymbol{\mu} + M\mathbf{Y} \sim N_p(\boldsymbol{\mu}, \Sigma), \quad \Sigma = \mathrm{Cov}(\mathbf{X}) = MM',$$

其中 M 是 $p \times p$ 方阵. p 维正态分布族就是 p 维标准正态变量的全体线性变换的分布集合. 标准正态分布用中心相似分布代替, 就生成了众多分布族. 设 $\mathbf{Y}_p$ 有中心相似分布, 即

$$\mathbf{Y}_p = R\mathbf{V}, \quad \mathbf{V} \sim U(D), \ D \subset \mathfrak{R}^p, \quad \mathbf{0}_p \in D,$$

其概率密度函数是 $f(\mathbf{y}_p)$, $\mathbf{y}_p \in \mathfrak{R}^p$. 记

$$\Sigma_0 = \mathrm{Cov}(\mathbf{Y}_p) = E((\mathbf{Y}_p - E\mathbf{Y}_p)(\mathbf{Y}_p - E\mathbf{Y}_p)')$$

$$= ER^2 E((\mathbf{V} - E\mathbf{V})(\mathbf{V} - E\mathbf{V})') = ER^2 \mathrm{Cov}(\mathbf{V}).$$

不失一般性, 可设 $\Sigma_0 = I_p$, 对给定非退化方阵 M, $\mathbf{X}_p = \boldsymbol{\mu} + M\mathbf{Y}$ 的协方差阵和密度函数分别是

$$\mathrm{Cov}(\mathbf{X}_p) = \Sigma = M\Sigma_0 M' = MM',$$

$$f(\mathbf{x}_p, \boldsymbol{\mu}, M) = \frac{1}{|\det(M)|} f(M^{-1}(\mathbf{x}_p - \boldsymbol{\mu})) = \frac{1}{\sqrt{|\Sigma|}} f(M^{-1}(\mathbf{x}_p - \boldsymbol{\mu})), \quad \det(M) \neq 0.$$

称分布族

$$\mathscr{P}_{[f]} = \{f(\mathbf{x}_p, \boldsymbol{\mu}, M) : \boldsymbol{\mu} \in \mathfrak{R}^p, M \text{ 是 } p \times p \text{ 方阵}\}$$

为由 $f(\cdot)$ 生成的线性变换分布族. 若 $\mathbf{X}_p \sim f(\cdot, \boldsymbol{\mu}, M)$, 记作 $\mathbf{X}_p \sim N_{[f]}(\boldsymbol{\mu}, M)$. 若 $f(\cdot)$ 是标准正态分布密度函数, $\mathscr{P}_{[f]}$ 就是正态分布族; 若 $f(\cdot)$ 是球对称分布, $\mathscr{P}_{[f]}$ 就是椭球等高分布族. 如果将 D 取作广义球, 就可以得到很复杂的分布族. 基于中心相似分布概念, 可以扩张常见分布族.

4.3.1　正态分布的扩展

正态分布可以表示为 $\mathbf{X}_p = R\mathbf{U}_p$, $\mathbf{U}_p$ 的分布是单位球 (体) S_p^2 上的均匀分布, R^2 的分布是自由度为 $p+2$ 的 χ^2 分布. 改变 R 的分布, 其中 R 的概率密度函数由 (4.14) 定义, 得到一类特殊的球对称分布, 称为类正态分布. 应用定理 4.3 计算其概率密度函数. 当 R 的密度函数是 $g_{p+2k}(\cdot)$, $k = 1, 2, \cdots$ 时, 其密度函数是

$$p_{p+2k}(\mathbf{x}_p) = C_k P_k(\|\mathbf{x}_p\|) \exp\left\{-\frac{1}{2}\mathbf{x}_p'\mathbf{x}_p\right\},$$

这里 P_k 是 k 阶多项式, C_k 是常数. 当 k 为偶数时无解析表达式. 当 $k = 1$ 时就是标准 p 维正态分布, 详见例 4.4.

4.3.2　指数分布的扩展

令 $D_p = \left\{\mathbf{x}_p : \sum_{i=1}^p x_i \leqslant 1, x_i \geqslant 0, i = 1, \cdots, p\right\}$, 其边界函数是

$$b_e(\mathbf{x}_p) = \frac{1}{\displaystyle\sum_{i=1}^p x_i} I_{\{x_i \geqslant 0, i=1,\cdots,p\}}(\mathbf{x}_p), \qquad \sum_{i=1}^p x_i^2 = 1.$$

事实上,

$$\|\mathbf{x}_p\| \leqslant b_e\left(\frac{\mathbf{x}_p}{\|\mathbf{x}_p\|}\right) \Leftrightarrow \|\mathbf{x}_p\| \leqslant \frac{1}{\displaystyle\sum_{i=1}^p \frac{x_i}{\|\mathbf{x}_p\|}} \Leftrightarrow \sum_{i=1}^p x_i \leqslant 1.$$

设 $\mathbf{U}_p$ 的分布是 D_p 上的均匀分布, 以及 R 的概率密度函数是

$$h_{p+k}(r) = \frac{1}{\Gamma(k+p+1)} r^{p+k} e^{-r}, \quad r \geqslant 0,$$

注意到 $L_p(D_p) = \dfrac{1}{p!}$, 由 (4.18) 得 $\mathbf{X}_p = R\mathbf{U}_p$ 的密度函数是

$$p_{p,k}(\mathbf{x}_p) = p! \int_{\frac{\|\mathbf{x}_p\|}{b_e\left(\frac{\mathbf{x}_p}{\|\mathbf{x}_p\|}\right)}}^{\infty} \frac{h_{k+p}(r)}{r^p} dr = \frac{\Gamma(p+1)}{\Gamma(k+p+1)} \int_{\sum_{i=1}^p x_i}^{\infty} r^k e^{-r} dr$$

$$= \frac{\Gamma(p+1)}{\Gamma(k+p+1)} \left\{ \left(\sum_{i=1}^{p} x_i \right)^k e^{-\sum_{i=1}^{p} x_i} + k \int_{\sum_{i=1}^{p} x_i}^{\infty} r^{k-1} e^{-r} dr \right\}$$

$$= \frac{\Gamma(p+1)}{\Gamma(k+p+1)} \left\{ \sum_{i=0}^{k-1} \frac{k!}{(k-i)!} \left(\sum_{i=1}^{p} x_i \right)^{k-i} \right\} e^{-\sum_{i=1}^{p} x_i}$$

$$= \frac{k! p!}{(p+k)!} P_k \left(\sum_{i=1}^{p} x_i \right) e^{-\sum_{i=1}^{p} x_i},$$

其中

$$P_k(u) = \sum_{i=0}^{k} \frac{u^{k-i}}{(k-i)!}.$$

当 $p=1$, $k=0$ 时就是指数分布, 当 $k=0$ 时, $\mathbf{X}_p$ 的 p 个分量是相互独立的指数分布.

4.4 多元概率分布的结构

VDR 理论描述了多元概率密度函数的构造方法. 设 $f(\cdot)$ 是 $\mathfrak{R}^p$ 上的概率密度函数, $\mathbf{X}$ 是以 $f(\cdot)$ 为其密度函数的随机向量, 由 II 型 VDR, 它可以表示为

$$\mathbf{X} \sim U(D_{[f]}(V)), \ V \sim L_p(D_{[f]}(v)), \ 0 < v \leqslant f_0 = \sup_{\mathbf{x} \in \mathfrak{R}^p} f(\mathbf{x}),$$

$$\Updownarrow \tag{4.27}$$

$$\mathbf{X}|V = v \sim U(D_{[f]}(v)),$$

这里 $U(A)$ 是 A 上的均匀分布. 这是最一般的密度函数的表示, 对 $D_{[f]}(v)$ 没有任何限制,

$$\Omega = \{ D_{[f]}(v) : 0 < v \leqslant f_0 \}$$

是集族, v 是集族参数, $\Xi = (0, f_0]$ 就是集族参数空间. 可将集族参数空间标准化为

$$\mathfrak{R}^+ = [0, \infty) = \left\{ r : r = -2\ln\left(\frac{v}{f_0}\right), v \in \Xi \right\}.$$

以 r 表示集族参数, 集族参数空间是 $\mathfrak{R}^+$. $R = -2\ln\left(\frac{V}{f_0}\right)$ 的概率密度函数是

$$f_R(r) = f_0 L_p(D_{[f]}(f_0 e^{-\frac{r}{2}})) e^{-\frac{r}{2}}.$$

这提供了构造多元随机变量或多元概率密度函数的方式.

设 $g(\cdot)$ 是 $\mathfrak{R}^+$ 上的概率密度, Ω 是以 r 为参数的集族, $\Omega = \{A(r) : r \in \mathfrak{R}^+\}$, 自然要求 $L_p(A(r)) > 0$, $\forall r \in \mathfrak{R}^+$. 按 (4.27) 的结构可构造随机向量

$$\mathbf{Y} = U(A(R)), \ R \sim g(\cdot), \ g(\cdot) \text{ 是 } \mathfrak{R}^+ \text{ 上的概率密度函数}. \tag{4.28}$$

由于给定 $R = r$ 的条件下 $\mathbf{Y}$ 的条件分布是 $A(r)$ 上的均匀分布, $\mathbf{Y}$ 的概率密度函数是

$$f(\mathbf{y}) = \int_{\Re_{\mathbf{y}}} \frac{g(r)}{L_p(A(r))} dr, \tag{4.29}$$

其中

$$\Re_{\mathbf{y}} = \{r : \mathbf{y} \in A(r), r \in \Re^+\}.$$

对 Ω 和 $g(\cdot)$ 加各种限制条件, 就生成各类分布, 直到产生最常见的球对称分布和多元标准正态分布.

4.4.1 单调分布

若 Ω 是单调集族, 即若 $r < r'$, $r, r' \in \Re^+$, 则 $A(r) \subset A(r')$. 称由 (4.28) 定义的随机向量 $\mathbf{Y}$ 的分布是单调分布, 由 (4.29) 其密度函数是

$$f(\mathbf{x}) = \int_{a(\mathbf{x})}^{\infty} \frac{g(r)}{L_p(A(r))} dv, \tag{4.30}$$

其中

$$a(\mathbf{x}) = \inf\{r : \mathbf{x} \in A(r),\ r \in \Re^+\}. \tag{4.31}$$

单调分布仍需单调集族确定.

4.4.2 中心相似分布

若单调集族还是相似的, 即 $\mathbf{0}_p \in \bigcap_{r \in \Re^+} A(r)$, 且

$$A(r) = \left\{ \mathbf{x} : \mathbf{x} = \frac{r}{r'}\mathbf{y},\ \mathbf{y} \in A(r') \right\}, \quad \forall\, r, r' \in \Re.$$

取 $r' = 1$, 则

$$A(r) = \{\mathbf{x} : \mathbf{x} = r\mathbf{y},\ \mathbf{y} \in A(1)\} = rA(1),$$

$$L_p(A(r)) = r^p L_p(A(1)).$$

以下将 $A(1)$ 记作 D, 称为相似集族的基集, 简称为基集. 相似集族由基集确定. (4.27) 可表示为

$$\mathbf{X} = U(A(R)) = R\frac{U(A(R))}{R} = R\mathbf{V}, \quad \mathbf{V} \sim \frac{U(A(R))}{R} = U(D).$$

$U(D)$ 与 R 无关, 故 $\mathbf{V}$ 与 R 相互独立. 若随机向量可表示为

$\mathbf{X} = R\mathbf{V}$, $R, \mathbf{V}$ 相互独立, 且 $\mathbf{V} \sim U(D)$, $R \sim g(\cdot)$ 是 $\Re^+$ 上的概率密度函数, 则称 $\mathbf{X}$ 的分布是中心相似的, 或服从中心相似分布, 其密度函数可表示为

$$f(\mathbf{x}) = \frac{1}{L_p(D)} \int_{a(\mathbf{x})}^{\infty} \frac{g(r)}{r^p} dv. \tag{4.32}$$

$a(\mathbf{x})$ 由 (4.31) 确定, 这里

$$a(\mathbf{x}) = \inf\{r : \mathbf{x} \in rD\}.$$

若基集 D 是由边界函数 $b(\mathbf{x})$, $\mathbf{x} \in \bar{S}_p^2$ 确定:

$$D = \left\{ \mathbf{x} : \|\mathbf{x}\| \leqslant b\left(\frac{\mathbf{x}}{\|\mathbf{x}\|}\right) \right\},$$

则

$$\|\mathbf{x}\| = a(\mathbf{x})b\left(\frac{\mathbf{x}}{\|\mathbf{x}\|}\right).$$

将上式代入 (4.32) 得到 (4.18).

直观地讲, 中心相似分布就是概率密度函数等高线相似的分布. D 取特定集合, 形成特定分布. 如取单位球, 中心相似分布就成为球对称分布.

4.4.3 球对称分布

中心相似分布的基集取作单位球 S_p^2, 则称随机向量

$$\mathbf{X} = R\mathbf{V}, \quad \mathbf{V} \sim U(S_p^2), \quad R \text{ 是非负随机变量}$$

服从球对称分布. 它的密度函数可表示为

$$f(\mathbf{x}) = \frac{1}{L_p(S_p^2)} \int_{\sqrt{\mathbf{x}'\mathbf{x}}}^\infty \frac{g(r)}{r^p} dr = \frac{\Gamma\left(\frac{p}{2}+1\right)}{\pi^{\frac{p}{2}}} \int_{\sqrt{\mathbf{x}'\mathbf{x}}}^\infty \frac{g(r)}{r^p} dr, \quad \mathbf{x} \in \mathfrak{R}^p. \tag{4.33}$$

(4.33) 蕴含着球对称分布的密度函数可写作 $h(\mathbf{x}'\mathbf{x})$ 的形式, $h(\cdot)$ 是定义在 $\mathfrak{R}^+$ 上的单调下降函数, 即

$$h(r) = \frac{\Gamma\left(\frac{p}{2}+1\right)}{\pi^{\frac{p}{2}}} \int_r^\infty \frac{g(r)}{r^p} dr, \quad r \in \mathfrak{R}^+.$$

这和通常球对称分布的定义是一致的.

4.4.4 标准正态分布

单调分布、中心相似分布和球对称分布实际上都是分布族, R 的分布可自由选取. 单调分布的集族可任意选取; 中心相似分布是取相似集族, 基集可任意选取; 球对称分布的基集是球, 只有 R 的分布可自由选取. 当取定 R 的分布就得到特定球对称分布. 取 R^2 的分布为自由度为 $p+2$ 的 χ^2 分布, 就是 p 维标准正态分布. 众所周知, 自由度为 $p+2$ 的 χ^2 分布的密度函数是

$$g(u) = \frac{1}{2^{\frac{p+2}{2}}\Gamma\left(\frac{p+2}{2}\right)} u^{\frac{p}{2}} e^{-\frac{u}{2}}.$$

将其代入 (4.33), 标准正态分布的密度函数是

$$\varphi(\mathbf{x}) = \frac{1}{L_p(S_p^2)} \int_{\mathbf{x}'\mathbf{x}}^\infty \frac{g(r)}{r^{\frac{p}{2}}} dr = \frac{1}{(2\pi)^{\frac{p}{2}}} \int_{\mathbf{x}'\mathbf{x}}^\infty \frac{1}{2} e^{-\frac{1}{2}r} dr = \frac{1}{(2\pi)^{\frac{p}{2}}} e^{-\frac{1}{2}\mathbf{x}'\mathbf{x}}, \tag{4.34}$$

这里用了公式

$$L_k(S_k^2(r)) = r^k \frac{\pi^{\frac{k}{2}}}{\Gamma\left(\frac{k}{2}+1\right)}.$$

4.4.5 q-球对称分布

球是模长 (和原点 $\mathbf{0}_p$ 的距离) 小于给定常数的点的集合, 通常模长是指欧氏模. 取定一种模就产生一类球对称分布. 如取 Minkowski 距离 (M-距离), 就得到 M-球对称分布. M_q-距离定义为

$$d^{(q)}(\mathbf{x}, \mathbf{y}) = \|\mathbf{x} - \mathbf{y}\|_q = \left(\sum_{i=1}^{p} |x_i - y_i|^q \right)^{\frac{1}{q}}, \quad \forall \, \mathbf{x}, \mathbf{y} \in \Re^p, \tag{4.35}$$

其中 q 是一正数, 当 $q = 2$ 时就是欧氏距离, 当 $q = 1$ 时就是绝对距离

$$d^{(1)} = \sum_{i=1}^{p} |x_i - y_i|.$$

半径为 r 的 M_q-球简称作 q-球, 记作 $S_p^q(r)$, 则

$$S_p^q(r) = \left\{ \mathbf{x} : d^q(\mathbf{x}, \mathbf{0}_p) = \|\mathbf{x}\|_q \leqslant r, \ \mathbf{x} \in \Re^p \right\}$$

$$= \left\{ \mathbf{x} : \left(\sum_{i=1}^{p} |x_i|^q \right)^{\frac{1}{q}} \leqslant r, \ \mathbf{x} \in \Re^p \right\}.$$

注意到

$$L_p(S_p^q(r)) = r^p \frac{\prod\limits_{i=1}^{p} \Gamma\left(\dfrac{1}{q}\right)}{\Gamma\left(\dfrac{p}{q} + 1\right)},$$

M_q-球对称分布的概率密度函数是

$$f(\mathbf{x}) = \frac{1}{L_p(S_p^q)} \int_{\|\mathbf{x}\|_q}^{\infty} \frac{g(r)}{r^p} dr = \frac{\Gamma\left(\dfrac{p}{q} + 1\right)}{\Gamma^p\left(\dfrac{1}{q}\right)} \int_{\left(\sum\limits_{i=1}^{p} |x_i|^q \right)^{\frac{1}{q}}}^{\infty} \frac{g(r)}{r^p} dr, \quad \mathbf{x} \in \Re^p. \tag{4.36}$$

取

$$g(r) = g_{q,k}(r) = \frac{1}{q^{\frac{p}{q}} \Gamma\left(\dfrac{p}{q} + k\right)} r^{p+kq-1} e^{-\frac{r^q}{q}},$$

对应的 f 记作 $f_{q,k}(\cdot)$, 那么

$$f_{q,1}(\mathbf{x}) = \frac{1}{\left(\dfrac{1}{q}\right)^p \Gamma^p\left(\dfrac{1}{q}\right)} e^{-\sum\limits_{i=1}^{p} |x_i|^q},$$

$$f_{q,2k-1}(\mathbf{x}) = \frac{\Gamma\left(\dfrac{p}{q} + 1\right)}{\left(\dfrac{1}{q}\right)^p \Gamma^p\left(\dfrac{1}{q}\right) \Gamma\left(\dfrac{p}{q} + 2k - 1\right)} h_{2k-1}(\mathbf{x}) e^{-\sum\limits_{i=1}^{p} |x_i|^q},$$

其中

$$h_{2k-1}(\mathbf{x}) = \|\mathbf{x}\|_q^{2(k-1)} + \|\mathbf{x}\|_q^{2(k-2)} + \cdots + 1.$$

4.4.6 α-球对称分布

在球的扩展一节已经讨论了 α-球的性质, 没涉及 α-球对称分布的内容. 在此考虑 α-球对称分布.

$S_p^2(r)$ 就是熟悉的欧氏空间中的球体. $S_p^q(r)$ 就是熟悉的 L_q 空间中的球体, 即 q-球. 当 $q=2$ 时 q-球就是欧氏球. 球对称分布和 q-球对称分布都是 α-球对称分布的特例. q-球有仿射性, 即所有 q-球是相似的. q-球对称分布的共同特点是各分量尾部行为一致. 如前面所述, α-球没有仿射性, α-球对称分布的分量尾部行为各异. 设

$$\boldsymbol{\alpha} = (\alpha_1, \cdots, \alpha_p)', \; \alpha_i > 0, \; i = 1, \cdots, p, \; \alpha_{(p)} = \max\{\alpha_1, \cdots, \alpha_p\},$$

$$S_p^{\boldsymbol{\alpha}}(r) = \left\{ \mathbf{x} : \sum_{i=1}^p |x_i|^{\alpha_i} \leqslant r^{\alpha_{(p)}}, \; \mathbf{x} \in \mathfrak{R} \right\} = \{\mathbf{x} : \|\mathbf{x}\|_{\boldsymbol{\alpha}} \leqslant r\},$$

$S_p^{\boldsymbol{\alpha}}(r)$ 的边界函数存在, 但没有解析表达式. 不过全体 α-球形成单调集族, 记作 $\Omega_{\boldsymbol{\alpha}}$, 称为 α-球集族. 它可以构造多元分布. 设 R 是非负随机变量, 有连续分布函数. $\mathbf{X}$ 是随机向量, 给定 $R = r$ 的条件下 $\mathbf{X}$ 的条件分布是 $U(S_p^{\boldsymbol{\alpha}}(r))$, 即

$$\mathbf{X} \sim U(S_p^{\boldsymbol{\alpha}}(R)), \; R \sim g(\cdot), \; g(\cdot) \text{ 是 } \mathfrak{R}^+ \text{ 上的概率密度函数.}$$

应用 (4.30) 可求 $\mathbf{X}$ 的密度函数. 对 α-球集族, 由 (4.31) 定义的

$$a(\mathbf{x}) = \|\mathbf{x}\|_{\boldsymbol{\alpha}}.$$

若 R 的密度函数取作

$$g_{(1,\boldsymbol{\alpha},\beta)}(r) = C^{-1}(p, \beta, \boldsymbol{\alpha}) r^{m(\boldsymbol{\alpha}) + \alpha_{(p)} - 1} e^{-\beta^{-1} r^{\alpha_{(p)}}}, \tag{4.37}$$

其中

$$m(\boldsymbol{\alpha}) = \sum_{i=1}^p \frac{\alpha_{(p)}}{\alpha_i},$$

$$\begin{aligned} C(p, \beta, \boldsymbol{\alpha}) &= \int_0^\infty r^{m(\boldsymbol{\alpha}) + \alpha_{(p)} - 1} e^{-\beta^{-1} r^{\alpha_{(p)}}} \, dr \\ &= \int_0^\infty \left((\beta s)^{\frac{1}{\alpha_{(p)}}} \right)^{m(\boldsymbol{\alpha}) + \alpha_{(p)} - 1} \beta^{\frac{1}{\alpha_{(p)}}} \frac{1}{\alpha_{(p)}} s^{\frac{1}{\alpha_{(p)}} - 1} e^{-s} ds \\ &= \frac{\beta^{\sum_{i=1}^p \frac{1}{\alpha_i} + 1}}{\alpha_{(p)}} \int_0^\infty s^{\sum_{i=1}^p \frac{1}{\alpha_i}} e^{-s} ds = \frac{\beta^{\sum_{i=1}^p \frac{1}{\alpha_i} + 1} \Gamma\left(\sum_{i=1}^p \frac{1}{\alpha_i} + 1\right)}{\alpha_{(p)}}. \end{aligned}$$

由 (4.30), $\mathbf{X}$ 的密度函数是

$$\begin{aligned} f_{(1,\boldsymbol{\alpha},\beta)}(\mathbf{x}) &= \int_{\|\mathbf{x}\|_{\boldsymbol{\alpha}}}^\infty g_{(1,\boldsymbol{\alpha},\beta)}(r) L_p^{-1}(S_p^{(\boldsymbol{\alpha})}(r)) dr \\ &= c^{-1}(p, \boldsymbol{\alpha}) C^{-1}(p, \beta, \boldsymbol{\alpha}) \int_{\|\mathbf{x}\|_{\boldsymbol{\alpha}}}^\infty r^{\alpha_{(p)} - 1} e^{-\beta^{-1} r^{\alpha_{(p)}}} \, dr \\ &= c^{-1}(p, \boldsymbol{\alpha}) C^{-1}(p, k, \boldsymbol{\alpha}) \frac{\beta}{\alpha_{(p)}} e^{-\beta^{-1}(\|\mathbf{x}\|_{\boldsymbol{\alpha}})^{\alpha_{(p)}}}, \end{aligned}$$

其中

$$c(p, \boldsymbol{\alpha}) = L_p(S_p^{\boldsymbol{\alpha}}) = \frac{\left(\prod\limits_{i=1}^{p} \dfrac{2}{\alpha_i}\right) \prod\limits_{i=1}^{p} \Gamma\left(\dfrac{1}{\alpha_i}\right)}{\Gamma\left(\sum\limits_{i=1}^{p} \dfrac{1}{\alpha_i} + 1\right)}.$$

于是

$$f_{(1,\boldsymbol{\alpha},\beta)}(\mathbf{x}) = \frac{1}{\beta^{\sum\limits_{i=1}^{p} \frac{1}{\alpha_i}} \left(\prod\limits_{i=1}^{p} \dfrac{2}{\alpha_i}\right) \prod\limits_{i=1}^{p} \Gamma\left(\dfrac{1}{\alpha_i}\right)} e^{-\beta^{-1} \sum\limits_{i=1}^{p} |x_i|^{\alpha_i}}$$

$$= \frac{\prod\limits_{i=1}^{p} \alpha_i}{2^p \beta^{\sum\limits_{i=1}^{p} \frac{1}{\alpha_i}} \prod\limits_{i=1}^{p} \Gamma\left(\dfrac{1}{\alpha_i}\right)} e^{-\beta^{-1} \sum\limits_{i=1}^{p} |x_i|^{\alpha_i}}. \tag{4.38}$$

$f_{(1,2\mathbf{1}_p,2)}(\cdot)$ 就是 p 维标准正态密度函数.

不难计算,

$$E\mathbf{X} = \mathbf{0}_p, \quad E(X_i X_j) = \delta_{ij},$$

$$EX_i^2 = \frac{\alpha_{(p)}^{\frac{2}{\alpha_i}} \Gamma\left(\dfrac{3}{\alpha_i}\right)}{\Gamma\left(\dfrac{1}{\alpha_i}\right)} = \sigma_i^2, \quad i = 1, \cdots, p,$$

$$\mathrm{Cov}(\mathbf{X}) = \mathrm{diag}(\sigma_1^2, \sigma_2^2, \cdots, \sigma_p^2).$$

若取

$$g_{(k,\boldsymbol{\alpha},\beta)}(r) = C^{-1}(p, \beta, \boldsymbol{\alpha}, k) r^{m(\boldsymbol{\alpha}) + k\alpha_{(p)} - 1} e^{-\beta^{-1} r^{\alpha_{(p)}}}, \tag{4.39}$$

其中

$$C(p, \beta, \boldsymbol{\alpha}, k) = \int_0^\infty r^{m(\boldsymbol{\alpha}) + k\alpha_{(p)} - 1} e^{-\beta^{-1} r^{\alpha_{(p)}}} dr$$

$$= \int_0^\infty \left((\beta s)^{\frac{1}{\alpha_{(p)}}}\right)^{m(\boldsymbol{\alpha}) + k\alpha_{(p)} - 1} \beta^{\frac{1}{\alpha_{(p)}}} \frac{1}{\alpha_{(p)}} s^{\frac{1}{\alpha_{(p)}} - 1} e^{-s} ds$$

$$= \frac{\beta^{\sum\limits_{i=1}^{p} \frac{1}{\alpha_i} + k}}{\alpha_{(p)}} \int_0^\infty s^{\sum\limits_{i=1}^{p} \frac{1}{\alpha_i} + k - 1} e^{-s} ds = \frac{\beta^{\sum\limits_{i=1}^{p} \frac{1}{\alpha_i} + k} \Gamma\left(\sum\limits_{i=1}^{p} \dfrac{1}{\alpha_i} + k\right)}{\alpha_{(p)}}.$$

由 (4.30), $\mathbf{X}$ 的密度函数是

$$f_{(k,\boldsymbol{\alpha},\beta)}(\mathbf{x}) = \int_{\|\mathbf{x}\|_{\boldsymbol{\alpha}}}^\infty g_{(k,\boldsymbol{\alpha},\beta)}(r) L_p^{-1}(S_p^{(\boldsymbol{\alpha})}(r)) dr$$

$$= \left[c^{-1}(p, \boldsymbol{\alpha}) C^{-1}(p, \beta, \boldsymbol{\alpha}, k) \frac{\beta}{\alpha_{(p)}}\right] \int_{\|\mathbf{x}\|_{\boldsymbol{\alpha}}}^\infty \frac{\alpha_{(p)}}{\beta} r^{k\alpha_{(p)} - 1} e^{-\beta^{-1} r^{\alpha_{(p)}}} dr$$

$$= c^{-1}(p, \beta, \boldsymbol{\alpha}, k)\left(\|\mathbf{x}\|_{\boldsymbol{\alpha}}^{(k-1)\alpha_{(p)}} e^{-\beta^{-1}(\|\mathbf{x}\|_{\boldsymbol{\alpha}})^{\alpha_{(p)}}} \right.$$

$$\left. + \int_{\|\mathbf{x}\|_{\boldsymbol{\alpha}}}^{\infty} (k-1) r^{(k-2)\alpha_{(p)}-1} e^{-\beta^{-1} r^{\alpha_{(p)}}} dr \right)$$

$$= c^{-1}(p, \beta, \boldsymbol{\alpha}, k)\left((\|\mathbf{x}\|_{\boldsymbol{\alpha}}^{(k-1)\alpha_{(p)}} + (k-1)\left(\frac{\beta}{\alpha_{(p)}}\right) \|\mathbf{x}\|_{\boldsymbol{\alpha}}^{(k-3)\alpha_{(p)}}) e^{-\beta^{-1}(\|\mathbf{x}\|_{\boldsymbol{\alpha}})^{\alpha_{(p)}}} \right.$$

$$\left. + (k-1)(k-3)\left(\frac{\beta}{\alpha_{(p)}}\right) \int_{\|\mathbf{x}\|_{\boldsymbol{\alpha}}}^{\infty} r^{(k-3)\alpha_{(p)}-1} e^{-\beta^{-1} r^{\alpha_{(p)}}} dr \right)$$

$$= \cdots,$$

其中

$$c(p, \beta, \boldsymbol{\alpha}, k) = c^{-1}(p, \boldsymbol{\alpha}) C^{-1}(p, \beta, \boldsymbol{\alpha}, k) \frac{\beta}{\alpha_{(p)}}$$

$$= \frac{\beta^{\sum\limits_{i=1}^{p} \frac{1}{\alpha_i} + k - 1} \left(\prod\limits_{i=1}^{p} \frac{2}{\alpha_i}\right) \prod\limits_{i=1}^{p} \Gamma\left(\frac{1}{\alpha_i}\right) \Gamma\left(\sum\limits_{i=1}^{p} \frac{1}{\alpha_i} + k\right)}{\Gamma\left(\sum\limits_{i=1}^{p} \frac{1}{\alpha_i} + 1\right)}.$$

当 k 是奇数时

$$f_{(2k,\boldsymbol{\alpha},\beta)}(\mathbf{x}) = c^{-1}(p, \beta, \boldsymbol{\alpha}, 2k) h_{2k}(\|\mathbf{x}\|_{\boldsymbol{\alpha}}) e^{-\beta^{-1}(\|\mathbf{x}\|_{\boldsymbol{\alpha}})^{\alpha_{(p)}}},$$

其中

$$h_{2k+1}(x) = x^{2k} + 2k\left(\frac{\beta}{\alpha_{(p)}}\right) x^{2k-2} + (2k-2)(2k-4)\left(\frac{\beta}{\alpha_{(p)}}\right)^2 x^{2k-6} + \cdots$$

$$= x^{2k} + \sum_{i=1}^{k} \left(\prod_{j=1}^{i}(2k-2j)\right)\left(\frac{\beta}{\alpha_{(p)}}\right)^i x^{2(k-i)}.$$

这给出了广泛的非正态分布, 期望它在某些领域, 如财经领域中有应用.

第五章

线性变换分布族

参数模型是总体分布属于某参数分布族, 统计推断就是推断分布参数. 点估计、置信区间和假设检验是推断的具体内容. 分布族中很多是由某分布经线性变换得到的. 如正态分布族是标准正态分布经线性变换得到的, 斜率是标准差, 常数项是均值. 其他分布经线性变换得到位置刻度分布族. 这是一元变量的线性变换, 对随机向量作线性变换也得到多元分布族. 本章应用随机估计思想讨论线性变换分布族的参数推断问题.

5.1 位置刻度参数分布族

设 $F(\cdot)$ 是分布函数, 其概率密度函数 $f(\cdot)$ 在 $\Re$ 上是连续可微、绝对可积的. 设 $Y \sim f(\cdot)$, 则称随机变量 $X = \mu + \sigma Y$ 的分布属于由 F 生成的位置刻度分布族, 即它的密度函数是

$$f(x; \mu, \sigma) = \frac{1}{\sigma} f\left(\frac{x - \mu}{\sigma}\right), \quad -\infty < x < \infty, \tag{5.1}$$

其中

$$\boldsymbol{\theta} = \begin{pmatrix} \mu \\ \sigma \end{pmatrix} \in \Theta = \{\boldsymbol{\theta} : -\infty < \mu < \infty, \sigma > 0\} = \Re \times \Re^+.$$

记作

$$X \sim N_{[f]}(\mu, \sigma).$$

X 可以表示为

$$X = \mu + \sigma Y, \quad Y \sim N_{[f]}(0, 1).$$

当 $f(x) = \frac{1}{\sqrt{2\pi}} e^{-\frac{x^2}{2}}$ 时就是正态分布族. 用枢轴量法或随机估计给出参数 $\boldsymbol{\theta}$ 的推断方法, 实际上是正态分布参数推断的推广. 参数空间 Θ 的 Borel 域记作

$$\mathscr{B}_{\boldsymbol{\theta}} = \mathscr{B} \times \mathscr{B}^+.$$

考虑假设

$$H_{01}: \mu = \mu_0 \leftrightarrow H_{11}: \mu \neq \mu_0, \tag{5.2}$$

$$H_{02}: \sigma = \sigma_0 \leftrightarrow H_{12}: \sigma \neq \sigma_0, \tag{5.3}$$

$$H_{03}: \boldsymbol{\theta} = \boldsymbol{\theta}_0 \leftrightarrow H_{13}: \boldsymbol{\theta} \neq \boldsymbol{\theta}_0, \tag{5.4}$$

这是关于分布族 (5.1) 的最基本的统计推断问题.

设 $\mathbf{x} = (x_1, \cdots, x_n)'$ 是抽自 $N_{[f]}(\mu, \sigma)$ 的样本. 对数似然函数

$$l(\mu, \sigma) = -n \ln \sigma + \sum_{i=1}^n \ln f\left(\frac{x_i - \mu}{\sigma}\right). \tag{5.5}$$

μ, σ 的极大似然估计 $\hat{\mu}_n, \hat{\sigma}_n$ 是以下似然方程的解:

$$\begin{cases} \frac{1}{\hat{\sigma}_n} \sum_{i=1}^n L_{[f]}\left(\frac{x_i - \hat{\mu}_n}{\hat{\sigma}_n}\right) = 0, \\ \frac{1}{\hat{\sigma}_n} \sum_{i=1}^n \frac{x_i - \hat{\mu}_n}{\hat{\sigma}_n} L_{[f]}\left(\frac{x_i - \hat{\mu}_n}{\hat{\sigma}_n}\right) = \frac{n}{\hat{\sigma}_n}, \end{cases} \Leftrightarrow \begin{cases} \sum_{i=1}^n L_{[f]}\left(\frac{x_i - \hat{\mu}_n}{\hat{\sigma}_n}\right) = 0, \\ \sum_{i=1}^n \frac{x_i - \hat{\mu}_n}{\hat{\sigma}_n} L_{[f]}\left(\frac{x_i - \hat{\mu}_n}{\hat{\sigma}_n}\right) = n, \end{cases} \tag{5.6}$$

其中

$$L_{[f]}(x) = -\frac{d \ln(f(x))}{dx} = -\frac{f'(x)}{f(x)}, \quad f(x) = f(0) e^{-\int_0^x w(s)ds}.$$

令

$$\mathbf{h}(\mathbf{x}; \boldsymbol{\theta}) = \begin{pmatrix} h_1(\mathbf{x}; \boldsymbol{\theta}) \\ h_2(\mathbf{x}; \boldsymbol{\theta}) \end{pmatrix} = \begin{pmatrix} \sum_{i=1}^n L_{[f]}\left(\frac{x_i - \mu}{\sigma}\right) \\ \sum_{i=1}^n \frac{x_i - \mu}{\sigma} L_{[f]}\left(\frac{x_i - \mu}{\sigma}\right) \end{pmatrix},$$

显然

$$\mathbf{h}(\mathbf{X}; \boldsymbol{\theta}) \stackrel{d}{=} \mathbf{h}(\mathbf{X}; (0, 1)'),$$

故 $\mathbf{h}(\mathbf{x}; \boldsymbol{\theta})$ 是参数 $\boldsymbol{\theta}$ 的枢轴量. $\mathbf{h}(\mathbf{X}; \mu, \sigma)$ 的分布与参数无关, 与枢轴向量 $\mathbf{V}_n$ 同分布,

$$\mathbf{V}_n = \begin{pmatrix} V_{1,n} \\ V_{2,n} \end{pmatrix} = \begin{pmatrix} \sum_{i=1}^n L_{[f]}(Z_i) \\ \sum_{i=1}^n Z_i L_{[f]}(Z_i) \end{pmatrix}, \quad Z_1, \cdots, Z_n \text{ 是 } i.i.d., \quad Z_1 \sim N_f(0, 1). \tag{5.7}$$

断言 $\mathbf{h}(\mathbf{X}; \boldsymbol{\theta})$ 和 $\mathbf{V}$ 是取值于 Θ 的随机向量, 至少对充分大的 n 如此. 事实上, 由于 $f(\cdot)$ 是密度函数, 故有

$$\lim_{x \to \pm\infty} x f(x) = 0, \ f(\pm\infty) = 0.$$

进而

$$EL_{[f]}(Z_1) = \int_{-\infty}^{\infty} L_{[f]}(x)f(x)dx = -\int_{-\infty}^{\infty} df(x) = 0,$$

$$E(Z_1 L_{[f]}(Z_1)) = \int_{-\infty}^{\infty} xL_{[f]}(x)f(x)dx = -\int_{-\infty}^{\infty} xf'(x)dx$$

$$= -xf(x)\Big|_{-\infty}^{\infty} + \int_{-\infty}^{\infty} f(x)dx = 1.$$

由强大数定律, 对足够大的 n, 概率为 1 地有 $V_{2,n} > 0$. 又对给定 $\mathbf{x}$, $\mathbf{h}(\mathbf{x}; \mu, \sigma)$ 是 $\Theta \to \Theta$ 的一一变换, 故 $\mathbf{h}(\mathbf{X}; \mu, \sigma)$ 是参数 $\boldsymbol{\theta}$ 的枢轴向量.

将 $\mathbf{V}_n$ 的分布函数记作 $F_h(\cdot)$, 它是由 $N_{[f]}(0,1)$ 确定的. 它的密度函数记作 $f_h(\cdot)$. $\boldsymbol{\theta} = (\mu, \sigma)'$ 的随机估计

$$\mathbf{W} = (W_\mu, W_\sigma)'$$

满足方程

$$\mathbf{h}(\mathbf{x}; \mathbf{W}) = \mathbf{V}_n,$$

它等价于

$$\begin{cases} \sum_{i=1}^n L_{[f]}\left(\dfrac{x_i - W_\mu}{W_\sigma}\right) = V_{1,n}, \\ \sum_{i=1}^n \dfrac{x_i - W_\mu}{W_\sigma} L_{[f]}\left(\dfrac{x_i - W_\mu}{W_\sigma}\right) = V_{2,n}. \end{cases} \tag{5.8}$$

W_μ 和 W_σ 是方程组 (5.8) 的根, 是样本 $\mathbf{x}$ 和 $\mathbf{V}_n$ 的函数:

$$W_\mu = W_\mu(\mathbf{x}, \mathbf{V}_n); \quad W_\sigma = W_\sigma(\mathbf{x}, \mathbf{V}_n).$$

于是 W 的密度函数是

$$f_{\boldsymbol{\theta}}(u,v) = f_h(h_1(\mathbf{x}, u), h_2(\mathbf{x}, v)) \left| \det\left(\left|\frac{\partial \mathbf{h}(\mathbf{x}, \mathbf{v})}{\partial \mathbf{v}}\right|\right) \right|$$

$$= f_h(h_1(\mathbf{x}, u), h_2(\mathbf{x}, v)) \left| \det\left(\begin{vmatrix} \dfrac{\partial h_1(\mathbf{x}, \mathbf{v})}{\partial u} & \dfrac{\partial h_1(\mathbf{x}, \mathbf{v})}{\partial v} \\ \dfrac{\partial h_2(\mathbf{x}, \mathbf{v})}{\partial u} & \dfrac{\partial h_2(\mathbf{x}, \mathbf{v})}{\partial v} \end{vmatrix}\right) \right|$$

$$= J(\mathbf{x}, u, v) f_h(h_1(\mathbf{x}, u), h_2(\mathbf{x}, v)), \quad \mathbf{v} = (u, v)' \in \Theta. \tag{5.9}$$

关键问题是求得密度函数 $f_h(\cdot)$, 进而可求得随机估计的密度函数 $f_{\boldsymbol{\theta}}(\cdot)$, 实施 VDR 检验. 有时容易求得, 多数情形下难以求得 $f_h(\cdot)$, 但是容易获得其分布的模拟分位点.

例 5.1　正态总体.

当 $F(\cdot)$ 是标准正态分布时, 其密度函数是 $\phi(\cdot)$, 容易计算

$$L_{[\phi]}(x) = x, \quad \mathbf{V} = \begin{pmatrix} \sum_{i=1}^n Z_i \\ \sum_{i=1}^n Z_i^2 \end{pmatrix}, \quad Z_1, \cdots, Z_n \text{ 是 } i.i.d., \quad Z_1 \sim N(0,1).$$

(5.8) 为

$$
\begin{cases}
\displaystyle\sum_{i=1}^{n} Z_i = \sum_{i=1}^{n} \frac{x_i - W_\mu}{W_\sigma} = \frac{n}{W_\sigma}(\bar{x}_n - W_\mu), & (5.10) \\[4mm]
\displaystyle\sum_{i=1}^{n} Z_i^2 = \sum_{i=1}^{n} \left(\frac{x_i - W_\mu}{W_\sigma}\right)^2 = \frac{1}{W_\sigma^2}[(n-1)s_n^2 + n(\bar{x}_n - W_\mu)^2]. & (5.11)
\end{cases}
$$

$(5.11) - \dfrac{1}{n}\,(5.10)^2$

$$
W_\sigma^2 = \frac{(n-1)s_n^2}{\displaystyle\sum_{i=1}^{n} Z_i^2 - n\bar{Z}_n^2} = \frac{(n-1)s_n^2}{\chi_{n-1}^2},
$$

再由 (5.10)

$$
W_\mu = \bar{x}_n - \sigma_n \bar{Z}_n = \bar{x}_n - \frac{s_n}{\sqrt{n}}\frac{\sqrt{n}\,\bar{Z}_n}{\sqrt{\dfrac{\displaystyle\sum_{i=1}^{n} Z_i^2 - n\bar{Z}_n^2}{n-1}}} = \bar{x}_n - \frac{s_n}{\sqrt{n}}T_{n-1},
$$

其中 T_k 是随机变量, 它的分布是自由度为 k 的 t 分布; χ_k^2 是随机变量, 它的分布是自由度为 k 的 χ^2 分布.

一般导出 $\mathbf{V}$ 的分布函数是较复杂的,

$$
P(\mathbf{V} \leqslant (u,v)') = P\left(\left\{\sum_{i=1}^{n} W(Z_i) \leqslant u\right\} \cap \left\{\sum_{i=1}^{n} Z_i W(Z_i) \leqslant v\right\}\right).
$$

若能计算出 $\mathbf{V}_1 = (W(Z_1), Z_1 W(Z_1))$ 的特征函数 $\varphi(\mathbf{t}) = E e^{i\mathbf{t}'\mathbf{V}_1}$, 则 $\mathbf{V} = \displaystyle\sum_{i=1}^{n} \mathbf{V}_i$ 的特征函数是

$$
\varphi_n(\mathbf{t}) = \varphi^n(\mathbf{t}), \quad \mathbf{t} = (t_1, t_2)'.
$$

什么结构的 $f(\cdot)$ 可反演出 $\varphi_n(\mathbf{t})$ 是值得研究的问题. 无论能否求出 $\mathbf{V}$ 的分布, 都可以实现 $\mathbf{W}$ 的数值计算, 作 VDR 检验. 模拟算法如下.

位置刻度参数的 VDR 检验模拟算法

(1) 设 $\mathbf{x}$ 是来自总体 $N_{[f]}(\mu, \sigma)$ 的容量为 n 的样本.

(2) 由总体 $N_{[f]}(0,1)$ 生成样本 $\mathbf{z} = (z_1, \cdots, z_n)'$.

(3) 由 (5.7) 计算 $\mathbf{v}$.

(4) 由方程 (5.8) 解出 w_μ 和 w_σ.

(5) 重复 (2) 至 (4) N 次, 结果记作

$$
\mathcal{W}' = (\mathbf{w}_1, \cdots, \mathbf{w}_N) = \begin{pmatrix} w_{\mu,1}, \cdots, w_{\mu,N} \\ w_{\sigma,1}, \cdots, w_{\sigma,N} \end{pmatrix} \equiv \begin{pmatrix} \mathbf{w}_\mu' \\ \mathbf{w}_\sigma' \end{pmatrix}, \qquad (5.12)
$$

其中 $\mathbf{w}_i = (w_{\mu,i}, w_{\sigma,i})'$ 是方程 (5.8) 第 i 次重复的根.

(6) 基于数据 $\mathbf{w}_\mu$, 随机估计 W_μ 的密度函数估计记作 $\hat{f}_\mu(\cdot)$. 基于数据 $\mathbf{w}_\sigma$, 随机估计 W_σ 的密度函数估计记作 $\hat{f}_{\sigma^2}(\cdot)$. 基于数据 $\mathcal{W}$, 随机估计 $\mathbf{W}$ 的密度函数估计记

作 $\hat{f}_{\boldsymbol{\theta}}(\cdot)$. $\mathbf{w}_\mu$ 和 $\mathbf{w}_\sigma$ 的顺序统计量分别记作

$$\mathbf{w}'_{\mu,o} = (w_{\mu,(1)}, \cdots, w_{\mu,(N)}),$$
$$\mathbf{w}'_{\sigma,o} = (w_{\sigma,(1)}, \cdots, w_{\sigma,(N)}).$$

(7) 输出

μ 和 σ 的中位点估计分别是　　　　　$w_{\mu,([0.5N])},\ w_{\sigma,([0.5N])},$

μ 的置信度为 $1-\alpha$ 的 VDR 置信区间是　$[w_{\mu,([\alpha_{11}N])}, w_{\mu,([(1-\alpha_{12})N])}],$

σ 的置信度为 $1-\alpha$ 的 VDR 置信区间是　$[w_{\sigma,([\alpha_{21}N])}, w_{\sigma,([(1-\alpha_{22})N])}],$

其中

$$\alpha = \alpha_{11} + \alpha_{12} = \alpha_{21} + \alpha_{22},$$
$$\hat{f}_\mu(w_{11}) = \hat{f}_\mu(w_{12}), \quad w_{11} = w_{\mu,([\alpha_{11}N])}, \ w_{12} = w_{\mu,([(1-\alpha_{12})N])},$$
$$\hat{f}_\sigma(w_{21}) = \hat{f}_\sigma(w_{22}), \quad w_{21} = w_{\sigma,([\alpha_{21}N])}, \ w_{22} = w_{\sigma,([(1-\alpha_{22})N])}.$$

利用假设检验和置信区间的关系, 容易给出检验假设 (5.2) 和 (5.3) 的规则, μ_0 和 σ_0 落入对应的置信区间内就接受原假设, 否则接受对立假设.

还可以给出检验假设 (5.4) 的规则如下.

设 $h > 0$, 令

$$s(h) =^{\#} \{i : \hat{f}_{\boldsymbol{\theta}}(\mathbf{w}_i) \leqslant h, 1 \leqslant i \leqslant N\},$$

其中 "$^{\#}A$" 为集合 A 的元素个数. 给定显著水平 α, 存在正数 $h(\alpha)$ 使得

$$\frac{s(h(\alpha))}{N} \leqslant \alpha \leqslant \frac{s(h(\alpha)) + 1}{N}.$$

当 $\hat{f}_{\boldsymbol{\theta}}(\mu_0, \sigma_0) \geqslant h(\alpha)$ 时接受假设 (5.4) 的原假设, 否则接受对立假设.

例 5.2　幂分布.

若密度函数

$$f(x) = \frac{1}{2\gamma\Gamma\left(\frac{1}{\gamma}\right)} e^{-|x|^\gamma}, \quad \gamma \text{ 已知}, \tag{5.13}$$

则称其为 γ 幂分布. 由它生成的位置刻度参数分布族记作 $N_{(\gamma)}(\mu, \sigma)$. 这时

$$L_{[f]}(x) = -\frac{d}{dx}\ln f(x) = \gamma|x|^{\gamma-1},$$

当 $\gamma > 1$ 时 $L_{[f]}(\cdot)$ 处处连续; 当 $\gamma < 1$ 时 $L_{[f]}(\pm 0) = \pm\infty$; 当 $\gamma = 1$ 时 $L_{[f]}(\pm 0) = \pm 1$. 当 $\gamma = 2$ 时就是正态分布, 当 $\gamma \neq 2$ 时随机估计没有解析解. 设 $\mathbf{z}$ 是抽自 $F(\cdot)$ 的容量为 n 的样本, (5.8) 成为

$$\begin{cases} \sum_{i=1}^n \left(\frac{x_i - W_\mu}{W_\sigma}\right)^{\gamma-1} = \sum_{i=1}^n z_i^{\gamma-1}, \\ \sum_{i=1}^n \left(\frac{x_i - W_\mu}{W_\sigma}\right)^\gamma = \sum_{i=1}^n z_i^\gamma. \end{cases} \tag{5.14}$$

5.2 线性模型

通常在线性模型中假设误差项是正态的, 才可以给出线性模型系数的置信区间和参数的检验, 预测响应变量取值. 正态分布是特定的位置刻度分布族. 本节将讨论简单线性模型误差项为任意位置刻度参数分布族的情形, 其思想也适用于多元线性模型.

5.2.1 简单线性模型

首先考虑位置刻度参数分布族误差简单线性模型

$$Y_i = \gamma + \beta x_i + e_i, \ i = 1, \cdots, n, \quad e_1 \sim N_{[f]}(0, \sigma), \quad e_1, \cdots, e_n \text{ 是 } i.i.d., \tag{5.15}$$

其中 γ, β, σ 是简单线性模型 (5.15) 的参数, γ, β 是线性模型系数, σ 是模型误差分布的刻度参数. 参数空间是 $\Theta = \mathfrak{R}^2 \times \mathfrak{R}^+$, 其上的 Borel 域为 $\mathscr{B}^2 \times \mathscr{B}^+$. $\mathbf{y} = (y_1, \cdots, y_n)'$ 是 $\mathbf{Y}$ 的观测值. 基于观测值 $\mathbf{y}$ 和设计向量 $X = (x_1, \cdots, x_n)'$, 考虑假设

$$H_{01}: \gamma = \gamma_0 \leftrightarrow H_{11}: \gamma \neq \gamma_0, \tag{5.16}$$

$$H_{02}: \beta = \beta_0 \leftrightarrow H_{12}: \beta \neq \beta_0, \tag{5.17}$$

$$H_{03}: \sigma = \sigma_0 \leftrightarrow H_{13}: \sigma \neq \sigma_0, \tag{5.18}$$

$$H_{04}: \boldsymbol{\theta}_2 = \boldsymbol{\theta}_{20} \leftrightarrow H_{14}: \boldsymbol{\theta}_2 \neq \boldsymbol{\theta}_{20}, \tag{5.19}$$

$$H_{05}: \boldsymbol{\theta} = \boldsymbol{\theta}_0 \leftrightarrow H_{15}: \boldsymbol{\theta} \neq \boldsymbol{\theta}_0, \tag{5.20}$$

其中

$$\boldsymbol{\theta}_2' = (\gamma, \beta), \quad \boldsymbol{\theta}' = (\gamma, \beta, \sigma).$$

关于参数 γ, β 和 σ 的对数似然函数为

$$l(\gamma, \beta, \sigma) = -n \ln \sigma + \sum_{i=1}^{n} \ln f\left(\frac{y_i - (\gamma + \beta x_i)}{\sigma}\right).$$

γ, β 和 σ 的极大似然估计 $\hat{\gamma}_n, \hat{\beta}_n$ 和 $\hat{\sigma}_n$ 满足似然方程

$$\begin{cases} \dfrac{\partial l(\hat{\gamma}, \hat{\beta}, \hat{\sigma})}{\partial \gamma} = \dfrac{1}{\hat{\sigma}_n} \sum_{i=1}^{n} L_{[f]}\left(\dfrac{y_i - (\hat{\gamma}_n + \hat{\beta}_n x_i)}{\hat{\sigma}_n}\right) = 0, \\[3mm] \dfrac{\partial l(\hat{\gamma}, \hat{\beta}, \hat{\sigma})}{\partial \beta} = \dfrac{1}{\hat{\sigma}_n} \sum_{i=1}^{n} x_i L_{[f]}\left(\dfrac{y_i - (\hat{\gamma}_n + \hat{\beta}_n x_i)}{\hat{\sigma}_n}\right) = 0, \\[3mm] \dfrac{\partial l(\hat{\gamma}, \hat{\beta}, \hat{\sigma})}{\partial \sigma} = -\dfrac{n}{\hat{\sigma}_n} + \dfrac{1}{\hat{\sigma}_n} \sum_{i=1}^{n} \dfrac{y_i - (\hat{\gamma}_n + \hat{\beta}_n x_i)}{\hat{\sigma}_n} L_{[f]}\left(\dfrac{y_i - (\hat{\gamma}_n + \hat{\beta}_n x_i)}{\hat{\sigma}_n}\right) = 0, \end{cases} \tag{5.21}$$

其中

$$L_{[f]}(x) = -\frac{d \ln f(x)}{dx} = -\frac{f'(x)}{f(x)}.$$

令

$$\mathbf{h}(\mathbf{y}, X; \gamma, \beta, \sigma) = \begin{pmatrix} h_1(\mathbf{y}, X; \gamma, \beta, \sigma) \\ h_2(\mathbf{y}, X; \gamma, \beta, \sigma) \\ h_3(\mathbf{y}, X; \gamma, \beta, \sigma) \end{pmatrix}$$

$$= \begin{pmatrix} \displaystyle\sum_{i=1}^{n} L_{[f]}\left(\frac{y_i - (\gamma + \beta x_i)}{\sigma} \right) \\ \displaystyle\sum_{i=1}^{n} x_i L_{[f]}\left(\frac{y_i - (\gamma + \beta x_i)}{\sigma} \right) \\ \displaystyle\sum_{i=1}^{n} \frac{y_i - (\gamma + \beta x_i)}{\sigma} L_{[f]}\left(\frac{y_i - (\gamma + \beta x_i)}{\sigma} \right) \end{pmatrix}, \quad (5.22)$$

其中

$$\mathbf{y} = (y_1, \cdots, y_n)'.$$

易见

$$\mathbf{h}(\mathbf{Y}, X; \gamma, \beta, \sigma) = \mathbf{h}(\mathbf{Y}, X; \boldsymbol{\theta}) \overset{d}{=} \mathbf{h}(\mathbf{Y}, X; (0, 0, 1)'),$$

故 $\mathbf{h}(\mathbf{y}, X; \boldsymbol{\theta})$ 是枢轴量. 与枢轴向量

$$\mathbf{V}_3 = \begin{pmatrix} V_1 \\ V_2 \\ V_3 \end{pmatrix} = \begin{pmatrix} \displaystyle\sum_{i=1}^{n} L_{[f]}(Z_i) \\ \displaystyle\sum_{i=1}^{n} x_i L_{[f]}(Z_i) \\ \displaystyle\sum_{i=1}^{n} Z_i L_{[f]}(Z_i) \end{pmatrix} \quad (5.23)$$

的分布相同, 其中 $Z_1, \cdots, Z_n$ 独立同分布, 且 $Z_1 \sim N_{[f]}(0, 1)$. 参数 $\boldsymbol{\theta} = (\gamma, \beta, \sigma)'$ 的随机估计 $\mathbf{W} = (W_\gamma, W_\beta, W_\sigma)'$ 满足

$$\mathbf{h}(\mathbf{y}, X; \mathbf{W}) = \mathbf{h}(\mathbf{y}, X; W_\gamma, W_\beta, W_\sigma) = \mathbf{V}_3. \quad (5.24)$$

当 $N_f(0, 1)$ 是正态分布 $N(0, 1)$ 时 (5.24) 有解析解, 其结果和熟知的简单线性模型一致. 一般情形下, 可以获得方程 (5.24) 的数值解. 注意到

$$EV_1 = nEW(Z_1) = n \int_{-\infty}^{\infty} f'(x) dx = 0,$$

$$EV_2 = \sum_{i=1}^{n} x_i EW(Z_i) = 0,$$

$$EV_3 = -nE(z_1 W(Z_1)) = -n \int_{-\infty}^{\infty} x f'(x) dx$$

$$= n \int_{-\infty}^{\infty} f(x) dx = n.$$

$(\gamma, \beta, \sigma)'$ 的极大似然估计 $(\hat{\gamma}_n, \hat{\beta}_n, \hat{\sigma}_n)'$ 满足方程:

$$\mathbf{h}(\mathbf{y}, X, \hat{\gamma}_n, \hat{\beta}_n, \hat{\sigma}_n) = E\mathbf{V} = (0, 0, n)',$$

即

$$\begin{cases} \sum_{i=1}^{n} L_{[f]}\left(\dfrac{y_i - (\hat{\gamma}_n + \hat{\beta}_n x_i)}{\hat{\sigma}_n} \right) = 0, \\ \sum_{i=1}^{n} x_i L_{[f]}\left(\dfrac{y_i - (\hat{\gamma}_n + \hat{\beta}_n x_i)}{\hat{\sigma}_n} \right) = 0, \\ \sum_{i=1}^{n} y_i L_{[f]}\left(\dfrac{y_i - (\hat{\gamma}_n + \hat{\beta}_n x_i)}{\hat{\sigma}_n} \right) = n. \end{cases} \tag{5.25}$$

期望估计是

$$(\check{\gamma}_n, \check{\beta}_n, \check{\sigma}_n)' = E(W_\gamma, W_\beta, W_\sigma)',$$

不同于 $(\hat{\gamma}_n, \hat{\beta}_n, \hat{\sigma}_n)'$. 设 $\mathbf{V}_3$ 的密度函数是 $f_{\mathbf{h}}(\cdot)$, 则随机估计 $(W_\gamma, W_\beta, W_\sigma)'$ 的联合密度函数为

$$\begin{aligned} f_{\boldsymbol{\theta}}(t, s, v; \mathbf{y}, X) &= f_{\mathbf{h}}(h_1(\mathbf{y}, X; t, s, v), h_2(\mathbf{y}, X; t, s, v), h_3(\mathbf{y}, X; t, s, v)) \\ &\quad \cdot \left| \det\left(\left| \frac{\partial \mathbf{h}(\mathbf{y}, X, t, s, v)}{\partial (t, s, v)'} \right| \right) \right| \\ &= J(t, s, v; \mathbf{y}, X) f_{\mathbf{h}}(h_1(\mathbf{y}, X; t, s, v), h_2(\mathbf{y}, X; t, s, v), h_3(\mathbf{y}, X; t, s, v)), \\ &\quad (t, s, v)' \in \Theta. \end{aligned}$$

令

$$Z = f_{\boldsymbol{\theta}}(W_\gamma, W_\beta, W_\sigma; \mathbf{y}, X),$$

给定显著水平 α, 存在 $Q_Z(\alpha; \mathbf{y}, X) > 0$ 使

$$P(Z \leqslant Q_Z(\alpha; \mathbf{y}, X)) = \alpha.$$

若 $f_{\boldsymbol{\theta}}(\mu_0, \beta_0, \sigma_0; \mathbf{y}, X) > Q_Z(\alpha; \mathbf{y}, X)$ 则接受 (5.20) 的原假设, 否则接受对立假设. 集合

$$C_f(\alpha; \mathbf{y}, X) = \{(t, s, v) : f_{\boldsymbol{\theta}}(t, s, v; \mathbf{y}, X) \geqslant Q_Z(\alpha; \mathbf{y}, X)\}$$

是参数 $\boldsymbol{\theta} = (\gamma, \beta, \sigma)'$ 的置信度为 $1 - \alpha$ 的置信集. W_γ, W_β 的联合概率密度函数为

$$f_{\boldsymbol{\theta}_2}(t, s; \mathbf{y}, X) = \int_0^\infty f_{\boldsymbol{\theta}}(t, s, v; \mathbf{y}, X) dv,$$

它用于构造检验假设 (5.19) 的 VDR 检验. $W_\gamma, W_\beta, W_\sigma$ 的边缘概率密度函数分别用于构造假设 (5.16)、(5.17) 和 (5.18) 的 VDR 检验和置信区间. 将这些应用于正态误差情形就得到经典结果. 一般情况下可能会遇到计算困难. 但是可以给出数值模拟结果, 实现统计推断. 模拟算法和位置刻度分布族类似, 只是多了一个参数, 描述如下.

简单线性模型的模拟推断算法

(1) 设计向量 $X = (x_1, x_2, \cdots, x_n)'$ 给定, 按模型 (5.15) 观测到 $\mathbf{y} = (y_1, \cdots, y_n)'$.

(2) 生成 $N_{[f]}(0, 1)$ 的样本 $z_1, z_2, \cdots, z_n$, 按 (5.23) 计算 $\mathbf{v} = (v_1, v_2, v_3)'$.

(3) 方程 $\mathbf{h}(\mathbf{y}, X; u_1, u_2, w) = \mathbf{v}$ 的根记作 $\mathbf{w} = (u_1, u_2, w)'$.

(4) 重复 (2) 和 (3) N 次, 第 i 次重复的结果记作 $\mathbf{w}_i = (u_{1,i}, u_{2,i}, w_i)'$, 令

$$W = (\mathbf{w}_1, \mathbf{w}_2, \cdots, \mathbf{w}_N) = \begin{pmatrix} u_{1,1} & \cdots & u_{1,N} \\ u_{2,1} & \cdots & u_{2,N} \\ w_1 & \cdots & w_N \end{pmatrix} \equiv \begin{pmatrix} \mathbf{u}_1' \\ \mathbf{u}_2' \\ \mathbf{w}' \end{pmatrix},$$

$\mathbf{u}_1, \mathbf{u}_2$ 和 $\mathbf{w}$ 的顺序统计量分别记作 $\mathbf{u}_{1,o}, \mathbf{u}_{2,o}, \mathbf{w}_o$, 如 $\mathbf{w}_o = (w_{(1)}, w_{(2)}, \cdots, w_{(N)})'$.

(5) 输出, 就是在给定数据 $\mathbf{X}, \mathbf{y}$ 下, 关于模型 (5.15) 我们能得出什么结论. 分两部分论述.

(A) 单参数问题, 即假设 (5.16) 至 (5.18) 的检验问题, 或如何确定对应参数的置信区间问题. 以 σ 的推断为例, 说明确定 σ 的 VDR 置信区间的步骤.

1) 基于数据 $\mathbf{w}$ 给出随机估计 W_σ 的概率密度函数 $f_\sigma(\cdot; \mathbf{y}, X)$ 的估计 $\hat{f}_\sigma(\cdot; \mathbf{Y}, X)$, 如核密度估计.

2) 给定显著水平 α, σ 的置信度为 $1 - \alpha$ 的置信区间 $[\underline{\sigma}, \bar{\sigma}]$ 满足

$$\alpha = \alpha_1 + \alpha_2, \quad [N\alpha_1] = n_1, \quad [N(1 - \alpha_2)] = n_2,$$

$$l = v_{(n_1)}, \quad u = v_{(n_2)},$$

$$c(\alpha_1, \alpha_2) = |\hat{f}_\sigma(l; \mathbf{y}, X) - \hat{f}_\sigma(u; \mathbf{y}, X)|,$$

$$c(\alpha_1^*, \alpha_2^*) = \min_{\alpha_1, \alpha_2} c(\alpha_1, \alpha_2), \quad n_1^* = [N\alpha_1^*], \quad n_2^* = [N(1 - \alpha_2^*)],$$

$$\underline{\sigma} = v_{(n_1^*)}, \quad \bar{\sigma} = v_{(n_2^*)}.$$

也可以构造经验检验随机变量 $Z_N = \hat{f}_\sigma(\mathbf{W}; \mathbf{Y}, X)$, Z_N 的 α 分位点记作 $Q_{Z_N}(\alpha; \mathbf{Y}, X)$. 当 $\hat{f}_\sigma(\sigma_0; \mathbf{Y}, X) \leqslant Q_{Z_N}(\alpha; \mathbf{Y}, X)$ 时拒绝原假设 $H_0 : \sigma = \sigma_0$. 哪种模拟方式好有待进一步研究.

(B) 多参数检验问题, 即如何检验假设 (5.19) 和 (5.20).

与位置刻度参数分布族的讨论相似, 以检验假设 (5.19) 为例说明之. 基于数据 $(\mathbf{u}_1, \mathbf{u}_2)$ 随机估计 W_γ, W_β 的联合密度估计记作 $\hat{f}_{\boldsymbol{\theta}_2}(\cdot; \mathbf{y}, X)$. 设 $q > 0$, 令

$$s(q) = ^{\#}\{i : \hat{f}_{\boldsymbol{\theta}_2}(u_{1,i}, u_{2,i}; \mathbf{y}, X) \leqslant q, 1 \leqslant i \leqslant N\},$$

其中 "$^{\#}A$" 为集合 A 的元素个数. 给定显著水平 α, 存在正数 $q(\alpha)$ 使得

$$\frac{s(q(\alpha))}{N} \leqslant \alpha \leqslant \frac{s(q(\alpha)) + 1}{N}.$$

当 $\hat{f}_{\boldsymbol{\theta}_2}(\gamma_0, \beta_0; \mathbf{y}, X) \geqslant q(\alpha)$ 时接受假设 (5.19) 的原假设, 否则接受对立假设.

5.2.2　线性模型

考虑刻度参数分布族误差线性模型

$$Y_i = \beta_0 + \sum_{j=1}^{p-1} x_{ij}\beta_j + e_i, \quad i = 1, \cdots, n, \tag{5.26}$$

$$e_1 \sim N_{[f]}(0, \sigma), \quad e_1, \cdots, e_n \text{ 是 } i.i.d.,$$

若记

$$
\mathbf{y} = \begin{pmatrix} y_1 \\ y_2 \\ \vdots \\ y_n \end{pmatrix}, \quad \boldsymbol{\beta} = \begin{pmatrix} \beta_0 \\ \beta_1 \\ \vdots \\ \beta_{p-1} \end{pmatrix},
$$

$$
X = \begin{pmatrix} 1 & x_{11} & x_{12} & \cdots & x_{1(p-1)} \\ 1 & x_{21} & x_{22} & \cdots & x_{2(p-1)} \\ \vdots & \vdots & \vdots & & \vdots \\ 1 & x_{n1} & x_{n2} & \cdots & x_{n(p-1)} \end{pmatrix} = \begin{pmatrix} \mathbf{x}_{1\cdot} \\ \mathbf{x}_{2\cdot} \\ \vdots \\ \mathbf{x}_{n\cdot} \end{pmatrix}, \quad \mathbf{e} = \begin{pmatrix} e_1 \\ e_2 \\ \vdots \\ e_n \end{pmatrix},
$$

模型 (5.26) 可写作矩阵形式

$$
\mathbf{Y} = X\boldsymbol{\beta} + \mathbf{e}.
$$

$\mathbf{y}$ 是 $\mathbf{Y}$ 的观测值. 对数似然函数为

$$
l(\boldsymbol{\beta}, \sigma) = -n \ln \sigma + \sum_{i=1}^{n} \ln f\left(\frac{y_i - \mathbf{x}_{i\cdot}\boldsymbol{\beta}}{\sigma} \right).
$$

参数的极大似然估计 $\hat{\boldsymbol{\beta}}_p$ 和 $\hat{\sigma}_n$ 满足似然方程

$$
\begin{cases} \dfrac{1}{\hat{\sigma}_n} \displaystyle\sum_{i=1}^{n} x_{ij} L_{[f]}\left(\frac{y_i - \mathbf{x}_{i\cdot}\boldsymbol{\beta}}{\hat{\sigma}_n} \right) = 0, & j = 0, \cdots, p-1, \\ -\dfrac{n}{\hat{\sigma}_n} + \dfrac{1}{\hat{\sigma}_n^2} \displaystyle\sum_{i=1}^{n} (y_i - \mathbf{x}_{i\cdot}\boldsymbol{\beta}) L_{[f]}\left(\frac{y_i - \mathbf{x}_{i\cdot}\boldsymbol{\beta}}{\hat{\sigma}_n} \right) = 0, \end{cases} \tag{5.27}
$$

其中

$$
L_{[f]}(x) = -\frac{f'(x)}{f(x)}.
$$

写成向量形式

$$
\begin{cases} X'\mathbf{L}\left(\dfrac{\mathbf{y} - X\boldsymbol{\beta}}{\sigma} \right) = \mathbf{0}_p, \\ -\dfrac{n}{\hat{\sigma}_n} + \dfrac{1}{\hat{\sigma}_n^2} (\mathbf{y} - X\boldsymbol{\beta})' \mathbf{L}\left(\dfrac{\mathbf{y} - X\boldsymbol{\beta}}{\sigma} \right) = 0, \end{cases} \tag{5.28}
$$

其中

$$
\mathbf{L}(\mathbf{a}) = (L_{[f]}(a_1), \cdots, L_{[f]}(a_n))', \quad \mathbf{a} = (a_1, \cdots, a_n)'.
$$

令

$$
\mathbf{h}(\mathbf{y}, X; \boldsymbol{\beta}, \sigma) = \begin{pmatrix} h_0(\mathbf{y}, X; \boldsymbol{\beta}, \sigma) \\ h_1(\mathbf{y}, X; \boldsymbol{\beta}, \sigma) \\ \vdots \\ h_p(\mathbf{y}, X; \boldsymbol{\beta}, \sigma) \end{pmatrix} = \begin{pmatrix} \sum_{i=1}^{n} L_{[f]}\left(\dfrac{y_i - \mathbf{x}_{i\cdot}\boldsymbol{\beta}}{\sigma}\right) \\ \sum_{i=1}^{n} x_{i1} L_{[f]}\left(\dfrac{y_i - \mathbf{x}_{i\cdot}\boldsymbol{\beta}}{\sigma}\right) \\ \vdots \\ \sum_{i=1}^{n} x_{i(p-1)} L_{[f]}\left(\dfrac{y_i - \mathbf{x}_{i\cdot}\boldsymbol{\beta}}{\sigma}\right) \\ \sum_{i=1}^{n} \dfrac{Y_i - \mathbf{x}_{i\cdot}\boldsymbol{\beta}}{\sigma} L_{[f]}\left(\dfrac{y_i - \mathbf{x}_{i\cdot}\boldsymbol{\beta}}{\sigma}\right) \end{pmatrix}
$$

$$
= \begin{pmatrix} X'\mathbf{L}\left(\dfrac{\mathbf{y} - X\boldsymbol{\beta}}{\sigma}\right) \\ \left(\dfrac{\mathbf{y} - X\boldsymbol{\beta}}{\sigma}\right)' \mathbf{L}\left(\dfrac{\mathbf{y} - X\boldsymbol{\beta}}{\sigma}\right) \end{pmatrix}, \tag{5.29}
$$

易见 $\mathbf{h}(\mathbf{Y}, X; \boldsymbol{\beta}, \sigma)) \stackrel{d}{=} \mathbf{h}(\mathbf{Y}, X; \mathbf{0}_p, 1))$, $\mathbf{h}(\mathbf{y}, X; \boldsymbol{\beta}, \sigma))$ 是枢轴量. 枢轴向量是

$$
\mathbf{V}_p = \begin{pmatrix} V_0 \\ V_1 \\ \vdots \\ V_p \end{pmatrix} = \begin{pmatrix} \sum_{i=1}^{n} L_{[f]}(Z_i) \\ \sum_{i=1}^{n} \mathbf{x}'_{i\cdot} L_{[f]}(Z_i) \\ \sum_{i=1}^{n} Z_i L_{[f]}(Z_i) \end{pmatrix} = \begin{pmatrix} X'\mathbf{L}(\mathbf{Z}) \\ \mathbf{Z}'\mathbf{L}(\mathbf{Z}) \end{pmatrix},
$$

其中 $Z_1, \cdots, Z_n$ 独立同分布, 且 $Z_1 \sim N_{[f]}(0, 1)$, $\mathbf{Z} = (Z_1, \cdots, Z_n)'$. $(\boldsymbol{\beta}, \sigma)'$ 的随机估计 $(\mathbf{W}_{\boldsymbol{\beta}}, W_\sigma)'$ 满足

$$
\mathbf{h}(\mathbf{y}, X; \mathbf{W}_{\boldsymbol{\beta}}, W_\sigma) = \mathbf{V}_p. \tag{5.30}
$$

当 $N_{[f]}(0, 1)$ 是正态分布 $N(0, 1)$ 时 (5.24) 有解析解, 其结果和经典结果一致. 一般情形下, 可以获得方程 (5.30) 的数值解. 注意到

$$
EV_0 = nEL_{[f]}(Z_1) = n \int_{-\infty}^{\infty} f'(x) dx = 0,
$$

$$
EV_j = \sum_{i=1}^{n} x_{ij} EL_{[f]}(Z_i) = 0, \quad j = 1, \cdots, p-1,
$$

$$
EV_p = nE(z_1 L_{[f]}(Z_1)) = n \int_{-\infty}^{\infty} x f'(x) dx = n \int_{-\infty}^{\infty} f(x) dx = n.
$$

$(\boldsymbol{\beta}, \sigma)'$ 的极大似然估计 $(\hat{\boldsymbol{\beta}}, \hat{\sigma})'$ 满足方程:

$$
\mathbf{h}(\mathbf{y}, X; \hat{\boldsymbol{\beta}}, \hat{\sigma}_n) = E\mathbf{V} = (\mathbf{0}'_{p+1}, n)',
$$

即

$$
\begin{cases}
\displaystyle\sum_{i=1}^{n} X' L_{[f]}\left(\frac{y_i - \mathbf{x}_i.\boldsymbol{\beta}}{\hat{\sigma}_n}\right) = 0 \\
\displaystyle\sum_{i=1}^{n} \frac{y_i - \mathbf{x}_i.\boldsymbol{\beta}}{\hat{\sigma}_n} L_{[f]}\left(\frac{y_i - \mathbf{x}_i.\boldsymbol{\beta}}{\hat{\sigma}_n}\right) = n.
\end{cases}
\tag{5.31}
$$

困难是如何快速解方程 (5.30) 和求枢轴量的分布, 进而求出随机估计的概率密度函数. 与位置刻度参数分布族一样, 无论能否给出 (5.30) 的解析解, 总可以进行模拟推断. 不过在正态假设下, $\mathbf{V}$ 的分布是可以计算出来的. 误差项的分布是正态分布时 $L_{[f]}(x) = x$, 于是

$$
\mathbf{h}(\mathbf{y}, X; \boldsymbol{\beta}, \sigma) = \begin{pmatrix} X' \dfrac{\mathbf{y} - X\boldsymbol{\beta}}{\sigma} \\ \dfrac{\mathbf{y}' - \boldsymbol{\beta}'X'}{\sigma} \dfrac{\mathbf{y} - X\boldsymbol{\beta}}{\sigma} \end{pmatrix}, \quad \mathbf{V}_n = \begin{pmatrix} X'\mathbf{Z} \\ \mathbf{Z}'\mathbf{Z} \end{pmatrix}.
$$

因此, $\boldsymbol{\beta}, \sigma^2$ 的随机估计 $\mathbf{W}_{\boldsymbol{\beta}}, W_{\sigma}$ 由 (5.32) 和 (5.33) 确定:

$$
X' \frac{\mathbf{y} - X\mathbf{W}_{\boldsymbol{\beta}}}{W_\sigma} = X'\mathbf{Z}, \tag{5.32}
$$

$$
\frac{\mathbf{y}' - \mathbf{W}_{\boldsymbol{\beta}}'X'}{W_\sigma} \frac{\mathbf{y} - X\mathbf{W}_{\boldsymbol{\beta}}}{W_\sigma} = \mathbf{Z}'\mathbf{Z}. \tag{5.33}
$$

(5.33) 减去 (5.32) 两端乘以 $X(X'X)^{-1}$ 后的模长的平方,

$$
X' \frac{\mathbf{y} - X\mathbf{W}_{\boldsymbol{\beta}}}{W_\sigma} = X'\mathbf{Z}, \tag{5.34}
$$

$$
\frac{\mathbf{y}'(I_n - X(X'X)^{-1}X')\mathbf{y}}{W_\sigma^2} = \mathbf{Z}'(I_n - X(X'X)^{-1}X')\mathbf{Z}, \tag{5.35}
$$

记

$$
s_e^2 = \frac{\mathbf{y}'(I_n - X(X'X)^{-1}X')\mathbf{y}}{n - (p+1)},
$$

则 σ^2 的随机估计为

$$
W_\sigma^2 = \frac{s_e^2}{\dfrac{\mathbf{Z}'(I_n - X(X'X)^{-1}X')\mathbf{Z}}{n - (p+1)}} \triangleq \frac{s_e^2}{S_z^2}, \quad (n-p-1)S_z^2 \sim \chi_{n-p-1}^2. \tag{5.36}
$$

$\boldsymbol{\beta}$ 的随机估计为

$$
\begin{aligned}
\mathbf{W}_{\boldsymbol{\beta}} &= (X'X)^{-1}X'\mathbf{y} - s_e \frac{(X'X)^{-1}X'\mathbf{Z}}{S_z} \\
&= \hat{\boldsymbol{\beta}} - s_e(X'X)^{-\frac{1}{2}} \frac{(X'X)^{-\frac{1}{2}}X'\mathbf{Z}}{S_z} \\
&\triangleq \hat{\boldsymbol{\beta}} - s_e(X'X)^{-\frac{1}{2}}\mathbf{T}.
\end{aligned} \tag{5.37}
$$

由于

$$
\mathrm{Cov}(X'\mathbf{Z}, (I_n - X(X'X)^{-1}X')\mathbf{Z}) = \mathbf{0}_{(p+1)\times(n-p-1)},
$$

则 $X'\mathbf{Z}$ 和 S_z^2 相互独立, 又 $\mathrm{Cov}((X'X)^{-\frac{1}{2}}X'\mathbf{Z}) = I_p$, T 的分量都服从自由度为

$n-p-1$ 的 t 分布. 这些是熟知的结果. 关于误差项方差的置信区间 $[\underline{\sigma}^2, \bar{\sigma}^2]$ 满足

$$dnchi_{n-p-1}(\underline{\sigma}^2) = dnchi_{n-p-1}(\bar{\sigma}^2), \quad \underline{\sigma}^2 < \bar{\sigma}^2,$$

$$pchi_{n-p-1}\left(\frac{1}{\bar{\sigma}^2}\right) = \alpha_1, \ 1 - pchi_{n-p-1}\left(\frac{1}{\underline{\sigma}^2}\right) = \alpha_2, \qquad (5.38)$$

$$\alpha_1 + \alpha_2 = \alpha,$$

其中 $dnchi_k(\cdot)$ 是自由度为 k 的逆 χ^2 分布的密度函数, 即 $\frac{1}{\chi_k^2}$ 的密度函数:

$$dnchi_k(v) = \frac{1}{2^{\frac{k}{2}}\Gamma\left(\frac{k}{2}\right)} \frac{1}{v^{k+2}} e^{-\frac{1}{2v}}, \quad v > 0.$$

对非正态情形不难将简单线性模型模拟算法推广到这里.

5.3 多元线性变换分布族及其参数推断

位置刻度分布族推广到随机向量就是多元线性变换分布族.

5.3.1 多元线性变换分布族

设

$$\mathbf{Y} \sim f(\cdot), \quad E\mathbf{Y} = \mathbf{0}_p, \quad \mathrm{Cov}(\mathbf{Y}) = E(\mathbf{Y}\mathbf{Y}') = I_p,$$

其中 $f(\cdot)$ 是 $\mathfrak{R}^p$ 上的概率密度函数. 令

$$\mathbf{X} = \boldsymbol{\mu} + M\mathbf{Y}, \quad \text{这里 } M = (m_{ij}) \text{ 是 } p \times p \text{ 非奇异阵}, \qquad (5.39)$$

则

$$E\mathbf{X} = \boldsymbol{\mu}, \quad \mathrm{Cov}(\mathbf{X}) = MM'.$$

$\mathbf{X}$ 的概率密度函数是

$$f(\mathbf{x}; \boldsymbol{\mu}, M) = \frac{1}{|M|} f(M^{-1}(\mathbf{x} - \boldsymbol{\mu})), \quad \mathbf{x} \in \mathfrak{R}^p, \quad f(\cdot; \mathbf{0}_p, I_p) = f(\cdot), \qquad (5.40)$$

记作 $N_{p,[f]}(\boldsymbol{\mu}, M)$. 设 $\mathfrak{M}$ 是 $p \times p$ 非奇异阵全体, 是参数 M 的空间.

当

$$f(\mathbf{x}) = \frac{1}{(2\pi)^{\frac{p}{2}}} e^{-\frac{1}{2}\mathbf{x}'\mathbf{x}}, \quad \mathbf{x} \in \mathfrak{R}^p,$$

$N_{p,[f]}(\boldsymbol{\mu}, M)$ 就是 $N_p(\boldsymbol{\mu}, MM')$. 当

$$f(\mathbf{x}) = h(\mathbf{x}'\mathbf{x}), \quad \mathbf{x} \in \mathfrak{R}^p, \quad \text{即 } f(\cdot) \text{ 是球对称分布},$$

$N_{p,[f]}(\boldsymbol{\mu}, M)$ 就是椭球等高分布. 基于抽自 $N_{p,[f]}(\boldsymbol{\mu}, M)$ 的样本 $\mathbf{x}_1, \cdots, \mathbf{x}_n$, 如何推断 $\boldsymbol{\mu}, M$ 是基本问题. 以下将随机样本和具体样本分别简记作

$$\mathbb{X} = (\mathbf{X}_1, \cdots, \mathbf{X}_n), \quad \mathcal{X} = (\mathbf{x}_1, \cdots, \mathbf{x}_n).$$

对于正态分布和椭球等高分布已有成熟方法, 我们就一般情况讨论参数 $\boldsymbol{\mu}$, M 的推断问题, 即考虑以下假设的检验问题.

$$H_{01} : \boldsymbol{\mu} = \boldsymbol{\mu}_0 \leftrightarrow H_{11} : \boldsymbol{\mu} \neq \boldsymbol{\mu}_0, \tag{5.41}$$

$$H_{02} : M = M_0 \leftrightarrow H_{12} : M \neq M_0, \tag{5.42}$$

$$H_{03} : \boldsymbol{\mu} = \boldsymbol{\mu}_0 \text{ 和 } M = M_0 \leftrightarrow H_{13} : \boldsymbol{\mu} \neq \boldsymbol{\mu}_0 \text{ 或 } M \neq M_0. \tag{5.43}$$

设 $\mathcal{X}$ 是抽自 $N_{p,[f]}(\boldsymbol{\mu}, M)$ 的样本, 对数似然函数为

$$l(\boldsymbol{\mu}, M) = -n \ln|M| + \sum_{i=1}^{n} \ln f(M^{-1}(\mathbf{x}_i - \boldsymbol{\mu})).$$

令

$$\mathbf{L}(\mathbf{x}) = -\frac{1}{f(\mathbf{x})} \frac{\partial}{\partial \mathbf{x}} f(\mathbf{x}) = -\left(\frac{1}{f(\mathbf{x})} \frac{\partial}{\partial x_1} f(\mathbf{x}), \cdots, \frac{1}{f(\mathbf{x})} \frac{\partial}{\partial x_p} f(\mathbf{x}) \right)'$$

$$\equiv (L_1(\mathbf{x}), \cdots, L_p(\mathbf{x}))'.$$

当 $\mathbf{X}$ 的各分量相互独立时, 即 $f(\mathbf{x}) = \prod_{i=1}^{p} f_i(x_i)$, $X_i \sim f_i(\cdot)$, $i = 1, \cdots, p$ 时

$$\mathbf{L}(\mathbf{x}) = -\left(\frac{f_1'(x_1)}{f_1(x_1)}, \cdots, \frac{f_1'(x_p)}{f_1(x_p)} \right)'.$$

参数 $\boldsymbol{\mu}$, M 的极大似然估计 $\hat{\boldsymbol{\mu}}$, $\hat{M}$ 是似然方程

$$\begin{cases} M^{-1} \sum_{i=1}^{n} \mathbf{L}(M^{-1}(\mathbf{x}_i - \boldsymbol{\mu})) = 0, \\ n(M^{-1})' - \sum_{i=1}^{n} M^{-1} \mathbf{L}(M^{-1}(\mathbf{x}_i - \boldsymbol{\mu}))(\mathbf{x}_i - \boldsymbol{\mu})'(M^{-1})' = 0 \end{cases} \tag{5.44}$$

的解.

易见

$$\mathbf{h}(\mathcal{X}; \boldsymbol{\mu}, M) = \begin{pmatrix} \mathbf{h}_1(\mathcal{X}; \boldsymbol{\mu}, M) \\ \mathbf{h}_2(\mathcal{X}; \boldsymbol{\mu}, M) \end{pmatrix} = \begin{pmatrix} \sum_{i=1}^{n} \mathbf{L}(M^{-1}(\mathbf{x}_i - \boldsymbol{\mu})) \\ \sum_{i=1}^{n} \mathbf{L}(M^{-1}(\mathbf{x}_i - \boldsymbol{\mu}))(\mathbf{x}_i - \boldsymbol{\mu})'(M^{-1})' \end{pmatrix} \tag{5.45}$$

是参数 $\boldsymbol{\mu}$ 和 M 的枢轴量. 事实上

$$\mathbf{h}(\mathcal{X}; \boldsymbol{\mu}, M) \stackrel{d}{=} \mathbf{h}(\mathcal{X}; \mathbf{0}_p, I_p).$$

其枢轴向量是

$$\overrightarrow{\mathbb{V}} = \begin{pmatrix} \mathbf{V}_p \\ \mathbb{V}_p \end{pmatrix} = \begin{pmatrix} \sum_{i=1}^{n} \mathbf{L}(\mathbf{Z}_i) \\ \sum_{i=1}^{n} \mathbf{L}(\mathbf{Z}_i)\mathbf{Z}_i' \end{pmatrix}, \quad \mathbf{Z}_1, \cdots, \mathbf{Z}_n \text{ 是 } i.i.d., \ \mathbf{Z}_1 \sim N_{p,[f]}(\mathbf{0}_p, I_p).$$

因此参数 $(\boldsymbol{\mu}, M)$ 的随机估计 $(\mathbf{W}_{\boldsymbol{\mu}}, \mathbb{W}_M)$ 由方程 (5.46) 确定:

$$\mathbf{h}(\mathcal{X}; \mathbf{W}_{\boldsymbol{\mu}}, \mathbb{W}_M) = \overrightarrow{\mathbb{V}}, \tag{5.46}$$

等价于

$$
\begin{cases}
\sum_{i=1}^{n} \mathbf{L}(\mathbb{W}_M^{-1}(\mathbf{x}_i - \mathbf{W}_{\boldsymbol{\mu}})) = \sum_{i=1}^{n} \mathbf{L}(\mathbf{Z}_i), & (5.47) \\
\sum_{i=1}^{n} \mathbf{L}(\mathbb{M}_M^{-1}(\mathbf{x}_i - \mathbf{W}_{\boldsymbol{\mu}}))(\mathbf{x}_i - \mathbf{W}_{\boldsymbol{\mu}})'(\mathbb{W}_M^{-1})' = \sum_{i=1}^{n} \mathbf{L}(\mathbf{Z}_i)\mathbf{Z}_i'. & (5.48)
\end{cases}
$$

(5.47) 和 (5.48) 是求参数 $\boldsymbol{\mu}$ 和 M 的随机估计数值解的依据. 枢轴向量 $\overrightarrow{\mathbf{V}}$ 的概率密度函数, 即 $\sum_{i=1}^{n} \mathbf{L}(\mathbf{Z}_i), \sum_{i=1}^{n} \mathbf{L}(\mathbf{Z}_i)\mathbf{Z}_i'$ 的联合密度函数记作 $f_{\mathbf{h}}(\mathbf{u}, \mathcal{V}), \mathbf{u} \in \Re^p, \mathcal{V} \in \mathfrak{M}_p$, $\mathfrak{M}_p$ 是所有 $p \times p$ 非奇异阵组成的集合. 随机估计 $\mathbf{W}_{\boldsymbol{\mu}}, \mathbb{W}_M$ 的联合概率密度函数为

$$
f_{(\boldsymbol{\mu}, M)}(\mathbf{t}, \mathcal{S}; \mathcal{X}) = f_{\mathbf{h}}(\mathbf{h}_1(\mathcal{X}; \mathbf{t}, \mathcal{S}), \mathbf{h}_2(\mathcal{X}; \mathbf{t}, \mathcal{S}))|J(\mathbf{t}, \mathcal{S}; \mathcal{X})|, \tag{5.49}
$$

其中

$$
J(\mathbf{t}, \mathcal{S}; \mathcal{X}) = \left| \frac{\partial \mathbf{h}(\mathcal{X}; \mathbf{t}, \mathcal{S})}{\partial (\mathbf{t}, \mathcal{S})'} \right| = \begin{vmatrix} \dfrac{\partial \mathbf{h}_1(\mathcal{X}; \mathbf{t}, \mathcal{S})}{\partial (\mathbf{t})} & \dfrac{\partial \mathbf{h}_1(\mathcal{X}; \mathbf{t}, \mathcal{S})}{\partial (\mathcal{S})} \\ \dfrac{\partial \mathbf{h}_2(\mathcal{X}; \mathbf{t}, \mathcal{S})}{\partial (\mathbf{t})} & \dfrac{\partial \mathbf{h}_2(\mathcal{X}; \mathbf{t}, \mathcal{S})}{\partial (\mathcal{S})} \end{vmatrix}.
$$

如何计算这个密度函数 $f_{\mathbf{h}}(\cdot)$ 是值得研究的问题. 计算困难时, 可以通过抽取样本 $\mathbf{Z}_1, \cdots, \mathbf{Z}_n$ 实现参数的模拟估计. 抽取一个样本 $\mathbf{Z}$, 就可用公式 (5.47) 和 (5.48) 计算出一个 $(\mathbf{W}_{\boldsymbol{\mu}}, \mathbb{W}_M)'$. 重复抽取就可获得 $(\mathbf{W}_{\boldsymbol{\mu}}, \mathbb{W}_M)'$ 的经验分布, 实现基于样本 $\mathcal{X}$ 的参数 $\boldsymbol{\mu}$ 和 M 的推断.

得到 (5.44) 的第二式计算过程如下.

$$
\frac{\partial}{\partial M} \ln f(M^{-1}(\mathbf{x} - \boldsymbol{\mu})) = \sum_{j=1}^{p} \frac{1}{f(M^{-1}(\mathbf{x} - \boldsymbol{\mu}))} \frac{\partial f(M^{-1}(\mathbf{x} - \boldsymbol{\mu}))}{\partial g_j} \frac{\partial g_j}{\partial M}, \tag{5.50}
$$

其中

$$
M^{-1}(\mathbf{x} - \boldsymbol{\mu}) = \mathbf{g} = (g_1, \cdots, g_p)'.
$$

于是

$$
M\mathbf{g} = \mathbf{X} - \boldsymbol{\mu}, \quad \frac{\partial M\mathbf{g}}{\partial M} = \mathbf{0}_{p^2 \times p}, \quad M\mathbf{g} = \left(\sum_{j=1}^{p} m_{1j} g_j, \cdots, \sum_{j=p}^{p} m_{pj} g_j \right)',
$$

又

$$
\frac{\partial M\mathbf{g}}{\partial M} = \begin{pmatrix} \sum_{j=1}^{p} \dfrac{\partial m_{1j}}{\partial M} g_j \\ \vdots \\ \sum_{j=p}^{p} \dfrac{\partial m_{pj}}{\partial M} g_j \end{pmatrix} + \begin{pmatrix} \sum_{j=1}^{p} m_{1j} \dfrac{\partial g_j}{\partial M} \\ \vdots \\ \sum_{j=p}^{p} m_{pj} \dfrac{\partial g_j}{\partial M} \end{pmatrix} = \begin{pmatrix} M_1(\mathbf{g}) \\ \vdots \\ M_p(\mathbf{g}) \end{pmatrix} + M \begin{pmatrix} \dfrac{\partial g_1}{\partial M} \\ \vdots \\ \dfrac{\partial g_p}{\partial M} \end{pmatrix},
$$

其中 $M_i(\mathbf{g})$ 是 $p \times p$ 方阵, 它的第 i 行是 $\mathbf{g}'$, 其余元素为 0. 将上式代入 (5.50)

$$\frac{\partial}{\partial M} \ln f(M^{-1}(\mathbf{x} - \boldsymbol{\mu})) = \sum_{j=1}^{p} \frac{1}{f(M^{-1}(\mathbf{x} - \boldsymbol{\mu}))} \frac{\partial f(M^{-1}(\mathbf{x} - \boldsymbol{\mu}))}{\partial g_j} \frac{\partial g_j}{\partial M}$$

$$= -M^{-1} \sum_{j=1}^{p} \frac{1}{f(M^{-1}(\mathbf{x} - \boldsymbol{\mu}))} \frac{\partial f(M^{-1}(\mathbf{x} - \boldsymbol{\mu}))}{\partial g_j} M_j(g)$$

$$= M^{-1} \mathbf{L}(M^{-1}(\mathbf{x} - \boldsymbol{\mu}))(\mathbf{x} - \boldsymbol{\mu})'(M^{-1})'.$$

又

$$\frac{\partial |M|}{\partial M} = |M| M^{-1} \quad (\text{见 Wang 和 Chow (1994) 第 56 页}),$$

$$\frac{\partial \ln |M|}{\partial M} = \frac{1}{|M|} \frac{\partial |M|}{\partial M} = M^{-1},$$

应用以上公式于对数似然函数求导, 就得到 (5.44).

5.3.2   多元 t 分布

没有通用方法计算 $f_h(\cdot)$. 若总体是多元正态的时候是可以计算的. 不难计算对多元正态分布 $\mathbf{L}(\mathbf{x}) = \mathbf{x}$, (5.46) 成为

$$\begin{cases} \mathbb{W}_M^{-1} \sum_{i=1}^{n} (\mathbf{x}_i - \mathbf{W}_{\boldsymbol{\mu}}) = \sum_{i=1}^{n} \mathbf{Z}_i, & (5.51) \\[2mm] \mathbb{W}_M^{-1} \sum_{i=1}^{n} (\mathbf{x}_i - \mathbf{W}_{\boldsymbol{\mu}})(\mathbf{x}_i - \mathbf{W}_{\boldsymbol{\mu}})' \mathbb{W}_M'^{-1} = \sum_{i=1}^{n} \mathbf{Z}_i \mathbf{Z}_i'. & (5.52) \end{cases}$$

由于

$$\mathbb{W}_M^{-1} \sum_{i=1}^{n} (\mathbf{x}_i - \mathbf{W}_{\boldsymbol{\mu}})(\mathbf{x}_i - \mathbf{W}_{\boldsymbol{\mu}})' \mathbb{W}_M'^{-1}$$

$$= \mathbb{W}_M^{-1} \sum_{i=1}^{n} ((\mathbf{x}_i - \bar{\mathbf{x}}) + (\bar{\mathbf{x}} - \mathbf{W}_{\boldsymbol{\mu}}))((\mathbf{x}_i - \bar{\mathbf{x}}) + (\bar{\mathbf{x}} - \mathbf{W}_{\boldsymbol{\mu}}))' \mathbb{W}_M'^{-1}$$

$$= \mathbb{W}_M^{-1} \left(\sum_{i=1}^{n} (\mathbf{x}_i - \bar{\mathbf{x}})(\mathbf{x}_i - \bar{\mathbf{x}})' + n(\bar{\mathbf{x}} - \mathbf{W}_{\boldsymbol{\mu}})(\bar{\mathbf{x}} - \mathbf{W}_{\boldsymbol{\mu}})' \right) \mathbb{W}_M'^{-1},$$

$$\sum_{i=1}^{n} \mathbf{Z}_i \mathbf{Z}_i' = \sum_{i=1}^{n} (\mathbf{Z}_i - \bar{\mathbf{Z}})(\mathbf{Z}_i - \bar{\mathbf{Z}})' + n \bar{\mathbf{Z}} \bar{\mathbf{Z}}',$$

(5.51) 和 (5.52) 等价于

$$\begin{cases} \mathbb{W}_M^{-1} (\bar{\mathbf{x}} - \mathbf{W}_{\boldsymbol{\mu}}) = \bar{\mathbf{Z}}, & (5.53) \\[2mm] \mathbb{W}_M^{-1} \sum_{i=1}^{n} (\mathbf{x}_i - \bar{\mathbf{x}})(\mathbf{x}_i - \bar{\mathbf{x}})' \mathbb{W}_M'^{-1} = \sum_{i=1}^{n} (\mathbf{Z}_i - \bar{\mathbf{Z}})(\mathbf{Z}_i - \bar{\mathbf{Z}})'. & (5.54) \end{cases}$$

(5.54) 的左端是参数 M 的枢轴量, 右端是对应的枢轴向量, 其分布是 Wishart 分布 $W_p(n-1, I_p)$; (5.33) 的左端是均值参数 $\boldsymbol{\mu}$ 的枢轴量, 右端是对应的枢轴向量, 它的

分布是 $N_p\left(\mathbf{0}_p, \frac{1}{n}I_p\right)$. (5.53) 和 (5.54) 恰是一维正态均值和方差随机估计的推广.

记

$$S(\chi) = S^{\frac{1}{2}}(\mathcal{X})S^{\frac{1}{2}\prime}(\mathcal{X}) = \frac{1}{n-1}\sum_{i=1}^{n}(\mathbf{x}_i - \bar{\mathbf{x}})(\mathbf{x}_i - \bar{\mathbf{x}})' = \hat{\Sigma},$$

$$S(\mathbb{Z}) = S^{\frac{1}{2}}(\mathbb{Z})S^{\frac{1}{2}\prime}(\mathbb{Z}) = \frac{1}{n-1}\sum_{i=1}^{n}(\mathbf{Z}_i - \bar{\mathbf{Z}})(\mathbf{Z}_i - \bar{\mathbf{Z}})'.$$

由 (5.54)

$$S^{\frac{1}{2}}(\mathcal{X})S^{\frac{1}{2}\prime}(\mathcal{X}) = S(\mathcal{X}) = \mathbb{W}_M S(\mathbb{Z})\mathbb{W}'_M = \mathbb{W}_M S^{\frac{1}{2}}(\mathbb{Z})S^{\frac{1}{2}\prime}(\mathbb{Z})\mathbb{W}'_M,$$

$$\mathbb{W}_M = S^{\frac{1}{2}}(\mathcal{X})S^{-\frac{1}{2}}(\mathbb{Z}),$$

将 $\mathbb{W}_M$ 代入 (5.53)

$$\mathbf{W}_{\mu} = \bar{\mathbf{x}} - \mathbb{W}_M\bar{\mathbf{Z}} = \bar{\mathbf{x}} - \frac{S(\mathcal{X})}{\sqrt{n}}S^{-\frac{1}{2}}(\mathbb{Z})(\sqrt{n}\bar{\mathbf{Z}}),$$

这是一维正态分布结果的推广,

$$S^{-\frac{1}{2}}(\mathbb{Z})(\sqrt{n}\bar{Z}) = \sqrt{n-1} \cdot ((n-1)S(\mathbb{Z}))^{-\frac{1}{2}} \cdot [\sqrt{n}\bar{Z}],$$

$\sqrt{n}\bar{Z} \sim N_p(\mathbf{0}_p, I_p)$, $(n-1)S(\mathbb{Z}) \sim W_p(n-1, I_p)$, 且相互独立, 故 $S^{-\frac{1}{2}}(\mathbb{Z})(\sqrt{n}\bar{Z})$ 服从 p 维自由度为 $n-1$ 的 t 分布, 是 t 分布的直接推广. 它的密度函数已知, 可参看刘金山(2004) 第 215 页或 Daniel (2003). 作为引理引用如下.

引理 5.1 设 $A \sim W_p(k, I_p)$, $\mathbf{Y} \sim N_p(\mathbf{0}_p, I_p)$, 且 $A, \mathbf{Y}$ 相互独立, 则 $\mathbf{T}_{(p,k)} = \sqrt{k}A^{-\frac{1}{2}}\mathbf{Y}$ 的概率密度函数是

$$f_T(\mathbf{t}; k, p) = \frac{\Gamma_p\left(\dfrac{k+1}{2}\right)}{(k\pi)^{\frac{p}{2}}\Gamma_p\left(\dfrac{k}{2}\right)}\left(\det\left(I_p + \dfrac{\mathbf{t}\mathbf{t}'}{k}\right)\right)^{-\frac{k+1}{2}}$$

$$= \frac{\Gamma_p\left(\dfrac{k+1}{2}\right)}{(k\pi)^{\frac{p}{2}}\Gamma_p\left(\dfrac{k}{2}\right)}\left(1 + \dfrac{\displaystyle\sum_{i=1}^{p}t_i^2}{k}\right)^{-\frac{k+1}{2}}$$

$$= \frac{\Gamma\left(\dfrac{k+1}{2}\right)}{(k\pi)^{\frac{p}{2}}\Gamma\left(\dfrac{k-p+1}{2}\right)}\left(1 + \dfrac{\displaystyle\sum_{i=1}^{p}t_i^2}{k}\right)^{-\frac{k+1}{2}},$$

其中

$$\Gamma_p\left(\frac{k}{2}\right) = \pi^{\frac{p(p-1)}{4}}\prod_{j=1}^{p}\Gamma\left(\frac{k-j+1}{2}\right).$$

$f_T(\mathbf{t}; k, 1)$ 就是自由度为 k 的 t 分布密度函数. 该引理最后等式用了 $\det\left(I_p + \dfrac{\mathbf{t}\mathbf{t}'}{k}\right)$

$= 1 + \dfrac{\mathbf{t}'\mathbf{t}}{k}.$ 事实上

$$\det\left(I_p + \frac{\mathbf{t}\mathbf{t}'}{k}\right) = \det\left(H'\left(I_p + \frac{\mathbf{t}\mathbf{t}'}{k}\right)H\right)$$

$$= \det\left(I_p + \frac{1}{k}\begin{pmatrix}\sqrt{\mathbf{t}'\mathbf{t}}\\ \mathbf{0}_{p-1}\end{pmatrix}(\sqrt{\mathbf{t}'\mathbf{t}}, \mathbf{0}'_{p-1})\right) = 1 + \frac{\mathbf{t}'\mathbf{t}}{k},$$

这里 H 是正交阵, 其第一列是 $\dfrac{\mathbf{t}}{|\mathbf{t}|} = \dfrac{\mathbf{t}}{\sqrt{\mathbf{t}'\mathbf{t}}}$. 称 $f_T(\mathbf{t}; k, p)$ 的分布为自由度为 k 的 p 维 t 分布, 记作 $t_{(p,k)}$, $t_{1,k}$ 就是自由度为 k 的 t 分布.

p 维 t 分布的边缘分布还是多元 t 分布吗? 下面求 $T_{p,k} = (T_1, \cdots, T_k)'$ 的前 m 个分量的边缘分布, $m < k$. $(\mathbf{T}_{p,k})_m = (T_1, \cdots, T_m)'$ 的边缘分布密度函数记作 $f_T(\mathbf{t}_m; k, p, m)$, 则

$$f_T(\mathbf{t}_m; k, p, m) = \int_{\Re^{p-m}} f_T(\mathbf{t}_p, k, p) d\mathbf{t}_{[m]}$$

$$= \frac{\Gamma\left(\dfrac{k+1}{2}\right)}{(k\pi)^{\frac{p}{2}}\Gamma\left(\dfrac{k-p+1}{2}\right)} \int_{\Re^{p-m}}\left(1 + \frac{\sum\limits_{i=1}^{p}t_i^2}{k}\right)^{-\frac{k+1}{2}} d\mathbf{t}_{[m]}$$

$$= \frac{\Gamma\left(\dfrac{k+1}{2}\right)}{(k\pi)^{\frac{p}{2}}\Gamma\left(\dfrac{k-p+1}{2}\right)} L_{p-m}(\bar{S}^2_{p-m})\int_0^\infty \left(1 + \frac{\mathbf{t}'_m\mathbf{t}_m + r^2}{k}\right)^{-\frac{k+1}{2}} r^{p-m-1} dr$$

$$= \frac{\Gamma\left(\dfrac{k+1}{2}\right)}{(k\pi)^{\frac{p}{2}}\Gamma\left(\dfrac{k-p+1}{2}\right)} \frac{2\pi^{\frac{p-m}{2}}}{\Gamma\left(\dfrac{p-m}{2}\right)}$$

$$\cdot \int_0^\infty \left(1 + \frac{\mathbf{t}'_m\mathbf{t}_m + r^2}{k}\right)^{-\frac{k+1}{2}} r^{p-m-1} dr$$

$$= \frac{\Gamma\left(\dfrac{k+1}{2}\right)}{(k\pi)^{\frac{p}{2}}\Gamma\left(\dfrac{k-p+1}{2}\right)} \frac{2\pi^{\frac{p-m}{2}}}{\Gamma\left(\dfrac{p-m}{2}\right)}$$

$$\cdot \int_0^\infty \left(1 + \frac{\mathbf{t}'_m\mathbf{t}_m}{k}\right)^{-\frac{k+1}{2}}\left(1 + \frac{r^2}{\left(1 + \dfrac{\mathbf{t}'_m\mathbf{t}_m}{k}\right)k}\right)^{-\frac{k+1}{2}} r^{p-m-1} dr$$

$$= \frac{2\Gamma\left(\dfrac{k+1}{2}\right)}{(k\pi)^{\frac{m}{2}}\Gamma\left(\dfrac{k-p+1}{2}\right)\Gamma\left(\dfrac{p-m}{2}\right)} \left(1 + \frac{\mathbf{t}'_m\mathbf{t}_m}{k}\right)^{-\frac{k-p+m+1}{2}}$$

$$\cdot \int_0^\infty (1+r^2)^{-\frac{k+1}{2}} r^{p-m-1} dr.$$

这里运用了公式

$$\int_{\mathfrak{R}^k} f\left(\sum_{i=1}^k x_i^2\right) dx_1 \cdots dx_k = L_k(\bar{S}_k^2) \int_0^\infty r^{k-1} f(r^2) dr. \tag{5.55}$$

该公式可由极坐标变换得到. 由引理 5.3

$$\int_0^\infty (1+r^2)^{-\frac{k+1}{2}} r^{p-m-1} dr = \frac{\Gamma\left(\dfrac{k-p+m+1}{2}\right)\Gamma\left(\dfrac{p-m}{2}\right)}{2\Gamma\left(\dfrac{k+1}{2}\right)},$$

故

$$f_T(\mathbf{t}_m; k, p, m) = \frac{\Gamma\left(\dfrac{k-p+m+1}{2}\right)}{(k\pi)^{\frac{m}{2}}\Gamma\left(\dfrac{k-p+1}{2}\right)}\left(1+\frac{\mathbf{t}_m'\mathbf{t}_m}{k}\right)^{-\frac{k-p+m+1}{2}}.$$

和自由度为 $k-p+m$ 的 m 维 t 分布相差一个因子. 令

$$(T_1, \cdots, T_m)' = \frac{k}{k-p+m}(T_1^*, \cdots, T_m^*),$$

则 $(T_1^*, \cdots, T_m^*)$ 的密度函数是

$$\frac{\Gamma\left(\dfrac{k-p+m+1}{2}\right)}{((k-p+m)\pi)^{\frac{m}{2}}\Gamma\left(\dfrac{k-p+1}{2}\right)}\left(1+\frac{\mathbf{t}_m'\mathbf{t}_m}{k-p+m}\right)^{-\frac{k-p+m+1}{2}} = f_T(\mathbf{t}, k-p+m, m),$$

恰是自由度为 $k-p+m$ 的 m 维 t 分布密度函数. 以上讨论可综合为以下引理.

引理 5.2　若 $\mathbf{T}_p = (T_1, \cdots, T_p) \sim t_{(p,k)}$, 则

$$\mathbf{T}_m^* = \frac{k-p+m}{k}(T_1, \cdots, T_m) \sim t_{(m,k-p+m)}.$$

引理 5.3

$$\int_0^\infty (1+r^2)^{-\frac{k+1}{2}} r^m dr = \frac{\Gamma\left(\dfrac{k-m}{2}\right)\Gamma\left(\dfrac{m+1}{2}\right)}{2\Gamma\left(\dfrac{k+1}{2}\right)}.$$

证明: 令 $s = \dfrac{r^2}{1+r^2}$, 则

$$r^2 = s(1-s)^{-1}, \quad ds = 2(1-s)s\frac{dr}{r} = 2\sqrt{s}(1-s)^{\frac{3}{2}} dr,$$

于是

$$\int_0^\infty (1+r^2)^{-\frac{k+1}{2}} r^m dr = \int_0^\infty \left(\frac{1}{1+r^2}\right)^{\frac{k+1}{2}} r^m dr = \int_0^\infty \left(1-\frac{r^2}{1+r^2}\right)^{\frac{k+1}{2}} r^m dr$$

$$= \frac{1}{2}\int_0^1 (1-s)^{\frac{k+1}{2}} s^{\frac{m-1}{2}} (1-s)^{-\frac{m+3}{2}} ds$$

$$= \frac{1}{2}\int_0^1 (1-s)^{\frac{k-m}{2}-1} s^{\frac{m+1}{2}-1} ds$$

$$= \frac{\Gamma\left(\dfrac{k-m}{2}\right)\Gamma\left(\dfrac{m+1}{2}\right)}{2\Gamma\left(\dfrac{k+1}{2}\right)}.$$

引理得证.

5.3.3 随机估计数值解

在多元正态假设下, 求得了随机估计及其分布, 在非正态条件下就难了. 不过这不影响对参数的推断. 发达的计算技术得以实现方程组 (5.46) 的数值解. 对 $\vec{\mathbb{V}}$ 的一个观测值, 方程 (5.46) 的解就是随机估计 $\mathbf{W}_{\boldsymbol{\mu}}$ 和 $\mathbb{W}_M$ 的一个观测值. 若抽得容量为 N 的 $\vec{\mathbb{V}}$ 的样本, 就可得到随机估计 $\mathbf{W}_{\boldsymbol{\mu}}$ 和 $\mathbb{W}_M$ 的容量为 N 的样本, 进而推断参数 $\boldsymbol{\mu}$ 和 M. 称此方法为模拟推断. 基于 (5.47) 和 (5.48) 两式的特点, 可设计如下迭代算法求得随机估计的观测值.

方程组 (5.47)、(5.48) 的迭代算法

(1) 设 $\mathcal{X}$ 是观测到的样本.

(2) 从总体 $N_{p,[f]}(\mathbf{0}_p, I_p)$ 抽取样本 $\mathbf{z}_1, \cdots, \mathbf{z}_n$.

(3) 取定初值 $\boldsymbol{\mu}_0, M_0$, 如取 $\boldsymbol{\mu}_0 = \bar{\mathbf{x}}, M_0 = I_p$.

(4) 设已经计算出 $\boldsymbol{\mu}_i, M_i, i = 0, 1, \cdots, k$,

$$M_{k+1} = \left(\sum_{i=1}^n \mathbf{L}(\mathbf{z}_i)\mathbf{z}_i'\right)^{-1}\left(\sum_{i=1}^n \mathbf{L}(M_k^{-1}(\mathbf{x}_i - \boldsymbol{\mu}_k))(\mathbf{x}_i - \boldsymbol{\mu}_k)'\right),$$

由下式确定 $\boldsymbol{\mu}_{k+1}$,

$$\sum_{i=1}^n \mathbf{L}(M_{k+1}^{-1}(\mathbf{x}_i - \boldsymbol{\mu}_{k+1})) = \sum_{i=1}^n \mathbf{z}_i.$$

(5) 当 $\boldsymbol{\mu}_k, M_k$ 和 $\boldsymbol{\mu}_{k+1}, M_{k+1}$ 差别不大时停止迭代, 输出 $\mathbf{W}_{\boldsymbol{\mu}} = \boldsymbol{\mu}_{k+1}$, $\mathbb{W}_M = M_{k+1}$.

(6) $k \leftarrow k+1$, 转 (4).

如何求枢轴量的分布函数, 一般地讲是困难的. 但是可以得到它的随机变量实现值, 怎样用大量实现值确定其分布是值得研究的, 或者给出推断参数 $\boldsymbol{\mu}$ 和 M 的方法.

5.3.4 参数的假设检验

构造参数检验的经典方法是似然比统计量. VDR 检验是用参数的随机估计的概率密度函数构造的检验, 当枢轴量正则时等价于用枢轴量的密度函数构造的 VDR 检验. 设

$$\mathbb{X} = (\mathbf{X}_1', \cdots, \mathbf{X}_n')$$

是抽自 $N_{p,[f]}(\boldsymbol{\mu}, M)$ 的随机样本, 观测到的样本记作 $\mathcal{X} = (\mathbf{x}_1, \cdots, \mathbf{x}_n)$. 考虑假设

$$H_0 : \boldsymbol{\mu} = \boldsymbol{\mu}_0 \leftrightarrow H_1 : \boldsymbol{\mu} \neq \boldsymbol{\mu}_0, \tag{5.56}$$

分两种情形讨论该问题.

5.3.4.1　M 已知

M 已知时仅 $\boldsymbol{\mu}$ 是参数, 枢轴量为

$$\mathbf{h}_1(\mathcal{X}; \boldsymbol{\mu}) = \frac{1}{\sqrt{n}} \sum_{i=1}^{n} \mathbf{L}(M^{-1}(\mathbf{x}_i - \boldsymbol{\mu})), \tag{5.57}$$

且是正则的. $\mathbf{h}_1(\mathbb{X}; \boldsymbol{\mu})$ 的分布与参数 $\boldsymbol{\mu}$ 无关. 枢轴向量是 $\mathbf{V} = \frac{1}{\sqrt{n}} \sum_{i=1}^{n} \mathbf{L}(\mathbf{Z}_i)$, $\mathbf{Z}_i$, $i = 1, \cdots, n$ 独立同分布, $\mathbf{Z}_1 \sim N_{p,[f]}(\mathbf{0}_p, I_p)$. $\mathbf{V}$ 的密度函数记作 $f_{h_1}(\mathbf{v})$, $\mathbf{v} \in \mathfrak{R}^p$, 理论上或原则上 $f_h(\cdot)$ 是可以计算出来的. $\boldsymbol{\mu}$ 的随机估计 $\mathbf{W}_{\boldsymbol{\mu}}$ 满足

$$\mathbf{h}_1(\mathcal{X}; \mathbf{W}_{\boldsymbol{\mu}}) = \mathbf{V}, \quad \text{即} \quad \frac{1}{\sqrt{n}} \sum_{i=1}^{n} \mathbf{L}(M^{-1}(\mathbf{x}_i - \mathbf{W}_{\boldsymbol{\mu}})) = \mathbf{V},$$

$$\left| \frac{\partial \mathbf{h}_1(\mathcal{X}, \mathbf{u})}{\partial \mathbf{u}} \right| = \frac{1}{\sqrt{n}} \left| \sum_{i=1}^{n} \frac{\mathbf{L}(\mathbf{x})}{\partial \mathbf{x}} \right|_{\mathbf{x} = M^{-1}(\mathbf{x}_i - \mathbf{u})} M^{-1} \right|$$

$$= \frac{1}{\sqrt{n}} \left| \sum_{i=1}^{n} \frac{\mathbf{L}(M^{-1}(\mathbf{x}_i - \mathbf{u}))}{\partial \mathbf{x}} M^{-1} \right| = J(\mathcal{X}; M).$$

因此, $\mathbf{h}_1(\mathbb{X}, \boldsymbol{\mu})$ 是正则的. $\mathbf{W}_{\boldsymbol{\mu}}$ 的密度函数是

$$f_{\boldsymbol{\mu}}(\mathbf{u}; \mathcal{X}) = f_{h_1}(\mathbf{h}_1(\mathcal{X}; \mathbf{u})) J(\mathcal{X}; M).$$

分几种情形讨论.

情形 1. 可求得 $f_{h_1}(\cdot)$ 的解析表达式.

正态总体就是这种情形. 令 $V = f_{h_1}(\mathbf{V})$, V 的密度函数是

$$f_V(v) = -v \frac{d}{dv} L_p(D_{[f_{h_1}]}(v)), \quad D_{[f_{h_1}]}(v) = \{\mathbf{z} : f_{h_1}(\mathbf{z}) \geqslant v, \ \mathbf{z} \in \mathfrak{R}^p\}. \tag{5.58}$$

对给定显著水平 α, 存在正数 $Q_h(\alpha)$ 使得

$$\int_0^{Q_h(\alpha)} f_{\mathbf{V}}(v) dv = \int_0^{Q_h(\alpha)} L_p(D_{[f_{h_1}]}(v)) dv - Q_h(\alpha) L_p(D_{[f_{h_1}]}(Q_h(\alpha)))$$

$$= \alpha, \quad 0 < Q_h(\alpha) \leqslant \sup_{\mathbf{z} \in \mathfrak{R}^p} f_{h_1}(\mathbf{z}).$$

应用公式 (3.8), 检验变量 $Z = f_{\boldsymbol{\mu}}(\mathbf{W}_{\boldsymbol{\mu}}; \mathcal{X})$ 的 γ 分位点是

$$Q_Z(\alpha; \mathcal{X}) = J(\mathcal{X}; M) Q_h(\alpha).$$

注意到

$$f_{\boldsymbol{\mu}}(\boldsymbol{\mu}_0; \mathcal{X}) \leqslant Q_Z(\alpha; \mathcal{X}) \Leftrightarrow f_{h_1}(\mathbf{h}_1(\boldsymbol{\mu}_0)) \leqslant Q_h(\alpha),$$

检验假设 (5.56) 的规则如下:

若 $Z_0 = f_{h_1}\left(\frac{1}{\sqrt{n}} \sum_{i=1}^{n} \mathbf{L}(M^{-1}(\mathbf{x}_i - \boldsymbol{\mu}_0)) \right) \geqslant Q_h(\alpha)$, **则接受 H_0, 否则拒绝 H_0.**

该检验的 p 值是 $p = \int_0^{Z_0} f_V(v) dv$. 一般情况下计算 $f_{h_1}(\cdot)$ 的值是困难的, 但是

容易得到 $f_{h_1}(\cdot)$ 的经验分布.

情形 2. $f_{h_1}(\cdot)$ 无解析解, 是可计算的. 此时容易得到 $f_{h_1}(\cdot)$ 的经验分布.

5.3.4.2 M 未知

M 和 $\boldsymbol{\mu}$ 均是未知参数, 在 5.3.1 节讨论了它们的枢轴量和随机估计.

$$
\mathbf{h}(\mathcal{X}; \boldsymbol{\mu}, M) = \begin{pmatrix} \mathbf{h}_1(\mathcal{X}; \boldsymbol{\mu}, M) \\ \mathbf{h}_2(\mathcal{X}; \boldsymbol{\mu}, M) \end{pmatrix} = \begin{pmatrix} \sum_{i=1}^{n} \mathbf{L}(M^{-1}(\mathbf{x}_i - \boldsymbol{\mu})) \\ \sum_{i=1}^{n} \mathbf{L}(M^{-1}(\mathbf{x}_i - \boldsymbol{\mu}))(\mathbf{x}_i - \boldsymbol{\mu})'(M^{-1})' \end{pmatrix} \tag{5.59}
$$

是枢轴量, 恒有

$$
\mathbf{h}(\mathbb{X}; \boldsymbol{\mu}, M) \stackrel{d}{=} \mathbf{h}(\mathbb{X}; \mathbf{0}_p, I_p), \quad \forall \boldsymbol{\mu} \in \mathfrak{R}^p, \ M \in \mathfrak{M}.
$$

$\boldsymbol{\mu}$ 和 M 的随机估计 $\mathbf{W}_{\boldsymbol{\mu}}$, $\mathbb{W}_M$ 满足

$$
\begin{pmatrix} \mathbf{h}_1(\mathcal{X}; \mathbf{W}_{\boldsymbol{\mu}}, \mathbb{W}_M) \\ \mathbf{h}_2(\mathcal{X}; \mathbf{W}_{\boldsymbol{\mu}}, \mathbb{W}_M) \end{pmatrix} = \begin{pmatrix} \sum_{i=1}^{n} \mathbf{L}(\mathbf{Z}_i) \\ \sum_{i=1}^{n} \mathbf{L}(\mathbf{Z}_i - \bar{\mathbf{Z}})(\mathbf{Z}_i - \bar{\mathbf{Z}})' \end{pmatrix},
$$

其中

$$
\mathbf{Z}_1, \cdots, \mathbf{Z}_n \text{ 独立同分布}, \ \mathbf{Z}_i \sim N_{p,[f]}(\mathbf{0}_p, I_p), \ i = 1, \cdots, n.
$$

写成显式就是 (5.47) 和 (5.48). $\mathbf{W}_{\boldsymbol{\mu}}$ 和 $\mathbb{W}_M$ 的联合密度函数 $f_{(\boldsymbol{\mu}, M)}(\cdot; \mathcal{X})$ 由 (5.49) 给出. 一般情形下计算 $f_{(\boldsymbol{\mu}, M)}(\cdot; \mathcal{X})$ 是困难的, 这不影响对参数 $\boldsymbol{\mu}$ 和 M 的推断. 可以绕过计算 $f_{(\boldsymbol{\mu}, M)}(\cdot; \mathcal{X})$, 实现模拟推断. 分两步处理, 第一步是基础工作, 获得基础模拟数据, 是各种推断的基础; 第二步是基于基础数据作各种检验, 叙述如下.

1. 随机推断基础模拟数据

(1) 设 $\mathcal{X} = (\mathbf{x}_1, \cdots, \mathbf{x}_n)$ 是抽自 $N_{p,[f]}(\boldsymbol{\mu}, M)$ 的样本, 是模拟推断的依据, 常量.

(2) 生成 $N_{p,[f]}(\mathbf{0}_p, I_p)$ 的样本 $\mathcal{Z} = (\mathbf{z}_1, \cdots, \mathbf{z}_n)$.

(3) 按 5.3.3 节算法求 $\mathbf{W}_{\boldsymbol{\mu}}$, $\mathbb{W}_M$.

(4) 重复 (2) 和 (3) N 次, 第 i 次重复的结果记作 $\mathbf{u}_i$, M_i, 全部模拟结果为

$$
\begin{pmatrix} \mathcal{U} \\ \mathcal{M} \end{pmatrix} = \begin{pmatrix} \mathbf{u}_1 & \mathbf{u}_2 & \cdots & \mathbf{u}_N \\ M_1 & M_2 & \cdots & M_N \end{pmatrix}.
$$

称此数据为基础模拟数据, 蕴含着用此数据作各类推断.

2. 基于基础模拟数据作检验

考虑假设 (5.56) 的检验. 只需用基础模拟数据的 $\mathcal{U} = (\mathbf{u}_1, \mathbf{u}_2, \cdots, \mathbf{u}_N)$ 分量, 是在 M 未知的前提下得到的参数 $\boldsymbol{\mu}$ 的随机估计 $W_{\boldsymbol{\mu}}$ 的观测值. 基于它 $\mathbf{W}_{\boldsymbol{\mu}}$ 的密度函数估计记作 $\hat{f}_{\boldsymbol{\mu}}(\cdot)$.

给定 α, 求 $Q(\alpha)$ 使得

$$
s(\alpha) = ^\# \{\mathbf{u}_i : \hat{f}_{\boldsymbol{\mu}}(\mathbf{u}_i) \leqslant Q(\alpha)\}, \quad \frac{s(\alpha)}{N} \leqslant \alpha < \frac{s(\alpha) + 1}{N}.
$$

VDR 检验规则是

若 $\hat{f}_\mu(\boldsymbol{\mu}_0) \leqslant Q(\alpha)$, 则拒绝假设 (5.56) 的原假设, 否则接受原假设.

基于基础模拟数据的 $\mathcal{M} = (M_1, \cdots, M_N)$, $\mathbb{W}_M$ 的密度函数估计记作 $\hat{f}_M(\cdot)$. 进而考虑假设

$$H_0 : M = M_0 \leftrightarrow H_1 : M \neq M_0. \tag{5.60}$$

给定 α, 存在 $Q^*(\alpha)$ 使得

$$s(\alpha) =^{\#} \{\mathbf{u}_i : \hat{f}_M(\mathbf{u}_i) \leqslant Q^*(\alpha)\}, \quad \frac{s(\alpha)}{N} \leqslant \alpha < \frac{s(\alpha)+1}{N}.$$

经验 VDR 检验规则是

若 $\hat{f}_M(M_0) \leqslant Q^*(\alpha)$, 则拒绝假设 (5.60) 的原假设, 否则接受原假设.

基于基础模拟数据还可以作更多的检验. 设

$$M = \begin{pmatrix} M_{11} & M_{12} \\ M_{21} & M_{22} \end{pmatrix}, \quad M_{11} \text{ 是 } k \times k \text{ 方阵}.$$

考虑假设

$$H_0 : M_{11} = C \leftrightarrow H_1 : M_{11} \neq C.$$

只需取出 $\mathcal{M}$ 中相应数据, 重复检验假设 (5.60) 的过程.

关键问题是估计多元密度函数, 核方法是常用方法, 多元核函数变得复杂. 不过恰有用一元核函数估计多元密度函数的方法, 使得计算相对简洁, 容易实现. 这就是球极投影变换核估计.

5.3.5　球极投影变换核估计

设

$$\mathcal{X} = (\mathbf{x}_1, \cdots, \mathbf{x}_n)$$

是抽自 $\mathfrak{R}^p$ 上的密度函数 $f(\cdot)$ 的样本, 则 $f(\mathbf{x})$, $\mathbf{x} \in \mathfrak{R}^p$ 的核估计是

$$\hat{f}_n(\mathbf{x}) = \frac{1}{nh_n^p} \sum_{i=1}^{n} K\left(\frac{x - x_i}{h_n}\right),$$

其中 $K(\cdot)$ 是 $\mathfrak{R}^p$ 上的密度函数, 叫做核函数, 且窗宽 h_n 满足

$$\lim_{n \to \infty} h_n = 0.$$

$\hat{f}(\mathbf{x})$ 是加权和, $\mathbf{x}_i$ 离 $\mathbf{x}$ 越近, 其权重越大. 衡量两点远近最自然的度量是距离, 尤其是欧氏距离

$$\|\mathbf{x} - \mathbf{x}_i\|^2 = (\mathbf{x} - \mathbf{x}_i)'(\mathbf{x} - \mathbf{x}_i) = \|\mathbf{x}\|^2 + \|\mathbf{x}_i\|^2 - 2\mathbf{x}'\mathbf{x}_i.$$

特别两点位于单位球面上

$$\|\mathbf{x} - \mathbf{x}_i\|^2 = (\mathbf{x} - \mathbf{x}_i)'(\mathbf{x} - \mathbf{x}_i) = 2(1 - \mathbf{x}'\mathbf{x}_i).$$

因此, 球面上的密度函数 $g(\mathbf{y})$, $\|\mathbf{y}\| = 1$ 的核估计为

$$\hat{g}_n(\mathbf{y}) = \frac{\sum\limits_{i=1}^{n} K\left(\dfrac{1 - \mathbf{y}_i'\mathbf{y}}{h_n^2}\right)}{n \int_{\bar{S}_{p+1}^2} K\left(\dfrac{1 - \mathbf{z}'\mathbf{y}}{h_n^2}\right) \bar{L}_{p+1}(d\mathbf{z})}, \tag{5.61}$$

其中 $\mathbf{y}_1, \cdots, \mathbf{y}_n$ 是 i.i.d., $\mathbf{y}_1 \sim g(\cdot)$, $K(\cdot)$ 是定义在 $\mathfrak{R}^+$ 上的非负核函数, 满足

$$0 < \int_0^\infty K(t) t^{\frac{r}{2}} dt < \infty, \quad r > p - 2.$$

窗宽满足

$$\lim_{n\to\infty} h_n = 0, \quad \lim_{n\to\infty} n h_n^p = \infty.$$

那么

$$\lim_{n\to\infty} \hat{g}_n(\mathbf{y}) = g(\mathbf{y}), \quad a.s..$$

加更强的条件可给出收敛速度, 可参看有关文献. 球极投影变换将 $\mathfrak{R}^p$ 的密度函数和 $\bar{S}_{p+1}^2$ 上的密度函数联系起来. 考虑 $\mathfrak{R}^{p+1}$ 中两个 p 维点集

$$\mathfrak{R}_p = \{(\mathbf{x}', 0)' : \mathbf{x} \in \mathfrak{R}^p\}, \quad \bar{S}_{p+1}^2 = \{\mathbf{x} : \|\mathbf{x}\| = 1, \mathbf{x} \in \mathfrak{R}^{p+1}\}.$$

称点 $N = (\mathbf{0}_p, 1)' \in \bar{S}_{p+1}^2$ 为北极点. 过点 N 和点 $\mathbf{x} \in \mathfrak{R}_p$ 的直线和球面 $\bar{S}_{p+1}^2$ 相交于不同于 N 的点 $\mathbf{y}$, 记作 $\mathbf{y} = sp(\mathbf{x})$, 叫做球极投影变换. 显然

$$N = \lim_{\|\mathbf{x}\|\to\infty} sp(\mathbf{x}), \quad \forall \mathbf{x} \in \mathfrak{R}_p.$$

过点 N 和点 $\mathbf{x} \in \mathfrak{R}_p$ 的直线上的点 $\mathbf{u} = (u_1, \cdots, u_{p+1})$ 满足

$$\frac{u_1 - 0}{x_1 - 0} = \cdots = \frac{u_p - 0}{x_p - 0} = \frac{u_{p+1} - 1}{0 - 1} = t.$$

于是

$$\mathbf{y} = sp(\mathbf{x}) = (y_1, \cdots, y_{p+1}),$$
$$y_i = t x_i, 1 \leqslant i \leqslant p, \quad y_{p+1} = 1 - t, \text{ 且 } \|\mathbf{y}\| = 1,$$

从而

$$t = \frac{2}{1 + \|\mathbf{x}\|^2} = 1 - y_{p+1},$$
$$\mathbf{x} = sp^{-1}(\mathbf{y}) = \frac{\mathbf{y} - (\mathbf{0}_p', y_{p+1})'}{1 - y_{p+1}}.$$

若

$$\mathbf{X} \sim f(\mathbf{x}), \quad \mathbf{x} \in \mathfrak{R}^p, \quad \mathbf{Y} = sp(\mathbf{X}) \sim g(\mathbf{y}), \mathbf{y} \in \bar{S}_{p+1}^2,$$

则以下引理描述了 $f(\cdot)$ 和 $g(\cdot)$ 的关系.

引理 5.4 设取值于 $\mathfrak{R}^p$ 的随机向量 $\mathbf{X}$ 的密度函数是 $f(\cdot)$, $\mathbf{Y} = sp(\mathbf{X})$ 的密度函数记作 $g(\cdot)$, 则

$$f(\mathbf{x}) = \frac{2^p}{(1 + \|\mathbf{x}_p\|)^p} g(sp(\mathbf{x})).$$

将 (5.61) 代入上式, 用下式估计密度函数 $f(\cdot)$:

$$\hat{f}_n(\mathbf{x}) = \frac{2^p}{(1 + \|\mathbf{x}_p\|)^p} \frac{\sum_{i=1}^n K\left(\frac{1 - sp'(\mathbf{x}_i) sp(\mathbf{x})}{h_n^2}\right)}{n \int_{\bar{S}_{p+1}^2} K\left(\frac{1 - \mathbf{z}' sp(\mathbf{x})}{h_n^2}\right) \bar{L}_{p+1}(d\mathbf{z})}.$$

该估计的最大优点是用一维核函数估计 p 维密度函数, 使计算简化, 并适合于模拟. 有关细节请参看赵颖, 杨振海 (2005).

5.4 多元正态分布参数的 VDR 检验

关于线性变换分布族的结果, 在正态分布族下可得到更深刻的结果. 这时 $\mathbf{L}(\mathbf{x}) = \mathbf{x}$. 设 $\mathbb{X}$ 是抽自 p 元正态分布 $N_p(\boldsymbol{\mu}, \Sigma)$, $\Sigma = MM'$ 的随机样本, $\mathcal{X}$ 是具体样本, 样本容量为 n. 记

$$\bar{\mathbf{x}} = \frac{1}{n}\sum_{i=1}^{n}\mathbf{x}_i, \quad \mathbf{s} = \frac{1}{n-1}\sum_{i=1}^{n}(\mathbf{x}_i - \bar{\mathbf{x}})(\mathbf{x}_i - \bar{\mathbf{x}})'.$$

检验均值向量和协方差阵是两个基本检验问题:

$$H_0: \boldsymbol{\mu} = \boldsymbol{\mu}_0 \leftrightarrow H_1: \boldsymbol{\mu} \neq \boldsymbol{\mu}_0, \tag{5.62}$$

$$H_0: \Sigma = \Sigma_0 \leftrightarrow H_1: \Sigma \neq \Sigma_0. \tag{5.63}$$

进而有第三个基本检验问题:

$$H_0: \boldsymbol{\mu} = \boldsymbol{\mu}_0, \quad \Sigma = \Sigma_0 \leftrightarrow H_1: \boldsymbol{\mu} = \boldsymbol{\mu}_0, \quad \Sigma = \Sigma_0 \text{ 至少有一个等式不成立}. \tag{5.64}$$

5.4.1 均值向量的检验问题

假设 (5.62) 的检验, 按总体协方差阵已知和未知两种情形讨论.

5.4.1.1 协方差阵已知时的均值检验

当 Σ 已知时参数 $\boldsymbol{\mu}$ 的枢轴量是

$$\mathbf{h}_1(\bar{\mathbf{x}}; \boldsymbol{\mu}) = \frac{1}{\sqrt{n}}\sum_{i=1}^{n}\Sigma^{-\frac{1}{2}}(\mathbf{x}_i - \boldsymbol{\mu}) = \sqrt{n}\Sigma^{-\frac{1}{2}}(\bar{\mathbf{x}} - \boldsymbol{\mu}).$$

众所周知

$$\mathbf{h}_1(\bar{X}, \boldsymbol{\mu}) = \sqrt{n}\Sigma^{-\frac{1}{2}}(\bar{\mathbf{X}} - \boldsymbol{\mu}) \stackrel{d}{=} \mathbf{h}_1(\bar{X}, \mathbf{0}_p) \stackrel{d}{=} \mathbf{Z} \sim N(\mathbf{0}_p, I_p).$$

$\mathbf{Z}$ 是枢轴向量. $\boldsymbol{\mu}$ 的随机估计 $W_{\boldsymbol{\mu}}$ 由下式确定

$$\sqrt{n}\Sigma^{-\frac{1}{2}}(\bar{\mathbf{x}} - W_{\boldsymbol{\mu}}) = \mathbf{Z}, \quad \mathbf{Z} \sim N_p(\mathbf{0}_p, I_p),$$

即

$$W_{\boldsymbol{\mu}} = \bar{\mathbf{x}} - \frac{1}{\sqrt{n}}\Sigma^{\frac{1}{2}}\mathbf{Z}, \quad \mathbf{Z} \sim N_p(\mathbf{0}_p, I_p). \tag{5.65}$$

故 $W_{\boldsymbol{\mu}}$ 的密度函数是

$$f_{\boldsymbol{\mu}}(\mathbf{u}; \bar{\mathbf{x}}) = \frac{\sqrt{n}}{\sqrt{|\Sigma|}}\varphi_p(\sqrt{n}\Sigma^{-\frac{1}{2}}(\bar{\mathbf{x}} - \mathbf{u})), \quad \mathbf{u} \in \Re^p,$$

这里 $\varphi_p(\cdot)$ 是 $N_p(\mathbf{0}_p, I_p)$ 的密度函数. 假设 (5.62) 的检验变量是 $Z = f_{\boldsymbol{\mu}}(W_{\boldsymbol{\mu}}; \bar{\mathbf{x}})$, 它的 α 分位点记作 $Q_Z(\alpha, \bar{\mathbf{x}})$, $0 < Q_Z(\alpha, \bar{\mathbf{x}}) < \frac{\sqrt{n}}{\pi^{\frac{p}{2}}\sqrt{|\Sigma|}}$. 于是

$$\alpha = P(\mathbf{Z} \leqslant Q_Z(\alpha, \bar{\mathbf{x}})) = P(f_{\boldsymbol{\mu}}(W_{\boldsymbol{\mu}}; \bar{\mathbf{x}}) \leqslant Q_Z(\alpha, \bar{\mathbf{x}}))$$

$$= P(\varphi_p(\sqrt{n}\Sigma^{-\frac{1}{2}}(\bar{\mathbf{x}} - W_{\boldsymbol{\mu}})) \leqslant \frac{\sqrt{|\Sigma|}}{\sqrt{n}}Q_Z(\alpha, \bar{\mathbf{x}}))$$

$$= P\left(\varphi_p(\mathbf{Z'Z}) \leqslant \frac{\sqrt{|\Sigma|}}{\sqrt{n}} Q_Z(\alpha, \bar{\mathbf{x}})\right)$$

$$= P\left(\mathbf{Z'Z} > -2\ln\left(Q_Z(\alpha, \bar{\mathbf{x}})\frac{\pi^{\frac{p}{2}}\sqrt{|\Sigma|}}{\sqrt{n}}\right)\right)$$

$$= P(\mathbf{Z'Z} > \chi_p(1-\alpha)),$$

$$\chi_p^2(1-\alpha) = -2\ln\left(Q_Z(\alpha, \bar{\mathbf{x}})\frac{\pi^{\frac{p}{2}}\sqrt{|\Sigma|}}{\sqrt{n}}\right).$$

进而得到检验假设 (5.62) 的 VDR 检验规则是

给定显著水平 α, 若 $f_{\boldsymbol{\mu}}(\boldsymbol{\mu}_0; \bar{\mathbf{x}}) \leqslant Q_Z(\alpha, \bar{\mathbf{x}}) \Leftrightarrow n(\bar{\mathbf{X}} - \boldsymbol{\mu}_0)'\Sigma^{-1}(\bar{\mathbf{X}} - \boldsymbol{\mu}_0) > \chi_p^2(1-\alpha)$, **则拒绝 (5.62) 的原假设** $H_0: \boldsymbol{\mu} = \boldsymbol{\mu}_0$, **否则接受原假设.**

这和似然比检验结果一致, 即在协方差阵已知的条件下, 检验假设 (5.62) 的 VDR 检验和经典结果是一致的.

5.4.1.2 协方差阵未知时的均值检验

多元 t 分布可用于均值参数 $\boldsymbol{\mu}$ 的检验. 参数 $\boldsymbol{\mu}$ 的枢轴量是

$$\begin{aligned}
\mathbf{h}_1(\mathcal{X}; \boldsymbol{\mu}) &= \hat{\Sigma}^{-\frac{1}{2}}\sqrt{n}(\bar{\mathbf{X}} - \boldsymbol{\mu}), \\
\mathbf{h}_1(\mathbb{X}; \boldsymbol{\mu}) &= \hat{\Sigma}^{-\frac{1}{2}}\sqrt{n}(\bar{\mathbf{X}} - \boldsymbol{\mu}) \stackrel{d}{=} S^{-\frac{1}{2}}(\mathbb{Z})\sqrt{n}\bar{\mathbf{Z}} \sim t(p, n-1),
\end{aligned} \tag{5.66}$$

其中

$$\mathbf{Z}_i \sim N_p(\mathbf{0}_p, I_p), \quad i = 1, \cdots, n, \quad \mathbb{Z} = (\mathbf{Z}_1, \cdots, \mathbf{Z}_n).$$

$\mathbf{T}_{(p,n-1)} = S^{-\frac{1}{2}}(\mathbb{Z})\sqrt{n}\bar{\mathbf{Z}}$ 是枢轴向量, 由引理 5.1, 其概率密度函数是 $f_T(\cdot, n-1, p)$. 观测到的样本是 $\mathcal{X} = (\mathbf{x}_1, \cdots, \mathbf{x}_n)$. $\boldsymbol{\mu}$ 的随机估计 $\mathbf{W}_{\boldsymbol{\mu}}$ 由

$$\hat{\Sigma}^{-\frac{1}{2}}\sqrt{n}(\bar{\mathbf{x}} - \mathbf{W}_{\boldsymbol{\mu}}) = \mathbf{T}_{(p,n-1)}$$

定义, 即

$$\mathbf{W}_{\boldsymbol{\mu}} = \bar{\mathbf{x}} - \frac{\hat{\Sigma}^{\frac{1}{2}}(\mathcal{X})}{\sqrt{n}}\mathbf{T}_{(p,n-1)}.$$

$\mathbf{W}_{\boldsymbol{\mu}}$ 的密度函数为

$$f_{\boldsymbol{\mu}}(\mathbf{u}; \bar{\mathbf{x}}, \hat{\Sigma}) = \sqrt{n}|\hat{\Sigma}|^{-\frac{1}{2}}f_T(\hat{\Sigma}^{-\frac{1}{2}}\sqrt{n}(\bar{\mathbf{x}} - \mathbf{u}), n-1, p) = \sqrt{n}|\hat{\Sigma}|^{-\frac{1}{2}}f_T(\mathbf{h}_1(\mathcal{X}, \mathbf{u}), n-1, p),$$

检验假设 (5.62) 的检验变量是

$$Z = \sqrt{n}|\hat{\Sigma}|^{-\frac{1}{2}}f_T(\hat{\Sigma}^{-\frac{1}{2}}\sqrt{n}(\bar{\mathbf{X}} - \mathbf{W}_{\boldsymbol{\mu}}), n-1, p).$$

当 Z 的值过小时拒绝原假设. Z 的 α 分位点记作 $Q_Z(\alpha; \mathcal{X})$, 则

$$\begin{aligned}
\alpha &= P(Z \leqslant Q_Z(\alpha; \mathcal{X})) \\
&= P\left(f_T(\mathbf{h}_1(\mathcal{X}, \mathbf{W}_{\boldsymbol{\mu}}), n-1, p) \leqslant \frac{|\hat{\Sigma}|^{\frac{1}{2}}}{\sqrt{n}}Q_Z(\alpha; \mathcal{X})\right), \quad 0 < Q_Z(\alpha; \mathcal{X}) \leqslant \sqrt{n}|\hat{\Sigma}|^{-\frac{1}{2}}f_0 \\
&= P\left(f_T(\mathbf{h}_1(\mathcal{X}, \mathbf{W}_{\boldsymbol{\mu}}), n-1, p) \leqslant Q_V(\alpha)\right), \quad 0 < Q_V(\alpha) \leqslant f_0,
\end{aligned}$$

其中

$$\frac{|\hat{\Sigma}|^{\frac{1}{2}}}{\sqrt{n}} Q_Z(\alpha; \mathcal{X}) = Q_V(\alpha), \quad f_0 = f_T(\mathbf{0}_p, n-1, p) = (k\pi)^{\frac{p}{2}} \frac{\Gamma_p\left(\dfrac{k+1}{2}\right)}{\Gamma_p\left(\dfrac{k}{2}\right)},$$

且 $Q_V(\alpha)$ 是 $V = f_T(\mathbf{T}, n-1, p)$ 的 α 分位点. 因此检验假设 (5.62) 的规则是

给定显著水平 α, 若 $f_T(\mathbf{h}(\mathcal{X}, \boldsymbol{\mu}_0), n-1, p) \leqslant Q_V(\alpha)$, 则拒绝 (5.62) 的原假设, 否则接受原假设.

现计算 $Q_V(\alpha)$. 由于

$$f_T(\mathbf{t}_p, n-1) \leqslant v \Leftrightarrow \left(1 + \frac{\sum\limits_{i=1}^{p} t_i^2}{n-1}\right)^{-\frac{n}{2}} \leqslant \frac{v}{f_0}$$

$$\Leftrightarrow \mathbf{t}'\mathbf{t} = \sum_{i=1}^{p} t_i^2 \geqslant (n-1)\left(\left(\frac{f_0}{v}\right)^{\frac{2}{n}} - 1\right),$$

故

$$f_T(\mathbf{T}; \boldsymbol{\mu}_0, n-1, p) \leqslant Q_V(\alpha) \Leftrightarrow \mathbf{T}'\mathbf{T} \geqslant (n-1)\left(\left(\frac{f_0}{Q_V(\alpha)}\right)^{\frac{2}{n}} - 1\right).$$

又

$$\mathbf{T}'\mathbf{T} = n\bar{\mathbf{Z}}'\mathbf{S}(\mathbb{Z})\bar{\mathbf{Z}} \sim T^2(p, n-1),$$

$$\alpha = P(f_T(\mathbf{T}, n-1, p) \leqslant Q_V(\alpha)) \Leftrightarrow \left(\frac{f_0}{Q_V(\alpha)}\right)^{\frac{2}{n}} - 1 = T_{p,n-1}(1-\alpha),$$

这里 $T_{p,n-1}(\gamma)$ 是 Hotelling 统计量 $T(p,n)$ 的 γ 分位点. 意味着在协方差阵未知的条件下, 检验假设 (5.62) 的 VDR 检验就是 Hotelling 检验. 综上所述, 检验均值是否为已知向量的 VDR 检验和经典结果一致.

5.4.2 均值向量受约束的检验问题

前面考虑了均值向量是否等于已知常向量的检验, 现在考虑均值向量受约束的检验, 此时均值向量属于特定集合.

5.4.2.1 一维约束

设 $\mathbf{a}$ 已知, $\mathbf{a} \in \bar{S}_p^2$, 记 $\Theta_{\mathbf{a}} = \{\mathbf{b} : \mathbf{b} = \gamma\mathbf{a}, \ \gamma \in \mathfrak{R}\}$. 考虑假设

$$H_0 : \boldsymbol{\mu} \in \Theta_{\mathbf{a}} \leftrightarrow H_1 : \boldsymbol{\mu} \notin \Theta_{\mathbf{a}}. \tag{5.67}$$

$\boldsymbol{\mu}$ 是一维参数, γ 是未知常数. 当 $\mathbf{a} = \bar{\mathbf{1}}_p$ 时原假设成立意味着 $\boldsymbol{\mu}$ 的各分量相等. 对给定 γ, 考虑假设

$$H_{0,\gamma} : \boldsymbol{\mu} = \gamma\mathbf{a} \leftrightarrow H_{1,\gamma} : \boldsymbol{\mu} \neq \gamma\mathbf{a}, \tag{5.68}$$

易见

$$H_0 : \boldsymbol{\mu} \in \Theta_{\mathbf{a}} = \bigcup_{\gamma \in \mathfrak{R}} H_{0,\gamma},$$

若存在 γ 使得接受 $H_{0,\gamma}$, 则接受 $H_0 : \boldsymbol{\mu} \in \Theta_{\mathbf{a}}$. 当拒绝所有的 $H_{0,\gamma}$ 时才拒绝 $H_0 :$ $\boldsymbol{\mu} \in \Theta_{\mathbf{a}}$. 这就是交并原则. 设 U_γ 是检验假设 (5.68) 的拒绝域, 则检验假设 (5.67) 的拒绝域是 $U = \bigcap\limits_{\gamma \in \mathfrak{R}} U_\gamma$, 即是所谓交并原则的表示. 众所周知, 假设 (5.68) 是讨论过的假设

$$H_0 : \boldsymbol{\mu} = \boldsymbol{\mu}_0 \leftrightarrow H_1 : \boldsymbol{\mu} \neq \boldsymbol{\mu}_0$$

的特例, $\mu_0 = \gamma\mathbf{a}$. 当总体方差阵已知时用 χ^2 检验, 当总体方差阵未知时用 Hotelling 检验, 即

$$U_\gamma = \begin{cases} \{\mathcal{X} : n(\bar{\mathbf{x}} - \gamma\mathbf{a})'\Sigma^{-1}(\bar{\mathbf{x}} - \gamma\mathbf{a}) > \chi_p^2(1-\alpha)\}, & \text{若 } \Sigma \text{ 已知}, \\ \{\mathcal{X} : n(\bar{\mathbf{x}} - \gamma\mathbf{a})'\hat{\Sigma}^{-1}(\bar{\mathbf{x}} - \gamma\mathbf{a}) > \dfrac{(n-1)p}{n-p}F_{p,n-p+1}(1-\alpha)\}, & \text{若 } \Sigma \text{ 未知}, \end{cases}$$

其中

$$\mathcal{X} = (\mathbf{x}_1, \cdots, \mathbf{x}_n)', \quad \mathbf{x}_i \in \mathfrak{R}^p, \quad i = 1, \cdots, n,$$
$$\bar{\mathbf{x}} = \frac{1}{n}\sum_{i=1}^n \mathbf{x}_i, \quad \hat{\Sigma} = \hat{\Sigma}(\mathcal{X}) = \frac{1}{n-1}\sum_{i=1}^n (\mathbf{x}_i - \bar{\mathbf{x}})(\mathbf{x}_i - \bar{\mathbf{x}})'.$$

注意到对任何对称正定阵 A 恒有

$$\inf_{\gamma \in \mathfrak{R}}(\mathbf{x} - \gamma\mathbf{a})'A(\mathbf{x} - \gamma\mathbf{a}) = (\mathbf{x} - \gamma_0\mathbf{a})'A(\mathbf{x} - \gamma_0\mathbf{a}),$$
$$\gamma_0 = \gamma_0(A, \mathbf{a}, \mathbf{x}) = \frac{\mathbf{a}'A\mathbf{x}}{\mathbf{a}'A\mathbf{a}}, \quad \forall \mathbf{x} \in \mathfrak{R}^p.$$

由于 $P\left(\bigcap\limits_{\gamma \in \mathfrak{R}} U_\gamma\right) < P(U_\gamma) = \alpha, \ \forall \gamma \in \mathfrak{R}$, 故检验假设 (5.67) 的拒绝域的临界值要重新计算, 即

$$U = \begin{cases} \{\mathcal{X} : n(\bar{\mathbf{x}} - \gamma_0\mathbf{a})'\Sigma^{-1}(\bar{\mathbf{x}} - \gamma_0\mathbf{a}) > u(\alpha;\Sigma)\}, & \text{若 } \Sigma \text{ 已知}, \gamma_0 = \gamma_0(\Sigma^{-1}, \mathbf{a}, \bar{\mathbf{x}}), \\ \{\mathcal{X} : n(\bar{\mathbf{x}} - \gamma_0(\hat{\Sigma})\mathbf{a})'\hat{\Sigma}^{-1}(\bar{\mathbf{x}} - \gamma_0(\hat{\Sigma})\mathbf{a}) > u(\alpha;\hat{\Sigma})\}, & \text{若 } \Sigma \text{ 未知}, \gamma_0 = \gamma_0(\hat{\Sigma}-1, \mathbf{a}, \bar{\mathbf{x}}), \end{cases}$$

$u(\alpha;\cdot)$ 满足

$$u(\alpha;\Sigma) < \chi_p^2(1-\alpha), \ u(\alpha;\hat{\Sigma}) < \frac{(n-1)p}{n-p}F_{p,n-p}(1-\alpha), \ P(U) = \alpha.$$

还不知道按经典统计观点如何计算 $u(\alpha;\cdot)$, 但是按随机估计观点计算如下.

1. Σ 已知

Σ 已知时参数 $\boldsymbol{\mu}$ 的随机估计 $\mathbf{W}_{\boldsymbol{\mu}}$ 满足

$$\Sigma^{-\frac{1}{2}}\sqrt{n}(\bar{\mathbf{x}} - \mathbf{W}_{\boldsymbol{\mu}}) = \mathbf{Z}, \quad \mathbf{Z} \sim N_p(\mathbf{0}_p, I_p). \tag{5.69}$$

参数 $\boldsymbol{\mu}$ 的各分量可随意取值, 相互不影响, 反映在枢轴向量 $\mathbf{Z}$ 上就是各分量独立, 自由度是 p. 假设 (5.67) 成立时, 参数 $\boldsymbol{\mu}$ 受到用单参数 γ 表示的约束 $\boldsymbol{\mu} \in \Theta_{\mathbf{a}}, \|\mathbf{a}\| = 1$, 即 $\boldsymbol{\mu} = \mu\mathbf{a}, \mu$ 是未知常数. 参数 μ 的枢轴量为

$$\mathbf{h_a}(\bar{\mathbf{x}}; \mu\mathbf{a}) = \Sigma^{-\frac{1}{2}}\sqrt{n}(\bar{\mathbf{x}} - \mu\mathbf{a}), \quad \Sigma^{-\frac{1}{2}}\sqrt{n}(\bar{\mathbf{X}} - \mu\mathbf{a}) \stackrel{d}{=} \mathbf{Z} \sim N_p(\mathbf{0}_p, I_p).$$

$\mathbf{Z}$ 是枢轴变量. μ 的随机估计 W_μ 满足

$$\Sigma^{-\frac{1}{2}}\sqrt{n}(\bar{\mathbf{x}} - W_\mu\mathbf{a}) = \mathbf{Z},$$

$$\sqrt{n}(\mathbf{a}'\Sigma^{-1}\bar{\mathbf{x}} - W_\mu\mathbf{a}'\Sigma^{-1}\mathbf{a}) = \mathbf{a}'\Sigma^{-\frac{1}{2}}\mathbf{Z},$$

即

$$\sqrt{n}\left(\frac{\mathbf{a}'\Sigma^{-\frac{1}{2}}\bar{\mathbf{x}}}{\mathbf{a}'\Sigma^{-1}\mathbf{a}} - W_\mu\right) = \frac{\mathbf{a}'\Sigma^{-\frac{1}{2}}\mathbf{Z}}{\mathbf{a}'\Sigma^{-1}\mathbf{a}}. \tag{5.70}$$

(5.69)–$\Sigma^{-\frac{1}{2}}\mathbf{a}$ (5.70)

$$\sqrt{n}\Sigma^{-\frac{1}{2}}\left(\left(\bar{\mathbf{x}} - \frac{\mathbf{a}\mathbf{a}'\Sigma^{-1}\bar{\mathbf{x}}}{\mathbf{a}'\Sigma^{-1}\mathbf{a}}\right) - (\mathbf{W}_\mu - W_\mu\mathbf{a})\right) = \left(I_p - \frac{\Sigma^{-\frac{1}{2}}\mathbf{a}\mathbf{a}'\Sigma^{\frac{1}{2}}}{\mathbf{a}'\Sigma^{-1}\mathbf{a}}\right)\mathbf{Z}. \tag{5.71}$$

注意到 $\mathbf{W}_\delta = \mathbf{W}_\mu - W_\gamma\mathbf{a}$ 是参数 $\delta = \mu - \gamma\mathbf{a}$ 的随机估计, 假设 (5.67) 等价于假设

$$H_0 : \delta = \mathbf{0}_p \leftrightarrow H_1 : \delta \neq \mathbf{0}_p.$$

设 H 是 $p \times p$ 正交阵, 它的前 $p-1$ 行记作 H_{p-1}, 它的第 p 行是 $\mathbf{a}_0'$, $\mathbf{a}_0 = \Sigma^{-\frac{1}{2}}\mathbf{a}(\sqrt{\mathbf{a}'\Sigma^{-1}\mathbf{a}})^{-1}$. H 左乘 (5.71) 两边

$$\left(\begin{array}{c} \left(H_{p-1}\sqrt{n}\Sigma^{-\frac{1}{2}}\left(\bar{\mathbf{x}} - \frac{\mathbf{a}\mathbf{a}'\Sigma^{-1}\bar{\mathbf{x}}}{\mathbf{a}'\Sigma^{-1}\mathbf{a}}\right)\right) - H_{p-1}\mathbf{W}_\delta \\ 0 - \mathbf{a}_0'\mathbf{W}_\delta \end{array}\right) = \left(\begin{array}{c} H_{p-1}\mathbf{Z} \\ 0 \end{array}\right),$$

即

$$\left(H_{p-1}\Sigma^{-\frac{1}{2}}\left(\bar{\mathbf{x}} - \frac{\mathbf{a}\mathbf{a}'\Sigma^{-1}\bar{\mathbf{x}}}{\mathbf{a}'\Sigma^{-1}\mathbf{a}}\right) - H_{p-1}\mathbf{W}_\delta = H_{p-1}\mathbf{Z},\right.$$

$$\mathbf{a}_0'\mathbf{W}_\delta = 0,$$

检验假设 (5.67) 等价于检验假设 $H_0 : \delta^* = \mathbf{0}_{p-1}$, 这里 $\delta^* = H_{p-1}\delta$. δ^* 的随机估计是 $\mathbf{W}_{\delta^*} = H_{p-1}\mathbf{W}_\delta$. 注意到 $\mathbf{Z}^* = H_{p-1}\mathbf{Z} \sim N_{p-1}(\mathbf{0}_{p-1}, I_{p-1})$, 于是 $\mathbf{W}_{\delta^*}$ 的概率密度函数是

$$f_{\delta^*}(\mathbf{u};\bar{\mathbf{x}}) = \frac{1}{(\sqrt{2\pi})^{p-1}}e^{-(u - H_{p-1}\Sigma^{-\frac{1}{2}}(\bar{\mathbf{x}} - \mathbf{a}\gamma_0))'(u - H_{p-1}\Sigma^{-\frac{1}{2}}(\bar{\mathbf{x}} - \mathbf{a}\gamma_0))}.$$

检验变量

$$Z = f_{\delta^*}(\mathbf{W}_{\delta^*};\bar{\mathbf{x}}) = \frac{1}{(\sqrt{2\pi})^{p-1}}e^{-(\mathbf{Z}^*)'(\mathbf{Z}^*)}.$$

Z 的 α 分位点记作 $Q_Z(\alpha, \bar{\mathbf{x}})$, 则

$$\alpha = P(Z \leqslant Q_Z(\alpha, \bar{\mathbf{x}})) = P\left(\frac{1}{(\sqrt{2\pi})^{p-1}}e^{-(\mathbf{Z}^*)'(\mathbf{Z}^*)} \leqslant Q_Z(\alpha, \bar{\mathbf{x}})\right)$$

$$= P((\mathbf{Z}^*)'(\mathbf{Z}^*) > -\ln(Q_Z(\alpha, \bar{\mathbf{x}})(\sqrt{2\pi})^{p-1}))$$

$$= P((\mathbf{Z}^*)'(\mathbf{Z}^*) > \chi_{p-1}(\alpha)). \tag{5.72}$$

故

$$-\ln(Q_Z(\alpha, \bar{\mathbf{x}})(\sqrt{2\pi})^{p-1}) = \chi_{p-1}(\alpha). \tag{5.73}$$

因此检验假设 (5.67) 的 VDR 检验规则是

　　若

$$f_{\delta^*}(\mathbf{0}_{p-1};\bar{\mathbf{x}}) \leqslant Q_Z(\alpha, \bar{\mathbf{x}}) \Leftrightarrow n\left(\bar{\mathbf{x}} - \frac{\mathbf{a}\mathbf{a}'\Sigma^{-1}\bar{\mathbf{x}}}{\mathbf{a}'\Sigma^{-1}\mathbf{a}}\right)'\Sigma^{-1}\left(\bar{\mathbf{x}} - \frac{\mathbf{a}\mathbf{a}'\Sigma^{-1}\bar{\mathbf{x}}}{\mathbf{a}'\Sigma^{-1}\mathbf{a}}\right) > \chi_{p-1}(1 - \alpha),$$

则拒绝假设 $H_0 : \boldsymbol{\mu} \in \Theta_{\mathbf{a}}$, 否则接受之.

2. Σ 未知

当 Σ 未知时 $\boldsymbol{\mu}$ 的随机估计 $\mathbf{W_{\boldsymbol{\mu}}}$ 满足

$$\sqrt{n}\hat{\Sigma}^{-\frac{1}{2}}(\bar{\mathbf{x}} - \mathbf{W_{\boldsymbol{\mu}}}) = \mathbf{T}_{(p,n-1)}.$$

经过与协方差阵已知时一样的推导, 参数 $\boldsymbol{\mu}$ 的随机估计由下式定义

$$\sqrt{n}\hat{\Sigma}^{-\frac{1}{2}}\left(\left(\bar{\mathbf{x}} - \frac{\mathbf{aa}'\hat{\Sigma}^{-1}\bar{\mathbf{x}}}{\mathbf{a}'\hat{\Sigma}^{-1}\mathbf{a}}\right) - (\mathbf{W_{\boldsymbol{\mu}}} - W_{\mu}\mathbf{a})\right) = \left(I_p - \frac{\hat{\Sigma}^{-\frac{1}{2}}\mathbf{aa}'\hat{\Sigma}^{\frac{1}{2}}}{\mathbf{a}'\hat{\Sigma}^{-1}\mathbf{a}}\right)\mathbf{T}_{(p,n-1)}. \quad (5.74)$$

期望求出

$$\left(I_p - \frac{\hat{\Sigma}^{-\frac{1}{2}}\mathbf{aa}'\hat{\Sigma}^{\frac{1}{2}}}{\mathbf{a}'\hat{\Sigma}^{-1}\mathbf{a}}\right)\mathbf{T}_{(p,n-1)} = (I_p - \hat{\mathbf{a}}_0\hat{\mathbf{a}}_0')\mathbf{T}_{(p,n-1)}$$

的概率密度函数, 其中

$$\mu_0 = \frac{\mathbf{a}'\hat{\Sigma}^{-1}\bar{\mathbf{x}}}{\mathbf{a}'\hat{\Sigma}^{-1}\mathbf{a}}, \quad \hat{\mathbf{a}}_0 = \frac{\hat{\Sigma}^{-\frac{1}{2}}\mathbf{a}}{\sqrt{\mathbf{a}'\hat{\Sigma}^{-1}\mathbf{a}}}, \quad \|\mathbf{a}_0\| = 1.$$

取正交阵 $\hat{H}$, 它的第 p 行是 $\hat{\mathbf{a}}_0'$, 前 $p-1$ 行记作 $\hat{H}_{p-1}$. 用 $\hat{H}$ 左成 (5.74) 两边

$$\hat{H}_{p-1}(\bar{\mathbf{x}} - \mu_0\mathbf{a}) - \hat{H}_{p-1}\mathbf{W}_{\boldsymbol{\delta}} = \hat{H}_{p-1}(I_p - \hat{\mathbf{a}}_0\hat{\mathbf{a}}_0')\mathbf{T}_{(p,n-1)} = \hat{H}_{p-1}\mathbf{T}_{(p,n-1)},$$

$$0 - \hat{\mathbf{a}}_0'\mathbf{W}_{\boldsymbol{\delta}} = 0.$$

由于 $T_{(p,n-1)}$ 是球对称的, 在正交变换下分布不变. $\hat{H}_{p-1}\mathbf{T}_{(p,n-1)}$ 与 $\mathbf{T}_{(p,n-1)}$ 的前 $p-1$ 个分量的边缘分布仅相差常数. 由引理 5.2

$$\mathbf{T}^* = \frac{n-2}{n-1}\hat{H}_{p-1}\mathbf{T}_{(p,n-1)} \stackrel{d}{=} \mathbf{T}_{(p-1,n-2)}.$$

经过与方差已知时类似的讨论, 得到假设 (5.67) 的 VDR 检验规则是

若

$$n\left(\bar{\mathbf{x}} - \frac{\mathbf{aa}'\hat{\Sigma}^{-1}\bar{\mathbf{x}}}{\mathbf{a}'\hat{\Sigma}^{-1}\mathbf{a}}\right)'\hat{\Sigma}^{-1}\left(\bar{\mathbf{x}} - \frac{\mathbf{aa}'\hat{\Sigma}^{-1}\bar{\mathbf{x}}}{\mathbf{a}'\hat{\Sigma}^{-1}\mathbf{a}}\right) > \frac{n-2}{n-1}\frac{np}{n-p}F_{p,n-1}(1-\alpha),$$

则拒绝假设 $H_0 : \boldsymbol{\mu} \in \Theta_{\mathbf{a}}$, 否则接受之.

3. 约束参数 γ 的置信区间

在假设 $\boldsymbol{\mu} \in \Theta_{\mathbf{a}}$ 下, 即在接受 (5.67) 的原假设的前提下, 考虑如何检验假设

$$H_0 : \gamma = \dot{\gamma} \leftrightarrow H_1 : \gamma \neq \dot{\gamma}. \quad (5.75)$$

无此前提, 该假设是无意义的. 换言之, $\mathbf{a}$ 是已知的.

仍分两种情形讨论如何检验假设 (5.75).

(1) Σ 已知

枢轴量为

$$h(\mathcal{X}, \gamma) = \sqrt{n}\mathbf{a}'\Sigma^{-\frac{1}{2}}(\bar{\mathbf{x}} - \gamma\mathbf{a}),$$

当 H_0 成立时 $\sqrt{n}\Sigma^{-\frac{1}{2}}(\bar{\mathbf{X}} - \gamma\mathbf{a})$ 的分布是 $N_p(\mathbf{0}_p, I_p)$, 故 $h(\mathbb{X}, \gamma) \sim N(0,1)$. $\dot{\gamma}$ 的随机估计满足

$$\sqrt{n}\mathbf{a}'\Sigma^{-\frac{1}{2}}(\bar{\mathbf{x}} - W_{\gamma}\mathbf{a}) = Z, \quad Z \sim N(0,1).$$

解得

$$W_\gamma = \frac{\mathbf{a}'\Sigma^{-\frac{1}{2}}\bar{\mathbf{x}}}{\mathbf{a}'\Sigma^{-\frac{1}{2}}\mathbf{a}} - \frac{Z}{\sqrt{n}\mathbf{a}'\Sigma^{-\frac{1}{2}}\mathbf{a}} \sim N\left(\frac{\mathbf{a}'\Sigma^{-\frac{1}{2}}\bar{\mathbf{x}}}{\mathbf{a}'\Sigma^{-\frac{1}{2}}\mathbf{a}}, n(\mathbf{a}'\Sigma^{-\frac{1}{2}}\mathbf{a})^2\right).$$

标准正态分布的 γ 分位点记作 u_γ. 给定显著水平 α,

$$P\left(\frac{\mathbf{a}'\Sigma^{-\frac{1}{2}}\bar{\mathbf{x}}}{\mathbf{a}'\Sigma^{-\frac{1}{2}}\mathbf{a}} - \frac{u_{1-\frac{\alpha}{2}}}{\sqrt{n}\mathbf{a}'\Sigma^{-\frac{1}{2}}\mathbf{a}} < W_\gamma < \frac{\mathbf{a}'\Sigma^{-\frac{1}{2}}\bar{\mathbf{x}}}{\mathbf{a}'\Sigma^{-\frac{1}{2}}\mathbf{a}} + \frac{u_{1-\frac{\alpha}{2}}}{\sqrt{n}\mathbf{a}'\Sigma^{-\frac{1}{2}}\mathbf{a}}\right)$$
$$= P(-u_{1-\frac{\alpha}{2}} < Z < u_{1-\frac{\alpha}{2}}) = 1 - \alpha,$$

于是

$$[\underline{\gamma}, \bar{\gamma}] = \left[\frac{\mathbf{a}'\Sigma^{-\frac{1}{2}}\bar{\mathbf{x}}}{\mathbf{a}'\Sigma^{-\frac{1}{2}}\mathbf{a}} - \frac{u_{1-\frac{\alpha}{2}}}{\sqrt{n}\mathbf{a}'\Sigma^{-\frac{1}{2}}\mathbf{a}}, \frac{\mathbf{a}'\Sigma^{-\frac{1}{2}}\bar{\mathbf{x}}}{\mathbf{a}'\Sigma^{-\frac{1}{2}}\mathbf{a}} + \frac{u_{1-\frac{\alpha}{2}}}{\sqrt{n}\mathbf{a}'\Sigma^{-\frac{1}{2}}\mathbf{a}}\right]$$

是参数 γ 的置信度为 $1 - \alpha$ 的置信区间. 中心点 $\dfrac{\mathbf{a}'\Sigma^{-\frac{1}{2}}\bar{\mathbf{X}}}{\mathbf{a}'\Sigma^{-\frac{1}{2}}\mathbf{a}}$ 恰是 γ 的极大似然估计 $\hat{\gamma}$. 检验假设 (5.75) 的规则如下:

当 $\dot{\gamma} \in [\underline{\gamma}, \bar{\gamma}]$ **时接受** H_0.

必须在接受 $H_0 : \boldsymbol{\mu} \in \Theta_{\mathbf{a}}$ 的前提下用该方法检验假设 (5.68), 不可应用交并原则于该检验实现检验假设 (5.67). 无论样本来自什么总体, 即使 $\boldsymbol{\mu} \notin \Theta_{\mathbf{a}}$, 当

$$\gamma \in \frac{1}{\mathbf{a}'\Sigma^{-\frac{1}{2}}\mathbf{a}}\left[\mathbf{a}'\Sigma^{-\frac{1}{2}}\bar{\mathbf{X}} - \frac{u_{1-\alpha}}{\sqrt{n}}, \mathbf{a}'\Sigma^{-\frac{1}{2}}\bar{\mathbf{X}} + \frac{u_{1-\alpha}}{\sqrt{n}}\right]$$

时, 总会接受假设 $H_{0,\gamma}$. 若在 $\mathfrak{R}^p$ 上定义内积 $(\mathbf{x}, \mathbf{y}) = \mathbf{x}\Sigma^{-1}\mathbf{y}$, 则 $\hat{\gamma}\mathbf{a}$ 是 $\bar{X}$ 在 $\mathbf{a}$ 上的投影, 进而 $\mathbf{a}'(\bar{\mathbf{X}} - \hat{\gamma}\mathbf{a}) = 0$. 意味着当 γ_0 接近 $\hat{\gamma}$ 时 $\mathbf{a}'(\bar{\mathbf{X}} - \hat{\gamma}\mathbf{a})$ 接近 0. 因此推断是否有 $\boldsymbol{\mu} = \gamma_0\mathbf{a}$, 应看 $(\bar{\mathbf{X}} - \hat{\gamma}\mathbf{a})$ 的模长. 其值小时支持 $\boldsymbol{\mu} = \gamma_0\mathbf{a}$. $(\bar{\mathbf{X}} - \hat{\gamma}\mathbf{a})$ 的模长平方为

$$(\bar{\mathbf{X}} - \hat{\gamma}\mathbf{a})'\Sigma^{-1}(\bar{\mathbf{X}} - \hat{\gamma}\mathbf{a}),$$

它的分布是自由度为 p 的 χ^2 分布. 这和检验 $H_0 : \boldsymbol{\mu} = \boldsymbol{\mu}_0$ 的方法一致, 只是取 $\boldsymbol{\mu}_0 = \gamma_0\mathbf{a}$. 正是前面讨论的. 本小节在 $\boldsymbol{\mu} \in \Theta_{\mathbf{a}}$ 的假设下, 给出的参数 γ 的点估计和置信区间是有效的、可用的.

(2) Σ 未知

用 $\hat{\Sigma}$ 代替 Σ, 注意到 $\sqrt{n}\hat{\Sigma}^{-\frac{1}{2}}(\bar{\mathbf{X}} - \gamma\mathbf{a}) \sim t(p, n-1)$ 得 γ 的枢轴量为

$$h(\mathcal{X}, \gamma) = \sqrt{n}\mathbf{a}'\hat{\Sigma}^{-\frac{1}{2}}(\bar{\mathbf{x}} - \gamma\mathbf{a}).$$

设随机向量 $\mathbf{T}_{(p,n-1)}$ 的分布是多元 t 分布 $t(p, n-1)$, 则 γ 的随机估计满足

$$\sqrt{n}\mathbf{a}'\hat{\Sigma}^{-\frac{1}{2}}(\bar{\mathbf{x}} - W_\gamma\mathbf{a}) = \mathbf{a}'\mathbf{T}_{(p,n-1)},$$

解得

$$W_\gamma = \frac{\mathbf{a}'\hat{\Sigma}^{-\frac{1}{2}}\bar{\mathbf{x}}}{\mathbf{a}'\hat{\Sigma}^{-\frac{1}{2}}\mathbf{a}} - \frac{\mathbf{a}'\mathbf{T}_{(p,n-1)}}{\sqrt{n}\mathbf{a}'\hat{\Sigma}^{-\frac{1}{2}}\mathbf{a}}.$$

多元 t 分布是球对称的, 在正交变换下密度函数不变. 令 H 是正交阵, 其第一行是 $\mathbf{a}'$, 则

$$\mathbf{T}^* = (T_1^*, \cdots, T_p^*)' = H\mathbf{T}_{(p,n-1)} \sim t(p, n-1).$$

由引理 5.2,

$$\frac{n-1}{n-2}T_1^* = \frac{n-1}{n-2}\mathbf{a}'\mathbf{T} \sim t(1, n-p),$$

和枢轴量 $h(\mathcal{X}, \gamma) = \sqrt{n}\mathbf{a}'\hat{\Sigma}^{-\frac{1}{2}}(\bar{\mathbf{X}} - \gamma\mathbf{a})$ 有相同的分布. 在 $\boldsymbol{\mu} \in \Theta_{\mathbf{a}}$ 的假设下, γ 的点估计 $\hat{\gamma}$ 和置信区间 $[\underline{\gamma}, \bar{\gamma}]$ 分别是

$$\hat{\gamma} = \frac{\mathbf{a}'\hat{\Sigma}^{-\frac{1}{2}}\bar{\mathbf{X}}}{\mathbf{a}'\hat{\Sigma}^{-\frac{1}{2}}\mathbf{a}},$$

$$[\underline{\gamma}, \bar{\gamma}] = \left[\frac{\mathbf{a}'\hat{\Sigma}^{-\frac{1}{2}}\bar{\mathbf{x}}}{\mathbf{a}'\hat{\Sigma}^{-\frac{1}{2}}\mathbf{a}} - \frac{(n-1)t_{n-p}(1-\frac{\alpha}{2})}{(n-p)\sqrt{n}\mathbf{a}'\hat{\Sigma}^{-\frac{1}{2}}\mathbf{a}}, \frac{\mathbf{a}'\hat{\Sigma}^{-\frac{1}{2}}\bar{\mathbf{x}}}{\mathbf{a}'\hat{\Sigma}^{-\frac{1}{2}}\mathbf{a}} + \frac{(n-1)t_{n-p}(1-\frac{\alpha}{2})}{(n-p)\sqrt{n}\mathbf{a}'\hat{\Sigma}^{-\frac{1}{2}}\mathbf{a}}\right].$$

5.4.2.2 线性约束

考虑假设

$$H_0 : C\boldsymbol{\mu} = \mathbf{c}_q \leftrightarrow H_1 : C\boldsymbol{\mu} \neq \mathbf{c}_q\boldsymbol{\mu} \in \mathfrak{R}^p, \tag{5.76}$$

其中

$$C \text{ 是 } q \times p \text{ 矩阵}, \quad \text{rank}(C) = q < p, \quad \mathbf{c}_q \in \mathfrak{R}^q.$$

若 $\mathbf{X} \sim N_p(\boldsymbol{\mu}, \Sigma)$, 则 $\mathbf{Y} = C\mathbf{X} \sim N_q(C\boldsymbol{\mu}, C\Sigma C')$. 基于数据 $\mathcal{X}$ 检验假设 (5.76), 转化为基于数据 $\mathcal{Y} = C'\mathcal{X}C$ 检验假设 $H_0 : E\mathbf{Y} = \mathbf{c}_q$. 在 5.4.1 节已讨论过.

5.4.3 协方差的检验问题

现在考虑假设 (5.63) 的检验问题. 协方差阵 Σ 的枢轴量是

$$\begin{aligned}
\mathbf{h}_2(\mathbb{X}; \Sigma) &= \Sigma^{-\frac{1}{2}} \sum_{i=1}^n (\mathbf{X}_i - \bar{\mathbf{X}})(\mathbf{X}_i - \bar{\mathbf{X}})' \Sigma^{-\frac{1}{2}} \\
&= \Sigma^{-\frac{1}{2}} S(\mathbb{X}) \Sigma^{-\frac{1}{2}} \\
&\overset{d}{=} S(\mathbb{Z}) \sim W_p(n-1, I_p),
\end{aligned} \tag{5.77}$$

其中 $\mathbb{Z} = (\mathbf{Z}_1, \cdots, \mathbf{Z}_n)$ 的各分量相互独立, 且 $\mathbf{Z}_1 \sim N_p(\mathbf{0}_p, I_p)$. $\mathcal{X}$ 是观测到的样本, 于是 Σ 的随机估计 $\mathbb{W}_\Sigma$ 满足

$$\mathbb{W}_\Sigma^{-\frac{1}{2}} S(\mathcal{X}) \mathbb{W}_\Sigma^{-\frac{1}{2}} = S(\mathbb{Z}).$$

解得

$$\mathbb{W}_\Sigma^{\frac{1}{2}} = S^{\frac{1}{2}}(\mathcal{X}) S^{-\frac{1}{2}}(\mathbb{Z}),$$

$$\mathbb{W}_\Sigma = \mathbb{W}_\Sigma^{\frac{1}{2}} \mathbb{W}_\Sigma'^{\frac{1}{2}} = S^{\frac{1}{2}}(\mathcal{X}) S^{-1}(\mathbb{Z}) S^{\frac{1}{2}}(\mathcal{X}) \sim W_p^{-1}(n+p, S(\mathcal{X})),$$

这里 $W_p^{-1}(k, V)$ 是 p 维自由度为 k 参数为 V 的逆 Wishart 分布, 本节的结论来自刘金山 (2004) 第 120 页. $W_p^{-1}(n+p, S(\mathcal{X}))$ 的分布密度函数是

$$f_p(A; n+p, S(\mathcal{X})) = \frac{1}{2^{\frac{p(n-1)}{2}}\Gamma_p\left(\frac{n-1}{2}\right)} \frac{|S(\mathcal{X})|^{\frac{n-1}{2}}}{|A|^{\frac{n-1}{2}-1}} \text{etr}\left(-\frac{1}{2}S(\mathcal{X})A^{-1}\right),$$

A 是 $p \times p$ 对称正定阵,

其中

$$\mathrm{etr}(A) = \exp\{\mathrm{tr}(A)\},$$

$$\Gamma_p(k) = \pi^{\frac{p(p-1)}{4}} \prod_{i=1}^{p} \Gamma\left(k - \frac{1}{2}(i-1)\right),$$

见刘金山 (2004). 检验假设 (5.63) 的检验变量是

$$Z = f_p(\mathbb{W}_\Sigma; n+p, S(\mathcal{X})).$$

Z 的 γ 分位点记作 $Q_Z(\gamma, \mathcal{X})$, 即

$$P(Z \leqslant Q_Z(\gamma, \mathcal{X})) = \gamma.$$

检验假设 (5.63) 的 VDR 检验规则是

若 $f_p(\Sigma_0; n+p, S(\mathcal{X})) < Q_Z(\alpha, \mathcal{X})$, **则拒绝假设 (5.63) 的原假设**.

计算 $Q_Z(\gamma, \mathcal{X})$ 的值是困难的, 但是我们容易获得模拟分位点和模拟 p 值.

模拟分位点计算

(1) 给定 $S(\mathcal{X})$.

(2) 生成独立随机向量 $\mathbf{Z}_1, \cdots, \mathbf{Z}_n$, $\mathbf{Z}_1 \sim N_p(\mathbf{0}_p, I_p)$, $\mathcal{Z} = (\mathbf{z}_1, \cdots, \mathbf{z}_n)$ 是其观测值.

(3) 计算

$$S(\mathcal{Z}), \quad W = S^{\frac{1}{2}}(\mathcal{X})S^{-1}(\mathcal{Z})S^{\frac{1}{2}}(\mathcal{X}), \quad v = f_p(W; n+p, S(\mathcal{X})).$$

(4) 重复 (2)、(3) N 次, 第 i 次的 v 记作 v_i, 记 $\mathbf{v} = (v_1, \cdots, v_N)'$.

(5) $\mathbf{Z}$ 的经验分布函数记作 $F_Z(\cdot)$, $F_Z(\cdot)$ 的 α 分位点就是 $Q_Z(\gamma, \mathcal{X})$ 的模拟值, $F_v(f_p(\Sigma_0; n+p, S(X)))$ 是模拟 p 值.

N 是可以自由选择的, 模拟精度可以满足使用要求.

第六章

随机估计和 VDR 检验的应用

随机估计是基于信仰推断的思想, 推断结论符合经典统计概念, 是经典统计的理念和方法. 在经典推断中, Behrens-Fisher 问题是著名难题, 其原因是无法找到枢轴量, 而用信仰推断就是简单问题了. 随机估计使得一些不好解决的问题变得简单, 包括 Behrens-Fisher 问题. 以下就随机估计的应用问题进行初步探讨.

6.1 多个正态总体期望相等的 VDR 检验

设 $\mathbf{x}_i = (x_{i1}, x_{i2}, \cdots, x_{in_i})'$ 是抽自 $N(\mu_i, \sigma_i^2)$ 的样本容量为 n_i 的样本, $i = 1, 2, \cdots, p$. $\mathbf{x}_i, i = 1, \cdots, p$ 相互独立, 并记 $n = \sum_{i=1}^{p} n_i$.

考虑假设

$$H_0 : \mu_1 = \mu_2 = \cdots = \mu_p \leftrightarrow H_1 : \mu_1, \cdots, \mu_p \text{ 不全相等.} \tag{6.1}$$

该问题是 Behrens-Fisher 问题的直接推广, 将检验两个正态总体均值是否相等扩展为检验多个正态总体均值是否相等. 单因素方差分析是在各正态总体方差相等的前提下, 检验期望是否相等. 在不假定各总体方差相等的条件下如何检验假设 (6.1) 是本节讨论的问题, 就是将 VDR 检验应用于此. 设

$$\bar{x}_i = \frac{1}{n_i} \sum_{j=1}^{n_i} x_{ij}, \qquad s_i^2 = \frac{1}{n_i - 1} \sum_{j=1}^{n_i} (x_{ij} - \bar{x}_i)^2, \quad i = 1, \cdots, p,$$

$$\bar{\mathbf{x}} = (\bar{x}_1, \cdots, \bar{x}_p)', \quad \mathbf{s}_p^2 = ((n_1 - 1)s_1^2, \cdots, (n_p - 1)s_p^2)',$$

$$\mathbf{n} = (n_1, \cdots, n_p)', \quad s_n^2 = \frac{1}{n - p} \sum_{i=1}^{p} (n_i - 1)s_i^2.$$

173

基于随机估计和 VDR 检验实现检验假设 (6.1) 的方法很多, 以下列举一二, 方法优劣可直观地感觉到. 主要讨论参数变换法, 各总体方差相等时均值是否相等的 VDR 检验就是单因素方差分析, 无约束时均值是否相等的 VDR 检验.

6.1.1　参数变换法

已经知道 μ_i 的随机估计是

$$W_i = \bar{x}_i + \frac{s_i}{\sqrt{n_i}}T_i, \quad T_i \sim pt(\cdot, n_i - 1), \quad i = 1, \cdots, p,$$

且 $T_1, \cdots, T_p$ 相互独立. W_i 的概率密度函数是

$$f_i(t; \bar{x}_i, s_i^2) = \frac{\sqrt{n_i}}{s_i} dt\left(\frac{\sqrt{n_i}(\bar{x}_i - t)}{s_i}, n_i - 1\right),$$

其中 $dt(\cdot, k)$ 是自由度为 k 的 t 分布的概率密度函数, 而 $pt(\cdot, k)$ 是其分布函数. 首先作参数变换

$$\boldsymbol{\gamma} = (\gamma_1, \cdots, \gamma_p)' = \psi(\boldsymbol{\mu}), \quad \gamma_i = \mu_i - \mu_{i+1}, \quad i = 1, \cdots, p-1, \quad \gamma_p = \mu_p.$$

假设 (6.1) 等价于

$$H_0 : \boldsymbol{\gamma}_{p-1} = \mathbf{0}_{p-1} \leftrightarrow H_1 : \boldsymbol{\gamma}_{p-1} \neq \mathbf{0}_{p-1}, \tag{6.2}$$

其中

$$\boldsymbol{\gamma}_{p-1} = (\gamma_1, \cdots, \gamma_{p-1})'.$$

由定理 3.1, $\boldsymbol{\gamma}$ 的随机估计为

$$W_{\boldsymbol{\gamma}} = (W'_{\boldsymbol{\gamma}_{n-1}}, W_{\gamma_p})',$$
$$W_{\gamma_i} = W_i - W_{i+1}, \quad i = 1, \cdots, p-1,$$
$$W_{\gamma_p} = W_p.$$

由 (3.56), $W_{\boldsymbol{\gamma}_{p-1}}$ 的密度函数是

$$f_{\boldsymbol{\gamma}_{p-1}}(\mathbf{u}_{p-1}; \bar{\mathbf{x}}, \mathbf{s}^2) = \int_{-\infty}^{\infty} \frac{\sqrt{n_p}}{s_p} dt\left(\frac{\sqrt{n_p}(\bar{x}_p - u_p)}{s_i}, n_p - 1\right)$$

$$\cdot \prod_{i=1}^{p-1}\left\{\frac{\sqrt{n_i}}{s_i} dt\left(\frac{\sqrt{n_i}\left(\bar{x}_i - \sum_{j=i}^{p} u_j\right)}{s_i}, n_i - 1\right)\right\} du_p$$

$$= \int_{-\infty}^{\infty} \frac{\sqrt{n_p}}{s_p} dt\left(\frac{\sqrt{n_i}u_p}{s_i}, n_p - 1\right)$$

$$\cdot \prod_{i=1}^{p-1}\left\{\frac{\sqrt{n_i}}{s_i} dt\left(\frac{\sqrt{n_i}\left((\bar{x}_i - \bar{x}_p) - \sum_{j=i}^{p} u_j\right)}{s_i}, n_i - 1\right)\right\} du_p.$$

假设 (6.2) 的检验随机变量是

$$Z = f_{\boldsymbol{\gamma}_{p-1}}(W_{\boldsymbol{\gamma}_{p-1}}; \bar{\mathbf{x}}, \mathbf{s}_p^2), \quad Z > 0, \tag{6.3}$$

Z 的 α 分位点记作 $Q_Z(\alpha; \bar{\mathbf{x}}, \mathbf{s}_p^2)$, 即

$$P(Z \leqslant Q_Z(\alpha; \bar{\mathbf{x}}, \mathbf{s}_p^2)) = P(f_{\boldsymbol{\gamma}_{p-1}}(W_{\boldsymbol{\gamma}_{p-1}}; \bar{\mathbf{x}}, \mathbf{s}_p^2) \leqslant Q_Z(\alpha; \bar{\mathbf{x}}, \mathbf{s}_p^2)) = \alpha.$$

显著水平为 α 时检验假设 (6.2) 的规则是

　　若

$$f_{\boldsymbol{\gamma}_{p-1}}(\mathbf{0}_{p-1}; \bar{\mathbf{x}}, \mathbf{s}_p^2)$$

$$= \int_{-\infty}^{\infty} \frac{\sqrt{n_p}}{s_p} dt \left(\frac{\sqrt{n_i} u_p}{s_i}, n_p - 1 \right) \prod_{i=1}^{p-1} \left\{ \frac{\sqrt{n_i}}{s_i} dt \left(\frac{\sqrt{n_i}\,((\bar{x}_i - \bar{x}_p) - u_p)}{s_i}, n_i - 1 \right) \right\} du_p$$

$$\leqslant Q_Z(\alpha; \bar{\mathbf{x}}, \mathbf{s}_p^2),$$

则拒绝 (6.1) 的原假设, 否则接受原假设.

　　实现 $Q_Z(\alpha; \bar{\mathbf{x}}, \mathbf{s}_p^2)$ 的数值计算是比较困难的, 不过容易实现模拟计算, 得到模拟分位点和模拟 p 值. 这种方法是一种检验方法, 谈不上好. 因为由 $\boldsymbol{\mu}$ 到 $\boldsymbol{\gamma}$ 的变换太任意, γ_m 可取作 $\mu_i, i = 1, \cdots, p$ 中任何一个, 前 $p - 1$ 个 μ_i 的顺序也可任意. 仅当 $p = 2$ 时变换才是唯一的, 即该方法适用于 Behrens-Fisher 问题. 期望将 U 统计量理论应用到这里会得到好的结果.

6.1.2　多个总体问题和多元正态参数检验

　　首先考虑样本容量满足 $n_1 = n_2 = \cdots = n_p = m$ 的条件下的单因素方差分析问题. 第 i 个总体的样本记作

$$\mathbf{x}_{\cdot i} = (x_{1i}, x_{2i}, \cdots, x_{ni})', \quad i = 1, 2, \cdots, p,$$

观测数据表示为

$$\mathcal{X} = (\mathbf{x}_{\cdot 1}, \cdots, \mathbf{x}_{\cdot p}) = \begin{pmatrix} \mathbf{x}_{1\cdot} \\ \mathbf{x}_{2\cdot} \\ \vdots \\ \mathbf{x}_{n\cdot} \end{pmatrix}, \quad \mathbf{x}_{j\cdot} = (x_{j1}, x_{j2}, \cdots, x_{jp}), \quad j = 1, \cdots, n,$$

即可将 $\mathcal{X}$ 看做 p 维正态总体 $N(\boldsymbol{\mu}, \sigma^2 I_p), \boldsymbol{\mu} = (\mu_1, \cdots, \mu_p)'$ 的容量为 n 的样本. 假设可写作

$$H_0: \mu_1 = \cdots = \mu_m \Leftrightarrow H_0: \boldsymbol{\mu} \in \Theta_{\bar{\mathbf{1}}_p}, \quad \bar{\mathbf{1}}_p = \frac{1}{\sqrt{p}} \mathbf{1}_p,$$

将单因素方差分析归结为检验假设 $H_0 : \boldsymbol{\mu} \in \Theta_{\bar{\mathbf{1}}_p}$. 可用检验假设 (5.67) 的方法, 只需代入 $\mathbf{a} = \bar{\mathbf{1}}_p$. 按 5.4.2 节的结果, 检验规则为

$$n(\bar{\mathbf{x}} - \gamma_0 \bar{\mathbf{1}}_p)' \hat{\Sigma}^{-1} (\bar{\mathbf{x}} - \gamma_0 \bar{\mathbf{1}}_p) > \frac{(n-1)p}{n-p} F_{p,n-p}(1-\alpha),$$

$$\gamma_0 = \frac{\bar{\mathbf{1}}_p' \hat{\Sigma}^{-1} \bar{\mathbf{x}}}{\bar{\mathbf{1}}_p' \hat{\Sigma}^{-1} \bar{\mathbf{1}}_p},$$

$$\hat{\Sigma} = \frac{1}{n-1} \sum_{i=1}^{n} (\mathbf{x}_{i \cdot} - \bar{x}_i)(\mathbf{x}_{i \cdot} - \bar{x}_i)'.$$

估计 $\hat{\Sigma}$ 没有用各总体样本独立, 即多元样本分量独立信息. 用这个信息 Σ 的估计应是

$$\frac{I_p}{\hat{\sigma}^2}, \quad \hat{\sigma}^2 = \frac{1}{n-p} \sum_{i=1}^{p} (n_i - 1) s_i^2.$$

用 $\dfrac{I_p}{\hat{\sigma}^2}$ 代替 $\hat{\Sigma}$ 计算检验统计量

$$\gamma_0 = \frac{\bar{\mathbf{1}}_p' I_p \bar{\mathbf{x}}}{\bar{\mathbf{1}}_p' I_p \bar{\mathbf{1}}_p} = \frac{1}{\sqrt{p}n} \sum_{i=1}^{p} \sum_{j=1}^{n} x_{ij},$$

$$\gamma_0 \bar{\mathbf{1}}_{\mathbf{p}} = \bar{x},$$

$$T(\mathcal{X}) = \frac{\sum_{i=1}^{p} (\sqrt{n}(\bar{x}_i - \bar{x}))^2}{\hat{\sigma}^2},$$

这里 $T(\mathcal{X})$ 是检验统计量, 恰等价于单因素方差分析的统计量, 临界值计算和 5.4.2 节的结果不同. 原因是在 5.4.2 节没用分量独立信息.

6.1.3　等方差总体均值相等的 VDR 检验

假设 (6.1) 可以写作

$$H_0 : \boldsymbol{\mu} \in \Theta_{\bar{\mathbf{1}}_p} \leftrightarrow H_1 : \boldsymbol{\mu} \notin \Theta_{\bar{\mathbf{1}}_p}. \tag{6.4}$$

$\boldsymbol{\mu} \in \Theta_{\bar{\mathbf{1}}_p}$ 意味着 $\boldsymbol{\mu}$ 受到约束, 用一个参数表示的约束, 称此参数为约束参数. 只要存在实数 μ 使得 $\boldsymbol{\mu} = \mu \mathbf{1}_p$, (6.1) 的原假设就成立. 这时约束参数 μ 就是各总体的共享均值, 它的随机估计记作 W_μ. 若不存在 μ 使得 $\boldsymbol{\mu} = \mu \mathbf{1}_p$ 成立, 则均值向量 $\boldsymbol{\mu}$ 不受约束. 均值向量 $\boldsymbol{\mu}$ 的随机估计记作 $\mathbf{W}_\mu$. $\mathbf{W}_\delta = \mathbf{W}_\mu - W_\mu \mathbf{1}_p$ 是参数 $\boldsymbol{\delta} = \boldsymbol{\mu} - \mu \mathbf{1}_p$ 的随机估计. 当 (6.4) 的原假设成立时 $\boldsymbol{\delta} = \mathbf{0}_p$. 因此检验假设 (6.4) 等价于基于随机估计 $\mathbf{W}_\delta$ 检验假设

$$H_0 : \boldsymbol{\delta} = \mathbf{0}_p \leftrightarrow H_1 : \boldsymbol{\delta} \neq \mathbf{0}_p. \tag{6.5}$$

基于随机估计 $\mathbf{W}_{\boldsymbol{\mu}}$ 可以检验假设

$$H_0 : \boldsymbol{\mu} = \boldsymbol{\mu}_0 \leftrightarrow H_1 : \boldsymbol{\mu} \neq \boldsymbol{\mu}_0. \tag{6.6}$$

(6.5) 和 (6.6) 是同类假设, 后者更普遍, 只需考虑后者的检验方法和理论. 不过两者的差异体现在随机估计对应的枢轴向量上. $\mathbf{W}_{\boldsymbol{\mu}}$ 对应的枢轴向量的各分量是独立的, 或者说独立变化的分量个数是 p, 即枢轴向量的自由度是 p. 而 $\mathbf{W}_{\boldsymbol{\delta}}$ 对应的枢轴向量的自由度是 $p-1$, 因为随机估计 $W_{\boldsymbol{\mu}}$ 对应的枢轴变量是 $\mathbf{W}_{\boldsymbol{\mu}}$ 对应的枢轴向量的函数, 形成约束, 自由度减少 1.

6.1.3.1 参数枢轴量和随机估计、VDR 检验

当各总体方差相等时未知参数为 $(\boldsymbol{\mu}', \sigma^2)' = (\mu_1, \cdots, \mu_p, \sigma^2)'$, 它的枢轴量为

$$\mathbf{h}(\bar{\mathbf{x}}, s_p^2; \boldsymbol{\mu}, \sigma^2) = \begin{pmatrix} h(\bar{x}_1, s_1^2; \mu_1, \sigma^2) \\ \vdots \\ h(\bar{x}_p, s_p^2; \mu_p, \sigma^2) \\ h_1(s_n^2; \sigma^2) \end{pmatrix} = \begin{pmatrix} \dfrac{\sqrt{n_1}(\bar{x}_1 - \mu_1)}{\sigma} \\ \vdots \\ \dfrac{\sqrt{n_p}(\bar{x}_p - \mu_p)}{\sigma} \\ \dfrac{(n-p)s_n^2}{\sigma^2} \end{pmatrix} = \begin{pmatrix} \dfrac{\sqrt{\mathbf{n}}(\bar{x} - \boldsymbol{\mu})}{\sigma} \\ h_1(s_n^2; \sigma^2) \end{pmatrix},$$

$$\tag{6.7}$$

显然,

$$\mathbf{h}(\bar{\mathbf{X}}, \mathbf{S}_p^2; \boldsymbol{\mu}, \sigma^2) \overset{d}{=} \mathbf{h}(\bar{\mathbf{X}}, \mathbf{S}_p^2; \mathbf{0}_p, 1) \overset{d}{=} \begin{pmatrix} \mathbf{Z} \\ \chi_{n-p}^2 \end{pmatrix} \sim \begin{pmatrix} N_p(\mathbf{0}_p, I_p) \\ \chi_{n-p}^2 \end{pmatrix},$$

其中 $\mathbf{Z} = (Z_1, \cdots, Z_p)'$, χ_{n-p}^2 相互独立, 是枢轴向量. 其联合密度函数为

$$f_{\mathbf{Z}, \chi_{n-p}^2}(\mathbf{u}, v) = \frac{1}{\sqrt{2\pi}^p} \prod_{i=1}^{p} e^{-\frac{1}{2}u_i^2} \cdot \frac{1}{2^{\frac{n-p}{2}} \Gamma\left(\dfrac{n-p}{2}\right)} v^{\frac{n-p}{2}-1} e^{-\frac{v}{2}} = \phi_p(\mathbf{u})dchi(v, n-p).$$

于是 $\boldsymbol{\mu}, \sigma^2$ 的随机估计 $\mathbf{W}_{\boldsymbol{\mu}}, W_{\sigma^2}$ 满足

$$\begin{pmatrix} \dfrac{\sqrt{\mathbf{n}}(\bar{\mathbf{x}} - \mathbf{W}_{\boldsymbol{\mu}})}{\sqrt{W_{\sigma^2}}} \\ \dfrac{(n-p)s_n^2}{W_{\sigma^2}} \end{pmatrix} = \begin{pmatrix} \mathbf{Z} \\ \chi_{n-p}^2 \end{pmatrix}, \quad \begin{pmatrix} W_{\boldsymbol{\mu}} \\ \mathbf{W}_{\sigma^2} \end{pmatrix} = \begin{pmatrix} \bar{\mathbf{x}} - \dfrac{s_n}{\sqrt{\mathbf{n}}} \dfrac{\mathbf{Z}}{\sqrt{\dfrac{\chi_{n-p}}{n-p}}} \\ \dfrac{(n-p)s_n^2}{\chi_{n-p}^2} \end{pmatrix}. \tag{6.8}$$

注意到

$$M = \left. \frac{\partial(\mathbf{z}', \chi_{n-p}^2)'}{\partial(W_{\boldsymbol{\mu}}', W_{\sigma^2})'} \right|_{W_{\boldsymbol{\mu}} = \mathbf{t}, W_{\sigma^2} = v}$$

$$= \begin{pmatrix} \operatorname{diag}\left(\sqrt{\dfrac{\mathbf{n}}{v}}\right) & -\dfrac{\sqrt{\mathbf{n}}(\bar{\mathbf{x}}-\mathbf{t})}{2v^{\frac{3}{2}}} \\[2mm] \mathbf{0}'_p & -\dfrac{(n-p)s_n^2}{v^2} \end{pmatrix},$$

$$J(v;s_n^2) = |\det(M)| = \frac{(n-p)s_n^2}{v^{\frac{p}{2}+2}}\prod_{i=1}^{p}\sqrt{n_i},$$

$\mathbf{W}_{\boldsymbol{\mu}}, W_{\sigma^2}$ 的联合概率密度函数是

$$f_{\boldsymbol{\mu},\sigma^2}(\mathbf{t},v;\bar{\mathbf{x}},s_p^2) = J(v;s_n^2)f_{\mathbf{Z},\chi_{n-p}^2}(\mathbf{h}(\bar{\mathbf{x}},s_p^2;\mathbf{t},v))$$

$$= \frac{\displaystyle\prod_{i=1}^{p}\sqrt{n_i}}{\sqrt{2\pi}^p 2^{\frac{n-p}{2}}\Gamma\left(\dfrac{n-p}{2}\right)}\left(\frac{(n-p)s_n^2}{v}\right)^{\frac{n-p}{2}-1}$$

$$\cdot\frac{(n-p)s_n^2}{v^{\frac{p}{2}+2}}e^{-\frac{1}{2}\sum\limits_{i=1}^{p}\frac{n_i(\bar{x}_i-t_i)^2}{v}-\frac{1}{2}\frac{(n-p)s_n^2}{v}}$$

$$= \frac{\displaystyle\prod_{i=1}^{p}\sqrt{n_i}}{\sqrt{2\pi}^p 2^{\frac{n-p}{2}}\Gamma\left(\dfrac{n-p}{2}\right)}\frac{1}{[(n-p)s_n^2]^{\frac{p}{2}+1}}$$

$$\cdot\left(\frac{(n-p)s_n^2}{v}\right)^{\frac{n}{2}+1}e^{-\frac{(n-p)s_n^2}{2v}\left(1+\frac{\sum\limits_{i=1}^{p}n_i(\bar{x}_i-t_i)^2}{(n-p)s_n^2}\right)},$$

$\boldsymbol{\mu}$ 的随机估计 $\mathbf{W}_{\boldsymbol{\mu}}=(W_{\mu_1},\cdots,W_{\mu_p})'$ 的密度函数是

$$f_{\boldsymbol{\mu}}(\mathbf{t};\bar{\mathbf{x}},s_p^2) = \int_0^{\infty}f_{\boldsymbol{\mu},\sigma^2}(\mathbf{t},v;\bar{\mathbf{x}},s_p^2)dv$$

$$= \frac{1}{\sqrt{2\pi}^p 2^{\frac{n-p}{2}}\Gamma\left(\dfrac{n-p}{2}\right)}\frac{\displaystyle\prod_{i=1}^{p}\sqrt{n_i}}{[(n-p)s_n^2]^{\frac{p}{2}}}\int_0^{\infty}\left(\frac{1}{v}\right)^{\frac{n}{2}+1}e^{-\frac{1}{2v}\left(1+\frac{\sum\limits_{i=1}^{p}n_i(\bar{x}_i-t_i)^2}{(n-p)s_n^2}\right)}dv$$

$$= \frac{1}{\sqrt{2\pi}^p 2^{\frac{n-p}{2}}\Gamma\left(\dfrac{n-p}{2}\right)}\frac{\displaystyle\prod_{i=1}^{p}\sqrt{n_i}}{[(n-p)s_n^2]^{\frac{p}{2}}}\int_0^{\infty}s^{\frac{n}{2}-1}e^{-\frac{s}{2}\left(1+\frac{\sum\limits_{i=1}^{p}n_i(\bar{x}_i-t_i)^2}{(n-p)s_n^2}\right)}ds$$

$$= \frac{1}{\sqrt{2\pi}^p 2^{\frac{n-p}{2}}\Gamma\left(\dfrac{n-p}{2}\right)}\frac{\displaystyle\prod_{i=1}^{p}\sqrt{n_i}}{[(n-p)s_n^2]^{\frac{p}{2}}}$$

$$\cdot \left(1 + \frac{\sum\limits_{i=1}^{p} n_i(\bar{x}_i - t_i)^2}{(n-p)s_n^2}\right)^{-\frac{n}{2}} \int_0^\infty s^{\frac{n}{2}-1} e^{-\frac{s}{2}} ds$$

$$= \frac{\Gamma\left(\dfrac{n}{2}\right)}{\sqrt{\pi}^p \Gamma\left(\dfrac{n-p}{2}\right)} \frac{\prod\limits_{i=1}^{p} \sqrt{n_i}}{[(n-p)s_n^2]^{\frac{p}{2}}} \left(1 + \frac{\sum\limits_{i=1}^{p} n_i(\bar{x}_i - t_i)^2}{(n-p)s_n^2}\right)^{-\frac{n}{2}}$$

$$= C(p,n)\det(\Lambda^{\frac{1}{2}}(\mathbf{n}, s_n^2))(1 + (\bar{\mathbf{x}} - \mathbf{t})'\Lambda(\mathbf{n}, s_n^2)(\bar{\mathbf{x}} - \mathbf{t}))^{-\frac{n}{2}},$$

其中

$$\Lambda(\mathbf{n}, s_n^2) = \mathrm{diag}\left(\frac{\mathbf{n}}{(n-p)s_n^2}\right).$$

在各总体方差相等的条件下, 假设 (6.13) 的检验变量为

$$Z = f_{\boldsymbol{\mu}}(\mathbf{W}_{\boldsymbol{\mu}}, \mathcal{X})$$
$$= C(p,n)\det(\Lambda^{\frac{1}{2}}(\mathbf{n}, s_n^2))(1 + (\bar{\mathbf{x}} - \mathbf{W}_{\boldsymbol{\mu}})'\Lambda(\mathbf{n}, s_n^2)(\bar{\mathbf{x}} - \mathbf{W}_{\boldsymbol{\mu}}))^{-\frac{n}{2}},$$

Z 的 α 分位点记作 $Q_Z(\alpha, s_n^2)$, 即

$$\alpha = P(Z \leqslant Q_Z(\alpha, s_n^2))$$
$$= P(f_{\boldsymbol{\mu}}(\mathbf{W}_{\boldsymbol{\mu}}; \bar{\mathbf{x}}, \mathbf{s}_p^2) \leqslant Q_Z(\alpha, s_n^2)), 0 < Q_Z(\alpha, s_n^2) \leqslant C(p,n)\det(\Lambda^{\frac{1}{2}}(\mathbf{n}, s_n^2))$$
$$= P\left((1 + (\bar{\mathbf{x}} - \mathbf{W}_{\boldsymbol{\mu}})'\Lambda(\mathbf{n}, s_n^2)(\bar{\mathbf{x}} - \mathbf{W}_{\boldsymbol{\mu}}))^{-\frac{n}{2}} \leqslant Q_V(\alpha)\right)$$
$$= P((\bar{\mathbf{x}} - \mathbf{W}_{\boldsymbol{\mu}})'\Lambda(\mathbf{n}, s_n^2)(\bar{\mathbf{x}} - \mathbf{W}_{\boldsymbol{\mu}}) > (Q_V(\alpha))^{-\frac{2}{n}} - 1),$$

其中

$$Q_V(\alpha) = \frac{Q_Z(\alpha, s_n^2)}{C(p,n)\det(\Lambda^{\frac{1}{2}}(\mathbf{n}, s_n^2))}, \quad 0 < Q_V(\alpha) < 1.$$

检验假设 (6.13) 的 VDR 检验规则是

若 $(\bar{\mathbf{x}} - \boldsymbol{\mu}_0)'\Lambda(\mathbf{n}, s_n^2)(\bar{\mathbf{x}} - \boldsymbol{\mu}_0) > (Q_V(\alpha))^{-\frac{2}{n}} - 1$, **则在显著水平** α **拒绝假设** $H_0 : \boldsymbol{\mu} = \boldsymbol{\mu}_0$, **否则接受假设** H_0.

下面按经典方法求 $Q_V(\alpha)$. 将上面的二次型写成显式

$$K(\bar{\mathbf{x}}, \mathbf{s}^2; \boldsymbol{\mu}_0) = (\bar{\mathbf{x}} - \boldsymbol{\mu}_0)'\Lambda(\mathbf{n}, s_n^2)(\bar{\mathbf{x}} - \boldsymbol{\mu}_0) = \frac{\sum\limits_{i=1}^{p} n_i(\bar{x}_i - \mu_{0i})^2}{(n-p)s_n^2}$$

就是经典意义下的检验统计量. 恒有 $(n-p)S_n^2 \sim pchi(\cdot, n-p)$, 在各总体方差相等的条件下 $\sum\limits_{i=1}^{p} n_i(\bar{x}_i - \mu_{0i})^2 \sim pchi(\cdot, p)$. 所以

$$\frac{n-p}{p} K(\bar{\mathbf{X}}, \mathbf{S}^2; \boldsymbol{\mu}_0) \sim pf(\cdot, p, n-p) \quad (\text{自由度为 } p, n-p \text{ 的 } F \text{ 分布}).$$

故

$$(Q_V(\alpha))^{-\frac{2}{n}} - 1 = \frac{p}{n-p} F_{p,n-p}(\alpha). \tag{6.9}$$

按 VDR 检验临界值计算方法计算的 $Q_V(\alpha)$ 仍满足等式 (6.9) 吗? 回答是肯定的.

6.1.3.2　$Q_V(\alpha)$ 的计算

首先应用临界值计算通用公式计算检验随机变量 Z 的分位点, 即计算检验假设 (6.13) 的 VDR 检验临界值 $Q_Z(\alpha, s_n^2) = C(p,n)\det(\Lambda^{\frac{1}{2}}(\mathbf{n}, s_n^2))Q_V(\alpha)$.

$$\alpha = \int_0^{Q_Z(\alpha, s_n^2)} f_Z(v; \bar{\mathbf{x}}, \mathbf{s}_p^2) dv = \int_0^{Q_Z(\alpha, s_n^2)} (-v) \frac{dL_p(D_{[f_\mu(\cdot; \bar{\mathbf{x}}, \mathbf{s}^2)]}(v))}{dv} dv$$

$$\equiv \int_0^{Q_Z(\alpha, s_n^2)} (-v) \frac{dL_p(D_{[f_\mu]}(v))}{dv} dv,$$

$$D_{[f_\mu]}(v) = \{\mathbf{t} : f_\mu(\mathbf{t}; \bar{\mathbf{x}}, \mathbf{s}_p^2) \geqslant v\}$$

$$= \left\{\mathbf{t} : (\bar{x} - \mathbf{t})'\Lambda(\mathbf{n}, s_n^2)(\bar{x} - \mathbf{t}) \leqslant \left(\frac{v}{C(p,n)\det(\Lambda^{\frac{1}{2}}(\mathbf{n}, s_n^2))}\right)^{-\frac{2}{n}} - 1\right\}$$

$$= \{\mathbf{t} : (\bar{x} - \mathbf{t})'\Lambda(\mathbf{n}, s_n^2)(\bar{x} - \mathbf{t}) \leqslant (v^*)^{-\frac{2}{n}} - 1\}$$

$$= S_p^2\left(\sqrt{(v^*)^{-\frac{2}{n}} - 1}, \bar{\mathbf{x}}, \Lambda(\mathbf{n}, s_n^2)\right),$$

$$L_p(D_{[f_\mu]}(v)) = \frac{1}{\det(\Lambda^{\frac{1}{2}}(\mathbf{n}, s_n^2))} L_p\left(S_p^2\left(\sqrt{(v^*)^{-\frac{2}{n}} - 1}\right)\right)$$

$$= \frac{\sqrt{\pi^p}}{\det(\Lambda^{\frac{1}{2}}(\mathbf{n}, s_n^2))\Gamma\left(\frac{p}{2} + 1\right)}((v^*)^{-\frac{2}{n}} - 1)^{\frac{p}{2}},$$

其中

$$S_p^2(r, \mathbf{a}, A) = \{\mathbf{x} : (\mathbf{x} - \mathbf{a})'A(\mathbf{x} - \mathbf{a}) \leqslant r^2\},$$

$$v^* = \frac{v}{C(p,n)\det(\Lambda^{\frac{1}{2}}(\mathbf{n}, s_n^2))}, \quad 0 < v^* \leqslant 1.$$

$$-v\frac{dL_p(D_{[f_\mu]}(v))}{dv}$$

$$= \frac{\sqrt{\pi^p}}{\det(\Lambda^{\frac{1}{2}}(\mathbf{n}, s_n^2))\Gamma\left(\frac{p}{2} + 1\right)} v\frac{p}{2}((v^*)^{-\frac{2}{n}} - 1)^{\frac{p}{2} - 1}\frac{2}{n}(v^*)^{-\frac{2}{n} - 1}$$

$$\cdot \frac{1}{c(p,n)\det(\Lambda^{\frac{1}{2}}(\mathbf{n}, s_n^2))}$$

$$= \frac{\sqrt{\pi^p}}{\det(\Lambda^{\frac{1}{2}}(\mathbf{n}, s_n^2))\Gamma(\frac{p}{2} + 1)} \frac{p}{n}((v^*)^{-\frac{2}{n}} - 1)^{\frac{p}{2} - 1}(v^*)^{-\frac{2}{n}}.$$

于是

$$\alpha = \int_0^{Q_Z(\alpha, s_n^2)} (-v) \frac{dL_p(D_{[f_\mu]}(v))}{dv} dv$$

$$= \frac{\sqrt{\pi^p}}{\det(\Lambda^{\frac{1}{2}}(\mathbf{n}, s_n^2))\Gamma\left(\frac{p}{2}+1\right)} \int_0^{Q_Z(\alpha, s_n^2)} \frac{p}{n}((v^*)^{-\frac{2}{n}} - 1)^{\frac{p}{2}-1}(v^*)^{-\frac{2}{n}} dv$$

$$= \frac{\Gamma\left(\frac{n}{2}\right)}{\Gamma\left(\frac{n-p}{2}\right)\Gamma\left(\frac{p}{2}+1\right)} \int_0^{Q_V(\alpha)} \frac{p}{n}(v^{-\frac{2}{n}} - 1)^{\frac{p}{2}-1}v^{-\frac{2}{n}} dv.$$

作变量代换 $v^{-\frac{2}{n}} - 1 = s$, 则

$$v = \frac{1}{(1+s)^{\frac{n}{2}}}, \quad dv = \frac{-n}{2(1+s)^{\frac{n}{2}+1}} ds.$$

于是

$$\alpha = \frac{\Gamma\left(\frac{n}{2}\right)}{\Gamma\left(\frac{n-p}{2}\right)\Gamma\left(\frac{p}{2}+1\right)} \int_0^{Q_V(\alpha)} \frac{p}{n}(v^{-\frac{2}{n}} - 1)^{\frac{p}{2}-1}v^{-\frac{2}{n}} dv$$

$$= \frac{\Gamma\left(\frac{n}{2}\right)}{\Gamma\left(\frac{n-p}{2}\right)\Gamma\left(\frac{p}{2}+1\right)} \frac{p}{2} \int_{(Q_V(\alpha))^{-\frac{2}{n}}-1}^{\infty} s^{\frac{p}{2}-1}(1+s)^{-\frac{n}{2}} ds$$

$$= \frac{\Gamma\left(\frac{n}{2}\right)}{\Gamma\left(\frac{n-p}{2}\right)\Gamma\left(\frac{p}{2}\right)} \int_{(Q_V(\alpha))^{-\frac{2}{n}}-1}^{\infty} s^{\frac{p}{2}-1}(1+s)^{-\frac{n}{2}} ds, \ \text{作变换} \ s = \frac{p}{n-p}r$$

$$= \frac{\Gamma\left(\frac{n}{2}\right)}{\Gamma\left(\frac{n-p}{2}\right)\Gamma\left(\frac{p}{2}\right)} \int_{\frac{n-p}{p}((Q_V(\alpha))^{-\frac{2}{n}}-1)}^{\infty} \left(\frac{p}{n-p}\right)^{\frac{p}{2}} r^{\frac{p}{2}-1}\left(1 + \frac{p}{n-p}r\right)^{-\frac{n}{2}} dr.$$

和 F 分布密度函数比较

$$(Q_V(\alpha))^{-\frac{2}{n}} - 1 = \frac{p}{n-p} F_{p,n-p}(1-\alpha).$$

恰是期望的结论. 至此解决了假设 (6.6) 的 VDR 检验和临界值计算.

6.1.3.3 等方差总体均值相等的 VDR 检验

确定共享均值 μ 的随机估计. 共享参数 μ 的枢轴量为

$$\tilde{h}(\bar{\mathbf{x}}; \mu, \sigma^2) = \sqrt{n}\frac{\bar{x} - \mu}{\sigma} = \sum_{i=1}^p \sqrt{\frac{n_i}{n}}\frac{\sqrt{n_i}(\bar{x}_i - \mu)}{\sigma} = \sum_{i=1}^p \sqrt{\frac{n_i}{n}}\frac{\sqrt{n_i}(\bar{x}_i - \mu_i)}{\sigma},$$

$$\tilde{h}(\bar{\mathbf{X}}, \mu, \sigma^2) = \sqrt{n}\frac{\bar{X} - \mu}{\sigma} \sim \sum_{i=1}^p \sqrt{\frac{n_i}{n}} Z_i.$$

(6.1) 成立时 μ 的随机估计 W_μ 满足方程

$$\frac{\sqrt{n}(\bar{x} - W_\mu)}{\sqrt{W_{\sigma^2}}} = \sum_{i=1}^p \frac{\sqrt{n_i}}{\sqrt{n}}\frac{\sqrt{n_i}(\bar{x}_i - W_\mu)}{\sqrt{W_{\sigma^2}}} = \sum_{i=1}^p \sqrt{\frac{n_i}{n}} Z_i = \frac{\sqrt{\mathbf{n}}'}{\sqrt{n}}\mathbf{Z}. \tag{6.10}$$

$(6.8)_p - \dfrac{\sqrt{\mathbf{n}}}{\sqrt{n}}$ (6.10)

$$\frac{\sqrt{\mathbf{n}}((\bar{\mathbf{x}} - \bar{x}\mathbf{1}_p) - (\mathbf{W}_\mu - W_\mu \mathbf{1}_p))}{\sqrt{W_{\sigma^2}}} = \mathbf{Z} - \frac{\sqrt{\mathbf{n}}}{\sqrt{n}}\frac{\sqrt{\mathbf{n}'}}{\sqrt{n}}\mathbf{Z}, \qquad (6.11)$$

$\mathbf{W}_\delta = \mathbf{W}_\mu - W_\mu \mathbf{1}_p$ 是参数 $\boldsymbol{\delta} = \boldsymbol{\mu} - \mu \mathbf{1}_p$ 的随机估计. 假设 (6.1) 等价于

$$H_0 : \boldsymbol{\delta} = \mathbf{0}_p \leftrightarrow H_1 : \boldsymbol{\delta} \neq \mathbf{0}_p. \qquad (6.12)$$

设 A 是 $p \times p$ 正交阵, 它的第 p 行是 $\dfrac{\sqrt{\mathbf{n}'}}{\sqrt{n}}$, 前 $p-1$ 行记作 A_{p-1}. A 左乘 (6.11) 两端,

$$\begin{pmatrix} A_{p-1}(\bar{\mathbf{x}} - \bar{x}\mathbf{1}_p) - A_{p-1}\mathbf{W}_\delta \\ 0 - \dfrac{\sqrt{\mathbf{n}'}}{\sqrt{n}}\mathbf{W}_\delta \end{pmatrix} = \begin{pmatrix} A_{p-1}\mathbf{Z} \\ 0 \end{pmatrix}.$$

$A_{p-1}\mathbf{W}_\delta$ 是参数 $A_{p-1}\boldsymbol{\delta}$ 的随机估计, 对应的枢轴向量是 $A_{p-1}\mathbf{Z} \sim N_{p-1}(\mathbf{0}_{p-1}, I_{p-1})$. 假设 (6.12) 等价于假设

$$H_0 : A_{p-1}\boldsymbol{\delta} = \mathbf{0}_p \leftrightarrow H_1 : A_{p-1}\boldsymbol{\delta} \neq \mathbf{0}_p,$$

归结为 (6.6) 型假设的检验, 应用前面结果注意到

$$(\bar{\mathbf{x}} - \bar{x}\mathbf{1}_p)'(\bar{\mathbf{x}} - \bar{x}\mathbf{1}_p) = (A_{p-1}(\bar{\mathbf{x}} - \bar{x}\mathbf{1}_p))' A_{p-1}(\bar{\mathbf{x}} - \bar{x}\mathbf{1}_p),$$

得到等方差总体均值相等的 VDR 检验规则是

若 $\dfrac{\displaystyle\sum_{i=1}^p n_i(\bar{x}_i - \bar{x})^2}{(n-p)s_n^2} > \dfrac{p-1}{n-p}F_{p-1,n-p}(\alpha)$, **则拒绝假设** $H_0 : \boldsymbol{\mu} \in \Theta_{\bar{\mathbf{1}}_p}$, **否则接受** H_0.

这就证明了总体方差相等时均值相等的 VDR 检验就是单因素方差分析.

6.1.3.4 混合方法

在假设 (6.6) 的 VDR 检验的基础上, 还可以应用经典方法处理而不用共享均值的随机估计, 称为混合方法. 假设 (6.1) 可以写作

$$H_0 : \boldsymbol{\mu} \in \Theta_{\mathbf{1}_p} \Leftrightarrow H_0 : \bigcup_{\gamma \in \mathfrak{R}} H_{0,\gamma}, \quad H_{0,\gamma} = \boldsymbol{\mu} = \gamma \mathbf{1}_p, \quad \forall \gamma \in \mathfrak{R}.$$

显然只要存在 γ_0 使得 H_{0,γ_0} 被接受, 假设 (6.1) 的原假设就成立. 于是当拒绝所有的 $H_{0,\gamma}$ 才拒绝 H_0, 这是一种交并原则. 因此检验假设 (6.1) 分两步:

(1) 首先讨论 $H_{0,\gamma}$ 的 VDR 检验, 和以前一样考虑更一般的假设

$$H_0 : \boldsymbol{\mu} = \boldsymbol{\mu}_0 \leftrightarrow H_1 : \boldsymbol{\mu} \neq \boldsymbol{\mu}_0. \qquad (6.13)$$

令 $\boldsymbol{\mu}_0 = \gamma\bar{\mathbf{1}}_p$ 得到检验假设 $H_{0,\gamma}$ 的拒绝域 U_γ.

(2) 求 $U = \bigcap\limits_{\gamma\in\mathfrak{R}} U_\gamma$, 即求 H_0 的拒绝域. 显然 $P(U \leqslant a) < P(U_\gamma \leqslant a)$, 必须计算 $P(U \leqslant a)$.

在假设 (6.6) 中令 $\boldsymbol{\mu}_0 = \gamma\bar{\mathbf{1}}_p$, 则当

$$(\bar{\mathbf{x}} - \gamma\bar{\mathbf{1}}_p)'\Lambda(\mathbf{n}, s_n^2)(\bar{\mathbf{x}} - \gamma\bar{\mathbf{1}}_p) > (Q_V(\alpha))^{-\frac{2}{n}} - 1 = F_{p,n-p}(1-\alpha)$$

时拒绝假设 $H_{0,\gamma} : \boldsymbol{\mu} = \gamma\bar{\mathbf{1}}_p$. 由交并原则拒绝所有假设 $H_{0,\gamma}$ 时才拒绝假设 (6.1) 的原假设, 即当

$$\inf_{\gamma\in\mathfrak{R}}(\bar{\mathbf{x}} - \gamma\bar{\mathbf{1}}_p)'\Lambda(\mathbf{n}, s_n^2)(\bar{\mathbf{x}} - \gamma\bar{\mathbf{1}}_p) > (Q_m(\alpha))^{-\frac{2}{n}} - 1 > (Q_V(\alpha))^{-\frac{2}{n}} - 1$$

时拒绝假设 $H_0 : \boldsymbol{\mu} \in \Theta_{\bar{\mathbf{1}}_p}$. 下面用经典方法计算 $Q_m(\alpha)$.

$$\inf_{\gamma\in\mathfrak{R}}(\bar{\mathbf{x}} - \gamma\bar{\mathbf{1}}_p)'\Lambda(\mathbf{n}, s_n^2)(\bar{\mathbf{x}} - \gamma\bar{\mathbf{1}}_p) = (\bar{\mathbf{x}} - \gamma^*\bar{\mathbf{1}}_p)'\Lambda(\mathbf{n}, s_n^2)(\bar{\mathbf{x}} - \gamma^*\bar{\mathbf{1}}_p)$$

$$= \frac{\sum\limits_{i=1}^{n} n_i(\bar{x}_i - \bar{x})^2}{s_n^2}, \tag{6.14}$$

其中

$$\gamma^* = \frac{\bar{\mathbf{1}}_p'\Lambda(\mathbf{n}, s_n^2)\bar{\mathbf{x}}}{\bar{\mathbf{1}}_p'\Lambda(\mathbf{n}, s_n^2)\bar{\mathbf{1}}_p} = \sqrt{p}\,\frac{1}{n}\sum_{i=1}^{p} n_i\bar{x}_i = \sqrt{p}\cdot\bar{x},$$

$$\gamma^*\bar{\mathbf{1}}_p = \bar{x} = \frac{1}{n}\sum_{i=1}^{p}\sum_{j=1}^{n_i} x_{ij}.$$

注意到

$$\frac{n-p}{p-1}(\bar{\mathbf{X}} - \gamma^*\bar{\mathbf{1}}_p)'\Lambda(\mathbf{n}, S_n^2)(\bar{\mathbf{X}} - \gamma^*\bar{\mathbf{1}}_p) \sim pf(\cdot, p-1, n-p),$$

于是

$$(Q_m(\alpha))^{-\frac{2}{n}} - 1 = \frac{p-1}{n-p}F_{p-1,n-p}(\alpha).$$

因此检验假设 $H_0 : \boldsymbol{\mu} \in \Theta_{\bar{\mathbf{1}}_p}$ 的 VDR 检验规则是

若 $\dfrac{\sum\limits_{i=1}^{p} n_i(\bar{x}_i - \bar{x})^2}{(n-p)s_n^2} > (Q_m(\alpha))^{-\frac{2}{n}} - 1$, 则拒绝假设 $H_0 : \boldsymbol{\mu} \in \Theta_{\bar{\mathbf{1}}_p}$, 否则接受 H_0.

6.1.4 均值相等的 VDR 检验

当各总体方差未知时共有 $2p$ 个参数, 此时均值参数枢轴量的分布是 t 分布. 参数 μ_i 的枢轴量是

$$h(\bar{x}_i, s_i^2; \mu_i) = \frac{\sqrt{n_i}(\bar{x}_i - \mu_i)}{s_i}, \quad h(\bar{X}_i, S_i^2; \mu_i) \sim pt(\cdot, n_i - 1), \quad i = 1, \cdots, p.$$

参数 $\boldsymbol{\mu} = (\mu_1, \cdots, \mu_p)'$ 的枢轴量的向量形式为

$$\mathbf{h}(\bar{\mathbf{x}}, \mathbf{s}_p^2; \boldsymbol{\mu}) = (h(\bar{x}_1, s_1^2; \mu_1), \cdots, h(\bar{x}_p, s_p^2; \mu_p))' = \frac{\sqrt{\mathbf{n}}(\bar{\mathbf{x}} - \boldsymbol{\mu})}{\mathbf{s}_p^2},$$

$$\mathbf{h}(\bar{\mathbf{X}}, \mathbf{S}_p^2; \boldsymbol{\mu}) \stackrel{d}{=} \mathbf{h}(\bar{\mathbf{X}}, \mathbf{S}_p^2; \mathbf{0}_p) \stackrel{d}{=} \mathbf{T} \sim f_T(\mathbf{t}, \mathbf{n}),$$

其中 $\mathbf{T} = (T_1, \cdots, T_p)'$ 是枢轴向量, 它的概率密度函数是

$$f_T(\mathbf{t}, \mathbf{n}) = \prod_{i=1}^{p} dt(t_i, n_i - 1).$$

故 $\boldsymbol{\mu}$ 的随机估计 $\mathbf{W}_{\boldsymbol{\mu}} = (W_{\mu_1}, \cdots, W_{\mu_p})'$ 满足

$$\mathbf{h}(\bar{\mathbf{x}}, \mathbf{s}_p^2; \mathbf{W}_{\boldsymbol{\mu}}) = \frac{\sqrt{\mathbf{n}}(\bar{\mathbf{x}} - \mathbf{W}_{\boldsymbol{\mu}})}{\mathbf{s}_p} = \mathbf{T}, \tag{6.15}$$

解得

$$\mathbf{W}_{\boldsymbol{\mu}} = \bar{\mathbf{x}} - \frac{\mathbf{s}_p}{\sqrt{\mathbf{n}}}\mathbf{T}.$$

共享均值 μ 的对数似然函数和似然方程为

$$l(\mu, \sigma_1^2, \cdots, \sigma_p^2) = \sum_{i=1}^{p}\sum_{j=1}^{n_i}\left(-\ln\sigma_i^2 - \frac{1}{2\sigma_i^2}(x_{ij} - \mu)^2\right),$$

$$\sum_{i=1}^{p}\sum_{j=1}^{n_i}\frac{1}{2\sigma_i^2}(x_{ij} - \mu) = \sum_{i=1}^{p}\frac{n_i}{\sigma_i^2}(\bar{x}_i - \mu) = 0,$$

参数 μ 的枢轴量为

$$\tilde{h}(\bar{\mathbf{x}}, \mathbf{s}_p^2; \mu) = \sum_{i=1}^{p}\frac{n_i}{s_i^2}(\bar{x}_i - \mu) = \sum_{i=1}^{p}\sqrt{\frac{n_i}{s_i^2}}\frac{\sqrt{n_i}(\bar{x}_i - \mu)}{s_i},$$

$$\tilde{h}(\bar{\mathbf{X}}, \mathbf{S}_p^2; \mu) \stackrel{d}{=} \tilde{h}(\bar{\mathbf{X}}, \mathbf{S}_p^2; \mathbf{0}_p) \stackrel{d}{=} \sum_{i=1}^{p}\sqrt{\frac{n_i}{s_i^2}}T_i = \left(\sqrt{\frac{\mathbf{n}}{\mathbf{s}_p^2}}\right)'\mathbf{T},$$

其中 $\left(\sqrt{\dfrac{\mathbf{n}}{\mathbf{s}_p^2}}\right)'\mathbf{T}$ 是参数 μ 的枢轴变量. μ 的随机估计 W_μ 满足

$$\sum_{i=1}^{p}\frac{n_i}{s_i^2}(\bar{x}_i - W_\mu) = \left(\sqrt{\frac{\mathbf{n}}{\mathbf{s}_p^2}}\right)'\mathbf{T}.$$

解得

$$\tilde{x} - W_\mu = \frac{1}{\sqrt{\displaystyle\sum_{i=1}^{n}\frac{n_i}{s_i^2}}}\left(\frac{\sqrt{\dfrac{\mathbf{n}}{\mathbf{s}_p^2}}}{\sqrt{\displaystyle\sum_{i=1}^{n}\frac{n_i}{s_i^2}}}\right)'\mathbf{T}, \tag{6.16}$$

这里

$$\tilde{x} = \sum_{i=1}^{p} \frac{\frac{n_i}{s_i^2}}{n \sum_{i=1}^{} \frac{n_i}{s_i^2}} \bar{x}_i.$$

(6.15) $-\sqrt{\dfrac{\mathbf{n}}{\mathbf{s}_p^2}}$ (6.16)

$$\frac{\sqrt{\mathbf{n}}((\bar{\mathbf{x}} - \tilde{x}\mathbf{1}_p) - (\mathbf{W}_{\boldsymbol{\mu}} - W_\mu \mathbf{1}_p))}{\sqrt{\mathbf{s}_p^2}} = \begin{pmatrix} \dfrac{\sqrt{n_1}((\bar{x}_1 - \tilde{x}) - (W_{\mu_1} - W_\mu))}{s_1} \\ \vdots \\ \dfrac{\sqrt{n_p}((\bar{x}_p - \tilde{x}) - (W_{\mu_p} - W_\mu))}{s_p} \end{pmatrix}$$

$$= (I_p - \mathbf{n}_1 \mathbf{n}_1') \mathbf{T} = \mathbf{T}^*, \qquad (6.17)$$

其中

$$\mathbf{n}_1 = \frac{\sqrt{\dfrac{\mathbf{n}}{\mathbf{s}_p^2}}}{\sqrt{\sum_{i=1}^{p} \dfrac{n_i}{s_i^2}}}.$$

$\mathbf{W}_\delta = \mathbf{W} - W\mathbf{1}_p$ 是参数 $\boldsymbol{\delta} = \boldsymbol{\mu} - \mu\mathbf{1}_p$ 的随机估计. 假设 (6.1) 等价于

$$H_0 : \boldsymbol{\delta} = \mathbf{0}_p \leftrightarrow H_1 : \boldsymbol{\delta} \neq \mathbf{0}_p, \qquad (6.18)$$

$\mathbf{W}_\delta$ 对应的枢轴向量 $\mathbf{T}^* = (I_p - \mathbf{n}_1 \mathbf{n}_1') \mathbf{T}$ 与 $\mathbf{n}_1$ 正交, 蕴含着 $\mathbf{T}^* = (T_1^*, \cdots, T_p^*)'$ 是退化的, 取值于超平面

$$\mathfrak{R}(\mathbf{n}_1) = \{\mathbf{t} : \mathbf{n}_1' \mathbf{t} = 0, \mathbf{t} \in \mathfrak{R}^p\}.$$

若 $\mathbf{t} \in \mathfrak{R}(\mathbf{n}_1)$, 则

$$\mathbf{t} = (I_p - \mathbf{n}_1 \mathbf{n}_1')(\mathbf{t} + c\mathbf{n}_1), \quad \forall c \in \mathfrak{R}.$$

故 $\mathbf{T}^*$ 的概率密度函数是

$$f_{T^*}(\mathbf{t}, \mathbf{n}) = \int_{-\infty}^{\infty} f_T(\mathbf{t} + c\mathbf{n}_1, \mathbf{n}) dc$$

$$= \int_{-\infty}^{\infty} \prod_{i=1}^{p} dt \left(t_i + c \sqrt{\frac{\frac{n_i}{s_i^2}}{\sum_{j=1}^{p} \frac{n_j}{s_j^2}}}, n_i - 1 \right) dc, \quad \forall \mathbf{t} \in \mathfrak{R}(\mathbf{n}_1).$$

随机估计 $\mathbf{W}_\delta = \bar{\mathbf{x}} - \bar{x}\mathbf{1}_p - \dfrac{\mathbf{s}_p}{\sqrt{\mathbf{n}_p}}\mathbf{T}^*$ 的概率密度函数为

$$f_\delta(\mathbf{t}; \bar{\mathbf{x}}, \mathbf{s}_p^2)$$

$$= \int_{-\infty}^{\infty} \prod_{i=1}^{p} \frac{\sqrt{n_i}}{s_i} dt \left(\frac{\sqrt{n_i}}{s_i}((\bar{x}_i - \bar{x}) - t_i) + c \sqrt{\frac{\frac{n_i}{s_i^2}}{\sum_{j=1}^{p}\frac{n_j}{s_j^2}}}, n_i - 1 \right) dc, \quad \forall \mathbf{t} \in \mathfrak{R}(\mathbf{n}_1). \quad (6.19)$$

检验统计量 $Z_1 = f_\delta(\mathbf{W}_\delta; \bar{\mathbf{x}}, \mathbf{s}_p^2)$ 的分布函数记作 $F_{Z_1}(\cdot; \bar{\mathbf{x}}, \mathbf{s}_p^2)$, 其 α 分位点记作 $Q_{Z_1}(\alpha, \bar{\mathbf{x}}, \mathbf{s}_p^2)$, 则假设 (6.1) 的 VDR 检验规则是
　　　若

$$f_{T^*}(\mathbf{h}(\bar{\mathbf{x}}, \mathbf{s}_p^2; \mathbf{0}_p), \mathbf{n}) = \int_{-\infty}^{\infty} dt \left(\frac{\sqrt{n_i}}{s_i}(\bar{x}_i - \bar{x}) + c \sqrt{\frac{\frac{n_i}{s_i^2}}{\sum_{j=1}^{p}\frac{n_j}{s_j^2}}}, n_i - 1 \right) dc \leqslant Q_{Z_1}(\alpha, \bar{\mathbf{x}}, \mathbf{s}_p^2),$$

则拒绝各总体均值相等的假设, 否则接受此假设.
　　计算 $Q_{Z_1}(\alpha, \bar{\mathbf{x}}, \mathbf{s}_p^2)$ 有困难, 不难得到模拟值. 只需得到 Z_1 的 N 个观测值就得到 $F_{Z_1}(\cdot; \bar{\mathbf{x}}, \mathbf{s}_p^2)$ 的经验分布 $F_N(\cdot; \bar{\mathbf{x}}, \mathbf{s}_p^2)$. 而得到 Z_1 的一个观测值 z_1 的过程如下:
　　(1) 生成服从自由度为 $n_i - 1$ 的 t 分布随机数 $t_i, i = 1, \cdots, p$, 记 $\mathbf{t} = (t_1, \cdots, t_p)'$.
　　(2) 计算

$$\mathbf{w} = \bar{\mathbf{x}} - \sqrt{\frac{\mathbf{s}_p^2}{\mathbf{n}}}\mathbf{t},$$

$$u = \tilde{x} - \frac{1}{\sqrt{\sum_{i=1}^{n}\frac{n_i}{s_i^2}}} \left(\frac{\sqrt{\frac{\mathbf{n}}{\mathbf{s}_p^2}}}{\sqrt{\sum_{i=1}^{n}\frac{n_i}{s_i^2}}} \right)' \mathbf{t},$$

$$\mathbf{d} = \mathbf{w} - u\mathbf{1}_p.$$

　　(3) 按公式 (6.19) 计算 $z_1 = f_\delta(\mathbf{d}; \bar{\mathbf{x}}, \mathbf{s}_p^2)$.
　　在这里无须考虑假设 (6.13) 的检验, 因为它不能提供检验假设 (6.18) 的 VDR 检验的临界值计算, 和等方差总体情形不同. 不过可作为独立问题考虑. $\mathbf{W}_\mu$ 的密度函数是

$$f_\mu(\mathbf{u}; \bar{\mathbf{x}}, \mathbf{s}_p^2) = \prod_{i=1}^{p} \frac{\sqrt{n_i}}{s_i} \prod_{i=1}^{p} dt\left(\frac{\sqrt{n_i}}{s_i}(\bar{x}_i - u_i), n_i - 1 \right)$$

$$= c_0(\mathbf{s}_p^2) \prod_{i=1}^{p} dt\left(\frac{\sqrt{n_i}}{s_i}(\bar{x}_i - u_i), n_i - 1 \right)$$

$$= c_0(\mathbf{s}_p^2) f_T(\mathbf{h}(\bar{\mathbf{x}}, \mathbf{s}_p^2; \mathbf{t}), \mathbf{n}).$$

假设 (6.13) 的检验随机变量 $Z = f_{\boldsymbol{\mu}}(\mathbf{W}; \bar{\mathbf{x}}, \mathbf{s}_p^2)$ 的 α 分位点记作 $Q_Z(\alpha; \bar{\mathbf{x}}, \mathbf{s}_p^2)$, 则

$$Q_Z(\alpha; \bar{\mathbf{x}}, \mathbf{s}_p^2) = c_0(\mathbf{s}_p^2)Q_V(\alpha), \tag{6.20}$$

其中 $Q_V(\alpha)$ 是随机变量 $V = f_T(\mathbf{T}, \mathbf{n})$ 的 α 分位点. 事实上

$$\begin{aligned}
\alpha &= P(\mathbf{Z} \leqslant Q_Z(\alpha; \bar{\mathbf{x}}, \mathbf{s}^2)) \\
&= P\left(f_T(\mathbf{h}(\bar{\mathbf{x}}, \mathbf{s}_p^2; \mathbf{W}), \mathbf{n}) \leqslant \frac{Q_Z(\alpha; \bar{\mathbf{x}}, \mathbf{s}^2)}{c_0(\mathbf{s}_p^2)}\right) \\
&= P(f_T(\mathbf{T}) \leqslant Q_V(\alpha)) \\
&= \int_0^{Q_V(\alpha)} L_p(D_{[f_T]}(v))dv - Q_V(\alpha)L_p(D_{[f_T]}(Q_V(\alpha))), \quad 0 < Q_V(\alpha) \leqslant f_0,
\end{aligned} \tag{6.21}$$

$$f_0 = \sup_{\mathbf{t} \in \mathfrak{R}^p} f_T(\mathbf{t}, \mathbf{n}).$$

检验假设 (6.13) 的 VDR 规则是

若 $f_T(\mathbf{h}(\bar{\mathbf{x}}, \mathbf{s}_p^2; \boldsymbol{\mu}_0)) \leqslant Q_V(\alpha)$, 则在显著水平 α 拒绝假设 (6.13) 的原假设, 否则接受原假设.

$Q_V(\alpha)$ 虽有解析表达式, 计算并不容易. 不过 $f_T(\mathbf{T}) \leqslant q$ 的概率意义清楚, 容易得到 V 的分布函数 $F_T(\cdot)$ 的模拟经验分布函数.

模拟经验分布函数算法

(1) 给定 $n_1, \cdots, n_p$.

(2) 生成服从自由度为 $n_i - 1$ 的 t 分布随机数 $t_i, i = 1, \cdots, p$, 计算

$$v = \prod_{i=1}^{p} dt(t_i, n_i - 1).$$

(3) 重复 (2) N 次, 第 i 次重复计算的 v 记作 v_i, $v_1, \cdots, v_N$ 的经验分布记作 $F_N(\cdot)$.

(4) 由强大数定律

$$\lim_{N \to \infty} F_N(h) = F_T(h), \quad \forall h > 0.$$

可以按经典交并原则完成最终检验, 即所谓混合法.

在假设 (6.13) 中取 $\boldsymbol{\mu}_0 = \gamma \bar{\mathbf{1}}_p$, 则当 $f_T(\mathbf{h}(\bar{\mathbf{x}}, \mathbf{s}_p^2; \gamma \bar{\mathbf{1}}_p), \mathbf{n}) \leqslant Q_V(\alpha)$ 时拒绝 $H_{0,\gamma}$, 按交并原则当拒绝所有 $H_{0,\gamma}$ 时才拒绝假设 $H_0 : \boldsymbol{\mu} \in \Theta_{\bar{\mathbf{1}}_p}$. 等价于当

$$\sup_{\gamma \in \mathfrak{R}} f_T(\mathbf{h}(\bar{\mathbf{x}}, \mathbf{s}_p^2; \gamma \bar{\mathbf{1}}_p), \mathbf{n}) \leqslant Q_m(\alpha) < Q_h(\alpha)$$

时拒绝假设 (6.1) 的原假设. 令

$$g(\gamma) = f_T(\mathbf{h}(\bar{\mathbf{x}}, \mathbf{s}_p^2; \gamma \bar{\mathbf{1}}_p), \mathbf{n}) = \prod_{i=1}^{p} dt\left(\sqrt{\frac{n_i}{s_i^2}}\left(\bar{x}_i - \frac{\gamma}{\sqrt{p}}\right), n_i - 1\right),$$

则

$$g'(\gamma) = g(\gamma) \sum_{i=1}^{p} \frac{\dfrac{d}{d\gamma} dt\left(\sqrt{\dfrac{n_i}{s_i^2}}\left(\bar{x}_i - \dfrac{\gamma}{\sqrt{p}}\right), n_i - 1\right)}{dt\left(\sqrt{\dfrac{n_i}{s_i^2}}\left(\bar{x}_i - \dfrac{\gamma}{\sqrt{p}}\right), n_i - 1\right)}$$

$$= g(\gamma) \sum_{i=1}^{p} n_i \frac{\dfrac{n_i(n_i - 1)}{\sqrt{p}}\left(\bar{x}_i - \dfrac{\gamma}{\sqrt{p}}\right)}{(n_i - 1)s_i^2 + n_i\left(\bar{x}_i - \dfrac{\gamma}{\sqrt{p}}\right)^2}$$

$$= g(\gamma) \sum_{i=1}^{p} \frac{\dfrac{n_i(n_i - 1)}{\sqrt{p}}\left(\bar{x}_i - \dfrac{\gamma}{\sqrt{p}}\right)}{\dfrac{n_i - 1}{n_i}s_i^2 + \left(\bar{x}_i - \dfrac{\gamma}{\sqrt{p}}\right)^2} \overset{\text{def}}{=} g(\gamma)d(\gamma).$$

显然当 $\gamma < \sqrt{p}\min\{\bar{x}_i, 1 \leqslant i \leqslant p\} = \sqrt{p}\bar{x}_{(1)}$ 时 $d(\gamma) > 0$, 当 $\gamma > \sqrt{p}\max\{\bar{x}_i, 1 \leqslant i \leqslant p\} = \sqrt{p}\bar{x}_{(p)}$ 时 $d(\gamma) < 0$, 故存在 $\gamma^* \in (\bar{x}_{(1)}, \bar{x}_{(p)})$ 使 $g'(\gamma^*) = g(\gamma^*)d(\gamma^*) = 0$. 又

$$d(\gamma^* + \delta) = \sum_{i=1}^{p} \frac{\dfrac{n_i(n_i - 1)}{\sqrt{p}}\left(-\dfrac{\delta}{\sqrt{p}}\right)}{\dfrac{n_i - 1}{n_i}s_i^2 + \left(\bar{x}_i - \dfrac{\gamma^* + \delta}{\sqrt{p}}\right)^2} \begin{cases} > 0, & \text{若 } \delta < 0, \\ < 0, & \text{若 } \delta > 0 \end{cases}$$

意味着 $g(\cdot)$ 在 $(-\infty, \gamma^*)$ 内单调上升, 在 (γ^*, ∞) 内单调下降, 在 γ^* 点取最大值. 因此检验假设 (6.1) 的 VDR 检验规则是

若

$$\prod_{i=1}^{p} dt\left(\frac{\sqrt{n_i}\left(\bar{x}_i - \dfrac{\gamma^*}{\sqrt{p}}\right)}{s_i}, n_i - 1\right) < Q_m(\alpha),$$

则在显著水平 α 拒绝假设 (6.1) 的原假设, 否则接受原假设, 其中 γ^* 满足

$$d(\gamma^*) = \sum_{i=1}^{p} \frac{\dfrac{n_i(n_i - 1)}{\sqrt{p}}\left(\bar{x}_i - \dfrac{\gamma^*}{\sqrt{p}}\right)}{\dfrac{n_i - 1}{n_i}s_i^2 + \left(\bar{x}_i - \dfrac{\gamma^*}{\sqrt{p}}\right)^2} = 0. \tag{6.22}$$

该检验的直观意义是当各总体样本均值和 $\dfrac{\gamma^*}{\sqrt{p}}$ 相差都不大时接受原假设, 相差大小是用在差值处的密度函数值度量的. $\dfrac{\gamma^*}{\sqrt{p}}$ 是在各总体均值相等的条件下共享均值 μ 的极大似然估计. 不过按经典方法计算 $Q_m(\alpha)$ 很困难.

近似 VDR 检验

众所周知, 当自由度趋于无穷时 t 分布的极限分布是标准正态分布. 令 $\mathbf{Z} = (Z_1, \cdots, Z_p)' \sim N_p(\mathbf{0}_p, I_p)$, 随机向量 $\mathbf{W}^*$ 满足

$$\mathbf{h}(\bar{\mathbf{x}}, \mathbf{s}; \mathbf{W}^*) = \mathbf{Z},$$

写成分量形式

$$\begin{pmatrix} \dfrac{\sqrt{n_1}(\bar{x}_1 - W_i^*)}{s_1} \\ \vdots \\ \dfrac{\sqrt{n_p}(\bar{x}_p - W_p^*)}{s_p} \end{pmatrix} = \begin{pmatrix} Z_1 \\ \vdots \\ Z_p \end{pmatrix}. \tag{6.23}$$

称 $\mathbf{W}^*$ 为参数 $\boldsymbol{\mu}$ 的极限随机估计, 恰是确定随机估计的方程右端取极限而左端不动的条件下确定的随机估计. 显然 $\mathbf{W}$ 和 $\mathbf{W}^*$ 的分布接近, 或密度函数近似相等. $\mathbf{W}^*$ 的密度函数为

$$f_{\boldsymbol{\mu}}^*(\mathbf{u}) = \prod_{i=1}^p \frac{\sqrt{n_i}}{s_i} \phi_p(\mathbf{h}(\bar{x}, \mathbf{s}^2; \mathbf{u})) = \prod_{i=1}^p \frac{\sqrt{n_i}}{s_i \sqrt{2\pi}} e^{-\frac{1}{2}\frac{n_i(\bar{x}_i - u_i)^2}{s_i^2}},$$

这里 $\phi_p(\cdot)$ 是 p 维标准正态密度函数. 为检验假设 (6.13), 令 $Z^* = f_{\boldsymbol{\mu}}^*(\mathbf{W}^*)$, Z^* 是近似检验变量, 它的 α 分位点记作 $Q_{Z^*}(\alpha; \mathbf{s}_p^2)$, 则

$$\begin{aligned} \alpha &= P(Z^* \leqslant Q_{Z^*}(\alpha; \mathbf{s}_p^2)) = P\left(\phi_p(\mathbf{h}(\bar{x}, \mathbf{s}^2, \mathbf{W}^*)) \leqslant Q_{Z^*}(\alpha; \mathbf{s}_p^2)\prod_{i=1}^p \frac{s_i}{\sqrt{n_i}}\right) \\ &= P\left(\phi_p(\mathbf{Z}) \leqslant Q_{V^*}(\alpha)\right) \\ &= P\left(\sum_{i=1}^p Z_i^2 > -\ln(\sqrt{2\pi}^p Q_{V^*}(\alpha))\right) = P(\chi_p^2 > \chi_p^2(1-\alpha)), \end{aligned}$$

因此

$$-\ln(\sqrt{2\pi}^p Q_{V^*}(\alpha)) = \chi_p^2(1-\alpha), \quad Q_{Z^*}(\alpha; \mathbf{s}_p^2) = \prod_{i=1}^p \frac{\sqrt{n_i}}{s_i} Q_{V^*}(\alpha).$$

若 $\sum_{i=1}^p Z_i^2 = \sum_{i=1}^p \dfrac{n_i(\bar{x}_i - \mu_{0i})^2}{s_i^2} > \chi_p^2(1-\alpha)$, **则拒绝假设 (6.13) 的原假设, 否则接受原假设.**

直观地看, 这恰是

$$\lim_{n \to \infty} P\left(\frac{\sqrt{n_i}(\bar{x}_i - \mu_{0i})}{s_i} \leqslant a\right) = \Phi(a)$$

的直接结果, 从一个侧面说明 VDR 的实际意义.

为检验假设 (6.1), 考虑共享均值的随机估计. 共享均值 μ 的极限随机估计 W^* 满足

$$\sum_{i=1}^{p} \frac{n_i}{s_i^2}(\bar{x}_i - W) = \left(\sqrt{\frac{\mathbf{n}}{\mathbf{s}_p^2}}\right)' \mathbf{Z}. \tag{6.24}$$

(6.23) $_i - \sqrt{\frac{n_i}{s_i^2}}$ (6.24), $i = 1, \cdots, p$, 并写成向量形式

$$\begin{pmatrix} \dfrac{\sqrt{n_1}((\bar{x}_1 - \tilde{x}) - (W_1^* - W^*))}{s_1} \\ \vdots \\ \dfrac{\sqrt{n_p}((\bar{x}_p - \tilde{x}) - (W_p^* - W^*))}{s_p} \end{pmatrix} = \left(I_p - \dfrac{\sqrt{\dfrac{\mathbf{n}}{\mathbf{s}_n^2}}}{\sqrt{\displaystyle\sum_{i=1}^{n} \dfrac{n_i}{s_i^2}}} \left(\dfrac{\sqrt{\dfrac{\mathbf{n}}{\mathbf{s}_n^2}}}{\sqrt{\displaystyle\sum_{i=1}^{n} \dfrac{n_i}{s_i^2}}} \right)' \right) \mathbf{Z}, \tag{6.25}$$

归结为已讨论过的形式, 不难得到以下检验规则.

检验假设 (6.1) 的近似 VDR 检验规则是

若 $\displaystyle\sum_{i=1}^{p} \frac{n_i}{s_i^2}(\bar{x}_i - \tilde{x})^2 \leqslant \chi_{p-1}^2(1-\alpha)$, 则在显著水平 α 接受假设 (6.1) 的原假设, 否则拒绝原假设.

$\displaystyle\sum_{i=1}^{p} \frac{n_i}{s_i^2}(\bar{x}_i - \tilde{x})^2$ 是经典意义下检验假设 (6.1) 的检验统计量, 渐近于自由度为 $p-1$ 的 χ^2 分布. 换言之, 近似 VDR 检验随机变量渐近于自由度为 $p-1$ 的 χ^2 分布. 直观地可看出自由度是 $p-1$, 因为满足约束 $\displaystyle\sum_{i=1}^{p}(\bar{x}_i - \tilde{x}) = 0$.

6.1.5 Behrens-Fisher 问题

在 Neyman 理论中, 这个问题难在无法构造枢轴量. 但应用其他方法, 包括信仰推断. Bayes 和随机估计, 就变得简单了. 设 $x_1, \cdots, x_{n_1}$ 是来自正态分布 $N(\mu_1, \sigma_1^2)$ 的样本, 而 $y_1, \cdots, y_{n_2}$ 是来自正态分布 $N(\mu_2, \sigma_2^2)$ 的样本, 且相互独立. 样本均值和方差分别记作 $\bar{x}, s_x^2, \bar{y}, s_y^2$. 考虑假设

$$H_0 : \mu_1 = \mu_2 \leftrightarrow H_1 : \mu_1 \neq \mu_2,$$

或构造参数 $\mu_1 - \mu_2$ 的置信区间.

6.1.5.1 Behrens-Fisher 问题的 VDR 检验

Behrens-Fisher 问题是多正态均值相等检验的特例, 首先考虑近似检验.

Behrens-Fisher 问题的近似 VDR 检验

在近似 VDR 检验公式中令 $p = 2, s_1^2 = s_x^2, s_2 = s_y^2, \bar{x}_1 = \bar{x}, \bar{x}_2 = \bar{y}$,

$$
\begin{aligned}
\sum_{i=1}^{2} \frac{n_i}{s_i^2}(\bar{x}_i - \bar{x})^2 &= \frac{n_1}{s_1^2}(\bar{x}_1 - \tilde{x})^2 + \frac{n_2}{s_2^2}(\bar{x}_2 - \tilde{x})^2 \\
&= \frac{n_1}{s_1^2}\frac{n_2^2 s_1^4 (\bar{x}_1 - \bar{x}_2)^2}{(n_1 s_2^2 + n_2 s_1^2)^2} + \frac{n_2}{s_2^2}\frac{n_1^2 s_2^4 (\bar{x}_1 - \bar{x}_2)^2}{(n_1 s_2^2 + n_2 s_1^2)^2} \\
&= \frac{n_1 n_2 (\bar{x}_1 - \bar{x}_2)^2}{n_1 s_2^2 + n_2 s_1^2} = \frac{(\bar{x}_1 - \bar{x}_2)^2}{\dfrac{s_1^2}{n_1} + \dfrac{s_2^2}{n_2}}.
\end{aligned}
$$

近似 VDR 检验规则是

若 $\dfrac{(\bar{x}_1 - \bar{x}_2)^2}{\dfrac{s_1^2}{n_1} + \dfrac{s_2^2}{n_2}} > \chi_1^2(1-\alpha)$**, 则在显著水平** α **拒绝两均值相等的假设, 否则接受**

此假设.

不难发现 $\dfrac{(\bar{x}_1 - \bar{x}_2)^2}{\dfrac{s_1^2}{n_1} + \dfrac{s_2^2}{n_2}}$ 恰是 Welch 统计量的平方. Behrens-Fisher 问题的近似

VDR 检验蕴含着 Welch 统计量平方的极限分布函数就是自由度为 1 的 χ^2 分布. 和当样本容量大时用正态分布近似 Welch 统计量的分布是一致的 (茆诗松, 程依明, 濮晓龙 (2004)). 用 t 分布近似 Welch 统计量, 自由度是依赖于样本的, 有随机估计的特性, 应具有较精确的分位点.

Behrens-Fisher 问题的准确 VDR 检验

将 $p = 2, s_1^2 = s_x^2, s_2^2 = s_y^2, \bar{x}_1 = \bar{x}, \bar{x}_2 = \bar{y}$ 代入 (6.22), 求得 γ^* 满足

$$
\frac{n_1\left(\bar{x} - \dfrac{\gamma^*}{\sqrt{2}}\right)}{\dfrac{s_x^2}{2} + \left(\bar{x} - \dfrac{\gamma^*}{\sqrt{2}}\right)^2} + \frac{n_2\left(\bar{y} - \dfrac{\gamma^*}{\sqrt{2}}\right)}{\dfrac{s_y^2}{2} + \left(\bar{y} - \dfrac{\gamma^*}{\sqrt{2}}\right)^2} = 0.
$$

$\hat{\gamma} = \dfrac{\gamma^*}{\sqrt{2}}$ 是在条件 $\mu_1 = \mu_2 = \mu$ 下 μ 的极大似然估计, 可表示为

$$
\tilde{x} = \frac{\dfrac{n_1}{s_1^2}}{\dfrac{n_1}{s_1^2} + \dfrac{n_2}{s_2^2}}\bar{x}_1 + \frac{\dfrac{n_2}{s_2^2}}{\dfrac{n_1}{s_1^2} + \dfrac{n_2}{s_2^2}}\bar{x}_2,
$$

将上式代入 (6.17), 并令 $p = 2$

$$
\frac{\dfrac{n_2}{s_2^2}}{\dfrac{n_1}{s_1^2} + \dfrac{n_2}{s_2^2}}((\bar{x}_1 - \bar{x}_2) - (W_1 - W)) = \frac{\dfrac{n_2}{s_2^2}}{\dfrac{n_1}{s_1^2} + \dfrac{n_2}{s_2^2}}\left(\frac{s_1}{\sqrt{n_1}}T_{n_1-1} - \frac{s_2}{\sqrt{n_2}}T_{n_2-1}\right),
$$

$$\frac{\frac{n_1}{s_1^2}}{\frac{n_1}{s_1^2}+\frac{n_2}{s_2^2}}((\bar{x}_2-\bar{x}_1)-(W_2-W))=\frac{\frac{n_1}{s_1^2}}{\frac{n_1}{s_1^2}+\frac{n_2}{s_2^2}}\left(\frac{s_2}{\sqrt{n_2}}T_{n_2-1}-\frac{s_1}{\sqrt{n_1}}T_{n_1-1}\right),$$

等价于

$$(\bar{x}_2-\bar{x}_1)-(W_2-W)=\frac{s_2}{\sqrt{n_2}}T_{n_2-1}-\frac{s_1}{\sqrt{n_1}}T_{n_1-1}.$$

W_2-W 是参数 $\delta=\mu_2-\mu_1$ 的随机估计, 这和 Fisher 的信仰推断结果一致. 不难求得

$$\frac{s_2}{\sqrt{n_2}}T_{n_2-1}-\frac{s_1}{\sqrt{n_1}}T_{n_1-1}$$

的分布函数是

$$F_\delta(t;s_1^2,s_2^2)=\int_{-\infty}^{\infty}pt\left(\frac{\sqrt{n_2}}{s_2}(t+u),n_2-1\right)\sqrt{\frac{n_1}{s_1^2}}dt\left(\sqrt{\frac{n_1}{s_1^2}}u,n_1-1\right)du,$$

它的 γ 分位点记作 $t(\gamma)=t\left(\gamma;\frac{s_x}{\sqrt{n_1}},\frac{s_y}{\sqrt{n_2}}\right)$. 则 Behrens-Fisher 问题的 VDR 检验规则是

若 $|\bar{x}_1-\bar{x}_2|>t\left(1-0.5\alpha;\frac{s_x}{\sqrt{n_1}},\frac{s_y}{\sqrt{n_2}}\right)$, **则在显著水平 α 拒绝两总体均值相等的假设, 否则接受此假设.**

详见下一小节.

6.1.5.2 Fisher 的函数法

μ_1 和 μ_2 的函数方程为

$$\begin{aligned}\mu_1&=\bar{x}+\frac{s_x}{\sqrt{n_1}}T_{n_1-1},\\ \mu_2&=\bar{y}+\frac{s_y}{\sqrt{n_2}}T_{n_2-1}.\end{aligned}\tag{6.26}$$

于是, $\delta=\mu_1-\mu_2$ 表示为

$$\delta=\mu_1-\mu_2=\bar{x}-\bar{y}+\frac{s_x}{\sqrt{n_1}}T_{n_1-1}-\frac{s_y}{\sqrt{n_2}}T_{n_2-1},$$

T_{n_1-1} 和 T_{n_2-1} 相互独立, 分别服从自由度为 n_1-1,n_2-1 的 t 分布. 显然,

$$E\delta=\bar{x}-\bar{y},$$

$$\mathrm{Var}(T_{n_1}-T_{n_2})=\frac{n_1}{n_1-2}\frac{s_x^2}{n_1}+\frac{n_2}{n_2-2}\frac{s_y^2}{n_2}.$$

$\delta-(\bar{x}-\bar{y})=\frac{s_x}{\sqrt{n_1}}T_{n_1-1}-\frac{s_y}{\sqrt{n_2}}T_{n_2-1}$ 的信仰分布密度函数是

$$\begin{aligned}f_{T_{n_1,n_2}}(w)&=\int_{-\infty}^{\infty}dt_{n_1-1}\left(\frac{\sqrt{n_1}}{s_x}(w+u)\right)\frac{\sqrt{n_1}}{s_x}dt_{n_2-1}\left(\frac{\sqrt{n_2}}{s_y}u\right)\frac{\sqrt{n_2}}{s_y}du\\ &=f_{T_{n_1,n_2}}\left(w;\frac{s_x}{\sqrt{n_1}},\frac{s_y}{\sqrt{n_2}}\right).\end{aligned}$$

它的分布函数是 $F_\delta(t; s_1^2, s_2^2)$, $t\left(\gamma; \dfrac{s_x}{\sqrt{n_1}}, \dfrac{s_y}{\sqrt{n_2}}\right)$ 是它的 γ 分位点. 置信度为 $1-\alpha$ 的 $\mu_1 - \mu_2$ 的置信区间是

$$\left[\bar{x} - \bar{y} - t_{\frac{\alpha}{2}}\left(\frac{s_x}{\sqrt{n_1}}, \frac{s_y}{\sqrt{n_2}}\right), \bar{x} - \bar{y} + t_{1-\frac{\alpha}{2}}\left(\frac{s_x}{\sqrt{n_1}}, \frac{s_y}{\sqrt{n_2}}\right)\right],$$

即 δ 或随机估计 $W_1 - W$ 落入该区间的概率是 $1-\alpha$. 这里的推断方法可以看做基于正态样本, 位置参数 μ 的 t 分布推断的推广. 分位点 $t\left(\gamma; \dfrac{s_x}{\sqrt{n_1}}, \dfrac{s_y}{\sqrt{n_2}}\right)$ 是样本标准差和样本容量的隐函数. 它的作用和 t 分布推断中 $\dfrac{s}{\sqrt{n}} t_{\frac{\alpha}{2}}$ 的作用相同, 分位点不再是 $\dfrac{s}{\sqrt{n}}$ 的线性函数.

当 $\dfrac{s_x}{\sqrt{n_1}} = \dfrac{s_y}{\sqrt{n_2}} = \dfrac{1}{\sqrt{10}} = 0.316, n_1 = n_2 = 10$ 时, 95% 分位点是 $t(0.95; 0.316, 0.316) = 0.8261$. 随机估计的标准差是 $\sqrt{\dfrac{10}{10-8}0.316^2 + \dfrac{10}{10-8}0.316^2} = 0.4996$. 分位点和随机估计标准差的比值为 $\dfrac{0.8261}{0.4996} = 1.653523$, 比正态 95% 分位点 1.6445 稍大.

当 $\dfrac{s_x}{\sqrt{n_1}} = \dfrac{s_y}{\sqrt{n_2}} = \dfrac{1.5}{\sqrt{10}} = 0.4743, n_1 = n_2 = 10$ 时, $t(0.95; 0.4743, 0.4743) = 1.2399$, 分位点和随机估计标准差的比值为 1.6533. 当 $\dfrac{s_x}{\sqrt{n_1}} = 0.316, \dfrac{s_y}{\sqrt{n_2}} = \dfrac{2}{\sqrt{20}} = 0.4472, n_1 = 10, n_2 = 20$ 时, $t(0.95; 0.316, 0.4472) = 0.9712, \sqrt{\dfrac{10}{8}0.316^2 + \dfrac{20}{18}0.4472^2} = 0.5891, \dfrac{0.9712}{0.5891} = 1.6486$. 也可以直接应用 6.1.1 节的结论得到上述结果, 当 $p = 2$ 时 VDR 检验和 Fisher 的函数法的结果一致.

6.1.5.3 信仰推断

实际上用 Fisher 信仰推断方法处理 Behrens-Fisher 问题是很自然的. 引进参数 $\zeta = \dfrac{\sigma_2^2}{\sigma_1^2}$, 不失一般性, 设 $\sigma_2^2 = 1$. 给定 ζ 的 $\delta = \mu_1 - \mu_2$ 的条件枢轴量是

$$h(\mathbf{x}, \mathbf{y}; \mu_1 - \mu_2 \mid \zeta) = \frac{\dfrac{(\bar{x} - \bar{y}) - (\mu_1 - \mu_2)}{\sqrt{\dfrac{\zeta}{n_1} + \dfrac{1}{n_2}}}}{\sqrt{\dfrac{(n_1-1)\zeta s_x^2 + (n_2-1)s_y^2}{n_1+n_2-2}}} = \frac{(\bar{x} - \bar{y}) - (\mu_1 - \mu_2)}{\sqrt{\dfrac{(n_1-1)\zeta s_x^2 + (n_2-1)s_y^2}{n_1 + n_2 - 2} \dfrac{n_1 n_2}{n_1 + n_2 \zeta}}}$$

$$\equiv \frac{\bar{x} - \bar{y} - (\mu_1 - \mu_2)}{c(n_1, n_2, s_x, s_y, \zeta)} \sim \text{自由度为 } n_1 + n_2 - 2 \text{ 的 } t \text{ 分布}. \quad (6.27)$$

给定 ζ, $(\bar{x} - \bar{y}) - (\mu_1 - \mu_2)$ 的分布密度函数是

$$c^{-1}(n_1, n_2, s_x, s_y, \zeta)dt(c^{-1}(n_1, n_2, s_x, s_y, \zeta)v, n_1 + n_2 - 2), \quad v \in (-\infty, \infty).$$

由于

$$\zeta \frac{s_y^2}{s_x^2} \sim \text{ 自由度为 } n_2 - 1, n_1 - 1 \text{ 的 } F \text{ 分布,}$$

故参数 ζ 的信仰分布密度函数是 $\frac{s_y}{s_x} df\left(\frac{s_y}{s_x}z, n_2 - 1, n_1 - 1\right)$, 其中 $df(\cdot, k, m)$ 是自由度为 k 和 m 的 F 分布密度函数. 那么 $(\mu_1 - \mu_2) - (\bar{x} - \bar{y})$ 的分布密度函数是

$$
\begin{aligned}
f_{fid}(v) &= f_{fid}(v; s_x, s_y) \\
&= \int_0^\infty c^{-1}(n_1, n_2, s_x, s_y, z) dt_{n_1+n_2-2}(c^{-1}(n_1, n_2, s_x, s_y, z)v) \quad (6.28) \\
&\quad \cdot \frac{s_y}{s_x} df_{n_2-1,n_1-1}\left(\frac{s_y}{s_x}z\right) dz.
\end{aligned}
$$

$f_{fid}(\cdot; s_x, s_y)$ 的 γ 分位点记作 $t(\gamma; s_x, s_y)$, 则 $\mu_1 - \mu_2$ 的信仰区间估计是

$$\left[\bar{x} - \bar{y} + t\left(\frac{\alpha}{2}; s_x, s_y\right), \bar{x} - \bar{y} + t\left(1 - \frac{\alpha}{2}; s_x, s_y\right)\right].$$

6.1.5.4 Welch 方法

有许多近似解法, 简单实用的是 Welch 方法. 显然

$$T_{1,2} = \frac{\bar{X}_{n_1} - \bar{Y}_{n_2} - (\mu_1 - \mu_2)}{\sqrt{\frac{\sigma_1^2}{n_1} + \frac{\sigma_2^2}{n_2}}} \sim N(0, 1).$$

用 s_x 和 s_y 代替 σ_1 和 σ_2, 就是 Welch 统计量

$$T_w = \frac{\bar{X}_{n_1} - \bar{Y}_{n_2} - (\mu_1 - \mu_2)}{\sqrt{\frac{s_x^2}{n_1} + \frac{s_y^2}{n_2}}}. \quad (6.29)$$

T_w 近似于自由度为 r 的 t 分布,

$$r \approx \frac{s^4}{\frac{s_1^4}{n_1^2(n_1-1)} + \frac{s_2^2}{n_2^2(n_2-1)}}, \quad s^2 = \frac{s_x^2}{n_1} + \frac{s_y^2}{n_2}.$$

VDR 检验 (Fisher 函数法)、近似 VDR 检验和 Welch 方法模拟功效比较列于表 6.1.

表 6.1　VDR、近似 VDR 和 Welch 方法模拟功效比较, 模拟重复次数 10000

统计量	样本容量 n_1, n_2	标准差 σ_1, σ_2	显著水平 α	均值差 δ							
				0.0	0.25	0.5	0.75	1.0	1.25	1.5	1.75
近似 VDR	20,30	0.5,2.5	0.1	0.1098	0.2974	0.6947	0.9410	0.9943	0.9998	1.0	
Welch	20,30	0.5,2.5	0.1	0.0976	0.2795	0.6758	0.9347	0.9931	0.9996	1.0	
VDR	20,30	0.5,2.5	0.1	0.0952	0.2760	0.6726	0.9336	0.9930	0.9996	1.0	
近似 VDR	10,30	0.5,2.5	0.1	0.1066	0.2901	0.6704	0.9245	0.9942	0.9999	0.9999	1.0
Welch	10,30	0.5,2.5	0.1	0.0986	0.2741	0.6537	0.9181	0.9930	0.9998	0.9999	1.0
VDR	10,30	0.5,2.5	0.1	0.0939	0.2662	0.6428	0.9136	0.9923	0.9997	0.9999	1.0
近似 VDR	10,15	0.5,2.5	0.1	0.1179	0.2118	0.4597	0.7365	0.9058	0.9788	0.9988	0.9997
Welch	10,15	0.5,2.5	0.1	0.0978	0.1855	0.4186	0.7024	0.8866	0.9738	0.9974	0.9995
VDR	10,15	0.5,2.5	0.1	0.1002	0.1801	0.4135	0.6960	0.8848	0.9729	0.9974	0.9995
近似 VDR	10,25	1.0,2.5	0.1	0.1057	0.2288	0.5300	0.8118	0.9572	0.9941	0.9997	0.9999
Welch	10,25	1.0,2.5	0.1	0.0971	0.2127	0.5133	0.7992	0.9525	0.9928	0.9996	0.9998
VDR	10,25	1.0,2.5	0.1	0.0859	0.1978	0.4918	0.7823	0.9461	0.9913	0.9994	0.9998
近似 VDR	15,25	0.25,2.5	0.1	0.1127	0.2702	0.6394	0.9116	0.9873	0.9995	1.0	
Welch	15,25	0.25,2.5	0.1	0.0990	0.2509	0.6148	0.8983	0.9856	0.9994	1.0	
VDR	15,25	0.25,2.5	0.1	0.0987	0.2504	0.6139	0.8982	0.9856	0.9994	1.0	
近似 VDR	15,25	0.25,2.5	0.05	0.0631	0.1803	0.5200	0.8433	0.9727	0.9984	1.0000	
Welch	15,25	0.25,2.5	0.05	0.0525	0.1589	0.4822	0.8184	0.9647	0.9976	0.9999	1.0
VDR	15,25	0.25,2.5	0.05	0.0523	0.1583	0.4818	0.8178	0.9644	0.9976	0.9999	1.0
近似 VDR	15,25	0.20,2.5	0.05	0.0614	0.1864	0.5164	0.8400	0.9762	0.9981	1.0	
Welch	15,25	0.20,2.5	0.05	0.0500	0.1633	0.4755	0.8159	0.9710	0.9973	1.0	
VDR	15,25	0.20,2.5	0.05	0.0498	0.1632	0.4754	0.8157	0.9709	0.9973	1.0	
近似 VDR	15,25	0.15,2.5	0.05	0.0626	0.1913	0.5201	0.8462	0.9738	0.9987	1.0	
Welch	15,25	0.15,2.5	0.05	0.0503	0.1654	0.4812	0.8206	0.9668	0.9983	1.0	
VDR	15,25	0.15,2.5	0.05	0.0503	0.1654	0.4812	0.8206	0.9668	0.9983	1.0	
近似 VDR	15,25	0.10,2.5	0.05	0.0604	0.2147	0.5989	0.9018	0.9916	0.9995	1.0	
Welch	15,25	0.10,2.5	0.05	0.0507	0.1890	0.5683	0.8875	0.9891	0.9993	1.0	
VDR	15,25	0.10,2.5	0.05	0.0508	0.1890	0.5683	0.8875	0.9891	0.9993	1.0	
近似 VDR	15,25	1.5,2.5	0.05	0.0563	0.1498	0.4274	0.7626	0.9386	0.9908	0.9993	1.0
Welch	15,25	1.5,2.5	0.05	0.0499	0.1387	0.4066	0.7456	0.9326	0.9897	0.9991	1.0
VDR	15,25	1.5,2.5	0.05	0.0450	0.1308	0.3912	0.7316	0.9270	0.9888	0.9991	1.0

6.1.5.5　参数同时检验

考虑假设检验问题

$$H_0 : \mu_1 = \mu_{10}; \mu_2 = \mu_{20} \leftrightarrow H_1 : \mu_1 = \mu_{10} \text{ 和 } \mu_2 = \mu_{20} \text{ 至少一个不成立}.$$

μ_1 和 μ_2 的随机估计 W_{μ_1}, W_{μ_2} 的概率密度函数分别是

$$f_{\mu_1}(u; \bar{x}, s_x^2) = \frac{\sqrt{n_1}}{s_x} dt\left(\frac{\sqrt{n_1}}{s_x}(u - \bar{x}), n_1 - 1\right),$$

$$f_{\mu_2}(v; \bar{y}, s_y^2) = \frac{\sqrt{n_2}}{s_y} dt\left(\frac{\sqrt{n_2}}{s_y}(v - \bar{y}), n_2 - 1\right),$$

其中 $dt(\cdot, k)$ 是自由度为 k 的 t 分布的概率密度函数. $\mathbf{W} = (W_{\mu_1}, W_{\mu_2})'$ 的联合密度函数是

$$f_{\mu_1, \mu_2}(u, v; \mathfrak{X}) = f_{\mu_1}(u; \bar{x}, s_x^2) f_{\mu_2}(v; \bar{y}, s_y^2), \quad \mathfrak{X} = (\bar{x}, s_x^2, \bar{y}, s_y^2)'.$$

VDR 检验变量是

$$Z = f_{\mu_1, \mu_2}(\mathbf{W}; \mathfrak{X}) = f_{\mu_1}(W_{\mu_1}; \bar{x}, s_x^2) f_{\mu_2}(W_{\mu_2}; \bar{y}, s_y^2).$$

Z 的 α 分位点记作 $Q_Z(\alpha; \mathfrak{X})$, 即 $P_{\boldsymbol{\theta}}(Z \leqslant Q_Z(\alpha; \mathfrak{X})) = \alpha$. VDR 检验规则为

若 $f_{\mu_1, \mu_2}(\mu_{10}, \mu_{20}; \mathfrak{X}) > Q_Z(\alpha; \mathfrak{X})$, **则在显著水平** α **下接受假设** $H_0 : \mu_1 = \mu_{10}, \mu_2 = \mu_{20}$, **否则拒绝** H_0.

通常将这个问题拆成两个独立的 t 检验, 麻烦的是显著水平的确定. 用 VDR 检验就不存在这个问题. 不过要明确如何计算 $Q_Z(\alpha; \mathfrak{X})$. 由于

$$D_{[f_{\mu_1, \mu_2}(\cdot; \mathfrak{X})]}(r) = \left\{ (u, v)' : \left(\frac{\sqrt{n_1}}{s_x}(u - \bar{x}), \frac{\sqrt{n_2}}{s_y}(v - \bar{y})\right)' \in D_{[f_T]}\left(\frac{\sqrt{n_1 n_2}}{s_x s_y} r\right) \right\},$$

$$L_2(D_{[f_{\mu_1, \mu_2}(\cdot; \mathfrak{X})]}(r)) = \frac{s_x s_y}{\sqrt{n_1 n_2}} L_2\left(D_{[f_0]}\left(\frac{s_x s_y}{\sqrt{n_1 n_2}} r\right)\right),$$

$$1 - \alpha = \int_{Q_Z(\alpha; \mathfrak{X})}^{f_{\mathfrak{X}}} L_2(D_{[f_{\mu_1, \mu_2}(\cdot; \mathfrak{X})]}(r)) dr + Q_Z(\alpha; \mathfrak{X}) L_2(D_{[f_{\mu_1, \mu_2}(\cdot; \mathfrak{X})]}(Q_Z(\alpha; \mathfrak{X}))),$$
$$0 < Q_Z(\alpha; \mathfrak{X}) \leqslant f_{\mathfrak{X}}$$
$$= \int_{Q_V(\alpha)}^{f_0} L_2(D_{[f_T]}(r)) dr + Q_V(\alpha) L_2(D_{[f_T]}(Q_V(\alpha))), \quad 0 < Q_V(\alpha) \leqslant f_0,$$

$$(6.30)$$

其中

$$f_T(s, t) = dt(s, n_1 - 1) dt(t, n_2 - 1),$$
$$f_1 = dt_{n_1 - 1}(0), \quad f_2 = dt_{n_2 - 1}(0), \quad f_0 = f_1 f_2,$$
$$f_0 = \frac{s_x s_y}{\sqrt{n_1 n_2}} f_{\mathfrak{X}},$$
$$Q_V(\alpha) = \frac{s_x s_y}{\sqrt{n_1 n_2}} Q_Z(\alpha; \mathfrak{X}).$$

对任意 $0 < v \leqslant f_0$ 恒有

$$
\begin{aligned}
D(v) &= \{(r,s)' : 0 < r \leqslant f_1, 0 < s \leqslant f_2, rs \geqslant v\} \\
&= \left\{(r,s)' : \frac{v}{f_2} \leqslant r \leqslant f_1, \frac{v}{r} \leqslant s \leqslant f_2\right\},
\end{aligned}
$$
$$
\begin{aligned}
D^{++}(v) &= \{\mathbf{t} = (t_1,t_2)' : 0 \leqslant t_1, 0 \leqslant t_2, (dt(t_1, n_1-1), dt(t_2, n_2-1))' \in D(v)\} \\
&= \left\{\mathbf{t} = (t_1,t_2)' : 0 \leqslant t_1 \leqslant dt^{-1}\left(\frac{v}{f_2}, n_1-1\right), 0 \leqslant t_2 \leqslant dt^{-1}\left(\frac{v}{dt(t_1, n_1-1)}, n_2-1\right)\right\},
\end{aligned}
$$
$$
D^{\star\star}(v) = \{(r,s)' : (*r, \star s) \in D^{++}(v)\}, \quad *, \star = +, -,
$$
$$
\begin{aligned}
D_{[q_0]}(v) &= \{\mathbf{t} = (t_1,t_2)' : q_0(t_1, t_2) \geqslant v, t_1, t_2 \in \Re\} = \{\mathbf{t} : \mathbf{t} \in D(v)\} \\
&= D^{++}(v) \cup D^{+-}(v) \cup D^{-+}(v) \cup D^{--}(v),
\end{aligned}
$$

这些集合的直观意义见图 6.1. 于是

$$
L_2(D_{[f_T]}(v)) = 4 \int_0^{dt^{-1}(\frac{v}{f_2}, n_1-1)} dt^{-1}\left(\frac{v}{dt(t, n_1-1)}, n_2-1\right) dt.
$$

这个计算公式有普遍意义, 给出了计算乘积密度函数图像截集 Lebesgue 测度的方法. 可以实现数值计算.

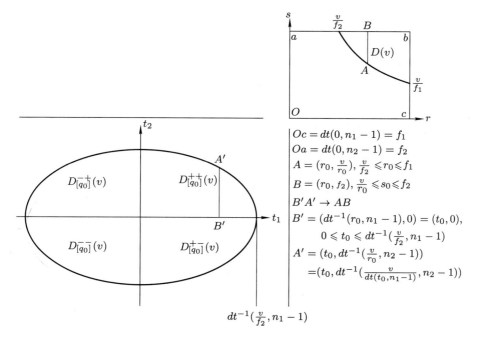

图 6.1 乘积密度函数的 $D_{[f]}(v)$ 示意图.

6.2　多个正态总体方差齐性检验

多个正态总体样本参数检验还有方差齐性检验. 考虑假设

$$H_0 : \sigma_1^2 = \cdots = \sigma_p^2 \leftrightarrow H_1 : \sigma_1^2, \cdots, \sigma_p^2 \text{ 不全相等}. \tag{6.31}$$

在茆诗松等 (2006) 中有详细论述, 常用的检验有 Bartlett 检验, 修正的 Bartlett 检验和 Hartley 检验. 这里将导出 VDR 检验. 和均值相等检验一样, 将假设写作

$$H_0 : \sigma^2 \in \Xi \leftrightarrow H_1 : \sigma^2 \notin \Xi, \tag{6.32}$$

其中

$$\Xi = \{\sigma^2 = (\sigma_1^2, \cdots, \sigma_p^2)' : \sigma^2 = \sigma^2 \mathbf{1}_p, \sigma^2 > 0\}, \quad \mathbf{1}_p = (1, \cdots, 1), \|\mathbf{1}\|^2 = p.$$

首先考虑各总体方差无约束时的随机估计, 再考虑满足约束 $\sigma^2 \in \Xi$ 下的 σ^2 的随机估计, 用两者构造出方差齐性 VDR 检验.

6.2.1　方差的定值检验

为检验假设 H_{0,σ^2}, 考虑更一般的假设

$$H_0 : \sigma^2 = \sigma_0^2 = (\sigma_{01}^2, \cdots, \sigma_{0p}^2)' \leftrightarrow H_1 : \sigma^2 \neq \sigma_0^2. \tag{6.33}$$

σ_i^2 的随机估计是

$$W_i = \frac{(n_i - 1)s_i^2}{\chi_{n_i-1}^2}, \quad i = 1, \cdots, m.$$

σ^2 的随机估计及其密度函数分别是

$$\mathbf{W} = (W_1, \cdots, W_p)',$$
$$\begin{aligned}
f_{\sigma^2}(\mathbf{v}; \mathbf{s}_p^2) &= \prod_{i=1}^{p} \left(\frac{1}{(n_i-1)s_i^2} nich \left(\frac{v_i}{(n_i-1)s_i^2}, n_i - 1 \right) \right) \\
&= \frac{1}{\prod_{i=1}^{p}((n_i-1)s_i^2)} \cdot \prod_{i=1}^{p} nich \left(\frac{v_i}{(n_i-1)s_i^2}, n_i - 1 \right) \\
&\stackrel{\text{def}}{=} f_{\mathbf{n}} \cdot \prod_{i=1}^{p} nich \left(\frac{v_i}{(n_i-1)s_i^2}, n_i - 1 \right),
\end{aligned} \tag{6.34}$$

其中

$$nich(v, k) = \frac{1}{2^{\frac{k}{2}} \Gamma\left(\frac{k}{2}\right)} \frac{1}{v^{\frac{k}{2}+1}} e^{-\frac{1}{2v}}, \quad v > 0.$$

VDR 检验随机变量为 $Z = f_{\boldsymbol{\sigma}^2}(\mathbf{W}; \mathbf{s}_p^2)$, 它的 γ 分位点记作 $Q_Z(\gamma; \mathbf{s}_p^2)$, 即

$$
\begin{aligned}
\gamma &= P(Z \leqslant Q_Z(\gamma; \mathbf{s}_p^2)) \\
&= P\left(\prod_{i=1}^{p} nich\left(\frac{W_i}{(n_i-1)s_i^2}, n_i - 1 \right) \leqslant f_{\mathbf{n}}^{-1} Q_Z(\gamma; \mathbf{s}_p^2) \right) \\
&= P\left(\prod_{i=1}^{p} nich\left(\frac{W_i}{(n_i-1)s_i^2}, n_i - 1 \right) \leqslant Q_V(\gamma) \right),
\end{aligned}
$$

其中 $Q_V(\gamma) = f_{\mathbf{n}}^{-1} Q_Z(\gamma; \mathbf{s}_p^2)$ 是随机变量 $V = \prod_{i=1}^{p} nich\left(\chi_{n_1-1}^{-2}, n_i - 1 \right)$ 的 γ 分位点, 与样本无关, 即与 $\mathbf{s}_p^2$ 无关. 若计算有困难, 可以模拟获得. 于是检验假设 (6.33) 的规则是

若 $\prod_{i=1}^{p} nich\left(\frac{\sigma_{0i}^2}{(n_i-1)s_i^2}, n_i - 1 \right) \leqslant Q_h(\alpha; \mathbf{s}_p^2)$, 则在显著水平 α 下拒绝假设 (6.33)
的原假设, 否则接受原假设.

6.2.2 方差齐性检验

通过共享方差随机估计产生方差随机估计向量的约束, 实现方差齐性 VDR 检验. 当方差齐性成立时 $\boldsymbol{\sigma}^2 = \sigma^2 \mathbf{1}_p$, σ^2 的枢轴量是

$$
\tilde{h}_1(\mathbf{s}_p^2; \sigma^2) = \frac{\sum_{i=1}^{p}(n_i-1)s_i^2}{\sigma^2}, \quad \tilde{h}_1(\mathbf{S}^2; \sigma^2) \overset{d}{=} \tilde{h}_1(\mathbf{S}^2; 1) \sim pchi(\cdot, n-p),
$$

枢轴变量是 $\chi_{n-p}^2 = \sum_{i=1}^{p} \chi_{n_i-1}^2$, $n = \sum_{i=1}^{p} n_i$. σ^2 的随机估计是

$$
W = \frac{\sum_{i=1}^{p}(n_i-1)s_i^2}{\chi_{n-p}^2} = \frac{(n-p)s_n^2}{\sum_{i=1}^{p} \chi_{n_i-1}^2}.
$$

于是,

$$
\begin{aligned}
\mathbf{V}^{-1} &= \frac{W}{\mathbf{W}} = \left(\frac{(n-p)s_n^2}{(n_1-1)s_1^2} \cdot \frac{\chi_{n_1-1}^2}{\chi_{n-p}^2}, \cdots, \frac{(n-p)s_n^2}{(n_p-1)s_p^2} \cdot \frac{\chi_{n_p-1}^2}{\chi_{n-p}^2} \right)' = \Lambda^{-1}(\mathbf{s}_p^2)\mathbf{D}, \\
\Lambda(\mathbf{s}_p^2) &= \operatorname{diag}\left(\frac{\mathbf{s}_p^2}{(n-p)s_n^2} \right) = \operatorname{diag}\left(\frac{(n_1-1)s_1^2}{(n-p)s_n^2}, \cdots, \frac{(n_p-1)s_p^2}{(n-p)s_n^2} \right), \qquad (6.35) \\
\mathbf{D} &= \left(\frac{\chi_{n_1-1}^2}{\chi_{n-p}^2}, \cdots, \frac{\chi_{n_p-1}^2}{\chi_{n-p}^2} \right)' \sim D_p\left(\frac{n_1-1}{2}, \cdots, \frac{n_p-1}{2} \right),
\end{aligned}
$$

这里 $D_k(\alpha_1, \cdots, \alpha_k)$ 是参数为 $\alpha_1, \cdots, \alpha_k$ 的 Dirichlet 分布. $\mathbf{D}$ 的概率密度函数是

$$f_{\mathbf{D}}(\mathbf{r}; \mathbf{n}) = \frac{\Gamma(n-p)}{\prod\limits_{i=1}^{p} \Gamma(n_i - 1)} \prod_{i=1}^{p} r_i^{\frac{n_i-3}{2}}, \quad \forall r_i > 0, \sum_{i=1}^{p} r_i = 1.$$

$\mathbf{V}$ 是参数 $\boldsymbol{\delta} = (\delta_1, \cdots, \delta_p)', \delta_i = \frac{\sigma_i^2}{\sigma^2}, 1 \leqslant i \leqslant p$ 的随机估计. 方差齐性假设等价于

$$H_0 : \boldsymbol{\delta} = \mathbf{1}_p \leftrightarrow H_1 : \boldsymbol{\delta} \neq \mathbf{1}_p. \tag{6.36}$$

$\mathbf{V}^{-1}$ 的概率密度函数是

$$\begin{aligned}
f_{\boldsymbol{\delta}^{-1}}(\mathbf{v}; \mathbf{s}_p^2) &= |\det(\Lambda(\mathbf{s}_p^2))| f_{\mathbf{D}}(\Lambda(\mathbf{s}_p^2)\mathbf{v}; \mathbf{n}) \\
&= \frac{\Gamma(n-p)}{\prod\limits_{i=1}^{p} \Gamma(n_i - 1)} \prod_{i=1}^{p} \frac{(n_i - 1)s_i^2}{(n-p)s_n^2} \prod_{i=1}^{p} \left(\frac{(n_i - 1)s_p^2}{(n-p)s_n^2} v_i \right)^{\frac{n_i-3}{2}}, \\
&\qquad \forall \mathbf{v} \in \bar{\Delta}_p \left(\frac{\mathbf{s}_p^2}{(n-p)s_n^2} \right), \\
\bar{\Delta}_p(\mathbf{a}) &= \bar{\Delta}_p(a_1, \cdots, a_p) \\
&= \left\{ (v_1, \cdots, v_p)' : \sum_{i=1}^{p} a_i v_i = 1, 0 < v_i \leqslant \frac{1}{a_i}, i = 1, \cdots, p \right\}.
\end{aligned}$$

$\mathbf{V}$ 的概率密度函数是

$$\begin{aligned}
f_{\boldsymbol{\delta}}(\mathbf{v}; \mathbf{s}^2) &= \prod_{i=1}^{p} \frac{1}{v_i^2} f_{\boldsymbol{\delta}^{-1}}(\mathbf{v}^{-1}; \mathbf{s}_p^2) \\
&= \left(\prod_{i=1}^{p} \frac{1}{v_i^2} \right) |\det(\Lambda(\mathbf{s}_p^2))| f_{\mathbf{D}}(\Lambda(\mathbf{s}_p^2)\mathbf{v}^{-1}; \mathbf{n}) \\
&= \frac{\Gamma(n-p)}{\prod\limits_{i=1}^{p} \Gamma(n_i - 1)} \prod_{i=1}^{p} \frac{(n-p)s_n^2}{(n_i - 1)s_i^2} \prod_{i=1}^{p} \left(\frac{(n_i - 1)s_i^2}{(n-p)s_n^2 v_i} \right)^{\frac{n_i+1}{2}}, \\
&\qquad \forall \mathbf{v}^{-1} \in \bar{\Delta}_p \left(\frac{\mathbf{s}_p^2}{(n-p)s_n^2} \right).
\end{aligned}$$

方差的齐性检验, 即检验假设 (6.36) 的检验变量为 $Z = f_{\mathbf{V}}(\mathbf{V}; \mathbf{s}_p^2)$, 它的 γ 分位点记作 $Q_Z(\gamma; \mathbf{s}_p^2)$, 即

$$\begin{aligned}
\gamma &= P(Z \leqslant Q_Z(\gamma; \mathbf{s}_p^2)) \\
&= \int_0^{Q_Z(\gamma; \mathbf{s}_p^2)} L_{p-1}(D_{[f_{\boldsymbol{\delta}}(\cdot; \mathbf{s}_p^2)]}(r)) dr - Q_Z(\gamma; \mathbf{s}_p^2) L_{p-1}(D_{[f_{\boldsymbol{\delta}}(\cdot; \mathbf{s}_p^2)]}(Q_Z(\gamma; \mathbf{s}_p^2))),
\end{aligned}$$

$$D_{[f_{\boldsymbol{\delta}}(\cdot;\mathbf{s}_p^2)]}(r) = \{\mathbf{v} : f_{\boldsymbol{\delta}}(\mathbf{v};\mathbf{s}_p^2) \geqslant r\}, \quad \forall 0 \leqslant r \leqslant f_0(\mathbf{s}_p^2)$$

$$= \left\{ \mathbf{v}=(v_1,\cdots,v_p)' : \frac{\Gamma(n-p)}{\prod\limits_{i=1}^{p}\Gamma(n_i-1)}\prod_{i=1}^{p}\left(\frac{(n_i-1)s_p^2}{(n-p)s_n^2 v_i}\right)^{\frac{n_i+1}{2}} \geqslant r', \Lambda(\mathbf{s}_p^2)\mathbf{v}^{-1}\in\bar{\Delta}(\mathbf{1}_p) \right\}$$

$$= \{\mathbf{v} : \Lambda^{-1}(\mathbf{s}_p^2)\mathbf{v} \in D_{[f_{\mathbf{D}^{-1}}(\cdot;\mathbf{n})]}(r')\},$$

其中

$$r' = r\prod_{i=1}^{p}\frac{(n_i-1)s_i^2}{(n-p)s_n^2} = r|\det(\Lambda(\mathbf{s}_p^2))|, \quad 0 \leqslant r' \leqslant \frac{\Gamma(n-p)}{\prod\limits_{i=1}^{p}\Gamma(n_i-1)}\prod_{i=1}^{p}\left(\frac{n_i}{n}\right)^{\frac{n_i+1}{2}},$$

$$f_{\mathbf{D}^{-1}}(\mathbf{v};\mathbf{n}) = \frac{\Gamma(n-p)}{\prod\limits_{i=1}^{p}\Gamma(n_i-1)}\prod_{i=1}^{p}v_i^{-\frac{n_i+1}{2}}, \quad \forall\mathbf{v} : \sum_{i=1}^{p}\frac{1}{v_i}=1, v_i\geqslant 1, 1\leqslant i\leqslant p.$$

于是

$$L_{p-1}(D_{[f_{\boldsymbol{\delta}}(\cdot;\mathbf{s}_p^2)]}(r)) = \int_{D_{[f_{\boldsymbol{\delta}}(\cdot;\mathbf{s}_p^2)]}(r)} d\mathbf{v} = |\det(\Lambda(\mathbf{s}_p^2))|\int_{D_{[f_{\mathbf{D}^{-1}}(\cdot;\mathbf{n})]}(r')} d\mathbf{v}$$

$$= |\det(\Lambda(\mathbf{s}_p^2))|L_{p-1}(D_{[f_{\mathbf{D}^{-1}}(\cdot;\mathbf{n})]}(r')),$$

$$\int_0^{Q_Z(\gamma;\mathbf{s}_p^2)} L_{p-1}\left(D_{[f_{\boldsymbol{\delta}}(\cdot;\mathbf{s}_p^2)]}(r)\right)dr = \int_0^{Q_Z(\gamma;\mathbf{s}_p^2)}|\det(\Lambda(\mathbf{s}_p^2))|L_{p-1}(D_{[f_{\mathbf{D}^{-1}}(\cdot;\mathbf{n})]}(r'))dr$$

$$= \int_0^{Q_h(\gamma)} L_{p-1}(D_{[f_{\mathbf{D}^{-1}}(\cdot;\mathbf{n})]}(r'))dr'$$

$$= P(V \leqslant Q_{\mathrm{V}}(\gamma)),$$

这里

$$Q_Z(\gamma;\mathbf{s}_p^2) = Q_{\mathrm{V}}(\gamma)\prod_{i=1}^{p}\left(\frac{(n_i-1)s_i^2}{(n-p)s_n^2}\right)^{\frac{n_i-1}{2}}, \quad V = f_{\mathbf{D}^{-1}}(\mathbf{D}^{-1};\mathbf{n}).$$

方差齐性 VDR 检验规则如下:

若

$$f_{\mathbf{D}^{-1}}(\Lambda^{-1}(\mathbf{s}_p^2)\mathbf{1}_p,\mathbf{n}) = \frac{\Gamma(n-p)}{\prod\limits_{i=1}^{p}\Gamma(n_i-1)}\prod_{i=1}^{p}\left(\frac{(n_i-1)s_i^2}{(n-p)s_n^2 v_i}\right)^{\frac{n_i+1}{2}} \leqslant Q_{\mathrm{V}}(\alpha),$$

则拒绝各总体方差相等的假设, 否则接受该假设.

计算 $Q_{\mathrm{V}}(\alpha)$ 有一定困难, 不过容易获得模拟分位点和模拟 p 值.

6.3 系统可靠性评估

实际系统往往是复合系统, 由若干子系统按一定方式连接起来, 如串联和并联系统是众所周知的复合系统, 有时也叫复杂系统. 设一复杂系统由 m 个子系统组成, 其可靠性分别是 $R_1, \cdots, R_m$. 主要问题是寻求系统可靠性 R_s 和子系统可靠性 $R_1, \cdots, R_m$ 的关系, 即 R_s 表示为 $R_1, \cdots, R_m$ 的函数:

$$R_s = \psi(R_1, \cdots, R_m).$$

$\psi(\cdot)$ 和系统结构有关, 叫结构函数. 更关心 R_s 的置信下限. 众所周知, 复杂系统的可靠性估计是十分重要的. 现实的复杂系统不可能用一个服从特定分布族的寿命随机变量描述. 因为各子系统的寿命分布是不同的, 甚至分布类型不同, 有离散的, 有连续的. 关键问题是找出系统可靠性和各子系统可靠性的函数关系, 或找出系统的结构函数. 像简单的串联并联系统, 相同子系统组成的表决系统可给出系统可靠性的解析表达式. 还没有普遍适用的表达方式. 但是给出具体系统, 有结构函数法等一系列方法基于子系统可靠性计算出系统的可靠性. 对于复杂系统可靠性通用算法是有现实和理论意义的.

6.3.1　串联系统和并联系统

最简单的复杂系统是串联和并联系统, 子系统间的关系简单. 考虑一系统 C_s 由 n 个子系统 $C_1, \cdots, C_n$ 组成, 若所有子系统 $C_1, \cdots, C_n$ 均工作时系统 C_s 才工作, 只要有一个子系统失效系统 C_s 就失效, 则称系统 C_s 是这 n 个子系统的串联系统, 表示为 $C_s(C_1, \cdots, C_n)$. 设 I_i 是子系统 C_i 的示性函数:

$$I_i(t) = \begin{cases} 1, & \text{若子系统 } C_i \text{ 在 } t \text{ 时刻运行正常,} \\ 0, & \text{若子系统 } C_i \text{ 在 } t \text{ 时刻已失效.} \end{cases}$$

子系统 C_i 的可靠性记作 $R_i(t)$, 则

$$R_i(t) = P(I_i(t) = 1), \quad i = 1, \cdots, n.$$

系统 C_s 的示性函数记作 $I_{C_s}(t)$, 那么

$$I_{C_s}(t) = \psi_{C_s}(I_1(t), \cdots, I_n(t)) = \prod_{i=1}^{n} I_i(t). \tag{6.37}$$

函数 $\psi_{C_s}(\cdot)$ 叫做串联系统 C_s 的结构函数, 是定义在 $[0,1]^n$ 上取值于 $[0,1]$ 的函数, 满足

$$\psi_{C_s}(I_1(t), \cdots, I_n(t)) = 1 \leftrightarrow \text{系统 } C_s \text{ 工作,}$$
$$\psi_{C_s}(I_1(t), \cdots, I_n(t)) = 0 \leftrightarrow \text{系统 } C_s \text{ 失效.}$$

结构函数可用来求可靠性,

$$R_{C_s}(t) = P(\psi_{C_s}(I_1(t), \cdots, I_n(t)) = 1) = \prod_{i=1}^{n} P(I_i(t) = 1) = \prod_{i=1}^{n} R_i(t),$$

可以写作

$$R_{C_s}(t) = \psi_{C_s}(R_1(t), \cdots, R_n(t))) = \prod_{i=1}^{n} R_i(t). \tag{6.38}$$

再考虑一系统 C_p 由 n 个子系统 $C_1, \cdots, C_n$ 组成, 若所有子系统 $C_1, \cdots, C_n$ 均失效时系统 C_p 才失效, 只要有一个子系统运行系统 C_p 就运行, 则称系统 C_p 是这 n 个子系统的并联系统, 表示为 $C_p(C_1, \cdots, C_n)$. 经类似的讨论, 并联系统 C_p 的结构函数是

$$\psi_{C_p}(x_1, \cdots, x_n) = 1 - \prod_{i=1}^{n}(1 - x_i). \tag{6.39}$$

于是并联系统的可靠性 $R_{C_p}(t)$ 为

$$R_{C_p}(t) = P\left(\bigcup_{i=1}^{n}\{I_i = 1\}\right) = 1 - P\left(\bigcap_{i=1}^{n}\{I_i = 0\}\right)$$
$$= 1 - \prod_{i=1}^{n}(1 - R_i(t)) = \psi_{C_p}(R_1, \cdots, R_n).$$

无论系统多么复杂, 只要知道了其结构函数就可求出可靠性,

$$Cf_1 = C_s(C_1, C_2, C_3), \quad Cf_2 = C_s(C_4, C_5), \quad C = C_p(Cf_1, Cf_2),$$

那么, 由 (6.39) 和 (6.37), 系统 C 的结构函数是

$$\psi_C(x_1, \cdots, x_5) = 1 - (1 - \psi_{Cf_1}(x_1, x_2, x_3))(1 - \psi_{Cf_2}(x_4, x_5))$$
$$= 1 - (1 - x_1x_2x_3)(1 - x_4x_5).$$

于是, 系统 C 的可靠性是

$$R_C(t) = \psi_C(R_1, \cdots, R_5) = 1 - (1 - R_1(t)R_2(t)R_3(t))(1 - R_4(t)R_5(t)).$$

系统的结构可以是很复杂的, 不仅仅是串联并联的复合, 下节讨论一般系统的结构函数的求法.

6.3.2 系统分解法

系统结构越复杂, 可靠性的计算就越困难. 设一复杂系统 C 由 n 个子系统 $C_1, \cdots, C_n$ 组成. 所谓可靠性计算的分解方法, 就是取定一个位于框图的最左端或最右端的子系统作为基子系统, 例如 C_1 作为基子系统, 计算在基子系统 C_1 工作的条件下系统的可靠性 $R_{C|C_1}(t)$ 和在基子系统 C_1 失效的条件下系统的可靠性 $R_{C|\bar{C}_1}(t)$, 那么系统的可靠性是

$$R_C(t) = R_1(t)R_{C|C_1}(t) + (1 - R_1(t))R_{C|\bar{C}_1}(t). \tag{6.40}$$

在 C_1 或 $\bar{C}_1$ 的条件下, 系统 C 成为条件系统 $C|C_1$ 或 $C|\bar{C}_1$, 它们的结构比系统 C 简单, 子系统数量最多为 $n-1$. 子系统 C_1 工作条件下就是将 C_1 短路后形成的系统, 不工作条件下就是 C_1 断路后形成的系统. 于是反复应用公式 (6.40), 经有限步条件系统成为可以计算可靠性的系统或是一子系统, 进而计算出系统 C 的可靠性. 基子系统选取得好计算就简单, 但是无论怎么选取计算结果都是一样的.

例 6.1　分解法计算实例.

系统 C 由 4 个子系统组成, 结构如图 6.2 的 (a). 该系统不能表示成子系统的串并联系统. 取 C_3 作为基子系统, 则

$$C|C_3 = C_p(C_2, C_4), \quad R_{C|C_3} = \psi_p(R_2, R_4) = R_2 + R_4 - R_2 R_4,$$
$$C|\bar{C}_3 = C_s(C_1, C_2), \quad R_{C|\bar{C}_3} = \psi_s(R_1, R_2) = R_1 R_2.$$

应用公式 (6.40) 得到系统 C 的可靠性计算公式:

$$\begin{aligned} R_c &= R_3(R_2 + R_4 - R_2 R_4) + (1 - R_3)R_1 R_2 \\ &= R_1 R_2 + R_2 R_3 + R_3 R_4 - R_1 R_2 R_3 - R_2 R_3 R_4. \end{aligned} \tag{6.41}$$

若选 C_1 作为基子系统, 仍然得到公式 (6.41). 条件系统的框图列于图 6.2 的 (b),(c),(d).

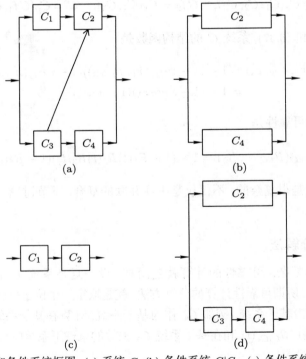

图 6.2 系统框图和条件系统框图: (a) 系统 C, (b) 条件系统 $C|C_3$, (c) 条件系统 $C|\bar{C}_3$, (d) 条件系统 $C|C_1$.

例 6.2 分解法计算桥电路可靠性.

图 6.3 是桥电路图. 设系统 C 和其子系统 $C_i, i = 1, \cdots, m$ 的可靠性分别是 R_s 和 $R_i, i = 1, \cdots, m$, 各子系统是独立工作的, 那么

$$R_s = R_1 R_{s|C_1} + (1 - R_1) R_{s|\bar{C}_1},$$

$$R_{s|C_1} = R_2 R_{s|C_1, C_2} + (1 - R_2) R_{s|C_1, \bar{C}_2} = R_2 + (1 - R_2)(R_3 + R_5 - R_3 R_5) R_4,$$

$$R_{s|\bar{C}_1} = R_2 R_{s|\bar{C}_1, C_2} + (1 - R_2) R_{s|\bar{C}_1, \bar{C}_2} = R_2 R_{s|\bar{C}_1, C_2} + (1 - R_2) R_3 R_4,$$

$$R_{s|\bar{C}_1, C_2} = R_3 R_{s|\bar{C}_1, C_2, C_3} + (1 - R_3) R_{s|\bar{C}_1, C_2, \bar{C}_3} = R_3 (R_4 + R_5 - R_4 R_5).$$

综合上式

$$
\begin{aligned}
R_s &= R_1(R_2 + (1 - R_2)(R_3 + R_5 - R_3 R_5) R_4) \\
&\quad + (1 - R_1)(R_3 R_4 - R_2 R_3 R_4 + R_2(R_3 R_4 + R_3 R_5 - R_3 R_4 R_5)) \\
&= R_1 R_2 + R_3 R_4 + R_2 R_3 R_5 + R_1 R_5 R_4 - R_1 R_3 R_4 R_5 - R_1 R_2 R_3 R_4 \\
&\quad - R_2 R_3 R_4 R_5 - R_1 R_2 R_3 R_5 + 2 R_1 R_2 R_3 R_4 R_5.
\end{aligned}
$$

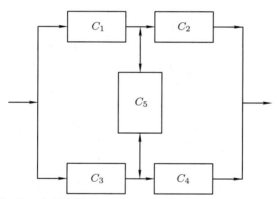

图 6.3 桥电路结构图 (共 4 个最小路径: $\mathcal{P}_1 = \{C_1, C_2\}, \mathcal{P}_2 = \{C_3, C_4\}, \mathcal{P}_3 = \{C_2, C_3, C_5\}, \mathcal{P}_4 = \{C_1, C_4, C_5\}$; 共 4 个最小割集: $\mathcal{K}_1 = \{C_1, C_3\}, \mathcal{K}_2 = \{C_2, C_4\}, \mathcal{K}_3 = \{C_2, C_3, C_5\}, \mathcal{K}_4 = \{C_1, C_4, C_5\}$).

如能根据子系统的可靠性给出系统可靠性的通用解析表达式, 那么不论是研究可靠性估计问题还是可靠性分配问题, 其表达式都具有极其重要的作用.

6.3.3 最小路径和最小割集

当一系统结构较复杂, 不是其子系统的串并联结构, 计算其可靠性还有最小路径和最小割集法. 实际上就是将系统表示为它的部分子系统组成的中间系统的串联或并联系统. 而不同的中间系统可能含有相同的子系统, 不能独立了, 这不同于单纯的串并联系统. 中间系统也不一定是其子系统的串并联系统.

设系统 C_s 由 n 个系统 $C_1, \cdots, C_n$ 组成, 子系统全体记作 $\mathcal{S}$. $\mathcal{P} = \{C_{i_1}, \cdots, C_{i_m}\}$ 是 m 个子系统组成的集合, 是 $\mathcal{S}$ 的子集. 若 $\mathcal{P}$ 中的子系统都工作时系统 C 就必然工作, 则称 $\mathcal{P}$ 为系统 C 的一个路径, 简称路径. 若去掉 $\mathcal{P}$ 的任一子系统就不是路

径了, 就称 $\mathcal{P}$ 为最小路径, 即最小路径中任一子系统失效, 就会引起该路径失效. 因此, 系统工作就意味着至少有一个最小路径工作. 路径相当于其子系统的串联系统. 路径工作意味着它的每个子系统都工作, 系统处于工作状态. 设系统 C_s 有 k 个不同的最小路径, 记作 $\mathcal{P}_1, \cdots, \mathcal{P}_k$, $\mathcal{P}_i$ 也表示路径工作, 于是

$$\{\psi_C(I_{C_1}, \cdots, I_{C_n}) = 1\} = \{\psi_C(I_{\mathcal{P}_1}, \cdots, I_{\mathcal{P}_k}) = 1\} = \left\{ \bigcup_{i=1}^{k} \mathcal{P}_i \right\}$$

$$= \sum_{i=1}^{k} \mathcal{P}_k - \sum_{i \neq j} (\mathcal{P}_i \cap \mathcal{P}_j) + \cdots, \tag{6.42}$$

$$R_C(t) = \psi_C(R_1(t), \cdots, R_n(t))$$

$$= \sum_{i=1}^{k} R_{\mathcal{P}_i}(t) - \sum_{i \neq j} \prod_{C_r \in \mathcal{P}_j \cap \mathcal{P}_i} R_{C_r} + \cdots.$$

例 6.3　最小路径法计算桥电路可靠性.

考虑图 6.3 描述的桥电路, 共有 4 个最小路径, 已列于图 6.3 的说明中. 于是应用公式 (6.42) 有

$$\psi_C(I_1, I_2, I_3, I_4, I_5) = \psi_p(I_1 I_2, I_3 I_4, I_2 I_3 I_5, I_1 I_4 I_5)$$

$$= I_1 I_2 + I_3 I_4 + I_2 I_3 I_5 + I_1 I_4 I_5$$

$$- I_1 I_2 I_3 I_4 - I_1 I_2 I_3 I_5 - I_1 I_2 I_4 I_5$$

$$- I_2 I_3 I_4 I_5 - I_1 I_3 I_4 I_5 + 2 I_1 I_2 I_3 I_4 I_5,$$

$$R_C = \psi_C(R_1, R_2, R_3, R_4, R_5)$$

$$= R_1 R_2 + R_3 R_4 + R_2 R_3 R_5 + R_1 R_4 R_5$$

$$- R_1 R_2 R_3 R_4 - R_1 R_2 R_3 R_5 - R_1 R_2 R_4 R_5$$

$$- R_2 R_3 R_4 R_5 - R_1 R_3 R_4 R_5 + 2 R_1 R_2 R_3 R_4 R_5.$$

设 $\mathcal{C}$ 是系统 C_s 的子系统集合 $\mathcal{S}$ 的子集. 若 $\mathcal{C}$ 中的子系统都失效时, 系统 C 就必然失效, 则称 $\mathcal{C}$ 为系统 C 的一个割集, 简称割集. 若去掉 $\mathcal{C}$ 的任一子系统就不是割集了, 就称 $\mathcal{C}$ 为最小割集, 即最小割集中任一子系统工作, 就能使系统工作. 因此, 系统失效就意味着至少有一个最小割集失效. 也就是割集失效时它的所有子系统都失效. 割集相当于其子系统的并联系统. 割集工作意味着至少它的一个子系统工作. 系统工作意味着它的所有割集都工作. 设系统 C 共有 k 个割集, 记作 $\mathcal{C}_1, \cdots, \mathcal{C}_k$. 可以得到类似 (6.42) 的公式:

$$\{\psi_C(I_{C_1}, \cdots, I_{C_n}) = 0\} = \{\psi_C(I_{\mathcal{C}_1}, \cdots, I_{\mathcal{C}_k}) = 0\} = \left\{ \bigcup_{i=1}^{k} \mathcal{C}_i \right\}$$

$$= \sum_{i=1}^{k} \mathcal{C}_k - \sum_{i \neq j} (\mathcal{C}_i \cap \mathcal{C}_j) + \cdots, \tag{6.43}$$

$$F_C(t) = P(\{\psi_C(I_{\mathcal{C}_1}, \cdots, I_{\mathcal{C}_k}) = 0\})$$

$$= 1 - \psi_C(R_1(t), \cdots, R_n(t))$$

$$= \sum_{i=1}^{k} R_{\mathcal{C}_i}(t) - \sum_{i \neq j} \prod_{C_r \in \mathcal{C}_j \cap \mathcal{C}_i} R_{C_r} + \cdots.$$

例 6.4 割集法计算桥电路可靠性.

用割集计算桥电路可靠性. 它的 4 个割集列于图 6.3 的说明中. 结构函数为

$$
\begin{aligned}
\psi_C(I_1,\cdots,I_n) &= \prod_{i=1}^{5} \psi_i(\mathcal{K}) = \prod_{i=1}^{5}\{I_{\mathcal{K}_i} = 1\} \\
&= (1 - (1-I_1)(1-I_2)) \cdot (1 - (1-I_2)(1-I_4)) \\
&\quad \cdot (1 - (1-I_1)(1-I_4)(1-I_5)) \cdot (1 - (1-I_2)(1-I_3)(1-I_5)) \\
&= I_1 I_2 + I_3 I_4 + I_2 I_3 I_5 + I_1 I_4 I_5 - I_1 I_2 I_3 I_4 - I_1 I_2 I_3 I_5 \qquad (6.44) \\
&\quad - I_1 I_2 I_4 I_5 - I_2 I_3 I_4 I_5 - I_1 I_3 I_4 I_5 + 2 I_1 I_2 I_3 I_4 I_5.
\end{aligned}
$$

进而得到系统可靠性公式.

公式 (6.42) 是熟知的并事件概率计算公式, 若能表示为通用计算公式对可靠性工程有应用价值.

6.3.4 复杂系统可靠性计算

设系统 C 是由 n 个独立子系统 $C_1,\cdots,C_n$ 构成. 对应的寿命变量分别记为 $X, X_1,\cdots,X_n$. 假设系统 C 有 k 个最小路径, 其中第 i 个最小路径 $\mathcal{P}_i$ 所包含的子系统简记为

$$
\mathcal{P}_i = \{C_{n_i}, n_i \in \Omega_i\}, \quad \Omega_i \subseteq \mathcal{N} = \{1, 2, \cdots, n\}, \quad i = 1,\cdots,k.
$$

于是

$$
X = \max_{1 \leqslant i \leqslant k} \min_{j \in \Omega_i} X_j.
$$

路径 $\mathcal{P}_i$ 的向量表示 $\boldsymbol{\alpha}_i$ 定义为

$$
\boldsymbol{\alpha}_i' = (\alpha_{i_1},\cdots,\alpha_{i_n}), \quad \text{其中 } \alpha_{i_j} = \begin{cases} 1, & \text{若 } j \in \Omega_i, \\ 0, & \text{若 } j \notin \Omega_i, \end{cases}
$$

称 $n \times k$ 矩阵 $M = (\boldsymbol{\alpha}_1,\cdots,\boldsymbol{\alpha}_k)$ 为系统 C 的最小路径矩阵, 是系统的矩阵表示.

平行于最小路径的讨论, 定义最小割集矩阵, 记作 B. 很显然, 对于一个包含 n 个独立子系统表示为最小路径 (最小割集) 确定的复杂系统, 最小路径 (最小割集) 矩阵是唯一的.

定义以下向量和矩阵的特殊运算.

定义 6.1 ($\overset{+}{\vee}$ 运算) 设 $\boldsymbol{\alpha}_{n+1} = (\alpha_1,\cdots,\alpha_{n+1})', \boldsymbol{\beta}_{n+1} = (\beta_1,\cdots,\beta_{n+1})'$ 是 $n+1$ 维向量, 定义

$$
\boldsymbol{\alpha}_{n+1} \overset{+}{\vee} \boldsymbol{\beta}_{n+1} = \boldsymbol{\gamma}_{n+1} = (\gamma_1,\cdots,\gamma_{n+1})',
$$

其中

$$
\gamma_1 = \alpha_1 + \beta_1, \gamma_i = \max\{\alpha_i, \beta_i\}, \quad i = 2,\cdots,n.
$$

定义 6.2　设 $C = (\mathbf{c}_1, \cdots \mathbf{c}_k)$ 是 $(n+1) \times k$ 矩阵. j 是取定的正整数 $1 \leqslant j \leqslant k$, 令

$$f_{i_1, \cdots, i_j} = \mathbf{c}_{i_1} \overset{+}{\vee} \mathbf{c}_{i_2} \overset{+}{\vee} \cdots \overset{+}{\vee} \mathbf{c}_{i_j}, \quad 1 \leqslant i_1 < i_2 < \cdots < i_j \leqslant k.$$

$i_1, \cdots, i_j$ 共有 $\binom{k}{j}$ 种取法, 各种取法组成的集合记作 S_j, 令

$$\widetilde{C}_j = (f_{i_1, \cdots, i_j}, \{i_1, \cdots, i_j\} \in S_j), \quad j = 1, \cdots, k, \quad \widetilde{C} = (\widetilde{C}_1, \cdots, \widetilde{C}_k) \overset{\text{def}}{=} \Upsilon(C),$$

称 $(n+1) \times (2^k - 1)$ 矩阵 $\widetilde{C}$ 为 C 的生成矩阵.

定义 6.3　设 $\boldsymbol{\alpha}, \mathbf{R}$ 是 $n+1$ 维向量, $D = (\mathbf{d}_1, \cdots, \mathbf{d}_k)$ 是 $(n+1) \times k$ 矩阵, 令

$$\mathbf{R}^{\boldsymbol{\alpha}} = \prod_{i=1}^{n} R_i^{\alpha_i}, \quad \mathbf{R}^D = \sum_{i=1}^{k} \mathbf{R}^{\mathbf{d}_i}.$$

基于以上运算, 关于系统可靠性计算有以下定理.

定理 6.1　设系统 C 由 n 个独立的子系统 $C_1, \cdots, C_n$ 组成, 其寿命分布函数分别是 $F(\cdot), F_1(\cdot), \cdots, F_n(\cdot)$, 记 $R_i(t) = 1 - F_i(t), i = 1, \cdots, n$. $A_l = (\boldsymbol{\alpha}_1, \cdots, \boldsymbol{\alpha}_k)$ 是系统 C 的路径矩阵. 则

$$F(t) = 1 + \sum_{i=1}^{k} (\mathbf{R}(t))^{\widetilde{A}_i}, \tag{6.45}$$

其中

$$\mathbf{R}'(t) = (-1, R_1(t), \cdots, R_n(t)), \quad A = \begin{pmatrix} \mathbf{1}'_k \\ A_l \end{pmatrix}, \quad \widetilde{A} = \Upsilon(A) = (\widetilde{A}_1, \cdots, \widetilde{A}_k).$$

证明:

$$R(t) = 1 - F(t) = P(X > t) = P(\max_{1 \leqslant i \leqslant k} \min_{j \in \Omega_i} X_j > t) = P\left(\bigcup_{i=1}^{k} \{\min_{j \in \Omega_i} X_j > t\}\right)$$

$$= \sum_{i=1}^{k} P(\{\min_{j \in \Omega_i} X_j > t\}) + (-1)^{2-1} \sum_{1 \leqslant i < j \leqslant k} P(\{\min_{j \in \Omega_i} X_j > t\} \cap \{\min_{j \in \Omega_i} X_j > t\})$$

$$+ \cdots + (-1)^{k-1} P\left(\bigcap_{i=1}^{k} \{\min_{j \in \Omega_i} X_j > t\}\right)$$

$$= \sum_{i=1}^{k} P(\{\min_{j \in \Omega_i} X_j > t\}) + (-1)^{2-1} \sum_{1 \leqslant i < j \leqslant k} P(\{\min_{j \in \Omega_i \cup \Omega_j} X_j > t\})$$

$$+ \cdots + (-1)^{k-1} P(\{\min_{j \in \bigcup_{i=1}^{k} \Omega_i} X_j > t\}).$$

由子系统的独立性,

$$P(\{\min_{j\in\Omega_i} X_j > t\}) = \prod_{j\in\Omega_i} R_j(t) = (-1)^1 \mathbf{R}^{\boldsymbol{\alpha}_i},$$

$$P(\{\min_{l\in\Omega_i\cup\Omega_j} X_l > t\}) = \prod_{l\in\Omega_i\cup\Omega_j} R_l(t) = (-1)^2 \mathbf{R}^{\boldsymbol{\alpha}_i \overset{+}{\vee} \boldsymbol{\alpha}_j},$$

$$\cdots\cdots\cdots\cdots$$

$$P(\{\min_{l\in\bigcup_{i=1}^{k}\Omega_i} X_l > t\}) = \prod_{j\in\bigcup_{i=1}^{k}\Omega_i} R_j(t) = (-1)^k \mathbf{R}^{\boldsymbol{\alpha}_1 \overset{+}{\vee}\cdots\overset{+}{\vee}\boldsymbol{\alpha}_k},$$

将该式代入前式得到 (6.45). **定理得证**.

同理可证以下基于割集矩阵计算系统可靠性的定理.

定理 6.2 设系统 C 由 n 个独立的子系统 $C_1,\cdots,C_n$ 组成, 其寿命分布函数分别是 $F(\cdot),F_1(\cdot),\cdots,F_n(\cdot)$. $B_c = (\boldsymbol{\beta}_1,\cdots,\boldsymbol{\beta}_k)$ 是系统 C 的割集矩阵, 则

$$F(t) = -\sum_{i=1}^{k} \mathbf{H}^{\widetilde{B}_i}, \tag{6.46}$$

其中

$$\mathbf{H}'(t) = (-1, F_1(t),\cdots,F_n(t)), \quad B = \begin{pmatrix} \mathbf{1}'_k \\ B_c \end{pmatrix}, \quad \widetilde{B} = \Upsilon(B) = (\widetilde{B}_1,\cdots,\widetilde{B}_k).$$

一般情形下, 路径 (割集) 矩阵每列都有 0, 各行之 0 的最大个数是 m, 定理给出的公式可以简化.

推论 6.1 若路径矩阵 A_l 每行的 0 的个数最大值是 m, 则

$$F(t) = 1 + \sum_{i=1}^{m} \mathbf{R}^{\widetilde{A}_i} + \sum_{i=m+1}^{k} (-1)^i \binom{k}{i} \prod_{j=1}^{n} R_j(t).$$

若割集矩阵 B_c 每行的 0 的个数最大值是 m, 则

$$F(t) = -\sum_{i=1}^{m} \mathbf{H}^{\widetilde{B}_i} - \sum_{i=m+1}^{k} (-1)^i \binom{k}{i} \prod_{j=1}^{n} F_j(t).$$

将上述结果应用于桥电路, 计算其可靠性. 如图 6.3 所示, 桥电路有 4 个最小路径, 最小路径矩阵 A_l 和其扩展矩阵 A 分别为

$$A_l = \begin{pmatrix} 1 & 0 & 1 & 0 \\ 1 & 0 & 0 & 1 \\ 0 & 1 & 0 & 1 \\ 0 & 1 & 1 & 0 \\ 0 & 0 & 1 & 1 \end{pmatrix}, \quad A = \begin{pmatrix} 1 & 1 & 1 & 1 \\ 1 & 0 & 1 & 0 \\ 1 & 0 & 0 & 1 \\ 0 & 1 & 0 & 1 \\ 0 & 1 & 1 & 0 \\ 0 & 0 & 1 & 1 \end{pmatrix},$$

每行 0 的最大个数是 2, 不难计算

$$\widetilde{A}_1 = A, \quad \widetilde{A}_2 = \begin{pmatrix} 2 & 2 & 2 & 2 & 2 & 2 \\ 1 & 1 & 1 & 1 & 0 & 1 \\ 1 & 1 & 1 & 0 & 1 & 1 \\ 1 & 0 & 1 & 1 & 1 & 1 \\ 1 & 1 & 0 & 1 & 1 & 1 \\ 0 & 1 & 1 & 1 & 1 & 1 \end{pmatrix}.$$

于是应用推论,

$$\begin{aligned} R(t) &= 1 - F(t) \\ &= R_1(t)R_2(t) + R_3(t)R_4(t) + R_2(t)R_3(t)R_5(t) + R_1(t)R_4(t)R_5(t) \\ &\quad - R_1(t)R_2(t)R_3(t)R_4(t) - R_1(t)R_2(t)R_3(t)R_5(t) - R_1(t)R_2(t)R_4(t)R_5(t) \\ &\quad - R_2(t)R_3(t)R_4(t)R_5(t) - R_1(t)R_3(t)R_4(t)R_5(t) + 2R_1(t)R_2(t)R_3(t)R_4(t)R_5(t). \end{aligned}$$

根据该定理容易编写计算程序, 计算系统可靠性只需输入系统的路径或割集矩阵和各子系统的可靠性, 用模拟推断方法给出系统可靠性置信下限.

6.3.5 复杂系统可靠性模拟估计

设系统 S 由 n 个独立的子系统 S_i 组成, 其分布函数分别是 $F(\cdot), F_1(\cdot), \cdots, F_n(\cdot)$, 那么, 子系统 S_i 在 t 时刻的可靠性是 $R_i(t) = 1 - F_i(t), i = 1, \cdots, n$. 基于子系统的可靠性估计系统可靠性是大家关心的问题, 已得到许多有益的结论. 了解基本结果可参看陈家鼎 (2005), 程侃 (1999), 给出了一些复杂系统可靠性计算公式, 如各个子系统有相同分布时, 表决系统可靠性计算公式. 蒙特卡罗方法在估计系统可靠性中由来已久. 首先回顾已有结果, 然后讨论随机估计在系统可靠性估计中的应用.

6.3.5.1 复杂系统可靠性模拟估计回顾

Kamat 和 Riley (1976) 提出了用模拟方法估计系统可靠性的一般方法:

(a) 假定能够依据各子系统的工作状态确定系统工作状态 (成功或失败).

(b) 假定能够产生服从子系统寿命分布的随机数.

(c) 按 (b) 生成随机数, 由 (a) 确定在 n 次试验中系统工作的次数 $n_s(t)$, 记 $\hat{R}(t) = \dfrac{n_s(t)}{n}$, 那么系统置信度为 $1 - \alpha$ 的可靠性近似区间估计为

$$\hat{R}(t) \mp u_{1-\frac{\alpha}{2}} \sqrt{\frac{\hat{R}(t)(1 - \hat{R}(t))}{n}}.$$

这是原则思想, 实现该算法尚需补充细节. Rice 和 Moore (1983) 给出了具体算法:

(a) 用已经存在的子系统数据, 估计 t 时刻每个子系统工作的概率 $\hat{p}_i, i = 1, \cdots, m$.

(b) 由正态分布 $N\left(\hat{p}_i, \dfrac{\hat{p}_i(1-\hat{p}_i)}{n}\right)$ 生成随机数 $r_i, i = 1, \cdots, m$, 然后计算系统可靠度 $R(t) = R_s(r_1, \cdots, r_m)$, 重复 N 次, 第 k 次的值记作 R_k.

(c) 系统置信度为 $1 - \alpha$ 的可靠性近似区间估计为 $[R_{([n\frac{\alpha}{2}])}, R_{(n(1-\frac{\alpha}{2}))}]$.

后来 Chao 和 Huang (1987) 等对上述方法进行了改进, 用 Beta 分布代替正态分布降低了估计误差. 请参看 Wang 和 Pham 的综述文章. 张艳等 (2006) 给出了基于置信分布的蒙特卡罗方法. 定理 6.1 给出了用子系统可靠性表示系统可靠性的解析表达式, 清晰简洁, 便于编程序作数值计算. 基于子系统独立观测样本, 给出了一种系统可靠性函数 $R(t) = P(X > t) = 1 - F(t), t > 0$ 模拟估计. 复杂系统作寿命试验往往是困难的, 甚至是不可能的. 但是, 对子系统, 尤其是分解到底层的子系统, 作寿命试验可行而且样本容量可较大. 那么, 基于子系统的独立的样本估计系统可靠性函数是有实用价值的. 这里的方法适合于子系统各类观测数据, 不局限于成败型观测数据.

6.3.5.2 基于子系统成败型数据的系统可靠性模拟估计

设复杂系统 S 由 m 个子系统组成, 有 k 个最小路径. 以 A 表示其最小路径矩阵. 若子系统的可靠性分别是 $R_1, \cdots, R_m$, 则按定理 6.1 计算出系统 S 的可靠性. 如果, 每个子系统可靠性是其随机估计的实现值, 那么计算的系统可靠性就是系统可靠性随机估计的实现值. 多次实现值就可得到系统可靠性经验分布.

设对第 i 个子系统观测 n_i 次, 其成功次数是 s_i 次, 那么按二项分布参数的随机估计结果, 第 i 个子系统的可靠性随机估计是

$$W_{n_i} \sim \mathrm{B}(s_i, n_i - s_i + 1), \quad i = 1, \cdots, m. \tag{6.47}$$

令

$$W_{\mathbf{n}} = R_s(\mathbf{W_n}, A), \quad \mathbf{W_n} = (W_{n_1}, \cdots, W_{n_m}), \quad \mathbf{n} = (n_1, \cdots, n_m), \tag{6.48}$$

$W_{\mathbf{n}}$ 就是基于子系统的成败型观测数据系统 S 的可靠性 R 的随机估计, 但是无法给出其分布表达式. 事实上, 约定

$$\mathbf{n} \to \infty \Leftrightarrow \min\{n_1, \cdots, n_m\} \to \infty \ \text{及} \ \max\{n_1, \cdots, n_m\} \to \infty.$$

注意到 R_s 是由 $\mathbf{r} = (R_1, \cdots, R_m)$ 的分量经代数运算得到的, 故是 $\mathbf{r} = (R_1, \cdots, R_m)$ 的连续函数. 进而,

$$\lim_{\mathbf{n}\to\infty} W_{\mathbf{n}} = \lim_{\mathbf{n}\to\infty} R_s(\mathbf{W_n}, A) = R_s(\mathbf{r}, A), \quad (P)\lim_{\mathbf{n}\to\infty} \mathbf{W_n} = \mathbf{r} = (R_1, \cdots, R_m).$$

上述结果概括为以下定理.

定理 6.3 设系统 S 由 m 个子系统 $S_i, i = 1, \cdots, m$ 组成, 共有 k 个最小路径, 其最小路径矩阵记作 A. 各子系统的可靠性分别是 $R_i, i = 1, \cdots, m$, 未知. 从而

系统 S 的可靠性 $R = R_s(\mathbf{R}, A)$ 也是未知的. 对子系统 S_i 观测 n_i 次, s_i 次成功, $i = 1, \cdots, m$. 子系统 S_i 的可靠性随机估计记作

$$W_i \sim \mathrm{B}(s_i, n_i - s_i + 1), \quad i = 1, \cdots, m,$$

那么,

$$W_\mathbf{n} = R_s(\mathbf{W_n}, A) \xrightarrow{P} R \tag{6.49}$$

是系统可靠性 R 的随机估计.

据此, 系统可靠性模拟算法叙述如下.

系统可靠性模拟算法

(1) 子系统可靠性估计

对每个子系统基于观测数据得到子系统可靠性随机估计. 设第 i 个子系统 S_i 的可靠性随机估计 W_{n_i} 的分布函数是 $pbe(s_i, n_i - s_i + 1)$, 其密度函数是 $dbe(s_i, n_i - s_i + 1), i = 1, \cdots, m$.

(2) 系统可靠性模拟估计算法

(a) 产生随机数 $r_i \sim \mathrm{B}(s_i, n_i - s_i + 1), i = 1, \cdots, m$, 记 $\mathbf{r} = (r_1, \cdots, r_m)'$;

(b) 计算系统可靠性 $R = R_s(\mathbf{r}, A)$, 路径矩阵是常数矩阵, 变化的仅是 (a) 生成的 $\mathbf{r}$;

(c) 重复 (a), (b) N 次, 第 i 次计算的 R 记作 $R_i, i = 1, \cdots, N$. 记 $\mathbf{R} = (R_1, \cdots, R_N)'$;

(d) $\mathbf{R}$ 的经验分布记作 $\hat{F}_R(\cdot)$, 其反函数记作 $\hat{F}_R^{-1}(\cdot)$. 那么, $\hat{R}^{-1}(0.5)$ 是系统可靠性 R 的点估计, 称作中位估计. 而 $\hat{F}_R^{-1}(1 - \alpha)$ 是置信度为 $1 - \alpha$ 的系统可靠性的置信下限. 称 $\bar{R} = \dfrac{1}{N} \sum\limits_{i=1}^{N} R_i$ 为系统可靠性的均值估计.

例 6.5 系统可靠性模拟估计举例及其模拟.

考虑复杂系统 S, 其结构如图 6.3 所示, 由 5 个子系统 $C_1, \cdots, C_5$ 组成, 是桥式结构. 共有 4 条最小路经, 其路径矩阵记作 A:

$$A = \begin{pmatrix} 1 & 0 & 1 & 0 \\ 1 & 0 & 0 & 1 \\ 0 & 1 & 0 & 1 \\ 0 & 1 & 1 & 0 \\ 0 & 0 & 1 & 1 \end{pmatrix}.$$

设子系统的可靠性向量是 $\mathbf{r} = (r_1, r_2, r_3, r_4, r_5)'$, 其中 r_i 是第 $i\, (= 1, \cdots, 5)$ 个子系统的可靠性, 计算系统可靠性 $R = R_s(\mathbf{r}, A)$. 对给定 $\mathbf{r}$, 产生成败型观测值: 第 $i\, (= 1, \cdots, 5)$ 个子系统观测 n_i 次, s_i 次成功. 基于成败型观测数据 $(s_i, n_i), i = 1, \cdots, 5$, 按

模拟估计算法得到系统可靠性 R 的估计, 给出了中位估计, 置信度为 90% 的置信下限和均值估计. 为评测模拟估计效果, 将上述过程重复 M 次, 计算均值和标准差. 模拟结果列于表 6.2 和表 6.3. 前者第 i 个子系统的推断分布是 $B(s_i, n_i - s_i), i = 1, \cdots, 5$, 后者是 $B(s_i, n_i - s_i + 0.5), i = 1, \cdots, 5$. 表 6.3 列出了子系统可靠性向量和模拟参数. 从模拟结果看, 这个方法是可用的.

表 6.2 桥系统可靠性模拟估计

子系统 可靠性	系统可靠性 R	中位估计 均值	中位估计 标准差	置信下限 均值	置信下限 标准差	均值估计 均值	均值估计 标准差
r_1	0.99365	0.9957017	0.0031685	0.9921116	0.0106159	0.9916881	0.0040798
r_2	0.99365	0.9956264	0.0032543	0.9926801	0.00931447	0.9921984	0.0039790
r_3	0.98123	0.9848768	0.0067595	0.9718044	0.0262913	0.9787731	0.0073991
r_4	0.98123	0.9848091	0.0079271	0.9765737	0.0214536	0.9790088	0.0085535
r_5	0.97199	0.974836	0.0101525	0.9687716	0.0285587	0.9689597	0.0103399
r_6	0.97199	0.9754357	0.0098938	0.9684616	0.0269421	0.9688262	0.0105601
r_7	0.95456	0.9606501	0.0147500	0.9466156	0.0436786	0.9517926	0.0165384
r_8	0.95456	0.9594139	0.0149110	0.9454242	0.0399901	0.9508940	0.0143565

表 6.3 子系统可靠性向量

子系统可靠性向量	模拟参数	r_1	r_2	r_3	r_4	r_5
r_1	$N = 100, M = 100$	0.95	0.94	0.96	0.93	0.97
r_2	$N = 1000, M = 500$	0.95	0.94	0.96	0.93	0.97
r_3	$N = 100, M = 100$	0.9	0.92	0.91	0.89	0.93
r_4	$N = 1000, M = 500$	0.9	0.92	0.91	0.89	0.93
r_5	$N = 100, M = 100$	0.89	0.88	0.87	0.90	0.91
r_6	$N = 1000, M = 500$	0.89	0.88	0.87	0.90	0.91
r_7	$N = 100, M = 100$	0.85	0.86	0.84	0.87	0.88
r_8	$N = 1000, M = 500$	0.85	0.86	0.84	0.87	0.88

实际上该方法适应性广泛, 适用于子系统的各类情形, 一些子系统是成败型观测值, 一些子系统是连续观测值或截尾观测值.

6.4 多指标质量控制

产品质量往往用多个指标度量, 如食品常用保质期、营养成分等衡量食品质量, 而这些指标常常相互影响. 多指标质量控制也是生产者关心的. 这里提出 VDR 多指标质量控制方法, 称作多指标 VDR 控制图. 设产品质量有 p 项指标, 理想值为 $\boldsymbol{\mu} = (\mu_1, \cdots, \mu_p)'$. 如果生产过程在控制状态下, 一个产品的质量指标应在 $\boldsymbol{\mu}$ 附近. 当抽象地谈质量指标时它是随机的, 记作

$$\mathbf{X} = (X_1, \cdots, X_p)' \sim N_p(\boldsymbol{\mu}, \Sigma).$$

假设参数 $\boldsymbol{\mu}, \Sigma$ 是已知的. 对具体产品质量指标的测量值记作 $\mathbf{x} = (x_1, \cdots, x_p)'$, 是 p 个具体值, 是 $\mathbf{X}$ 的一个实现值或观测值, n 个产品质量指标观测值就是容量为 n 的 $N_p(\boldsymbol{\mu}, \Sigma)$ 或 $\mathbf{X}$ 的样本, 记作

$$\mathcal{X} = (\mathbf{x}_{\cdot 1}, \cdots, \mathbf{x}_{\cdot n}), \quad \mathbf{x}_{\cdot i} = (x_{1i}, \cdots, x_{pi})';$$

随机样本记作

$$\mathbb{X} = (\mathbf{X}_{\cdot 1}, \cdots, \mathbf{X}_{\cdot n}).$$

样本均值向量 $\bar{\mathbf{X}}$ 是 $\boldsymbol{\mu}$ 的估计, 是充分统计量. 且有 $\sqrt{n}(\bar{\mathbf{X}} - \boldsymbol{\mu}) \sim N_p(\mathbf{0}_p, \Sigma)$, p 维正态分布密度函数记作

$$\phi(\mathbf{x}, \boldsymbol{\mu}, \Sigma) = \frac{1}{(\sqrt{2\pi})^p \sqrt{|\Sigma|}} e^{-\frac{1}{2}(\mathbf{x}-\boldsymbol{\mu})'\Sigma^{-1}(\mathbf{x}-\boldsymbol{\mu})}, \quad \mathbf{x} \in \mathfrak{R}^p, \Sigma > 0, \boldsymbol{\mu} \in \mathfrak{R}^p.$$

VDR 检验提供了一种绘制多指标质量控制图的方法. 令

$$V = \phi(\Sigma^{-\frac{1}{2}}\sqrt{n}(\mathbf{X} - \boldsymbol{\mu}), \boldsymbol{\mu}, \Sigma) \overset{d}{=} \phi(\mathbf{X}, \mathbf{0}_p, I_p),$$

注意到 $L_p(S_p^2(r)) = \Gamma^{-1}\left(\frac{p}{2} + 1\right) \pi^{\frac{p}{2}} r^p$, 则 V 的密度函数是

$$\begin{aligned} f_V(v) &= -v \frac{dL_p(S_p^2(\sqrt{-2\ln((2\pi)^{\frac{p}{2}}v)}))}{dv} \\ &= \frac{2\pi^{\frac{p}{2}}}{\Gamma\left(\frac{p}{2}\right)} \left[-2\ln((2\pi)^{\frac{p}{2}}v)\right]^{\frac{p}{2}-1}, \quad 0 < v < f_0 = \frac{1}{(2\pi)^{\frac{p}{2}}}. \end{aligned} \tag{6.50}$$

可以用 V 值大小控制质量, 值大时质量指标靠近期望值, 质量较好, 值小时质量较差. 确定一临界值就可以作质量控制图了. 为计算简洁, 作变换. 令 $W = -2\ln((2\pi)^{\frac{p}{2}}V)$, 则 W 的密度函数是

$$f_W(w) = \frac{1}{2^{\frac{p}{2}}\Gamma\left(\frac{p}{2}\right)} w^{\frac{p}{2}-1} e^{-\frac{w}{2}}, \quad 0 < w < \infty,$$

即 W 的分布是自由度为 p 的 χ^2 分布. W 是 V 的下降函数, 故 W 过大是质量差的体现, 而 W 的临界值由 χ^2 分布确定, 是容易实现的. 对应 3σ 控制限可取 $\chi_p^2(0.997)$, 当 $(\bar{\mathbf{x}} - \boldsymbol{\mu})'\Sigma^{-1}(\bar{\mathbf{x}} - \boldsymbol{\mu}) \leqslant \chi_p^2(0.997)$ 时过程处于受控状态. Σ 可取作多次估计的平

均值, 和单指标控制图做法一样. 关于正态分布 VDR 结果见第四章或见 Kotz, Fang 和 Liang (1997).

对正态分布, 不用 VDR 也可得到相同的结论. 但是 VDR 适合于任意多元分布, 有的产品质量指标未必服从正态分布, 可用这里提出的方法设计质量控制图. 也适用于非正态单指标质量控制. 具体细节和效果尚待研究.

6.5 重尾分布模型

在金融和保险领域常遇到用重尾分布分析处理数据. 描述尾部行为常用尾概率. 设随机变量 X 的分布函数是 $F(\cdot)$, 其概率密度函数是 $f(\cdot)$. 对任意正数 x, 概率 $P(X > x) = \bar{F}(x)$ 称为在 x 处的尾概率. 随机变量 X 或 $F(\cdot)$ 的尾部行为就是 $\bar{F}(x)$ 收敛到 0 的速度, 收敛速度慢者为重. 首先要给出 $\bar{F}(x)$ 的估计. 若 $f(\cdot)$ 连续有界, 令

$$f_0 = \max\{f(x), -\infty < x < \infty\},$$

$$w_{[f]}(x) = -\ln\left(\frac{f(x)}{f_0}\right).$$

当不会引起歧义时省略下标 $[f]$. 于是 $f(\cdot)$ 可以表示为

$$f(x) = f_0 e^{-w(x)}, \quad -\infty < x < \infty. \tag{6.51}$$

对非有界密度可认为 (6.51) 对较大的 x 成立. 关于. $\bar{F}(x)$, 有以下引理.

引理 6.1 若 $f(\cdot)$ 连续可微, $w''(x) > 0$, $\dfrac{d}{dx}\left(\dfrac{w''(x)}{[w'(x)]^3}\right) \leqslant 0$, 则

(1) $\dfrac{f(x)}{w'(x)} - \dfrac{f(x)}{[w'(x)]^3} \leqslant \bar{F}(x) \leqslant \dfrac{f(x)}{w'(x)}$;

(2) $\lim\limits_{x \to \infty} \dfrac{-\ln(\bar{F}(x))}{w(x)} = 1$.

证明:

$$
\begin{aligned}
\bar{F}(x) &= \int_x^\infty f_0 e^{-w(s)} ds = \int_x^\infty -\frac{1}{w'(s)} d(f_0 e^{-w(s)}) \\
&= \frac{f(x)}{w'(x)} - \int_x^\infty \frac{w''(s)}{[w'(s)]^2} f_0 e^{-w(s)} ds \\
&= \frac{f(x)}{w'(x)} - \frac{f(x)}{[w'(x)]^3} - \int_x^\infty \frac{d}{dx}\left\{\frac{w''(s)}{[w'(s)]^3}\right\} f_0 e^{-w(s)} ds,
\end{aligned}
$$

因此, 由假设和上式

$$\frac{f(x)}{w'(x)} - \frac{f(x)}{[w'(x)]^3} \leqslant \bar{F}(x) \leqslant \frac{f(x)}{w'(x)}. \tag{6.52}$$

引理结论 (2) 由 (6.52) 直接得到

$$w(x) - \ln\left(\frac{w'(x)}{f_0}\right) \leqslant -\ln(\bar{F}(x)) \leqslant w(x) - \ln\left(\frac{w'(x)}{f_0}\right) - \ln\left(1 - \frac{1}{[w'(x)]^2}\right).$$

引理得证.

对正态分布, $w(x) = \frac{1}{2}x^2, w''(x) = 1 > 0, \dfrac{d\frac{w''(x)}{[w'(x)]^3}}{dx} = -\dfrac{3}{x^4} < 0$, 引理给出的不等式是熟知的正态分布尾概率公式:

$$\left(\frac{1}{x} - \frac{1}{x^3}\right)\frac{1}{\sqrt{2\pi}}e^{-\frac{1}{2}x^2} \leqslant 1 - \Phi(x) \leqslant \frac{1}{x}\frac{1}{\sqrt{2\pi}}e^{-\frac{1}{2}x^2}.$$

重尾和轻尾通常是和正态分布比较而言. 重或轻是定性说法, 定量描述尾部行为是必要的. 就是当变量趋于无穷时尾概率趋于 0 的速度, 趋于 0 的速度越快尾越轻. 由引理, 可用 $w(\cdot)$ 刻画密度函数趋于无穷的速度. 有任意有限阶矩的密度函数全体记作 $\mathscr{P}_\infty$. 设 $f(\cdot) \in \mathscr{P}_\infty$, 若存在正数 β 使得

$$\beta = \sup\left\{\beta' : \limsup_{x\to\infty}\frac{x^2}{(2w_{[f]}(x))^{\beta'}} = c > 0\right\}, \tag{6.53}$$

则称 β 为概率密度 $f(\cdot)$ 的尾系数, $\beta = \beta(f)$, 称 $\sqrt{c}$ 为散布, $\sqrt{c} = \sqrt{c}(f)$. 标准正态密度函数的尾系数是 1, 散布也是 1. 正态分布 $N(\mu, \sigma^2)$ 的尾系数是 1, 散布是 σ. 指数分布密度函数是

$$e(x) = \begin{cases} \lambda e^{-\lambda x}, & \text{若 } x \geqslant 0, \\ 0, & \text{若 } x < 0. \end{cases}$$

其尾系数是 2, 散布是 2λ, 这和 Laplace 分布一样. 尾系数越大尾越重, 散布相当于刻度参数, 不影响尾的轻重.

(6.53) 意味着当 $x \to \infty$ 时, 尾系数为 β 的概率密度函数收敛于 0 的速度等价于 $e^{-\frac{1}{2}c^{-\frac{1}{\beta}}x^{\frac{2}{\beta}}}$ 收敛于 0 的速度.

对只有有限阶矩的概率函数, 计算得其尾系数是无穷, 其尾重于任意 $f(\cdot) \in \mathscr{P}_\infty$ 的尾. 设 $f(\cdot)$ 是概率密度函数, 存在正数 r, 使得

$$E|X|^r = \int_{-\infty}^{\infty}|x|^r f(x)dx < \infty, \quad E|X|^{r+\delta} = \infty, \quad \forall \delta > 0,$$

则

$$r = \sup\{r' : \lim_{x\to\infty}(x^{r'}f(x)) = c < \infty\}. \tag{6.54}$$

即 r 是使上面极限有穷的最大正数, 称为 $f(\cdot)$ 的阶, $r = r(f)$. 若概率密度函数 $f(\cdot), g(\cdot)$ 的阶分别是 r, r', 且 $r > r'$, 那么, $g(\cdot)$ 的尾重于 $f(\cdot)$ 的尾. 用 r 度量具有有限阶矩的密度函数的尾轻重是合适的. 若 $f \in \mathscr{P}_\infty$, 则 $r(f) = \infty$.

若 $Y \sim f(\cdot) \in \mathscr{P}_\infty$, 则 $X = \sigma Y + \mu$ 的密度函数是 $\frac{1}{\sigma}f\left(\frac{x-\mu}{\sigma}\right)$. 不难验证,

$$\beta(X) = \beta(Y), \quad \sqrt{c}(X) = \sigma\sqrt{c}(Y).$$

正态分布无论在理论上还是实际应用中都有重要地位, 许多学者将其扩展. 我们将从尾部行为角度扩展正态分布. 考虑尾系数为 $\frac{1}{\gamma}$ 的标准概率密度函数 $\varphi_\gamma(\cdot)$:

$$\varphi_\gamma(x) = \frac{1}{2^{\frac{1}{2\gamma}} \gamma^{\frac{1}{2\gamma}-1} \Gamma\left(\frac{1}{2\gamma}\right)} e^{-\frac{x^{2\gamma}}{2\gamma}}, \quad x \in \mathcal{R}, \gamma \text{ 是非负常数. 记作 } N_\gamma(0,1). \quad (6.55)$$

$N_\gamma(0,1)$ 的尾系数是 $\frac{1}{\gamma}$, 散布是 $\gamma^{\frac{1}{\gamma}}$. 以下称 $N_\gamma(0,1)$ 为标准 γ 幂指数分布. 若 $Y \sim N_\gamma(0,1)$, 则 $X = \sigma Y + \mu$ 的密度函数是

$$\varphi_\gamma(x, \mu, \sigma) = \frac{1}{2^{\frac{1}{2\gamma}} \gamma^{\frac{1}{2\gamma}-1} \Gamma\left(\frac{1}{2\gamma}\right) \sigma} e^{-\frac{\left(\frac{x-\mu}{\sigma}\right)^{2\gamma}}{2\gamma}}, \quad x \in \mathcal{R},$$

记作 $X \sim N_\gamma(\mu, \sigma)$. 用 $N_\gamma(\mu, \sigma)$ 拟合重尾数据要解决参数估计、拟合优度等统计问题.

6.5.1 幂位置刻度参数尾模型

设 $f(\cdot)$ 是任意概率密度函数, γ 是给定正常数. 令

$$f_\gamma(x) = \begin{cases} C(\gamma) f(x^{2\gamma}), & \text{若 } x \geqslant 0, \\ C(\gamma) f(-x^{2\gamma}), & \text{若 } x < 0, \end{cases} \quad x \in \mathfrak{R}, \quad (6.56)$$

其中

$$C^{-1}(\gamma) = \int_{-\infty}^{\infty} f(x^{2\gamma}) dx = \int_{-\infty}^{\infty} \frac{1}{2\gamma} |x|^{\frac{1}{2\gamma}-1} f(x) dx.$$

若 $f(\cdot)$ 的尾系数是 β, 则 f_γ 的尾系数是 $\frac{\beta}{2\gamma}$. 考虑由 $f_\gamma(\cdot)$ 产生的位置刻度分布族:

$$\mathscr{P}_{[f],\gamma} = \left\{ f_\gamma(\cdot, \mu, \sigma) = \frac{1}{\sigma} f_\gamma\left(\frac{\cdot - \mu}{\sigma}\right) : -\infty < \mu < \infty, \sigma > 0 \right\}.$$

称 $\mathscr{P}_{[f],\gamma}$ 为由 f 导出的幂位置刻度分布族, 是分析重尾数据的模型. 若 X 的密度函数是 $f_\gamma(\cdot, \mu, \sigma)$, 记作 $X \sim N_{[f],\gamma}(\mu, \sigma)$. 基本统计问题是如何估计参数 μ, σ 和 γ. 设 $x_1, \cdots, x_n$ 是抽自 $f_\gamma(\cdot)$ 的样本, 则对数似然函数是

$$l(\gamma, \mu, \sigma) = n \ln\left(\frac{C(\gamma)}{\sigma}\right) + \sum_{i=1}^{n} \ln f\left(\left(\frac{x_i - \mu}{\sigma}\right)^{2\gamma}\right). \quad (6.57)$$

参数估计分为 γ 已知和未知两种情况讨论.

1. γ 已知

这是一类位置刻度参数分布族. 正态分布是这类分布:

$$l(x) = \frac{1}{2}e^{-\frac{1}{2}|x|}, \quad \gamma = 2, \quad l_\gamma(x, \mu, \sigma) = \frac{1}{\sqrt{2\pi}\sigma}e^{-\left(\frac{x-\mu}{\sigma}\right)^2}.$$

恰是 γ 已知的情况. $C(\gamma, \mu, \sigma) = C(\mu, \sigma)$. μ, σ 的极大似然估计记作 $\hat{\mu}_n, \hat{\sigma}_n$, 是下面似然方程的解:

$$\begin{cases} -\sum_{i=1}^n \dfrac{f'\left(\left(\dfrac{x_i - \hat{\mu}_n}{\hat{\sigma}_n}\right)^{2\gamma}\right)}{f\left(\left(\dfrac{x_i - \hat{\mu}_n}{\hat{\sigma}_n}\right)^{2\gamma}\right)}\left(\dfrac{x_i - \hat{\mu}_n}{\hat{\sigma}_n}\right)^{2\gamma-1}\dfrac{2\gamma}{\hat{\sigma}_n} = 0, \\ -\dfrac{n}{\sigma} - \sum_{i=1}^n \dfrac{f'\left(\left(\dfrac{x_i - \hat{\mu}_n}{\hat{\sigma}_n}\right)^{2\gamma}\right)}{f\left(\left(\dfrac{x_i - \hat{\mu}_n}{\hat{\sigma}_n}\right)^{2\gamma}\right)}\left(\dfrac{x_i - \hat{\mu}_n}{\hat{\sigma}_n}\right)^{2\gamma}\dfrac{2\gamma}{\hat{\sigma}_n} = 0. \end{cases}$$

记

$$L_{[f]}(x) = -\frac{f'(x)}{f(x)}, \quad L_{[l]}(x) = 1,$$

则似然方程写作

$$\begin{cases} \sum_{i=1}^n L_{[f]}\left(\left(\dfrac{x_i - \hat{\mu}_n}{\hat{\sigma}_n}\right)^{2\gamma}\right)\left(\dfrac{x_i - \hat{\mu}_n}{\hat{\sigma}_n}\right)^{2\gamma-1} = 0, \\ -n + \sum_{i=1}^n L_{[f]}\left(\left(\dfrac{x_i - \hat{\mu}_n}{\hat{\sigma}_n}\right)^{2\gamma}\right)\left(\dfrac{x_i - \hat{\mu}_n}{\hat{\sigma}_n}\right)^{2\gamma}2\gamma = 0. \end{cases} \tag{6.58}$$

不难按位置刻度参数分布族处理方法给出枢轴量、随机估计和模拟估计等.

2. γ 未知

可以考虑两种算法: 直接解似然方程和迭代算法.

(a) 直接解似然方程

这种情况很难给出参数 γ 的随机估计. 但是不难给出似然方程和参数的极大似然估计. 方程组 (6.58) 增加关于 γ 的方程:

$$\frac{C'(\gamma)}{C(\gamma)} - \frac{1}{n}\sum_{i=1}^n W_{[f]}\ln\left(\frac{x_i - \hat{\mu}_n}{\hat{\sigma}_n}\right)\left(\left(\frac{x_i - \hat{\mu}_n}{\hat{\sigma}_n}\right)^{2\gamma}\right)2\gamma = 0, \tag{6.59}$$

将 (6.58) 和 (6.59) 联立, 用多元二分法解出参数的估计 $\hat{\mu}, \hat{\sigma}, \hat{\gamma}$.

(b) 迭代算法

仍然是 (6.58) 和 (6.59) 联立, 迭代算法如下.

(1) 取定 γ 初值 γ_0, 如取 $\gamma_0 = 1$. 设已求得 $\gamma_1, \cdots, \gamma_k$.

(2) 在方程组 (6.58) 中令 $\gamma = \gamma_k$, 再解方程组 (6.58), 解得 μ_k, σ_k.

(3) 在方程 (6.59) 中令 $\hat{\mu}_n = \mu_k, \sigma = \sigma_k$, 再解方程 (6.59), 其根记作 γ_{k+1}.

(4) 若 $|\gamma_k - \gamma_{k+1}| \leqslant \varepsilon$, 停止, 输出 $(\hat{\mu}_n, \hat{\sigma}_n, \hat{\gamma}_n)' = (\mu_k, \sigma_k, \gamma_k)'$, 结束.

(5) 否则转 (2).

6.5.2 幂指数分布参数估计

设 $x_1, \cdots, x_n$ 是抽自 $N_\gamma(\mu, \sigma)$ 的简单样本. 考虑 γ 已知时参数 μ, σ 的估计问题. 对数似然函数是

$$l(\mu, \sigma) = -n \ln \left(2^{\frac{1}{2\gamma}} \gamma^{\frac{1}{2\gamma} - 1} \Gamma \left(\frac{1}{2\gamma} \right) \right) - n \ln \sigma - \frac{1}{2\gamma} \sum_{i=1}^{n} \left(\frac{x_i - \mu}{\sigma} \right)^{2\gamma}.$$

μ, σ 的极大似然估计 $\hat{\mu}_n, \hat{\sigma}_n$ 满足方程

$$\begin{cases} \sum_{i=1}^{n} \left(\dfrac{x_i - \hat{\mu}_n}{\hat{\sigma}_n} \right)^{2\gamma - 1} = 0, \\ \dfrac{n}{\hat{\sigma}_n} - \dfrac{1}{\hat{\sigma}_n} \sum_{i=1}^{n} \left(\dfrac{x_i - \hat{\mu}_n}{\hat{\sigma}_n} \right)^{2\gamma} = 0 \end{cases} \Leftrightarrow \begin{cases} \sum_{i=1}^{n} \left(\dfrac{x_i - \hat{\mu}_n}{\hat{\sigma}_n} \right)^{2\gamma - 1} = 0, \\ \sum_{i=1}^{n} \left(\dfrac{x_i - \hat{\mu}_n}{\hat{\sigma}_n} \right)^{2\gamma} = n\sigma. \end{cases} \quad (6.60)$$

方程 (6.60) 仅当 $\gamma = 1$ 时, 即正态分布时才有解析解, 否则只能求数值解. 为得到参数的置信区间, 考虑枢轴向量

$$\begin{pmatrix} \dfrac{1}{n} \sum_{i=1}^{n} \left(\dfrac{x_i - \mu}{\sigma} \right)^{2\gamma - 1} \\ \dfrac{1}{n} \sum_{i=1}^{n} \left(\dfrac{x_i - \mu}{\sigma} \right)^{2\gamma} \end{pmatrix} \stackrel{d}{=} \begin{pmatrix} \dfrac{1}{n} \sum_{i=1}^{n} Z_i^{2\gamma - 1} \\ \dfrac{1}{n} \sum_{i=1}^{n} Z_i^{2\gamma} \end{pmatrix} = \begin{pmatrix} V_1 \\ V_2 \end{pmatrix} = \mathbf{V}, \quad (6.61)$$

其中

$$z_1, \cdots, z_n \text{ 是 } i.i.d., \quad z_1 \sim N_\gamma(0, 1).$$

基于 (6.61) 可以用随机推断方法得到参数 μ, σ 的置信区间, 算法如下.

位置刻度参数置信区间模拟算法 (LSCIAL):

(1) 确定模拟次数 N, 如取 $N = 10000$ 及置信度 $1 - \alpha$ 和 $1 - \alpha'$.

(2) 生成随机向量 $\mathbf{V}$ 共 N 次, 记作 $\mathbf{V}_1, \cdots, \mathbf{V}_N$, 而 $\mathbf{V}_i = (V_{1,i}, V_{2,i})'$.

(3) 将 $\mathbf{V}_1, \cdots, \mathbf{V}_N$ 按第一分量由小至大排列, 仍记作 $\mathbf{V}_1, \cdots, \mathbf{V}_N$, 以及按第二分量由小至大排列后记作 $\mathbf{V}_1', \cdots, \mathbf{V}_N'$. 令

$$N_{1,1} = \left[N \frac{\alpha}{2} \right], \quad N_{1,2} = \left[N \left(1 - \frac{\alpha}{2} \right) \right],$$
$$N_{2,1} = \left[N \frac{\alpha'}{2} \right], \quad N_{2,2} = \left[N \left(1 - \frac{\alpha'}{2} \right) \right],$$

这里 $[a]$ 是最靠近 a 的整数.

(4) 关于 μ, σ 的方程

$$\left(\begin{array}{c}\frac{1}{n}\sum_{i=1}^{n}\left(\frac{x_i-\mu}{\sigma}\right)^{2\gamma-1}\\\frac{1}{n}\sum_{i=1}^{n}\left(\frac{x_i-\mu}{\sigma}\right)^{2\gamma}\end{array}\right)=\mathbf{V}_i=\left(\begin{array}{c}V_{1,i}\\V_{2,i}\end{array}\right)$$

的解记作

$$\mu_n=\mu_n(\mathbf{V}_i),\quad \sigma_n=\sigma_n(\mathbf{V}_i).$$

令

$$\underline{\mu}_n=\mu_n(\mathbf{V}_{N_{1,1}}),\quad \bar{\mu}_n=\mu_n(\mathbf{V}_{N_{1,2}}),$$
$$\underline{\sigma}_n=\sigma_n(\mathbf{V}_{N_{2,1}}),\quad \bar{\sigma}_n=\sigma_n(\mathbf{V}_{N_{2,2}}). \tag{6.62}$$

(5) 计算 $N_0=\#\{\mathbf{V}_i:\underline{\mu}_n\leqslant V_{1,i}\leqslant\bar{\mu}_n,\underline{\sigma}_n\leqslant V_{2,i}\leqslant\bar{\sigma}_n\}, p_{j_0}=\dfrac{N_0}{N}$, 其中 "$\#A$" 是集合 A 的元素个数.

(6) 输出: 置信度为 $1-\alpha, \mu$ 的置信区间是 $[\underline{\mu}_n,\bar{\mu}_n]$; 置信度为 $1-\alpha', \sigma$ 的置信区间是 $[\underline{\sigma}_n,\bar{\sigma}_n]$, 且

$$P(\{\underline{\mu}_n\leqslant\mu\leqslant\bar{\mu}_n,\underline{\sigma}_n\leqslant\sigma\leqslant\bar{\sigma}_n\})\backsimeq p_{j_0}.$$

输出可以根据需要选择, 还可输出点估计及置信下限或上限.

由于该算法结果依赖于样本 $\mathbf{X}=(X_1,\cdots,X_n)'$, 参数 γ 和置信度, 输出表示为

$$\underline{\mu}_n=\mu\left(\mathbf{X},\frac{\alpha}{2},\gamma\right),\quad \bar{\mu}_n=\mu\left(\mathbf{X},1-\frac{\alpha}{2},\gamma\right),$$
$$\underline{\sigma}_n=\sigma\left(\mathbf{X},\frac{\alpha}{2},\gamma\right),\quad \bar{\sigma}_n=\sigma\left(\mathbf{X},1-\frac{\alpha}{2},\gamma\right),$$
$$p_{j_0}=p_{j_0}\left(\mathbf{X},\frac{\alpha}{2},1-\frac{\alpha}{2},\gamma\right).$$

理论虽不完善, 但是可以处理实际数据, 以 γ 的极大似然估计 $\hat{\gamma}$ 代替 γ, 按 γ 已知处理.

6.5.3　多元分布尾系数向量

对 p 元分布尾系数应是向量 $\boldsymbol{\beta}=(\beta_1,\cdots,\beta_p)'$, β_i 是第 i 分量的尾系数. 我们仍然可以推广多元正态分布. 考虑 p 元分布密度函数

$$f_{\boldsymbol{\gamma}}(\mathbf{x})=\left\{\prod_{i=1}^{p}\left[2^{\frac{1}{2\gamma_i}}\gamma_i^{\frac{1}{2\gamma_i}-1}\Gamma\left(\frac{1}{2\gamma_i}\right)\right]^{-1}\right\}e^{-\sum_{i=1}^{p}\frac{x_i^{2\gamma_i}}{2\gamma_i}}$$
$$\equiv c(\boldsymbol{\gamma})e^{-\sum_{i=1}^{p}\frac{x_i^{2\gamma_i}}{2\gamma_i}},\quad \mathbf{x}\in\mathfrak{R}^p, \tag{6.63}$$
$$\boldsymbol{\gamma}=(\gamma_1,\cdots,\gamma_p)',$$
$$\mathbf{x}=(x_1,\cdots,x_p)',$$

设 $\mathbf{Y} \sim f_{\gamma}(\cdot; \boldsymbol{\mu}, M)$，$M$ 是可逆 $p \times p$ 方阵，则 $\mathbf{X} = \boldsymbol{\mu} + M\mathbf{Y}$ 的密度函数是

$$f_{\gamma}(\mathbf{x}, \boldsymbol{\mu}, M) = \frac{c(\gamma)}{|M|} e^{-(\mathbf{x}-\boldsymbol{\mu})'M'M(\mathbf{x}-\boldsymbol{\mu})}, \quad \mathbf{x} \in \Re^p.$$

将上节的结论推广到这里只是计算的困难. 不过随机向量 Y 类似于多元标准正态分布.

6.6 生成随机变量有给定密度的通用算法

在模拟中经常遇到随机数生成问题, 常见随机变量都有可用算法, 如正态分布、指数分布、二项分布等都有算法, 可直接应用. 但是常遇到没有现成算法的概率密度函数. 这里给出一种通用算法, 生成有给定密度函数的随机变量. 评价一种生成算法优良性, 按以下三点:

(1) 准确性: 随机变量密度函数是否有给定密度.

(2) 生成过程的计算尽量用四则运算, 尤其多用加减运算, 计算超越函数所占比例尽量小, 如小于 5%. 超越函数计算所占比例越小计算速度就越快. 用 $-\ln U$ 生成指数分布不是好算法.

(3) 生成一个随机数所用均匀随机数的个数越小越好, 最低是 1. 舍选法标准用数是 2. 好的算法是 1.1 至 1.2.

有限支撑密度函数的随机变量生成算法

基本原理: 舍选法.

算法描述:

(1) 已知密度函数 $f(\cdot)$ 有有限支撑且连续. 设其支撑为 $E_0 = [a, b]$, $-\infty < a = \min\{x : x \in E_0\} < \max\{x : x \in E_0\} = b < \infty$. 记 $f_0 = \max\{f(x) : x \in E_0\}$, $h_i = i\dfrac{f_0}{m}$, $i = 0, 1, \cdots, m$, m 是取定的整数.

$$D_{[f]} = \{(x, y)' : x \in [a, b]; 0 < y \leqslant f(x)\}.$$

(2) 令

$$D_{[f]}(i) = \{x : f(x) \geqslant h_i\}, \quad i = 0, 1, \cdots, m;$$

$$D_i = D_{[f]}(i-1) \times [h_{i-1}, h_i], \quad i = 1, \cdots, m;$$

$$D_i^* = \{(x, y)' : (x, y)' \in D_i, \text{ 若 } x \in D_{[f]}(i-1) - D_{[f]}(i), \text{ 则 } y \leqslant f(x)\},$$

$$i = 1, \cdots, m;$$

$$p_i = L_2(D_i^*), \quad i = 1, \cdots, m, \quad \sum_{i=1}^{m} p_i = 1;$$

$$q_0 = 0, \quad q_i = \sum_{j=1}^{i} p_j, \quad j = 1, \cdots, m.$$

(3) 生成 $[0,1]$ 上的独立均匀随机数 U, V.

(4) 求 k 满足 $q_{k-1} < U \leqslant q_k$, $U \leftarrow \dfrac{U - q_{k-1}}{p_k}$.

(5) 若 $(U, (h_i - h_{i-1})V)' \in D_k^*$, 输出 $X = U$, 则 $X \sim f$, 结束.

(6) 否则转 (3).

上述算适合任意密度函数. 如果 $f(\cdot)$ 是单峰的, 上述算法简化为

单峰有限支撑密度函数的随机变量生成算法

1. 约定

(1) 密度函数 $f(\cdot)$ 的支撑是 $[a, b]$, $-\infty < a < b < \infty$,

$$f(c) = \max\{f(x) : a \leqslant x \leqslant b\} < \infty, \quad a < c < b.$$

(2) 取定整数 m, 求得 $a_i < c < b_i$ 满足

$$f(a_i) = \frac{i f(c)}{m} = f(b_i), \quad i = 1, \cdots, m-1, \quad a_m = b_m = c, a_0 = a, b_0 = b.$$

(3) 易见

$$D_{[f]}(i) = [a_{i-1}, b_{i-1}], \quad q_i = \frac{i}{m}, \quad i = 1, \cdots, m.$$

2. 算法

(1) 生成 $U \sim U(0, 1)$.

(2) 求 k 满足 $q_{k-1} < U \leqslant q_k$, $U \leftarrow \dfrac{U - q_{k-1}}{p_k}$.

(3) 若 $a_k \leqslant U \leqslant b_k$, 输出 $X = U$, 结束.

(4) 生成 $V \sim U(0, 1)$, 若 $\dfrac{f(c)V}{m} < f(U)$, 输出 $X = U$, 结束.

(5) 否则转 (1).

常见的分布, 如 Beta 分布可用这种方法生成, 选较大的 m 效果很好. 稍作变动就可以生成非有限支撑密度函数随机变量, 尾部形态较好符合要求.

单峰非有限支撑密度函数的随机变量生成算法

(1) 生成 $U \sim U(0, 1)$.

(2) 若 $U \geqslant 1 - \dfrac{1}{2^{m_0}}$, 生成 $X \sim f_1(\cdot)$, 输出 X, 结束.

(3) 生成 $X \sim f_2(\cdot)$, 输出 X, 结束.

曲边梯形无限支撑密度函数的随机变量生成算法

(1) 生成 $U \sim U(0, 1)$.

(2) $k = 0$.

(3) $U \leftarrow U + U, k \leftarrow k + 1$.

(4) 若 $U > 1$, $U \leftarrow 2^k \left(U - \dfrac{1}{2^{k-1}} \right)$, 否则转 (3).

(5) 若 $k > r$, 计算出 $h_j, a_j b_j, j = r+1, \cdots, k$.

(6) 若 $a_{k-1} \leqslant U \leqslant b_{k-1}$, 输出 $X = U$, 结束.

(7) 生成 $V \sim U(0,1)$, 若 $(h_{k-1} - h_k)V \leqslant f(u) - h_k$, 输出 $x = U$, 结束.

(8) 否则转 (1).

参考文献

[1] 方开泰, 许建伦 (1987), 统计分布, 北京: 科学出版社.

[2] 刘金山 (2004), Wishart 分布引论, 北京: 科学出版社.

[3] 茆诗松, 周纪芎, 陈颖 (2004), 试验设计, 北京: 中国统计出版社.

[4] 茆诗松, 程依明, 濮晓龙 (2004), 概率论与数理统计教程, 北京: 高等教育出版社.

[5] 茆诗松, 王静龙, 濮晓龙 (2006), 高等数理统计, 北京: 高等教育出版社.

[6] 张国志 (2009), 系统可靠性研究, 博士论文, 北京工业大学应用数理学院.

[7] 陈家鼎 (2005), 生存分析与可靠性, 北京: 北京大学出版社.

[8] 程侃 (1999), 寿命分布类与可靠性数学理论, 北京: 科学出版社.

[9] 戴家佳, 苏岩, 杨爱军, 杨振海 (2008), 中心相似分布的参数估计, 应用数学学报, **31** (3), 480-491.

[10] 张艳, 黄敏, 赵宇, 于丹 (2006), 基于置信分布的系统可靠度评估蒙特卡洛方法, 北京航空航天大学学报, **32** (9).

[11] 赵颖, 杨振海 (2005), 球极投影变换核估计及其逐点收敛速度, 数学年刊, **26A**, 19-30.

[12] 杨振海, 程维虎, 张军舰(2009), 拟合优度检验, 北京: 科学出版社.

[13] Efron B. (1993), Bayes and likelihood calculations from confidence intervals, JASA, **91**, 538-565.

[14] Efron B. (1996), Empirical Bayes methods for combining likelihoods(with discussion), Biometrika, **80**, 3-26.

[15] Efron B. (1998), R.A. Fisher in 21st Century, Statis. Sci., **13**, 95-122.

[16] Fang K.T., Yang Z.H. and Kotz S. (2001), Generation of multivariate distributions by vertical density representation, Statistics, **35**, 281-293.

[17] Kotz S., Fang K.T. and Liang J.J. (1997), On multivariate vertical density representation and its applications to random number generation, Statistics, **30**, 163-180.

[18] Fisher R.A. (1930), Inverse probability, Proc. Camb. Philos. Soc., **26**, 528-535.

[19]   Fraser D.A.S. (1991), Statistical inference: likelihood to significance, JASA, **86**, 258-265.

[20]   Fraser D.A.S. (1996), Comments on pivotal inference and its fiducial arguments, Internat. Statis. Rev., **64**, 231-235.

[21]   Pang W.K., Yang Z.H., Hou S.H. and Troutt M.D. (2001), Some further results of multivariate vertical density representation and its application, Statistics, **35**, 463-477.

[22]   Pang W.K., Yang Z.H., Hou S.H. and Leung P.K. (2002), Non-uniform random variate generation by the vertical strip method, European Journal of Operational Research, **142**, 595-609.

[23]   Zacks S. (1992), Introduction to Reliability Analysis: Probability Model and Statistics Methods, Springer-Verlag.

[24]   Meeler W.Q. (1998), Statistical Methods for Reliability Data, John-Wiley & Sons, Inc.

[25]   Wang H.Z. and Pham H. (1997), Survey on reliability and availability evaluation of complex network using Monte Carlo techniques, Microelectron. Reliab., **37** (2), 187-209.

[26]   Wang S.G. and Chow S.C. (1994), Advanced Linear Models, Marcel Dekker, Inc.

[27]   Lehmann E.L. (1993), Fisher, Neyman-Pearson theories of testing hypothesis: one theory or two? JASA, **88**, 1242-1249.

[28]   Schweder T. and Hjort N.L. (2002), Confidence and likelihood, Scand. J. Statist., **29**, 309-332.

[29]   Troutt M.D. (1991), A theorem on the density of ordinate and an alternative derivation of the Box-Muller method, Statistics, **22**, 436-466.

[30]   Troutt M.D., Pang W.K. and Hou S.H. (2004), Vertical Density Representation and Its Application, World Scientific Publishing.

[31]   Singh K., Xie M.G. and Strawderman W.E. (2007), Confidence distribution (CD) estimator of a parameter, in Complex Datasets and Inverse Problems (R. Liu, et al. eds.), IMS Lecture Notes-Monograph Series, **54**, 132-150.

[32]   Xie M.G., Kesar S. and William E.S. (2011), Confidence distributions and a unifying framework for meta-analysis, JASA, **106**, 320-333.

[33]   Daniel B. Bowe (2003), Multivariate Bayesian Statistics, Chapman & Hall/CRC.

[34]   Yang Z.H. and Kotz S. (2003), Center-similar distribution with applications in multivariate analysis, Statistics & Probability Letters, **64**, 335-345.

[35]   Cao A. and Huwang L.C. (1987), Modified Monte-Carlo technique for confidence limit of system reliability using pass-fail data, IEEE Trans. Reliability, **R-36** (4), 109-112.

[36]   Szablowski P. J. (1998), Uniform distributions on Spheres in finite dimensional L_α and their generations, Journal of Multivariate Analysis, **64**, 103-117.

[37] Rice R.R. and Moore A.H. (1983), A Monte-Carlo technique for estimating lower confidence limits on system reliability using pass-fail data, IEEE Trans. Reliability, **R-32** (4), 366-369.

[38] Kamat S.J. and Riley M.W. (1975), Determination of reliability using event-based Monte Carlo simulation, IEEE Trans. Reliability, **R-24** (1), 73-75.

应用统计学丛书

书号	书名	著译者
9787040386721	随机估计及 VDR 检验	杨振海
9787040378177	随机域中的极值统计学：理论及应用（英文版）	Benjamin Yakir 著
9787040322927	金融工程中的蒙特卡罗方法	Paul Glasserman 著 范韶华、孙武军 译
9787040348309	大维统计分析	白志东、郑术蓉、姜丹丹
9787040348286	结构方程模型：Mplus 与应用（英文版）	王济川、王小倩 著
9787040348262	生存分析：模型与应用（英文版）	刘宪
9787040345407	MINITAB 软件入门：最易学实用的统计分析教程	吴令云 等 编著
9787040321883	结构方程模型：方法与应用	王济川、王小倩、姜宝法 著
9787040319682	结构方程模型：贝叶斯方法	李锡钦 著 蔡敬衡、潘俊豪、周影辉 译
9787040315370	随机环境中的马尔可夫过程	胡迪鹤 著
9787040256390	统计诊断	韦博成、林金官、解锋昌 编著
9787040250626	R 语言与统计分析	汤银才 主编
9787040247510	属性数据分析引论（第二版）	Alan Agresti 著 张淑梅、王睿、曾莉 译
9787040182934	金融市场中的统计模型和方法	黎子良、邢海鹏 著 姚沛沛 译

网上购书： academic.hep.com.cn, www.china-pub.com, 卓越，当当

其他订购办法：
各使用单位可向高等教育出版社读者服务部汇款订购。书款通过邮局汇款或银行转账均可。购书免邮费，发票随后寄出。

单位地址： 北京西城区德外大街 4 号
电　话： 010-58581118/7/6/5/4
传　真： 010-58581113

通过邮局汇款：
地　址： 北京西城区德外大街 4 号
户　名： 高等教育出版社销售部综合业务部

通过银行转账：
户　名： 高等教育出版社有限公司
开户行： 交通银行北京马甸支行
银行账号： 110060437018010037603